INDEX BIBLIOGRAPHICUS

SOCIÉTÉ DES NATIONS
INSTITUT INTERNATIONAL DE COOPÉRATION INTELLECTUELLE
À PARIS

INDEX BIBLIOGRAPHICUS

CATALOGUE INTERNATIONAL DES BIBLIOGRAPHIES COURANTES

DEUXIÈME ÉDITION
MISE À JOUR ET CONSIDÉRABLEMENT AUGMENTÉE

PUBLIÉE PAR

MARCEL GODET & JORIS VORSTIUS

MATÉRIAUX FOURNIS PAR LA BIBLIOTHÈQUE DE L'ÉTAT
À BERLIN ET PAR 37 PAYS

BERLIN ET LEIPZIG 1931
WALTER DE GRUYTER & CO.
VORMALS G. J. GÖSCHEN'SCHE VERLAGSHANDLUNG — J. GUTTENTAG, VERLAGSBUCHHANDLUNG — GEORG REIMER — KARL J. TRÜBNER — VEIT & COMP.

VÖLKERBUND
INTERNATIONALES INSTITUT FÜR GEISTIGE ZUSAMMENARBEIT
IN PARIS

INDEX BIBLIOGRAPHICUS

WELTLISTE LAUFENDER BIBLIOGRAPHISCHER ZEITSCHRIFTEN

ZWEITE, NEUBEARBEITETE UND STARK VERMEHRTE AUFLAGE

HERAUSGEGEBEN VON

MARCEL GODET & JORIS VORSTIUS

AUF GRUND DER BESTÄNDE DER STAATSBIBLIOTHEK IN BERLIN
UND DER EINSENDUNGEN VON 37 LÄNDERN

BERLIN UND LEIPZIG 1931

WALTER DE GRUYTER & CO.

VORMALS G. J. GÖSCHEN'SCHE VERLAGSHANDLUNG — J. GUTTENTAG, VERLAGSBUCHHANDLUNG — GEORG REIMER — KARL J. TRÜBNER — VEIT & COMP.

Table des Matières

Inhaltsverzeichnis

Préface

La première édition de l'Index bibliographicus publiée en 1925 par la Commission internationale de coopération intellectuelle, sur la proposition et par les soins du premier des soussignés[1]), est aujourd'hui épuisée. D'ailleurs les indications qu'elle contient ont vieilli du fait que, depuis lors, de nombreux périodiques bibliographiques ont vu le jour, ou ont disparu, ou se sont transformés. Comme on le prévoyait dès l'origine, la nécessité de faire paraître périodiquement de nouvelles éditions, revues et mises à jour, s'est fait sentir. La préparation de celle que nous présentons aujourd'hui a été décidée par la Commission internationale de coopération intellectuelle en Juillet 1929 et approuvée par l'Assemblée de la Société des Nations en Septembre de la même année. L'Institut de coopération a été chargé de la publication et l'exécution confiée aux soussignés.

Le plan ne diffère pas beaucoup de celui de la première édition. Il s'en écarte cependant à deux égards: d'une part, tout en conservant sans réserve le principe d'une collaboration internationale, on a choisi la Bibliothèque de l'Etat, à Berlin, comme bureau central, en raison des ressources bibliographiques hors-pair qu'elle offre pour un travail de cette nature [2]). D'autre part le programme de la publication a été un peu étendu (par exemple dans le domaine des bibliographies régionales) et la précision des notices augmentée sur quelques points.

Le programme peut se résumer ainsi:

Le but demeure le même que pour l'Index de 1925: offrir la liste méthodique et descriptive de toutes les bibliographies courantes, c'est-à-dire non seulement des périodiques bibliographiques

---

[1]) Pour l'histoire de cette publication nous renvoyons à la Préface de la première édition.

[2]) Voir l'article de J. Vorstius dans le Zentralblatt für Bibliothekswesen 1930, p. 130—133, La Coopération intellectuelle 1930, p. 145—149, la Library Review 1930, p. 378—380, et The Libraries 1930, p. 235—237.

proprement dits, mais aussi des bibliographies contenues dans des revues ou des annuaires dont elles ne forment qu'une partie; renseigner aussi bien sur les simples bibliographies-titres que sur les recueils d'analyses (Abstracts) ou de comptes-rendus critiques. On trouvera donc mentionnées dans l'Index:

1. Toutes les bibliographies générales, tant nationales qu'internationales (par ex. *Litteris*) de même que les catalogues généraux de librairie (comme l'*English Catalogue of Books*).

2. Toutes les bibliographies régionales formant un périodique indépendant (comme la *Bibliographie alsacienne*).

3. Tous les périodiques bibliographiques spéciaux (comme la *Bibliographie d'hygiène industrielle*, et *Geographisches Jahrbuch*).

4. Toutes les revues spéciales qui, sans être des bibliographies, donnent cependant, sous une forme ou une autre, une bibliographie des nouvelles publications visant à être complète ou qui accordent une grande place aux comptes-rendus, par ex. les *Archives de philosophie*. En fait de bibliographies régionales, on ne cite que les plus importantes. Tous les périodiques, revues, annuaires, etc. qui n'offrent que l'ordinaire rubrique des comptes-rendus et la liste des nouvelles publications reçues par la rédaction sont en principe écartés.

5. Les bulletins de nouvelles acquisitions de bibliothèques sont admis, lorsqu'ils présentent le caractère d'une bibliographie courante (par ex. *Bollettino delle pubblicazioni italiane ricevute per diritto di stampa*, Florence).

6. Les bibliographies paraissant sous forme de fiches, qu'elles soient de caractère général ou spécial (par ex. les fiches du Concilium bibliographicum, de Zurich).

Les principales règles adoptées pour la rédaction sont les suivantes:

Les titres sont reproduits aussi exactement que possible dans la langue de l'original.

Les titres imprimés en caractères slaves ou orientaux sont transcrits en caractères latins, suivant les règles allemandes de transcription qui concordent de façon générale avec celles admises en Tchécoslovaquie et par l'Académie des sciences de Russie.

Si le titre est rédigé en une langue qui n'est ni latine, ni germanique, la traduction est ajoutée entre parenthèses, en allemand, en anglais, en espagnol, en français ou en italien.

Suivent, dans une de ces cinq langues, toutes les indications complémentaires propres à caractériser la nature et l'importance bibliographique du périodique: le genre de la bibliographie (primaire, analytique, critique); le domaine qu'elle embrasse (national ou international, général ou borné à certaines matières, ou à certaines catégories d'imprimés: les livres seulement, ou aussi les articles . . .); l'ordre de classement des titres (alphabétique, méthodique, etc.), la périodicité, etc. . . .

Parmi les indications qui ne figuraient pas dans la première édition et qu'il nous a paru utile d'introduire, il y a lieu de relever celle de l'auteur de la bibliographie ou du directeur du périodique; celle du format (hauteur des volumes ou cahiers) en centimètres; la date de la fondation du périodique; le délai dans lequel paraît la bibliographie (par exemple: a donné en 1929 la liste des livres parus en 1926).

Autres innovations: Un astérisque (*) placé en tête du titre distingue les périodiques exclusivement bibliographiques des revues et autres publications „semi-bibliographiques" et les signale à l'attention. Une croix (†) désigne les titres non allemands fournis par le bureau central de Berlin (les notices qui les accompagnent se trouvent pour cette raison rédigées en allemand).

Pour le classement des titres, on a conservé le système décimal et s'est conformé, autant que faire se pouvait, à la nouvelle édition française de la Classification décimale (1927—1929), dont on trouvera les indices numériques placés en tête des divisions et subdivisions.

Le programme et les instructions ont été adressés en Avril 1930 à tous les pays civilisés, c'est-à-dire, dans la règle, à la bibliothèque nationale ou principale de chaque Etat. Voici la liste des 37 pays qui ont envoyé une contribution (il y en avait 34 en 1925), avec les noms des collaborateurs, auxquels nous saisissons cette occasion pour renouveler l'assurance de notre vive gratitude:

1. Allemagne: Bibliothèque de l'Etat prussien, à Berlin
2. Australie: Bibliothèque publique de la Nouvelle-Galles du Sud, à Sydney
3. Autriche: Bibliothèque nationale, à Vienne
4. Belgique: Bibliothèque royale, à Bruxelles
5. Bulgarie: Bibliothèque nationale, à Sofia
6. Canada: Bibliothèque de l'université de Toronto
7. Chili: Bibliothèque nationale, à Santiago de Chili
8. Chine: Bibliothèque nationale, à Pékin
9. Danemark: Bibliothèque royale, à Copenhague
10. Égypte: Bibliothèque égyptienne, au Caire
11. Esthonie: Bibliothèque de l'université de Dorpat

12. États-Unis d'Amérique: Bibliothèque du Congrès, à Washington
13. Finlande: Bibliothèque de l'université d'Helsingfors
14. France: Bibliothèque nationale, à Paris
15. Grande-Bretagne: Secrétariat de l'Association des bibliothécaires, à Londres
16. Grèce: Bibliothèque nationale, à Athènes
17. Hongrie: Bureau central bibliographique des bibliothèques publiques, à Budapest
18. Inde: Bibliothèque impériale, à Calcutta
19. Indochine: Direction des archives et des bibliothèques, à Hanoï
20. Irlande: Bibliothèque nationale, à Dublin
21. Italie: Bibliothèque nationale, à Florence
22. Japon: Bibliothèque impériale, à Tokio
23. Lettonie: Bibliothèque d'Etat, à Riga
24. Lithuanie: Bibliothèque de l'université de Kowno (par l'entremise du Ministère des affaires étrangères)
25. Luxembourg: Bibliothèque nationale, à Luxembourg
26. Norvège: Bibliothèque de l'université d'Oslo
27. Nouvelle Zélande: Dominion Museum, à Wellington
28. Pays-Bas: Bibliothèque royale, à La Haye
29. Pologne: Association des bibliothécaires polonais, à Cracovie
30. Roumanie: Commission roumaine de coopération intellectuelle, à Bucarest
31. Russie: Chambre centrale du livre, à Moscou
32. Suède: Bibliothèque royale, à Stockholm
33. Suisse: Bibliothèque nationale, à Berne
34. Tchécoslovaquie: Bibliothèque publique de l'université de Prague
35. Turquie: Bibliothèque universitaire de Stamboul
36. Ukraine: Bibliothèque nationale, à l'Académie des sciences, à Kiev
37. Yougoslavie: Bibliothèque nationale, à l'Académie des sciences, à Belgrade.

Les matériaux qui nous ont été adressés au cours de l'été et de l'automne 1930 ont été centralisés à la Bibliothèque de l'Etat, à Berlin, et y ont été revus, corrigés, complétés grâce aux renseignements fournis par la très riche collection de la Bibliothèque de l'Etat; grâce aussi, dans de nombreux cas, aux numéros spécimens demandés directement aux éditeurs ou rédacteurs. Bien que le désir d'écarter les non-valeurs aît fait éliminer, au cours de cet examen, plusieurs centaines de périodiques négligeables au point de vue bibliographique, le total des bibliographies décrites n'en est pas moins de 1914 (soit 912 de plus que dans la première édition).

On a laissé tomber le répertoire par pays; en revanche, ce qui paraissait plus important, on a fait figurer dans la table alphabétique, non seulement les titres de périodiques, mais aussi les noms de personnes (directeurs, rédacteurs, etc.) mentionnés dans le catalogue.

La publication a été grandement facilitée par la générosité de la Commission allemande de coopération intellectuelle qui a mis à la disposition de l'Institut international une somme couvrant une large part des frais. Nous tenons à lui exprimer ici, en même temps qu'à l'Institut, notre sincère reconnaissance, non sans associer à leur nom celui de M. le professeur Krüss, Directeur général de la Bibliothèque de l'Etat, à Berlin, dont l'appui nous a été particulièrement précieux.

La publication de l'Index chez un éditeur jouissant d'autant de notoriété que la maison W. de Gruyter & Cie., éditrice de la Minerva, contribuera à lui assurer une large diffusion et nous est un gage de ses destinées futures.

Berne et Berlin, en Juin 1931

Marcel Godet,
Directeur de la Bibliothèque nationale suisse,
Expert de la Commission de coopération intellectuelle
de la Société des Nations

Joris Vorstius,
Bibliothécaire à la Bibliothèque de l'Etat à Berlin

Vorrede

Die 1925 im Auftrage der Internationalen Kommission für geistige Zusammenarbeit durch den Erstunterzeichneten veröffentlichte Ausgabe des Index Bibliographicus[1]) ist heute vergriffen. Ihre Angaben spiegelten zudem, je weiter die Zeit vorrückte, immer weniger den wirklichen Stand der Dinge wider, da inzwischen zahlreiche Veränderungen auf dem Gebiet der laufenden Bibliographie eingetreten sind. Eine durchgreifende Neubearbeitung war somit unvermeidbar geworden, wie ja auch die Notwendigkeit periodischer Neuauflagen des Werkes von Anfang an erkannt worden war. So wurde denn die Herstellung des hier vorgelegten Werkes im Juli 1929 von der Internationalen Kommission für geistige Zusammenarbeit beschlossen und im September desselben Jahres von der Vollversammlung des Völkerbundes gutgeheißen; die Durchführung dieses Beschlusses wurde von dem Institut für geistige Zusammenarbeit den Unterzeichneten übertragen.

Der Arbeitsplan unterscheidet sich nur wenig von demjenigen von 1925; nur in zwei Punkten weicht er ab. Einerseits ist diesmal — unbeschadet der uneingeschränkten Beibehaltung des Prinzips der internationalen Zusammenarbeit — die Staatsbibliothek in Berlin als Zentralstelle ausersehen worden, wozu sie dank ihres unvergleichlichen Reichtums an ausländischen bibliographischen Zeitschriften ganz besonders geeignet erschien[2]). Andererseits wurde das Programm etwas weiter ausgedehnt (z. B. auf die regionalen Bibliographien größere Rücksicht genommen) und die bibliographische Beschreibung der Titel ein wenig präziser gestaltet.

Das Programm läßt sich folgendermaßen zusammenfassen:

Im allgemeinen ist das Ziel das gleiche wie bei dem Index Bibliographicus von 1925: Es sollen alle laufenden Bibliographien erfaßt werden, und zwar sowohl die selbständigen biblio-

[1]) Über die Entstehungsgeschichte dieser Publikation siehe ihre Vorrede.

[2]) Siehe den Aufsatz von J. Vorstius im „Zentralblatt für Bibliothekswesen“ 1930, S. 130—133, in „La Coopération intellectuelle“ 1930, S. 145—149, in „Library Review“ 1930, S. 378—380 und in „The Libraries“ 1930, S. 235—237.

graphischen Periodica, als auch solche laufenden Bibliographien, die als bibliographisch unselbständige Teile in Zeitschriften und Jahrbüchern enthalten sind; ferner sollen nicht nur die einfachen Titelbibliographien genannt werden, sondern auch die analytischen und die kritischen Bibliographien (Abstracts, Rezensionensammlungen usw.). Man wird also folgende Zeitschriftengruppen berücksichtigt finden:

1. Die allgemeinen internationalen und nationalen Bibliographien (z. B. *Litteris*) sowie die allgemeinen Buchhandelskataloge (z. B. *English Catalogue of Books*).

2. Die in Form selbständiger Zeitschriften erscheinenden regionalen Bibliographien (z. B. *Bibliographie alsacienne*).

3. Die laufenden Fachbibliographien (z. B. *Bibliographie d'hygiène industrielle* oder *Geographisches Jahrbuch*).

4. Fachzeitschriften, die zwar selbst keine Bibliographien sind, aber neben den wissenschaftlichen Aufsätzen in irgendeiner Form periodisch eine Vollständigkeit anstrebende Bibliographie der Neuigkeiten oder einen umfassenden Referatenteil enthalten (z. B. *Archives de philosophie*). Von den unselbständig erscheinenden regionalen Bibliographien sind nur die wichtigsten aufgeführt. Alle Zeitschriften, die an bibliographischem Material nichts mehr als die üblichen Rezensionen-Abteilung und die Listen der an die Redaktion eingesandten Novitäten bringen, sind prinzipiell ausgeschlossen worden.

5. Zugangsverzeichnisse von Bibliotheken, wenn sie den Charakter von laufenden Bibliographien besitzen (z. B. *Bollettino delle pubblicazioni italiane ricevute per diritto di stampa*, Florenz).

6. Bibliographien in Zettelform, und zwar sowohl allgemeine als auch Fachbibliographien (z. B. die Zettel des Concilium Bibliographicum in Zürich).

Die wichtigsten bei der Beschreibung der einzelnen Zeitschriften befolgten Regeln sind folgende:

Die eigentlichen Titel sind in der Originalsprache wiedergegeben. Titel in slavischen oder orientalischen Schriftarten sind in das lateinische Alphabet transkribiert, wobei die deutschen Transkriptionsregeln, die im allgemeinen den tschechischen und den von der Russischen Akademie der Wissenschaften festgesetzten Grundsätzen entsprechen, angewandt sind. Bei Titeln in anderen Sprachen als den germanisch-romanischen ist in Klammern eine Übersetzung auf deutsch, englisch, französisch, italienisch oder spanisch hinzugefügt. Die erläuternden Zusätze zur Titelbeschreibung sind in einer dieser fünf Sprachen abgefaßt. Sie bringen Mitteilungen über die bibliographische Bedeutung der Zeitschrift, insbesondere die Art der Bibliographie (Titelliste, analytische Bibliographie, kritische Bibliographie), ihren geographischen Bereich (national oder international), den Grad der Vollständigkeit (Prinzip der Vollständigkeit oder das der Auswahl, Berücksichtigung der Bücher oder der Zeitschriftenaufsätze oder von beiden), die Anordnung der Titel in der Bibliographie, die Erscheinungsweise usw.

Zu den Angaben, die in der ersten Auflage fehlten, jetzt aber hinzugefügt sind, gehören die Erwähnung der Verfasser der Bibliographie bzw. der Herausgeber der Zeitschrift, die Nennung des Formats (Angabe der Buchhöhe in Zentimetern), des Entstehungsjahres und der Berichtsfrist d. h. des zeitlichen Abstandes zwischen dem Berichtsjahr und dem Erscheinungsjahr der Bibliographie (z. B. „Brachte 1930 eine Titelbibliographie der 1926 veröffentlichten Bücher des Faches"). Weitere Neuerungen sind die Hinzufügung eines Sternes (*) bei ausschließlich bibliographischen Zeitschriften, um diese vor den halb-bibliographischen Zeitschriften besonders hervorzuheben, sowie die Hinzufügung eines Kreuzes (†) bei den von der Berliner Zentrale herrührenden außerdeutschen Titelanführungen (die erläuternden Zusätze sind demgemäß hier stets in deutscher Sprache abgefaßt). Die Anordnung des Materials erfolgte wiederum nach dem Dezimalsystem, und zwar dieses Mal in möglichst engem Anschluß an die neue französische Ausgabe der Dezimalklassifikation von 1927—1929. Die DK-Zahlen sind jeweils den Abteilungen und Unterabteilungen am Kopf vorgesetzt.

Programm und Instruktion für die Mitarbeiter wurden im April 1930 an alle Kulturländer und zwar in der Regel an die Nationalbibliothek jedes Staates übersandt. 37 Länder (gegenüber 34 in der alten Auflage) folgten dem Rufe um Mitarbeit, und wir benutzen diese Gelegenheit, um ihnen nochmals unseren wärmsten Dank auszusprechen.

Mitgearbeitet haben folgende Staaten und Institutionen:

1. Ägypten: Ägyptische Bibliothek in Kairo
2. Australien: Öffentliche Bibliothek von Neu-Süd-Wales in Sydney
3. Belgien: Königliche Bibliothek in Brüssel
4. Britisch-Indien: Reichs-Bibliothek in Calcutta
5. Bulgarien: Nationalbibliothek in Sofia
6. Chile: Nationalbibliothek in Santiago de Chile
7. China: Nationalbibliothek in Peking
8. Dänemark: Königliche Bibliothek in Kopenhagen

9. Deutschland: Preußische Staatsbibliothek in Berlin
10. Estland: Universitätsbibliothek in Tartu
11. Finnland: Universitätsbibliothek in Helsingfors
12. Frankreich: Nationalbibliothek in Paris
13. Französisch-Hinterindien: Direktion der Archive und Bibliotheken in Hanoi
14. Griechenland: Nationalbibliothek in Athen
15. Großbritannien: Sekretariat des Bibliothekarvereins in London
16. Irland: Nationalbibliothek in Dublin
17. Italien: Nationalbibliothek in Florenz
18. Japan: Kaiserliche Bibliothek in Tokyo
19. Jugoslavien: Nationalbibliothek bei der Akademie der Wissenschaften in Belgrad
20. Kanada: Universitätsbibliothek in Toronto
21. Lettland: Lettische Staatsbibliothek in Riga
22. Litauen: Universitätsbibliothek in Kowno (durch Vermittlung des litauischen Außenministeriums)
23. Luxemburg: Landesbibliothek in Luxemburg
24. Neuseeland: Dominion-Museum in Wellington
25. Niederlande: Königliche Bibliothek im Haag
26. Norwegen: Universitätsbibliothek in Oslo
27. Österreich: Nationalbibliothek in Wien
28. Polen: Vereinigung polnischer Bibliothekare in Krakau
29. Rumänien: Rumänische Kommission für geistige Zusammenarbeit in Bukarest
30. Rußland: Staatliche Zentralbücherkammer in Moskau
31. Schweden: Königliche Bibliothek in Stockholm
32. Schweiz: Schweizerische Landesbibliothek in Bern
33. Tschechoslowakei: Öffentliche und Universitätsbibliothek in Prag
34. Türkei: Universitätsbibliothek in Stambul
35. Ukraine: Nationalbibliothek bei der Akademie der Wissenschaften in Kiew
36. Ungarn: Ungarische Zentralstelle für Bibliothekswesen in Budapest
37. Vereinigte Staaten: Kongreßbibliothek in Washington.

Die im Sommer und Herbst 1930 uns übermittelten Titel wurden in der Berliner Zentrale auf Grund der reichen Zeitschriftenbestände der Staatsbibliothek überprüft, wenn nötig ergänzt oder gestrichen; die noch gebliebenen Lücken wurden ausgefüllt. Um zu verhindern, daß Periodica ohne oder mit nur geringem bibliographischen Wert die Bibliographie unnötig belasteten, wurden von denjenigen Zeitschriften, die in Berlin nicht vorhanden und durch den Leihverkehr nicht zu erlangen waren, Probehefte mittels vorgedruckter Karten unmittelbar von den Verlegern oder Herausgebern erbeten. Obwohl hierdurch mehrere hundert Zeitschriften von geringerem bibliographischen Wert ausgeschieden werden konnten, sind in der vorliegenden Auflage nicht weniger als 1914 Titel aufgeführt, d. h. 912 mehr als in der Ausgabe von 1925.

Die Übersicht nach Ländern, die in der ersten Auflage auf den systematischen Teil folgte, ist fallen gelassen worden; dafür erscheinen im Register außer den Zeitschriftentiteln sämtliche im Hauptteil erwähnten Herausgeber- bzw. Verfassernamen.

Die Durchführung der gesamten Arbeiten ist besonders dadurch erleichtert worden, daß die Deutsche Kommission für geistige Zusammenarbeit für diesen Zweck dem Internationalen Institut für geistige Zusammenarbeit eine Summe zur Verfügung stellte, die einen beträchtlichen Teil der Kosten deckte. Wir sprechen sowohl der Deutschen Kommission wie auch dem Internationalen Institut für die Förderung der Arbeit unseren ergebenen Dank aus, desgleichen Professor Dr. Krüss, dem Generaldirektor der Staatsbibliothek in Berlin, dessen Rat und Unterstützung von besonderem Wert für das Unternehmen gewesen sind.

Die Übernahme des Verlages durch die Firma Walter de Gruyter & Co. gliedert das Werk in die weltbekannte Reihe der internationalen gelehrten Handbücher dieses Hauses ein, deren Hauptrepräsentant die „Minerva" darstellt, sichert ihm eine große Verbreitung und enthebt uns der Sorge um sein zukünftiges Schicksal.

Bern und Berlin, im Juni 1931

Marcel Godet,
Direktor der Schweizerischen Landesbibliothek,
Bibliotheksexperte der Völkerbundskommission
für geistige Zusammenarbeit

Joris Vorstius,
Bibliotheksrat an der Staatsbibliothek in Berlin

[0 Allgemeines

[001 Wissenschaft im allgemeinen

1. †**Isis.** International Review devoted to the history of science and civilisation. Quarterly organ of the History of Science Society and of the International Committee of the History of Science. Founded and edited by George Sarton. Managing editor: L. Guinet, Auderghem (Belgium). Bruges, Saint Catherine Press, 35 rue du Tram. 25 cm.

Seit 1913. Vierteljährlich. Bringt eine halbjährliche "Critical Bibliography of the history and philosophy of science and the history of civilization" von George Sarton. Umfassende internationale systematisch geordnete Titelbibliographie zur Geschichte der Wissenschaften, mit besonderer Berücksichtigung der Naturwissenschaften und Medizin. Bei jedem Titel Angabe der Zeitschrift, in der das Buch rezensiert wurde.

2. †**Archeion.** Archivio di storia della scienza. Archives pour l'histoire de la science. Archiv zur Geschichte der Wissenschaft. Archives for the history of science. Direttore: Aldo Mieli. Organe officiel du Comité international et du Centre international d'histoire des sciences. Roma, Casa editrice Leonardo da Vinci. 23,5 cm.

Seit 1919. Vierteljährlich. Bis 1927 mit dem Titel: „Archivio di storia della scienza". Enthält Buchbesprechungen und eine Übersicht über den Inhalt neuer Hefte von Zeitschriften, beide aus dem Gebiet der Geschichte der Wissenschaften; international.

3. †**Scientia.** Rivista internazionale di sintesi scientifica. Revue internationale de synthèse scientifique. International review of scientific synthesis. Internationale Zeitschrift für wissenschaftliche Synthese. Bologna, N. Zanichelli. 24 cm.

Seit 1907. Monatlich. Enthält in jedem Heft Rezensionen und Auszüge aus neuen Zeitschriftenaufsätzen. International. Behandelt sind Bücher und Artikel zur Wissenschaftsgeschichte.

4. **Nauka polska.** Jej potrzeby, organizacja i rozwój. (La Science polonaise; ses besoins, son organisation et ses progrès.) Publiée par la »Caisse J. Mianowski«, Institut d'encouragement des

travaux scientifiques. Rédacteur en chef: St. Michalski. Varsovie, Palais Staszic. 25,5 cm.

Depuis 1918. Paraît irrégulièrement. Depuis 1930 (vol. 13): bibliographie-titres des travaux polonais et étrangers concernant la sociologie de la science et la vie de la science. Arrangement méthodique. En 1930 fut publiée la bibliographie des années 1928—1930.

[002 Buchwesen im allgemeinen

5. ***Internationale Bibliographie des Buch- und Bibliothekswesens mit besonderer Berücksichtigung der Bibliographie.** In kritischer Auswahl zusammengestellt von Joris Vorstius und Erwin Steinborn. Leipzig, O. Harrassowitz, Querstraße 14. 27 cm.

Seit 1928 (für 1926). Jährlich. Setzt die von 1905 (für 1904) bis 1927 (für 1925) als jährliches Beiheft zum „Zentralblatt für Bibliothekswesen" (s. Nr. 296) erschienene „Bibliographie des Bibliotheks- und Buchwesens" fort. Enthält in systematischer Anordnung die im Berichtsjahr im In- und Ausland erschienenen Bücher und Zeitschriftenaufsätze zum Buch- und Bibliothekswesen sowie zur Bibliographie. Mit alphabetischem Register. Es werden alle wichtigen Neuerscheinungen genannt. 1931 erschien die Bibliographie für 1930.

6. ***Literarisches Beiblatt zum Jahrbuch des Deutschen Vereins für Buchwesen und Schrifttum.** Schriftleitung: Hans H. Bockwitz. Leipzig, Verlag des Deutschen Vereins für Buchwesen und Schrifttum (Deutsches Buchmuseum). 31 cm.

Seit 1924. Zweimonatig. Doppelhefte. Besprechungen der wichtigsten Neuerscheinungen auf den Gebieten der Buchkunde, des Bibliothekswesens, der Museumskunde, des Schriftwesens, einschließlich Stenographie, Photographie, Kunstwissenschaft und Bibliophilie. Fast nur deutsche Literatur ist berücksichtigt.

7. **Zeitschrift für Bücherfreunde.** Organ der Gesellschaft der Bibliophilen. Hrsg. von Georg Witkowski. Leipzig, E. A. Seemann. 30 cm.

Seit 1909. Sechsmal im Jahr. Bringt im Beiblatt eine Auswahl neuer deutscher Bücher für den Bibliophilen mit Besprechungen; außer Bibliographie, Bibliothekswesen und Buchdruck sind Literatur, Kunst und Geistesgeschichte berücksichtigt. Drei- bis viermal im Jahr erscheint eine „Bibliographie des Buchwesens" von O. E. Ebert (Titelbibliographie in Auswahl).

8. **Nordisk tidskrift för bok- och biblioteksväsen.** Under medverkan av Ragnar Dahlberg, Victor Madsen, Wilhelm Munthe utgiven av Isak Collijn. Uppsala, Almqvist & Wiksell. 27 cm.

Seit 1914. Vierteljährlich. Enthält seit 1921 (für das Jahr 1919): „Nordisk bibliografisk litteratur", ab 1923 von Sven Ågren, und zwar zuletzt 1931 für 1927—1928. Berücksichtigt sind Bibliothekswesen, Bibliographie und Buchwesen.

9. **La Bibliofilia.** Rivista di storia del libro, delle arti grafiche, di bibliografia ed erudizione. Diretta da Leo S. Olschki. Firenze, Leo S. Olschki, Lungarno Corsini 2. 30 cm.

Dal 1899. Mensile. Ha rubriche o di recensioni o di titoli di opere ed articoli riguardanti la storia del libro, le biblioteche, le arti grafiche e la bibliografia.

10. **Bibliologični visti.** (Bibliologischer Anzeiger, herausgegeben vom Ukrainischen Wissenschaftlichen Institut für Buchkunde.) Kiïv. 22 cm.

Seit 1923. Vierteljährlich. Besprechungen und Listen der Literatur des Buch- und Bibliothekswesens, Inhaltsangaben ausländischer Zeitschriften.

11. ***Bibliografie československé knihovědy.** Bibliographie de la bibliologie tchécoslovaque. Rédigée par Ladislav Jan Živný. Praha, Spolek československých knihovníků. 24,5 cm.

Depuis 1929 (pour l'année 1928). Annuel. Bibliographie-titres de la bibliothéconomie, de la bibliologie et des bibliographies de chaque genre. Ouvrages et articles parus dans la Tchécoslovaquie. Profitant des listes publiées dans »Časopis československých knihovníků« (voir No. 12). Arrangement systématique d'après le Système décimal. En 1930 a paru la bibliographie pour l'année 1929. Index par noms d'auteurs.

12. **Časopis československých knihovníků.** (Revue des bibliothécaires tchécoslovaques.) Praha, Ústřední knihovna hlavního města Prahy. 24 cm.

Depuis 1922. Trimestriel. Publie 3 ou 4 fois par an la bibliographie de la bibliologie et bibliothéconomie tchécoslovaques par Ladislav Jan Živný. Cette bibliographie paraît aussi à part (voir No. 11).

13. †**Magyar Könyvszemle.** (Ungarische Zeitschrift für Buchwesen.) A magyar Nemzeti Múzeum országos Széchényi könyvtárának közlönye. Szerkeszti: Rédey Tivadar. Budapest, A. M. N. Múzeum orsz. Széchényi könyvtára. 24 cm.

Seit 1876. Vierteljährlich. Bücherbesprechungen und Zeitschriftenschau zum Bibliotheks- und Buchwesen.

— siehe auch: Nr. 296. 297. 300. 302.

[01 : 01 **Bibliographie der bibliographischen Literatur**

13a. ***Internationaler Jahresbericht der Bibliographie.** The year's work in practical bibliography. Annuaire international des bibliographies. Herausgegeben von Joris Vorstius. Leipzig, O. Harrassowitz. 23,5 cm.

Seit 1931. Jährlich. Bisher nur der Jahrgang 1930, erschienen 1931. Enthält eine besprechende Übersicht über die allgemeinen und Fachbibliographien des Berichtsjahres. Mit Titelregister.

— siehe auch: Nr. 5. 8. 11. 12. 297. 300. 302.

[011 **Allgemeine internationale Bibliographien**

14. ***Bi-monthly booklist.** Published by the National Library of Peiping. Peiping, Library. 20,5 cm.

Since 1930. Bi-monthly. Continues Metropolitan library record (quarterly, Oct. 1928—July, 1929). Listing new accessions in occidental languages; systematic arrangement.

15. *British Museum. **Catalogue of printed books.** Accessions. London, Clowes. 29 cm.

Since 1880. Monthly (formerly fortnightly). Author entries with cross-reference from translators, editors etc. Two sections: (1) Twentieth century books, divided in a) English, b) Foreign; (2) Books published before 1900. The shelf numbers of the British Museum are added.

16. ***Litteris.** An international critical review of the humanities. Ed. by S. B. Liljegren and Lauritz Weibull. Stockholm, P. A. Norstedt. 24,5 cm.

Seit 1924. 3 Hefte jährlich. Ausschließlich Besprechungen in deutscher, englischer und französischer Sprache. Berücksichtigt alle Geisteswissenschaften. Keine systematische Anordnung.

17. **†More books.** The bulletin of the Boston Public Library. Issued monthly by the Trustees of the Public Library. Boston, Public Library. 27,5 cm.

Seit 1926. Monatlich, außer Juli und August. Bringt "A selected list of books recently added to the Library" (systematische Titelliste).

18. **†*Reference books of . . .** An informal supplement to "Guide to reference books. 5. ed." By Isadore Gilbert Mudge, Doris M. Reed, Constance M. Winchell. Chicago, American Library Association. 23,5 cm.

Seit 1930 (für 1929). Jährlich. Erschien von 1911—1919 im »Library Journal«. Bisher nur ein Band.

19. ***The Times literary supplement.** London E. C., The Times Publishing Company, Printing House Square. 43 cm.
Since 1909 Weekly. Reviews of British and foreign books; classified list of new British publications, frequently annotated. Annual author and title index to reviews.

20. **†The writers' and artists' year book.** A directory for writers, artists and photographers. London W. 1, A. & C. Black, 4, 5 & 6 Soho Square. 19 cm.
Since 1906. Yearly. Containing an alphabetical list of current British, American, Canadian, Australian and Indian journals and magazines. The first year of issue is noted. Also, a systematic list.

21. ***Berliner Titeldrucke.** Verzeichnis der von der Staatsbibliothek, den Preußischen Universitätsbibliotheken und den Bibliotheken der preußischen technischen Hochschulen erworbenen Druckschriften. Berlin W 10, W. de Gruyter. 24 cm.
Seit 1892. Zwanglos in Heften, die in sich alphabetisch geordnet sind. Fortlaufend im Jahr numerierte Titelliste der Erwerbungen der beteiligten Bibliotheken. Seit Januar 1931 ist auch die Nationalbibliothek Wien angeschlossen. Besondere Hefte für slavische und für orientalische Erwerbungen. Bis 1930 einschließlich 6—12 innerhalb des Jahres kumulierte Register für 1—2 Monate und Jahresregister. 1931 erschien ein kumuliertes Mehrjahrsregister für die Jahre 1928—1930 (1035 S. 4°). Ab 1931 treten an die Stelle der Register Vierteljahrsausgaben der vollständigen Titel sowie kumulierte Jahresausgaben mit Hinzufügung der Besitzvermerke der angeschlossenen Bibliotheken sowie der Signaturen der Staatsbibliothek Berlin und der Nationalbibliothek Wien. — Zettelausgabe siehe Nr. 22.

22. ***Berliner Zetteldrucke.** Berlin W 10, W. de Gruyter.
Seit 1909. Mehrere Ausgaben wöchentlich. Unveränderte Ausgabe der „Berliner Titeldrucke" (siehe Nr. 21) auf Kartonzetteln im Format 7,5×12,5 cm.

23. ***Deutsche Literaturzeitung.** Wochenschrift für Kritik der internationalen Wissenschaft. Herausgegeben vom Verbande der deutschen Akademien der Wissenschaften. Schriftleiter: Paul Hinneberg. Leipzig, Quelle & Meyer. 27 cm.
Seit 1880. Wöchentlich. Enthält systematisch geordnete Besprechungen wichtiger Neuerscheinungen aller Gebiete. International. Am Schluß jedes Heftes systematische Titelbibliographie wertvoller wissenschaftlicher Neuerscheinungen des In- und Auslandes.

24. ***Göttingische gelehrte Anzeigen unter der Aufsicht der Gesellschaft der Wissenschaften.** Berlin, Weidmann 24,5 cm.

Seit 1739. Monatlich. Enthält ausschließlich Rezensionen, bringt nur wenige Besprechungen, die sich aber auf besonders wichtige Bücher beziehen und sehr ausführlich gehalten sind. International.

25. ***Literarischer Handweiser.** Kritische Monatsschrift. Herausgegeben von Gustav Keckeis. Freiburg i. Br., Herder. 28 cm.

· *Seit 1862. Monatlich. Bringt in jedem Heft Sammelreferate, kritische Besprechungen und ein systematisches Verzeichnis von Neuerscheinungen des In- und Auslandes aus allen Kulturgebieten sowie eine Zeitschriftenschau. Bestimmt für Katholiken.*

26. **†*Boekzaal der geheele wereld.** Geïllustreerd internationaal tijdschrift voor boek en blad, filmkunst en tooneelkunst. Tilburg, Het Nederlandsche Boekhuis. 27 cm.

Seit 1925. Halbmonatlich. Systematisch geordnete Besprechungen neuer Bücher aus allen Gebieten vom katholischen Standpunkt aus.

27. *Sveriges offentliga bibliotek. **Accessions-katalog.** Utgiven av Kungl. Biblioteket. Stockholm, Kungliga Biblioteket. 22,5 cm.

Seit 1887 (für 1886). Jährlich. Systematische Anordnung; ab 1913 alphabetisches Register. Außerdem Zehnjahrsverzeichnisse, das letzte 1906/1915 (gedr. 1919—1920). Umfaßt gegenwärtig 43 öffentliche Bibliotheken. Nur im Ausland gedruckte Arbeiten werden verzeichnet. 1930 erschien der Band für 1929.

28. **†*Katalog over Erhvervelser af nyere udenlandsk Litteratur ved Statens offentlige Biblioteker.** Udgivet af det Kongelige Bibliotek ved Verner Seemann. København. 22 cm.

Seit 1902 (für 1901). Jährlich. Systematisch geordnetes Zugangsverzeichnis mit alphabetischem Verfasserregister. 1930 erschien der Katalog für 1929.

29. **Le Bibliographe moderne.** Courrier international des archives et des bibliothèques. Directeur: Henri Stein. Paris, A. Picard, 82 rue Bonaparte. 25 cm.

1ère année: 1897. Bimestriel. Dans la »Chronique des archives«, la »Chronique des bibliothèques« et la »Chronique bibliographique« on trouve le sommaire des revues spécialisées, les catalogues et inventaires d'archives récemment parus en tous pays; et les comptes-rendus des ouvrages spéciaux les plus importants de bibliographie et d'histoire du livre. Quelques unes des contributions originales sont consacrées à la bibliographie d'un sujet. Les renseignements fournis concernent l'année précédente.

30. ***Bulletin des acquisitions étrangères de la Bibliothèque Nationale et des principales bibliothèques de Paris.** Paris, C. Klincksieck, 11 rue de Lille. 25 cm.

Depuis 1877. Liste méthodique de titres; chacun accompagné de la cote de l'ouvrage. Mensuel.

31. ***Journal des savants.** Publié sous les auspices de l'Institut de France (Académie des inscriptions). Paris, Geuthner, 13 rue Jacob. 27 cm.

1ère année: 1665. Nouvelle série: 1903. Mensuel. Consiste en un petit nombre de comptes rendus critiques très développés portant souvent chacun sur plusieurs ouvrages similaires ou connexes. Listes de »Livres nouveaux« (dans un ordre méthodique) relatifs à l'antiquité, au moyen âge et à l'orientalisme.

32. **Le Mercure de France.** Directeur: Alfred Vallette. Paris, 26 rue de Condé. 23 cm.

1ère année: 1889. Bi-mensuel: le 1er et le 15 du mois. »Revue de la quinzaine«: Comptes rendus critiques d'ouvrages français et étrangers, littéraires, scientifiques, d'art, de linguistique. Dépouillement de journaux français.

33. ***Polybiblion.** Revue bibliographique universelle. Publiée sous les auspices de la Société bibliographique. Paris, 59 rue de Grenelle. 25 cm.

1ère année: 1868. Mensuel. Universel, en 2 parties: 1° technique, consistant en une bibliographie méthodique des livres suivie de sommaires non méthodiques de périodiques; 2° littéraire, ou comptes rendus classés méthodiquement.

34. ***La revue des auteurs et des livres.** Direction: E. Druart, Erbaut-Jurbise (Belgique). Louvain, 11 rue des Récollets. 23 cm.

Depuis 1907. Mensuel. Comptes-rendus analytiques d'ouvrages dans tous les domaines, principalement à l'usage des bibliothécaires de bibliothèques publiques. Classés méthodiquement. Livres français et peu de livres étrangers.

35. ***Revue critique d'histoire et de littérature.** Recueil mensuel. Directeur: Edmond Faral. Paris, Leroux, 28 rue Bonaparte. 25 cm.

1ère année: 1866. Mensuel. Consiste en comptes rendus critiques des ouvrages et périodiques français et étrangers de toutes sciences, spécialement des humanités.

36. **Revue universitaire.** Éducation, Enseignement, Administration, Questions littéraires, Bibliographie, Examens et concours, Classes des lycées et collèges. Secrétaire de la rédaction: Gaston Cayrou. Paris, A. Colin, 103 boulevard Saint-Michel. 23 cm.
1ère année: 1892. Parait le 15 du mois, d'octobre à juillet. »Bibliographie« analytique et critique d'ouvrages et de périodiques français et étrangers sur des sujets variés.

37. †**La Critica.** Rivista di letteratura, storia e filosofia. Diretta da B. Croce. Napoli; Bari, Laterza. 24 cm.
Seit 1903. Zweimonatig. Enthält in dem Abschnitt 'Rivista bibliografica' ausführliche Besprechungen neuer Bücher und Zeitschriftenaufsätze aus Geisteskultur, Philosophie und Geschichte.

38. ***Leonardo.** Rassegna bibliografica mensile, diretta da Federico Gentile. Milano, Bestetti & Tumminelli, via Palermo 10. 26 cm.
Dal 1930. Mensile. La parte sostanziale della rivista è costituita dalle recensioni di opere recenti italiane e straniere divise per materia. Alle recensioni segue un „Bollettino bibliografico" in cui vengono dati i titoli di importanti pubblicazioni italiane e straniere anch' esse divise per materia. Si occupa di letteratura, storia, filosofia, filologia, scienze giuridiche e sociali.

39. ***Supplemento bibliografico del Bollettino parlamentare.** Nuove acquisizioni delle Biblioteche del Senato del Regno e della Camera dei deputati. Spoglio delle riviste. Direttore: Annibale Alberti. Roma, Segreterie generali del Senato del Regno e della Camera dei deputati. 26 cm.
Dal 1930. Si pubblica alla fine di ogni sessione, cioè: a luglio e a dicembre. È un elenco di titoli ed è diviso in due parti di cui una registra le opere, l'altra gli articoli contenuti in molti periodici di cui è fatto lo spoglio. Nell' una e nell' altra parte i lavori sono suddivisi per materia in classi e in ogni classe ordinati alfabeticamente per nome d'autori. Comprende pubblicazioni italiane e straniere.

40. †Universidad nacional de La Plata. **Humanidades.** Publicación de la Facultad de humanidades y ciencias de la educación. Dirigida por Tomás D. Casares. La Plata. 28 cm.
Seit 1921. Halbjährlich. Mit internationalem Rezensionenteil.

41. †**Universidad.** Revista de cultura y vida universitaria. Zaragoza, Sección de publicaciones universitarias. 25 cm.

Seit 1924. Zweimonatig. Enthält Buchbesprechungen und eine internationale Titelliste neuer Zeitschriftenaufsätze. Die von Universitäten herausgegebenen Veröffentlichungen sind besonders berücksichtigt.

42. ***Inostrannaja kniga.** Bjulleteń Bibliografičeskogo otdela Gosizdata RSFSR. (Das fremdländische Buch. Bulletin der bibliographischen Abteilung des Staatsverlags der Russischen Sozialistischen Föderierten Sowjetrepublik.) Moskva, Gosizdat RSFSR. 25 cm.

Seit August 1930. Monatlich. Rezensionen und bibliographische Verzeichnisse ausländischer Bücher und Zeitschriftenaufsätze.

43. **İstanbul darülfünunu edebiyat fakültesi mecmuası.** (Revue de la Faculté des lettres de l'Université de Stamboul.) Stamboul. 24 cm.

Depuis 1916. Bimensuelle. Philosophie, sociologie, littérature, histoire et géographie. Publie des comptes rendus sur ces matières.

— siehe auch: Nr. 5. 59. 88. 130. 307. 342—347. 362. 1637.

[015 Nationale Bibliographien

[015(415) Irland

44. **The Irish book lover.** Ceist agus freagra. Edited by Séamus Ó Casaide. Dublin, Colm ÓLochlainn, Fleet Street. 22,5 cm.

Founded 1909. Six times a year. Contains half-yearly bibliography of books published in Ireland or of Irish interest. Alphabetical arrangement of subjects. In each issue, since November, 1930: Articles of interest in foreign periodicals.

45. *Department of Education. National Library of Ireland. **List of publications deposited under the terms of the Industrial and Commercial Property (Protection) Act, 1927.** Dublin, Stationery Office. 24,5 cm.

Founded 1930. To be issued annually. So far one number, containing a list of all books, pamphlets, periodicals, newspapers, music and maps published in the Irish Free State from August, 1927 to December, 1929. Alphabetical arrangement by authors in each section. The 1931 issue will contain list of works published during the year 1930.

— siehe auch: Nr. 363.

[015(42) Großbritannien

46. †**The Centurion.** London W. C. 1, the Century Book Club, 100 Great Russell Street. 30,5 cm.

Seit 1930. Monatlich. Zwei bibliographische Abteilungen in jedem Heft: Systematisch geordnete Titellisten englischer Neuerscheinungen und Besprechungen der besten und schönsten neuen Bücher. Bibliophile Haltung.

47. †**The Criterion.** A quarterly review. Edited by T. S. Eliot. London, Faber & Faber. 23 cm.

Seit 1922. Vierteljährlich. Enthält in dem Abschnitt: „Books of the quarter" ausführliche Besprechungen wichtiger Neuerscheinungen auf den Gebieten der Philosophie, Literatur und Geschichte.

48. †***Current literature and the publishers' miscellany.** Edited by Edgar Whitaker. London W., Maggs, 34 & 35 Conduit Street. 25 cm.

Seit 1913. Monatlich. Titelliste englischer Neuerscheinungen, nach weit gewählten Schlagwörtern alphabetisch geordnet. Werbezeitschrift des englischen Buchhandels.

49. ***The English catalogue of books.** [Annual issue.] Being a continuation of the 'London' and 'British' Catalogues. Edited by James D. Stewart. London W. C. 2, The Publishers' Circular, 56—58 Whitcomb Street. 25,5 cm.

Since 1837. Annual. Author and title entries in one alphabet. List of publishers with addresses. Cumulation of the "Publishers' Circular" material. 1930 published in 1931.

50. †***The English catalogue of books.** [Five years' issue.] (Including the original 'London' and 'British' Catalogues.) London W. C. 2, The Publishers' Circular, 56—58 Whitcomb Street. 25,5 cm.

Since 1864 (for 1835—62). Quinquennial. Giving in one alphabet, under author, title, and subject, the size, price, month and year of publication, and publisher of books issued in the United Kingdom. The volume containing the years 1926—1930 is published in 1931.

51. †**The Librarian and book world.** The independent professional journal for the professional man. Edited by Alex. J. Philip. Gravesend, Kent, A. J. Philip. 24,5 cm.

Seit 1910. Monatlich. Zwei bibliographische Sektionen: 1. „Best books" (unter der Redaktion von Arthur J. Hawkes zusammengestellte Titellisten englischer Werke, geordnet nach der Dezimalklassifikation). 2. „Best books reviewed" (analytische Bibliographie ausgewählter englischer Werke, nach der Dezimalklassifikation geordnet). Alle Fächer sind berücksichtigt.

52. **The Publisher and bookseller** incorporating Simpkin's Bulletin of new books and Bent's Literary advertiser. Issued under the joint control of the Publishers' Association and the Associated Booksellers of Great Britain and Ireland. London E. C. 4, J. Whitaker, 12 Warwick Lane. 24,5 cm.

Since 1928 (as "Bookseller" since 1858). Weekly. Classified list of new publications in each number.

53. **The Publishers' circular and booksellers' record.** The impartial and independent organ of the British book trade. London W. C. 1, 56–58 Whitcomb St. 30 cm.

Since 1837. Weekly. The section "Books of the Week" consists of a list of all new publications. Author and title entries in one alphabet with publishers and prices. The entries are cumulated monthly. Consolidated yearly in the English Catalogue of books (see No. 49).

54. ***Whitaker's cumulative book list.** A classified list of publications together with an extended index to authors, titles, publishers and prices. London E. C. 4, J. Whitaker, 12 Warwick Lane. 25,5 cm.

Since 1924. Quarterly. With statistics of publications. Issued for periods Jan.—March, Jan.—June, Jan.—September, Jan.—December. Alphabetical arrangement by subjects (48 groups).

55. **The Year-book of the scientific and learned societies of Great-Britain and Ireland.** A record of the work done in science, literature, and art. London W. C. 2, C. Griffin, 42 Drury Lane. 22 cm.

Since 1884. Annual. A classified directory of scientific societies and government institutions with particulars of publications or papers read.

— siehe auch: Nr. 15. 19. 20. 308. 309. 343. 364. 365.

[015(43) Deutschland

56. ***Barsortiments-Lagerkatalog.** Leipzig, Koehler & Volckmar; Stuttgart, Koch, Neff & Oetinger. 25 cm.

Erscheint unregelmäßig, zuletzt 1930. Alphabetisches Titelverzeichnis aller im Barsortiment auf Lager befindlichen Bücher und Musikalien, mit allen für den Buchhändler wichtigen Angaben. Die Nettopreise sind neuerdings weggelassen. Dazu erscheint in besonderem Bande ein Schlagwort- und Stichwortregister sowie ein Titelregister für schöne Literatur.

57. ***Bibliographischer Monatsbericht über neu erschienene Schul-, Universitäts- und Hochschulschriften** (Dissertationen, Programmabhandlungen, Habilitationsschriften usw.) Hrsg. von der Zentralstelle für Dissertationen und Programme der Buchhandlung Gustav Fock. Leipzig, G. Fock. 24,5 cm.

Seit 1889. Sechsmal im Jahr. Systematisch geordnete Titelverzeichnisse nebst jährlichem Autoren- und Sachregister.

58. ***Blätter für Bücherfreunde.** Literarische Neuigkeiten. Illustrierte periodische Übersicht über die Neuerscheinungen der Literatur. Leipzig, Koehler & Volckmar. 24 cm.

Seit 1900. Fünfmal im Jahr. Systematisch geordnete Bibliographie der wichtigsten deutschen Neuerscheinungen aus allen Kulturgebieten mit referierenden Notizen. Vom Sortimentsbuchhandel ausgehend.

59. **Börsenblatt für den Deutschen Buchhandel.** Leipzig, Börsenverein der Deutschen Buchhändler, Deutsches Buchhändlerhaus. 31,5 cm.

Seit 1834. Werktäglich. Enthält außer Aufsätzen und Nachrichten („Redaktioneller Teil", mehrmals wöchentlich) folgende bibliographische Rubriken: 1. „Verzeichnis der Neuerscheinungen", tägliche lose Beilage, die nach Verlegern geordnet ist und auch gesondert sowie in einseitig bedruckter Ausgabe auf Dünndruckpapier bezogen werden kann; sie enthält am Schluß die Rubrik „Fortsetzungen von Lieferungswerken und Zeitschriften". 2. „Erschienene Neuigkeiten des ausländischen Buchhandels"; wöchentlich, mitgeteilt von Asher & Co. 3. „Erschienene Neuigkeiten des deutschen Musikalienhandels", wöchentlich, mitgeteilt von Fr. Hofmeister. 4. „Neue Zeitschriften und periodische Erscheinungen", monatlich, mitgeteilt von der Deutschen Bücherei. — Das Börsenblatt erscheint in Ausg. A für Nichtbuchhändler (mit Suchliste) und Ausg. B für Buchhändler (mit Bestellzettelbogen), sowie in einer Hauptausgabe ohne Bezeichnung (mit beiden Beilagen).

60. **†Boletín bibliográfico del centro de intercambio intelectual germano-español.** Director: José Gavira. Madrid, Zurbano 32. 24 cm.

Seit 1927. Vierteljährlich. Kritische Rezensionen deutscher wissenschaftlicher Neuerscheinungen aller Gebiete. Den deutschen Titeln sind die spanischen Übersetzungen beigefügt.

61. ***Der Buchberater.** Herausgeber: Will Vesper. Leipzig, E. Avenarius. 23,5 cm.

Seit 1925. Jährlich. Zerfällt in einen besprechenden und einen aufzählenden Abschnitt. Enthält die wichtigsten Neuerscheinungen des deutschen Sprachgebiets aus der schönen Literatur und (etwas kürzer) der nichtbelletristischen Literatur. Deutsche Übersetzungen ausländischer Werke sind ebenfalls verzeichnet.

62. **Bücherei und Bildungspflege.** Zeitschrift für die gesamten außerschulmäßigen Bildungsmittel. Herausgegeben von E. Ackerknecht, G. Fritz und W. Schuster. Stettin, „Bücherei und Bildungspflege"; Leipzig, O. Harrassowitz in Komm. 23 cm.
Seit 1900. Sechsmal jährlich. Der 2. Teil jedes Heftes enthält neben Sammelbesprechungen eine ausgedehnte Bücherschau über alle Gebiete des Wissens in systematischer Anordnung. Die schöne Literatur ist besonders eingehend behandelt. In den beigefügten referierenden Anmerkungen wird der volksbildnerische Wert der Werke herausgearbeitet.

63. ***Bücherwarte.** Zeitschrift für sozialistische Buchkritik. Organ der Zentralstelle für das Arbeiterbüchereiwesen. Berlin, J. H. W. Dietz. 24 cm.
Seit 1926. Erscheint monatlich als Beilage zur „Sozialistischen Bildung". Bringt ausführliche Kritiken über Neuerscheinungen aus der deutschen erzählenden und wissenschaftlichen Literatur. Gedacht vor allem als Hilfsmittel für Volks- und Arbeiterbibliothekare.

64. **Die Bücherwelt.** Zeitschrift des Borromäusvereins. Bonn, Verlag des Borromäusvereins. 26 cm.
Seit 1903. Zweimonatig. Enthält Besprechungen deutscher Neuerscheinungen aus allen Gebieten der Literatur vom katholischen Standpunkt aus.

65. **Der Bücherwurm.** Verbunden mit „Büchermonat" und „Vorhof". Monatsschrift für Bücherfreunde. Herausgegeben von Karl Rauch. Berlin SW 61, Verlag für Buchwerbung Karl Rauch, Yorckstr. 84 d. 22 cm.
Seit 1910. Monatlich. Enthält in jedem Heft Besprechungen, Proben aus Neuerscheinungen und die Rubrik „Eine Auswahl neuer Bücher" in systematischer Anordnung mit kurzen Anmerkungen. Nur die deutsche Buchproduktion ist berücksichtigt.

66. **Das deutsche Buch.** Monatsschrift für deutsche Neuerscheinungen. Herausgegeben vom Börsenverein der Deutschen Buchhändler. Schriftleitung: Friedrich Michael. Leipzig, Börsenverein der Deutschen Buchhändler. 23 cm.

Seit 1921. Sechsmal im Jahr. Enthält rezensierende Aufsätze und eine systematisch geordnete Bibliographie von im In- und Ausland erschienenen neuen deutschen Büchern.

67. ***Deutsche Nationalbibliographie.** Reihe A: Neuerscheinungen des Buchhandels. Bearbeitet von der Deutschen Bücherei. Leipzig, Börsenverein der Deutschen Buchhändler. 21 cm.

Seit 1843. Wöchentlich. Bis 1930 mit dem Titel „Wöchentliches Verzeichnis der erschienenen und der vorbereiteten Neuigkeiten des deutschen Buchhandels". Enthält, in 24 Fachgruppen gegliedert, die neu erschienenen deutschen Bücher, Zeitschriften und Karten. Mit Verfasser- und Stichwortregister. Dazu erscheinen innerhalb der Vierteljahre kumulierte Monatsregister und Vierteljahrsregister, Voranzeigen neuer Bücher in kleinerer Schrift am Schluß jedes Abschnitts.

68. ***Deutsche Nationalbibliographie.** Reihe B: Neuerscheinungen außerhalb des Buchhandels. Bearbeitet von der Deutschen Bücherei. Leipzig, Börsenverein der Deutschen Buchhändler. 21 cm.

Seit 1931. Erscheint halbmonatlich. Systematisch in denselben Gruppen wie Reihe A. Mit Monatsregistern, die innerhalb der Vierteljahre kumuliert werden. Außerdem gibt es zu dieser Reihe Jahresregister.

69. ***Deutscher Literatur-Katalog.** Verzeichnis wichtiger Bücher aus allen Wissensgebieten. Leipzig, Koehler & Volckmar. 25 cm.

Erscheint von Zeit zu Zeit in Bänden. Früher mit dem Titel „Koehler & Volckmars Literatur-Katalog". Verzeichnet alle lieferbaren Bücher. Zuletzt 1929 erschienen.

70. ***Deutsches Bücherverzeichnis.** Eine Zusammenstellung der im deutschen Buchhandel erschienenen Bücher, Zeitschriften und Landkarten. Mit einem Stich- und Schlagwortregister. Bearbeitet von der Bibliographischen Abteilung des Börsenvereins der Deutschen Buchhändler zu Leipzig. Leipzig, Börsenverein der Deutschen Buchhändler. 28,5 cm.

Seit 1916 (für 1911—1914). Fünfjahrsverzeichnis der deutschen Buchproduktion. Hauptteil in einem durchlaufenden Alphabet der Verfasser bzw. Titel; dazu ein Stich- und Schlagwortregister in 2 Bänden. Erscheint in Lieferungen. Zuletzt für die Jahre 1921—25 erschienen.

71. **†*Het Duitsche Boek.** Tijdschrift voor de vrienden van het Duitsche boek in Nederland. Onder redactie van Th. C. van Stockum, G. Ras en J. van Dam. Amsterdam, Meulenhoff, Rokin 44. 24,5 cm.

Seit 1930. Monatlich. Systematisch geordnete Besprechungen neuer deutscher Verlagswerke in Auswahl.

72. ***Eckart-Ratgeber.** Ein Führer durch das Schrifttum der Gegenwart. Herausgegeben im Anschluß an die Monatsschrift „Eckart". Berlin, Eckart-Verlag. 23 cm.

Seit 1926. Jährlich. Systematisch geordneter, besprechender, allgemeiner Buchführer, der dem vielseitig interessierten evangelischen Laien dienen will. Besprochen werden in Auswahl die deutschen literarischen Erscheinungen aus allen Kulturgebieten.

73. ***Halbjahrsverzeichnis der im deutschen Buchhandel erschienenen Bücher, Zeitschriften und Landkarten.** Nebst einem Register. Bearbeitet von der Bibliographischen Abteilung des Börsenvereins der Deutschen Buchhändler zu Leipzig. Leipzig, Börsenverein der Deutschen Buchhändler. 26 cm.

Seit 1798. Halbjährlich. Fortsetzung von Hinrichs' Halbjahrs-Katalog. In jedem Band ein Alphabet der Titel und ein Stich- und Schlagwortregister.

74. ***Jahresberichte des Literarischen Zentralblattes über die wichtigsten wissenschaftlichen Neuerscheinungen des deutschen Sprachgebietes.** Zugleich Register der Zeitschrift. Herausgegeben von der Deutschen Bücherei. Schriftleitung: Hans Praesent. Leipzig, Verlag des Börsenvereins der Deutschen Buchhändler. 30 cm.

Seit 1925 (für 1924). Jährlich. Systematisch geordnete Titelliste von Büchern und Zeitschriften mit Autorenregister. Zu den im Literarischen Zentralblatt (siehe Nr. 81) besprochenen Titeln sind die Spaltenzahlen der Zeitschrift zugesetzt.

75. ***Jahresverzeichnis der an den deutschen Schulanstalten erschienenen Abhandlungen.** Herausgegeben von der Preußischen Staatsbibliothek. Berlin, W. de Gruyter. 24 cm.

Seit 1890 (für 1889). Jährliche, alphabetische Titelliste. Mit Sach- und Ortsregister. Erschien zunächst bis 1916 (für 1915). 1931 erschien ein Supplementheft, das die Jahre 1916—1930 umfaßt.

76. ***Jahresverzeichnis der an den deutschen Universitäten und Hochschulen erschienenen Schriften.** Berlin, W. de Gruyter. 24,5 cm.

Seit 1887 (für August 1885—August 1886). Jährlich. Von 1913 an Ausgaben nach dem Kalenderjahr. Nach Universitäten und

Fakultäten, innerhalb dieser alphabetisch geordnet. Mit Verfasser- und Schlagwortregister. 1931 erschien der Jahrgang 1929.

77. ***Katholische Bibliographie.** Monatliches Verzeichnis katholischer Neuerscheinungen. Freiburg i. B., R. Feistbauer & M. Wieland, Bußstraße 30. 22 cm.

Seit 1929. Monatlich (teilweise Doppelnummern). Systematische Titelliste katholischer deutscher Neuerscheinungen auf allen Gebieten. Mit Angabe der Preise. Am Schluß jedes Heftes Verfasser- und Schlagwortregister.

78. ***Kürschners Deutscher Gelehrten-Kalender.** Herausgegeben von Gerhard Lüdtke. Berlin und Leipzig, W. de Gruyter. 20,5 cm.

Seit 1925. Verzeichnis deutscher Gelehrten mit knappen biographischen Notizen und chronologischer Aufzählung der Werke und Zeitschriftenaufsätze. Die 4. Ausgabe erschien 1930—1931 in Lieferungen.

79. ***Literarischer Jahresbericht des Dürerbundes und der Deutschen Zentralstelle für volkstümliches Büchereiwesen.** Bearbeitet von Fritz Kaphahn und Hans Hofmann. Berlin, Sieben-Stäbe-Verlag. 25 cm.

Seit 1909. Jährlich. Besprechungen der für die Geisteskultur wichtigen deutschen Werke, besonders aus der schönen Literatur.

80. ***Literarischer Ratgeber für die Katholiken Deutschlands.** Herausgegeben von Wilhelm Spael. München, J. Kösel & F. Pustet. 24 cm.

Seit 1902. Jährlich. Systematisch geordnetes besprechendes Verzeichnis von Neuerscheinungen aller Wissensgebiete in Auswahl. Für Katholiken. 17 Mitarbeiter, die die Referate für je ein Fachgebiet liefern.

81. ***Literarisches Zentralblatt für Deutschland.** Gegründet von Friedrich Zarncke. Herausgegeben von der Deutschen Bücherei zu Leipzig. Schriftleitung: Hans Praesent. Leipzig, Börsenverein der Deutschen Buchhändler. 29,5 cm.

Seit 1850. Halbmonatlich. Systematisch geordnete Bibliographie wissenschaftlicher deutscher Bücher und Zeitschriftenaufsätze mit häufigen erläuternden Anmerkungen. Etwa 36 wissenschaftliche Mitarbeiter. Mit jährlichem Register „Jahresberichte des Literarischen Zentralblattes“ (siehe Nr. 74).

82. ***Neue Bücher.** Besprechungen von Neuerscheinungen. Herausgegeben von der Freien Arbeitsgemeinschaft Deutscher Volksbibliothekare. Bonn, L. Röhrscheid. 23 cm.
Seit 1924. 6 Hefte jährlich. Enthält systematisch geordnete Besprechungen einer sorgsamen Auswahl von Neuerscheinungen aller Wissensgebiete vom volksbibliothekarischen Standpunkt aus. Nur deutsche Bücher.

83. **Nimm und lies!** Neue Bücher des Monats. Leipzig, Börsenverein der Deutschen Buchhändler. 27,5 cm.
Seit 1924. Monatlich. Werbeschrift des deutschen Verlages mit Aufsätzen, Besprechungen und Anzeigen, die beim Publikum Interesse für die Verlagsprodukte wecken sollen; unter der Überschrift „Wähle und kaufe" bringt sie eine nach Schlagworten geordnete Auswahlliste der Neuerscheinungen.

84. ***Sozialistischer Literaturführer.** Berlin SW 68, Reichsausschuß für Sozialistische Bildungsarbeit, Lindenstraße 3. 23 cm.
Seit 1927. Jährlich. Enthält gesammelt die wichtigsten Literaturartikel der „Bücherwarte" (s. Nr. 63) und der „Sozialistischen Bildung" des abgelaufenen Jahres.

— siehe auch: Nr. 7. 21—25. 310—316. 344—347. 366. 367.

[015(436) Österreich

85. **Anzeiger für den Buch-, Kunst- und Musikalienhandel** (früher Buchhändler-Correspondenz). Amtliches Organ der Korporation der Wiener Buch-, Kunst- und Musikalienhändler sowie des Vereins der Österreichischen Buch-, Kunst- und Musikalienhändler. Wien IV, O. Fischer, Favoritenstraße 21. 30 cm.
Seit 1922. Erscheint wöchentlich als Fach- und Inseratenorgan, bringt seit Nr. 27 des Jg. 1930 regelmäßig einen den österreichischen Verlag enthaltenden Auszug aus dem Börsenblatt für den deutschen Buchhandel mit dem Titel: 'Erschienene Neuigkeiten des österreichischen Buchhandels'.

86. **Die feierliche Inauguration des Rektors der Wiener Universität.** Wien, Universität. 24 cm.
Seit 1878. Jährlich. Enthält seit 1928 eine „Übersicht der an der katholisch-theologischen, evangelisch-theologischen, rechts- und staatswissenschaftlichen und philosophischen Fakultät eingereichten und approbierten Dissertationen"; Druckzwang besteht nur teilweise für die rechts- und staatswissenschaftliche Fakultät.

87. ***Literarischer Anzeiger.** Geleitet von Joh. Haring und Joh. Köck. Graz, Styria. 32 cm.

Seit 1899. Halbjährlich. Veröffentlicht eine vollständige analytische Bibliographie von Büchern betreffend katholische Literatur, eingeteilt nach den Gebieten Theologie, Philosophie, Schöne Literatur.

88. ***Zuwachsverzeichnis der Druckschriften der Nationalbibliothek in Wien.** Anhang: Zuwachs der Spezialsammlungen. Wien, Höfels in Kommission. 22 cm.

Seit 1923. Jährlich (zuletzt 1931 für 1928 und 1929 erschienen). Enthält innerhalb des Gesamtzuwachses eine systematisch gegliederte, primäre österreichische Bibliographie.

— siehe auch: Nr. 56—84.

[015(437) Tschechoslowakei

89. ***Bibliografický katalog Československé Republiky.** (Catalogue bibliographique de la République Tchécoslovaque.) Publié par Národní Knihovna, auprès de la Bibliothèque Universitaire, Prague. Rédacteurs: K. Randé et V. Foch. V Praze, Ministerstvo Školství a národní osvěty. 25 cm.

Depuis 1930 (pour l'année 1929). Annuel. Continuation de la bibliographie hebdomadaire publiée, sous le même titre, pendant les années 1922 à 1928. Deux tomes par an: 1) Livres, classés par langues et auteurs; Table par matières; 2) Publications périodiques arrangées alphabétiquement par titres suivies de plusieurs tables, par sujets, par lieux, par éditeurs. — Il y a, aussi, une édition sur fiches (7,5 × 12,5 cm) paraissant chaque semaine, depuis 1929.

90. **Česká osvěta.** Lidovýchovný obzor. (L'éducation populaire tchèque.) Publiée par le Ministère de l'enseignement et de l'instruction publique. Réd.: Leopold Calábek. Praha II, Ostrovní 24. 22,5 cm.

Depuis 1904. Mensuel. Publie dans chaque numéro une liste d'ouvrages tchèques choisis pour satisfaire aux besoins des bibliothèques publiques. Les titres sont accompagnés de notices analytiques et critiques.

91. **Československý knihkupec.** (Bulletin des libraires tchécoslovaques.) Praha, Svaz knihkupcův a nakladatelů. 32 cm.

Depuis 1924. Paraît chaque semaine. Accompagné d'une liste de nouveaux livres tchécoslovaques, arrangée par noms d'auteurs, sous le titre: »Co týden dal«.

92. **Čin.** (L'Action.) Týdeník. Praha II, Karlovo nám. 27. 19,5 cm.

Depuis 1929. Paraît chaque semaine, excepté en juillet et août. Publie la bibliographie courante de la Tchécoslovaquie sous le titre: Nové knihy. (Livres nouveaux.) Par Bohuslav Koutník. Classement méthodique d'après le système décimal.

93. **Literární rozhledy.** (Revue littéraire.) Orgán Svazu knihkupcův a nakladatelů ČSR. Praha, Svaz knihkupcův a nakladatelů ČSR. 31 cm.

Depuis 1916. Mensuel. Publie dans chaque numéro une liste plus ou moins complète de livres nouveaux dans la rubrique »Co měsíc dal«; arrangement alphabétique par noms d'auteurs.

94. **†Literatura.** (Die Literatur.) Bibliograficko-vzdělávací věstník. Redaktor: Bohuslav Foit. Praha, A. Neubert, Hybernská 12. 27 cm.

Seit 1924. Vierteljährlich. Enthält laufende Bibliographien. Der Jahrgang 1930 enthält ein Verzeichnis tschechischer Musikalien für 1929 und 1930.

95. **Naše kniha.** Literární a bibliografický věstník. (Notre livre.) Praha, A. Neubert, Hybernská 12. 27 cm.

Depuis 1920. Deux fois par mois. Contient, dans chaque numéro, une bibliographie des publications nouvelles tchécoslovaques sous le titre de »Československá bibliografie«. Établie avec la collaboration de la Bibliothèque du Muséum National à Prague, la Bibliothèque des étudiants à Olmutz et la Bibliothèque universitaire à Bratislava. Arrangement méthodique.

96. ***Naše věda.** (Notre science.) Revue critique. Hlavní redakce: Ant. Beer, Ant. Hobza, Jan Zavřel. Praha II, „Melantrich" Václavské nám. 42. 28 cm.

Depuis 1920. Dix fois par an. Comptes rendus critiques d'ouvrages tchécoslovaques.

97. ***Revue des travaux scientifiques tchécoslovaques.** Czechoslovak research work. Prague, Česká Akademie věd a umění; Topič. 22,5 cm.

Depuis 1924 (pour l'année 1919). Résumés annuels des travaux. Classification systématique en deux sections: 1) Philosophie, philologie, histoire et sciences sociales (en 1928 a paru l'année 1921); 2) Mathématiques, physique, etc. (en 1931 a paru un volume pour les années 1922, 1923, et 1924).

98. ***Seznam knih, map, obrazů, časopisů a hudebnin, vydaných nákladem členů Svazu knihkupcův a nakladatelů Československé Republiky.** (Catalogue des livres, cartes etc. publiés par les membres de l'Association des libraires et éditeurs tchécoslovaques.) Praha, Svaz knihkupcův a nakladatelů. 23 cm.

Depuis 1926 (pour l'année 1925). Annuel. Liste classée par auteurs et par matières dans un seul alphabet. En 1931 a paru l'année 1930. À la fin: Livres de musique.

99. **†Sudetendeutsches Jahrbuch.** Jahrbuch der Anstalt für Sudetendeutsche Heimatforschung. Herausgegeben von Otto Kletzl. Eger, Verlag der Literarischen Adalbert-Stifter-Gesellschaft; Kassel-Wilhelmshöhe, J. Stauda. 21,5 cm.

Seit 1925. Jährlich. Fortsetzung von „Böhmerlandjahrbuch". Jg. 1929 enthält eine jährliche, erschöpfende Übersicht über das gesamte literarische Schaffen der Sudetendeutschen auf allen Kulturgebieten in 13 auf 12 Mitarbeiter verteilten Fachgruppen. Die Zeitschriftenaufsätze sind mit verzeichnet. Der Bericht bezieht sich auf das Jahr 1928 und soll laufend fortgesetzt werden.

— siehe auch: Nr. 317. 348.

[015(438) Polen

100. ***Kurjer księgarski dla wszystkich.** Miesięczny przegląd nowości literackich naukowych. (Le Courrier des libraires pour tous. Revue mensuelle des nouveautés littéraires et scientifiques.) Rédacteur: Eustazy Wacław Szelążek. Warszawa, Édition de la Maison du Livre Polonais, Plac 3 Krzyży 8. 40,5 cm.

Depuis 1930. Mensuel. Table systématique des nouveaux livres. Analyses et comptes rendus.

101. ***Przewodnik bibljograficzny.** Miesięcznik dla wydawców, księgarzy, antykwarjuszy, jako też dla czytających i kupujących książki. (Guide de la bibliographie. Revue mensuelle pour les éditeurs, libraires, antiquaires.) Rédacteur: Władysław Tadeusz Wisłocki. Lwów, Édition de la Société des libraires polonais, Długosza 37; Warszawa, Hortenzji 4. 23,5 cm.

Depuis 1878. Mensuel. Bibliographie-titres courante des livres nouveaux. Ordre systématique.

102. ***Urzędowy wykaz czasopism, wydawanych w Rzeczypospolitej Polskiej,** zarejestrowanych w Bibljotece Narodowej. (Bulletin bibliographique des périodiques édités dans la République Polonaise.) Warszawa, Ministère des Cultes et de l'Instruction Publique. 34,5 cm.

Depuis 1929. Mensuel. Annexe au „Urzędowy wykaz druków" (voir No. 103). Bibliographie-titres alphabétique en deux groupes: 1⁰ Périodiques nouveaux; 2⁰ Périodiques en cours de publication.

103. ***Urzędowy wykaz druków wydanych w Rzeczypospolitej Polskiej.** Druki zarejestrowane w Bibljotece Narodowej. (Bulletin bibliographique officiel des imprimés édités dans la République Polonaise.) Warszawa, Ministère des Cultes et de l'Instruction Publique. 34,5 cm.

Depuis 1928. Hebdomadaire. Bibliographie-titres complète, alphabétique des livres polonais enregistrés à la Bibliothèque Nationale à Varsovie. À la fin de chaque numéro: Livres publiés à l'étranger. Deux annexes (voir nos 102 et 104).

104. ***Wykaz druków polskich lub Polski dotyczących wydanych zagranicą,** opracowany w Bibljotece Narodowej. (Bulletin bibliographique d'imprimés polonais ou concernant la Pologne édités à l'étranger.) Warszawa, Ministère des Cultes et de l'Instruction Publique. Warszawa. 34,5 cm.

Depuis 1928. Mensuel. Annexe au »Urzędowy wykaz druków« (voir No. 103). Bibliographie-titres alphabétique.

— siehe auch: Nr. 318. 319.

[015(439) Ungarn

105. **†Akadémiai értesítő.** (Anzeiger der Akademie.) A magyar tud. Akadémia megbizásából szerkeszti: Balogh Jenő. Budapest, A magyar tudományos Akadémia. 22 cm.

Seit 1890. Unregelmäßig. Von Zeit zu Zeit Bibliographie der neuen literarischen Arbeiten der Akademiemitglieder. Alphabetisch nach Autoren.

106. **Corvina.** A magyar könyvkiadók és könyvkereskedők országos egyesületének közlönye. (Corvina. Organe de l'Association des éditeurs de livres et des libraires hongrois.) Dir.: Andor Szántó. Budapest IV, Magyar-utca 50. 31 cm.

Paraît depuis 1878. Revue hebdomadaire. Bibliographie courante des ouvrages en librairie, groupée par ordre d'éditeurs. Supplément trimestriel: „Magyar könyvészet" (voir No. 108).

107. **†*Irodalmi tájékoztató.** (Literarischer Wegweiser.) Válogatott magyar könyvek (és magyar vonatkozású idegennyelvű művek) jegyzéke. Összeállítva a Magyar könyvkiadók és könyvkereskedők országos egyesülete megbízásából. Budapest, Révai. 18 cm.

Seit 1919. Jährlich. Systematische Titelbibliographie ausgewählter ungarischer Bücher sowie nichtungarischer Bücher über Ungarn ohne Angabe von Ort, Verlag und Jahr, doch mit Nennung der Preise und der Seitenzahlen. Am Schluß Autoren- und Sachregister.

108. ***Magyar könyvészet.** (Bibliographie hongroise.) Supplément à la „Corvina". Réd. par Pál Gulyás. Budapest. 23 cm.

Depuis 1930. Revue trimestrielle. Chaque numéro comprend la bibliographie primaire et alphabétique des publications hongroises mentionnées pendant les trois mois précédents dans la „Corvina".

[015(44) Frankreich

109. **Annales de l'Université de Paris.** Publiées par la Société des Amis de l'Université. Paris, Bureau des renseignements scientifiques de l'Université de Paris, à la Sorbonne. 25,5 cm.

1ère année: 1926. Paraissent tous les 2 mois. «Vie scientifique»: résumés de thèses (par les auteurs) et listes de publications et travaux des laboratoires.

110. **Bibliographie de la France,** ou Journal général et officiel de l'imprimerie et de la librairie. Cercle de la Librairie (Syndicat des industries du Livre). En collaboration avec le Ministère de l'Intérieur et la Bibliothèque Nationale. Paris, 117 Boulevard Saint-Germain. 25 cm.

1ère année: 1811. Hebdomadaire: le vendredi. D'une part le dépôt légal français avec les cotes de la Bibliothèque Nationale. D'autre part une sélection de la production de la librairie française. Elle comprend 3 parties et des tables. I° Bibliographie: livres et périodiques entrés à la Bibliothèque Nationale avec leur cote (alphabétique). II° Chronique professionnelle (librairie, droit d'auteur, jurisprudence). III° Annonces (ordre chronologique d'arrivée des annonces, table des annonceurs). Suppléments annuels: «Livres d'étrennes et publications périodiques»; «Catalogue pour la rentrée des classes» (annonces des éditeurs). Tables: hebdomadaires des annonces «Les livres de la semaine»; mensuelles des annonces «Les livres du mois» (méthodique); annuelles des annonces «Les livres de l'année» (méthodique); de la bibliographie (alphabétique); de la chronique (méthodique). La publication des livres entrés à la Bibliothèque Nationale par le dépot légal subit un retard d'environ 3 mois. Les annonces paraissent avec une avance variable.

111. ***Catalogue général de la librairie française.** Continuation de l'ouvrage d'Otto Lorenz et de D. Jordell. Publié sous la direction de Henri Stein. Paris, H. Champion, 5 quai Malaquais. 25 cm.

Depuis 1867 (pour les années 1840—65). Embrasse plusieurs années (périodes de 2 à 5 ans). Ouvrages écrits en français parus en France et dans les pays de langue française. Classé alphabétiquement par auteurs et accompagné d'une table alphabétique des matières. Dernier tome paru: t. 29, 1924—1926 pour 1919—21; et t. 30, 1929—1930 (tables du t. 29).

112. †* **Catalogue mensuel de la librairie française.** Fondé par O. Lorenz. Paris, Agence générale de librairie et de publications, 7 rue de Lille. 22 cm.
Seit 1876. Monatliche systematische Titelliste mit jährlichem Register (Verfasser-, Titel- u. Sachregister).

113. *Ministère de l'Instruction publique. **Catalogue des thèses et écrits académiques.** Directeur: le Conservateur de la Bibliothèque de l'Université de Paris. Paris, E. Leroux, 28 rue Bonaparte. 23,5 cm.
1ère année: 1884. Annuel. Par matières (8 classes: droit, médecine, médecine vétérinaire, pharmacie, sciences, lettres, théologie, écrits académiques); à l'intérieur par universités (villes). En 1929 a paru la liste de l'année 1926. Tous les 5 ans: une table alphabétique d'auteurs et une table analytique de matières.

114. ***Catalogue Valdras.** Livres publiés en France. Paris, Vald. Rasmussen, 168 boulevard Saint-Germain. 22 cm.
1ère année: 1930 (pour 1929). Annuel. Livres, brochures et thèses publiés en France l'année précédente, classés alphabétiquement (auteurs, titres et mots souches dans un seul ordre alphabétique). A la fin: une liste des collections ainsi qu'une liste des éditeurs.

115. †***Les fiches du mois.** Publiées par l'Office central de librairie et de bibliographie. Paris, 76bis rue des Saints-Pères. 20 cm.
Seit 1924. Monatlich. Enthält in systematischer Anordnung Besprechungen französischer Neuerscheinungen auf allen Gebieten.

116. **Het Fransche boek.** Orgaan van de „Vereeniging tot Bevordering der Studie van het Fransch" en van het Genootschap „Nederland-Frankrijk". Wageningen, Zomer & Keuning. 24 cm.
Seit 1921. Monatlich außer Juli und August. Besprechungen französischer Bücher, nach Gruppen geordnet.

117. ***Le Livre français.** Bulletin de bibliographie critique. Organe des Amis du livre français. Président: René Doumic. Paris, 36 rue Vaneau. 21 cm.

1ère année: 1903. 10 numéros par an. Notices critiques des livres nouveaux.

118. ***La Quinzaine critique des livres et des revues.** Directeur: Pierre de Lescure. Paris, Maison du Livre français, 4 rue Félibien. 25 cm.

1ère année: 1929. Parait le 10 et le 25 de chaque mois. Choix de livres et d'articles français de premier plan. Notices critiques des livres, des éditions de luxe, et des articles de revues. Classification décimale. Dans chaque numéro: un index des matières, et un index des auteurs, tous deux alphabétiques.

119. ***Les Tables bibliographiques de la librairie française.** Publiées par la Maison du livre français. Paris, 4 rue Félibien. 24 cm.

1ère année: 1902. Paraissant 2 fois par mois. Table A: Liste alphabétique des auteurs ou titres, prix et noms d'éditeurs. Table B: Index par ordre alphabétique des noms d'auteurs. Table C: Index par ordre alphabétique des titres et des mots essentiels.

120. **Tous les livres.** Bulletin technique de librairie, publié par les Messageries Hachette. Paris, 111 rue Réaumur. 27 cm.

Depuis 1928. Mensuel. Comptes rendus d'ouvrages français. Annonces des livres à paraître (par maisons d'éditions). Quelques livres étrangers y sont commentés. Liste mensuelle (par auteurs et par titres) des publications françaises et des ouvrages publiés en français à l'étranger.

121. **Vient de paraître.** Revue mensuelle des lettres et des arts. Secrétaire de la rédaction: André Lacoste. Paris, 11 rue de Sèvres. 27,5 cm.

1ère année: 1921. Mensuelle. Comptes rendus et analyses d'ouvrages français surtout littéraires. Quelques notices consacrées à des ouvrages étrangers.

— siehe auch: Nr. 32. 33. 35. 320—322.

[015'(45) Italien

122. **†*L'Annunciatore librario mensile.** Recentissime pubblicazioni italiane. Roma, Kurt H. Winter; A. Signorelli, via degli Orfani 88. 24 cm.

Seit 1918. Monatlich. Systematische Titelliste italienischer Neuerscheinungen.

123. **†L'Arcilibro.** Vita e opere degli italiani. Almanacco dell' Alleanza nazionale del libro. Milano, E. Ravagnati. 19 cm.

Seit 1928. Jährlich. Enthält eine alphabetisch geordnete Liste neuer italienischer Bücher des vergangenen Jahres, sowie ein alphabetisch nach Sachbegriffen geordnetes Zeitschriftenverzeichnis. Im Bande für 1931 erschienen die Verzeichnisse für das Jahr 1930.

124. **†L'Avvisatore librario settimanale.** Bollettino bibliografico edito dalla Società generale delle Messaggerie italiane. Bologna, via Milazzo 11. 24 cm.

Seit 1928. Wöchentlich. Enthält in jedem Heft eine systematisch geordnete Titelbibliographie italienischer Neuerscheinungen.

125. ***Bibliografia italiana.** A cura del Consiglio nazionale delle ricerche. Bologna, N. Zanichelli. 25 cm.

Dal 1928. 1928 e 1929 con il titolo: «Bibliografia scientifico-tecnica italiana». Divisa dal 1930 in quattro gruppi: A. Scienze matematiche, fisiche e biologiche. Geografia. (Mensile.) B. Medicina. (Mensile.) C. Ingegneria. Industria. Difesa nazionale. (Sei fascicoli per anno.) D. Agricoltura. (Trimestrale.) Gli altri gruppi contenuti nel 1928 e 1929 sono omessi. Dà notizia (con titolo e breve cenno del contenuto) di libri e articoli di periodici, pubblicati in Italia o all' estero in lingua italiana e di una certa importanza. È fondamentale per l'Italia.

126. *R. Biblioteca Nazionale centrale di Firenze. **Bollettino delle pubblicazioni italiane ricevute per diritto di stampa.** Firenze, presso la R. Biblioteca Nazionale centrale. 24 cm.

Dal 1886. Mensile. È una bibliografia per titoli di quasi tutte le più importanti pubblicazioni che vedono la luce in Italia. È divisa per materia, ma ogni numero e ogni annata hanno un indice alfabetico degli autori e uno dei soggetti. Normalmente dà notizia di pubblicazioni dell' anno in corso e dell' anno precedente. Delle pubblicazioni periodiche dà il titolo ma non fa lo spoglio. Contiene pure un supplemento per le pubblicazioni musicali italiane.

126 a. **†*Catalogo dei cataloghi del libro italiano.** Bologna, Società generale delle Messaggerie italiane, via Milazzo 11. 24,5 cm.

Erscheint unregelmäßig. Bisher ein Hauptwerk (1926 erschienen) und zwei Supplemente (1929 und 1931). Systematisches Verzeichnis mit Namen- und Sachregister.

127. **†*Catalogo generale della libreria italiana.** Compilato dal prof. Attilio Pagliaini. Milano, Associazione editoriale-libraria italiana. 28 cm.

Erschien als retrospektive Bibliographie 1901—1922 für 1847 —1899, wird aber durch Supplemente, die einen Zeitraum von zehn Jahren umfassen, fortgesetzt. Alphabetische Titelbibliographie der italienischen Neuerscheinungen. 1925—28 erschien das Supplement für 1911—20 in 2 Bänden.

128. **Giornale della libreria.** Ufficiale per la Federazione nazionale fascista dell' industria editoriale. Milano (103), Corso Venezia 16. 28 cm.

Dal 1887. Settimanale. Offre un elenco di «Recentissime pubblicazioni della libreria italiana» disposto in ordine alfabetico di editori. Indice settimanale dei nomi degli autori e riassunto sistematico semestrale dei libri con indice alfabetico degli autori. «Libri di strenna» (annuale).

129. ***L'Italia che scrive.** Rassegna per coloro che leggono. Supplemento mensile a tutti i periodici. Roma, A. F. Formíggini, palazzo Doria. 31 cm.

Dal 1918. Mensile. Parla di libri, di scrittori e di tutto ciò che li concerne, ma suo principale scopo è dar notizia delle più importanti opere pubblicate in Italia, con recensioni nelle «Notizie bibliografiche», con soli titoli nelle «Recentissime pubblicazioni italiane». Le due rubriche sono suddivise in classi e si occupano di opere di ogni argomento.

130. **†La nuova Italia.** Rassegna critica mensile della cultura italiana e straniera. Diretta da Luigi Russo. Perugia, Porta Elce; Firenze, via Fiesolana 38. 27 cm.

Seit 1930. Monatlich. Rezensionen und systematische Bibliographie («Bollettino bibliografico») von Neuerscheinungen aus allen Gebieten. Vorwiegend italienische Werke.

— siehe auch: Nr. 37—39. 323. 349. 349[a]. 520.

[015(46) Spanien

131. **†*Archivo bibliográfico hispano-americano.** Lo publica la librería general de Victoriano Suárez. Madrid, Suárez, 48 Preciados. 25 cm.

Seit 1909. Vierteljährlich. Alphabetische Titelliste spanischer Neuerscheinungen.

132. **†*Bibliografía general española e hispanoamericana.** Publicada por las Cámaras oficiales del libro, Madrid-Barcelona. Madrid, Calle de San Sebastián 2. 29 cm.

Seit 1923. Monatlich. Zerfällt in 3 Abteilungen. Die erste, »Bibliografia«, ist eine alphabetische Titelliste spanischer Neuerscheinungen. Am Schluß jedes Heftes Sachregister in systematischer Gestalt. Fachartikel und Nachrichten für den Buchhändler werden in dem 2. Teil »Crónica« (Kopftitel der Hefte: Boletín de las Cámaras oficiales del libro de Madrid y Barcelona«) mitgeteilt, Buchhändleranzeigen in dem 3. Teil »Anuncios«. Jährlich Autorenregister und systematisches Register (nach den 10 Hauptabteilungen der Dezimalklassifikation). Das monatliche systematische Register erscheint auch in kleinerem Format mit dem Titel »Boletín mensual de la librería española« (s. Nr. 133).

133. †***Boletín mensual de la librería española.** Madrid, Casa del libro, avenida de Py y Margall, 7. 21,5 cm.
Seit 1927. Erscheint monatlich als Supplement zu: Bibliografia general española e hispanoamericana (siehe Nr. 132). Systematische Ordnung. Unveränderter Abdruck der sachlich geordneten Rubrik dieser Zeitschrift, doch in kleinerem Format.

134. †**Boletín de la Real Academia española.** Madrid, Félipe IV, 2. 25 cm.
Seit 1914. Fünfmal jährlich. Mit Titelbibliographie neuer Bücher und Inhaltsangabe neuer Zeitschriftenhefte. Meist spanische Veröffentlichungen. Beschränkung auf die geisteswissenschaftlichen Fächer.

135. †**La Gaceta literaria, ibérica, americana, internacional.** Letras, arte, ciencia. Dirección: E. Gimenez Caballero, Pedro Sáinz Rodríguez. Madrid, Príncipe de Vergara 42 y 44. 36 cm.
Seit 1927. Zweimal monatlich. Bringt eine »Bibliografía de la quincena« von A. Millares und J. Artiles (systematisch geordnete Titelliste).

136. †***Indice de libros.** Revista de bibliografía. Madrid, calle del Prado, 14. 21,5 cm.
Seit 1928. Monatlich, zuletzt seltener. Systematische Titelbibliographie spanischer Neuerscheinungen.

— siehe auch: Nr. 41. 347ᵃ.

[015(469) Portugal

137. †**Anais das bibliotecas e arquivos.** Revista trimestral de bibliografia, bibliologia, biblioteconomia, bibliotecografia, arquivologia, etc. Lisbôa, Biblioteca Nacional. 24,5 cm.

Seit 1917. Vierteljährlich. Enthält ein laufendes Verzeichnis der in die Nationalbibliothek hineingelangenden portugiesischen Neuerscheinungen, zuletzt 1927 erschienen.

138. †**Boletim da Biblioteca da Universidade de Coimbra.** Director: Joaquim de Carvalho. Coimbra, Universidade. 24 cm.

Seit 1914. Eigentlich monatlich erscheinend, aber stets sind eine Reihe von Heften zusammengefaßt. Enthält ein Verzeichnis der Neuerwerbungen, das als portugiesische Nationalbibliographie dienen kann.

139. †**Portucale.** Revista illustrada de cultura literária, scientífica, e artística. Directores: Augusto Martins, Cláudio Basto, Pedro Vitorino. Porto, Portugal, r. Dos Mártires da Libertade, 178. 24,5 cm.

Seit 1928. Zweimonatig. Enthält in jedem Heft in dem Abschnitt »Bibliografia« eine von Besprechungen begleitete Liste portugiesischer Neuerscheinungen, im Anschluß daran Rezensionen ausländischer auf Portugal und Spanien bezüglicher Werke (geordnet nach Ländern).

140. †***Dos Prelos.** Boletim de novidades bibliograficas da parceria Antonio Maria Pereira. Lisbõa, 44—54 rua Augusta. 26,5 cm.

Seit 1928. Monatlich. Verzeichnisse und Anzeigen portugiesischer Neuerscheinungen aller Gebiete.

[015(47) Rußland

141. ***Bibliografičeskij ukazatel' literatury vypuščennoj vo Vladimirskoj gubernii.** (Bibliographie der im Gouvernement Vladimir erschienenen Literatur.) Vladimir, Vladimirskoe Okružnoe Naučnoe Kraevedčeskoe Obščestvo. 24,5 cm.

Seit 1927 (für 1917—1927). Unregelmäßig. Enthält eine systematische Titelliste der Literatur des Gebiets. 1929 erschien das Verzeichnis für 1927—1929.

142. ***Bjuro central'noj katalogizacii.** (Büro für Zentralkatalogisierung.) Moskva.

Gibt seit 1924 eine Zettelbibliographie im Format 7,5 × 12,5 cm heraus. Die Titel sind mit Erläuterungen versehen; außerdem sind die Dezimalnummer, die Autorenmarke nach Cutter und die Schlagwörter angegegeben. Enthält Aufklärungsliteratur aus allen Gebieten, besonders dem der Politik.

143. ***Ežegodnik Gosudarstvennoj central'noj knižnoj palaty RSFSR.** (Jahrbuch der Staatlichen Zentralbücherkammer der

R. S. F. S. R.) Sostavil E. I. Šamurin. Moskva, Leningrad, Gos. Izdat. 25 cm.

Seit 1927 (für 1925). Jährlich. Titelbibliographie der in der Russischen Sozialistischen Föderativen Sowjetrepublik erscheinenden Bücher; systematische Anordnung. 1930 erschien die Bibliographie der 1928 erschienenen Bücher.

144. †***Kartočnaja knižnaja letopiś Gosudarstvennoj central'noj knižnoj Palaty RSFSR.** (Bücherannalen der Zentralbücherkammer in Zettelform.) Moskva, Gosud. Central'naja knižnaja Palata, Novinskij bul'var.

Seit 1927. Zettelbibliographie auf Kartonpapier im Format 7,5×12,5 cm. Enthält die russischen Neuerscheinungen unter Benutzung des Satzes der Knižnaja Letopiś mit Angabe der Nummern des Dezimalsystems. Versendung der Zettel in unregelmäßigen Zeitabständen. Auswahlbezug nicht gestattet.

145. **Kniga i kooperacija.** Knižno-rekomendatel'nyj bjulleteń Centrosojuza. (Das Buch und die Kooperation.) Moskva, Centrosojuz RSFSR. 25 cm.

Besitzt eine Abteilung: „Bibliographie der Neuerscheinungen". Erschien bis 1930, Nr. 6 unter dem Titel: „Knižno-rekomendatel'nyj bjulleteń Centrosojuza" (Instruktives Bücherbulletin des Zentralverbandes der Konsumgenossenschaften).

146. ***Knižnaja letopiś.** Organ gosudarstvennoj bibliografii. (Bücherannalen. Organ der staatlichen Bibliographie.) Moskva, Gosudarstvennaja central'naja knižnaja palata RSFSR. 21 cm.

Seit 1907. Erscheint alle 5 Tage. Verzeichnung der in der Russischen Sozialistischen Föderativen Sowjetrepublik erscheinenden Bücher. Systematische Anordnung. Jedem Titel ist die Nummer der Dezimalklassifikation zugesetzt. Register für sechs Hefte und für jeden Jahrgang. Zwei vierteljährliche Beilagen seit 1928: 1. Gesamtverzeichnis der in den Unionrepubliken (außer der RSFSR) in russischer und in westeuropäischen Sprachen erscheinenden Schriften. 2. Sonderbeilage, in der die Bücher registriert sind, die in der RSFSR in orientalischen Sprachen erscheinen. Zettel-Ausgabe siehe Nr. 144.

147. **Na knižnom fronte.** Bjulleteń Gosudarstvennogo izdatel'stva. (An der Bücherfront. Bulletin des Staatsverlags.) Moskva, Leningrad, Gosizdat. 25 cm.

Seit 1922. Bis 1928 mit dem Titel „Bjulleteń Gosudarstvennogo izdatel'stva". Dreimal monatlich. Als Beilage erscheint in jedem Heft ein systematisches Titelverzeichnis russischer Neuerscheinungen mit dem Titel: „Novye knigi" (Neue Bücher). Seit 1931 erscheint eine weitere Beilage in größerem Format (32 cm): „Pjatidnevka knigocentra" (Die Fünftagewoche der Buchzentrale).

148. ***Rekomendatel'nyj bjulleteń Bibliografičeskogo otdela Sektora massovoj raboty Narkomprosa.** (Empfehlendes Bulletin der bibliographischen Abteilung der Sektion für Massenarbeit des Volkskommissariats für Aufklärung.) Moskva, Gosudarstvennoe izdatel'stvo. 17 cm.
Seit 1928. Dreimal monatlich. Bibliographie russischer Werke aus allen Gebieten; systematische Anordnung. Jedem Titel außer der Belletristik ist die Nummer der Dezimalklassifikation, allen Titeln sind Erläuterungen beigegeben.

149. ***Russkije knižnye novosti.** (Russische Neuerscheinungen.) Moskva, Meždunarodnaja kniga, Kuzneckij most 18. 21,5 cm.
Seit 1927. Monatlich. Systematischer Katalog neuerschienener russischer Bücher mit Preisangabe.

150. ***V pomošč biblioteke pri komplektovanii i rabote s čitatelem.** Ežemesjačnyj rekomendatel'nyj tematičeskij bjulleteń. Moskovskaja central'naja obl. bib-ka Obl. P. P. (Leitfaden für die Kompletierung der Bibliothek und für die Arbeit mit dem Leser.) Moskva, Gosizdat RSFSR; Moskovskij rabočij. 17 cm.
Seit 1929. Monatlich.

151. **V pomošč derevenskomu prosveščencu i knižniku.** Rukovodjaščij organ Leningradskogo oblono i Sevzapsojuza po rabote s knigoj v derevne. (Seit 1930: „Bibliotečno-bibliografičeskij bjulleteń Politprosveta oblono".) (Leitfaden für Landlehrer und Bücherfreunde.) Leningrad, Priboj. 20 cm.
Seit 1929. Monatlich. Mit systematisch geordneter Bibliographie.

— siehe auch: Nr. 324. 350.

[015(471) Finnland

152. ***Arvosteleva luettelo suomenkielisestä kirjallisuudesta.** Julkaissut Valtion kirjastotoimisto. (Besprechender Katalog der finnischen Literatur. Herausgegeben vom Staatlichen Bibliotheksbureau.) Helsinki. 23 cm.
Seit 1902. Jährlich (mit Ausnahme der Jahre 1908—1915). Systematisch geordnete Besprechungen mit alphabetischem Register, und zwar 1930 für das Jahr 1929. Zusammengestellt auf Grund des

in der Zeitschrift „Kansanvalistus ja kirjastolehti“ (siehe Nr. 153) veröffentlichten Materials. Das zugrunde gelegte System ähnelt dem Brüsseler Dezimalsystem.

153. **Kansanvalistus ja kirjastolehti.** Kansanvalistusseuran ja Suomen kirjastoseuran julkaisema. (Zeitschrift für Volksbildung und Bibliothekswesen. Herausgegeben von der Gesellschaft für Volksbildung und der Gesellschaft für Bibliothekswesen in Finnland.) Helsinki, Museokatu 18. 22,5 cm.

Seit 1921. Fortsetzung der Zeitschriften „Kirjastolehti“ (seit 1908) und „Kansanvalistus“ (seit 1916). Erscheint jährlich in acht Heften, welche systematisch geordnete Besprechungen der während des betreffenden Jahres in Finnland in finnischer Sprache erschienenen Literatur enthalten. Die systematische Ordnung ähnelt der des Dezimalsystems.

154. ***Katalog öfver den svenska litteraturen i Finland** samt arbeten utgifna på främmande språk i Finland äfvensom af finländska författare på svenska och främmande språk i utlandet. Helsingfors, Svenska litteratursällskapet i Finnland. 23 cm.

Seit 1892. Alphabetische und systematische, nach Verfassern geordnete Titelbibliographie. Der erste Band umfaßt die Jahre 1886—1890. Erscheint später ungefähr alle 5 Jahre. Nach 1923—1924 (Bibliographie für die Jahre 1906—1915 von Holger Nohrström) nicht erschienen. Die einzelnen Teile bilden besondere Bände der Serie „Skrifter utgifna af Svenska Litteratursällskapet i Finland“.

155. ***Resonerande bokkatalog.** Sammanställd av Statens biblioteksbyrå. Helsingfors. 17,5 cm.

Seit 1924. Jährlich. Systematisch geordnete Besprechungen der während des betreffenden Jahres in Finnland in schwedischer Sprache erschienenen Literatur nebst alphabetischem Register. Zusammengestellt auf Grund des in der Zeitschrift „Svenskbygden“ (siehe Nr. 158) publizierten Materials.

156. *Simo Pakarinen. **Suomalainen kirjallisuus.** Aakkosellinen ja aineenmukainen luettelo. (Suomalaisen kirjallisuuden seuran toimituksia. Veröffentlichungen der Finnischen Literaturgesellschaft. Teil 57.) La littérature finnoise. Catalogue alphabétique et systématique. Helsinki, Suomalaisen kirjallisuuden seura (Finnische Literaturgesellschaft). 23 cm.

Seit 1878. Der erste Band umfaßt die Jahre 1544—1877. Erscheint später ungefähr alle 5 Jahre. 1931 erschien der Band für 1927—1929.

157. **Suomen kirjakauppalehti.** Suomen kirjakauppa järjestöjen äänenkannattaja. Finsk bokhandelstidning. Organ för Finlands bokhandelsorganisationer. Redakteur: G. Gyllenberg, A. W. Stenberg. Helsinki, Akateeminen kirjakauppa. 28 cm.

Seit 1898. Halbmonatlich, nur im Juli und August monatlich. Bringt außer Aufsätzen und Nachrichten in jedem Heft einen von der Akademischen Buchhandlung in Helsingfors bearbeiteten bibliographischen Teil, der die in Finnland neu erscheinenden Bücher laufend verzeichnet. Anordnung der Titel nach Sprachgebieten (1. Finnisch, 2. Schwedisch, 3. andere Sprachen), innerhalb derselben alphabetisch.

158. †**Svenskbygden.** Tidskrift utgiven av föreningen Svenska Folkskolans Vänner. Helsingfors, Alexandersgatan 16. 24 cm.

Seit 1922. Erscheint zehnmal im Jahr. Mit der ständigen Rubrik „Resonerande bokkatalog", zusammengestellt von „Statens Biblioteksbyra" (systematisch geordnete Rezensionen neuer, in Finnland erschienener Bücher in schwedischer Sprache).

[015(474.2) Estland

159. ***Eesti raamatute üldnimestik.** Catalogue général des livres estoniens. Herausgegeben von der Eesti Kirjanduse Selts (Estnische Literatur-Gesellschaft), hergestellt an der Universitäts-Bibliothek. Tartu, Eesti Kirjanduse Selts. 22 cm.

Seit 1924. Erscheint monatlich als selbständige Beilage der Zeitschrift „Eesti Kirjandus" (Die estnische Literatur) in alphabetischer Ordnung mit jährlichem Autorenregister. Alle fünf Jahre werden diese Beilagen zu einem selbständigen Verzeichnis zusammengefaßt mit allgemeinem Autorenregister (erstmalig für 1924—1928). Titelbibliographie aller estnischen Werke.

[015(474.3) Lettland

160. **Latvju grāmata.** Kritikas un grāmatniecības žurnals. Le Livre latvien. Das lettische Buch. Redaktors: Rudolfs Egle. Riga, A. Gulbis, Kr. Barona ielā 14. 25 cm.

Seit 1922. Sechsmal jährlich. Zeitschrift für Kritik und Buchwesen; enthält in jedem Heft eine von Voldemars Caune zusammengestellte systematische Titelbibliographie der in Lettland neu erschienenen lettischen Bücher, deren Gruppeneinteilung von der Dezimalklassifikation hergenommen ist.

161. **Ko lasīt?** (Was soll man lesen?) Herausgeber: Latvijas Bērnu Draugu biedrība. Rīgā, L. Kēninu ielā 41. 20 cm.

Seit 1930. Kritische Bibliographie der lettischen Jugendliteratur. Fünfmal jährlich.

162. ***Valsts bibliotēkas biļetens.** Latvijas bibliografijas žurnāls. Redaktors: M. Stumbergs, V. Caune. Bulletin de la Bibliothèque d'État. Rīgā, Édition de la Bibliothèque d'État; Valters & Rapa, Teatra ielā 14. 23 cm.

Seit 1927. 15—20 Nummern im Jahr. Titelbibliographie der in Lettland erscheinenden Bücher; systematische Anordnung (DK). Einseitiger Druck. Jahresregister. Seit 1930 erscheint eine Parallelausgabe auf Kartonzetteln (7,5 × 12,5 cm). Diese Zettelausgabe ist nur direkt von der Lettländischen Staatsbibliothek zu beziehen (Rigā, Jāņa Čakstes laukums Nr. 2).

— siehe auch: Nr. 351. 368.

[015(475) Litauen

163. ***Bibliografijos žinios.** Lietuvos bibliografijos instituto organas. (Bibliographische Nachrichten.) Red.: Vaclovas Biržiška. Kaunas, Lietuvos Bibliografijos Institutas. 23,5 cm.

Seit 1928. Zweimonatige nationale Bibliographie der Buch- und Zeitschriftenliteratur Litauens. Dezimal-Klassifikation.

[015(476) Weißrußland

164. ***Letapis belaruskaga druku.** (Bücherannalen von Weißrußland.) Štomesjačny bibliografičny bjuletėń Belaruskaj knižnaj palaty i Belaruskaga bibliografičnaga bjuro pry Belaruskaj dzjaržaŭnaj bibliotėcy. Mensk, Knižnaja palata, Saveckaja 94. 21 cm.

Seit 1925. Monatlich. Titelbibliographie. Alphabetische Anordnung innerhalb der verschiedenen Sprachen. Jedem Titel ist die Nummer der Brüsseler DK zugesetzt. Jährliches alphabetisches und systematisches Register.

[015(477.1) Ukraine

165. †***Kartkovij repertuar.** Charkiv, Ukraïnśka knižkova palata.

Seit 1927. Zettelbibliographie auf dünnem Papier im Format 7,5 mal 12,5 cm. Wird in unregelmäßigen Abständen an die Abonnenten verschickt. Enthält in möglichster Vollständigkeit die ukrainische Buchproduktion. Innerhalb der einzelnen Lieferungen keine besondere Ordnung der Zettel, nur die fremdsprachigen Titel, die Zeitschriften und die Musikalien bilden besondere Lieferungen für sich. Auf den Zetteln sind außer den Registriernummern angegeben: 1. die Ziffer der Dezimalklassifikation (außer bei der schönen Literatur); 2. die Cutterschen Autorensymbole; 3. die den Inhalt erschließenden Schlagwörter in der Sprache des Titels, oft mehrere auf einem Zettel.

166. ***Litopis ukraïnškogo druku.** Les Annales des imprimés ukrainiens. Journal de la bibliographie nationale de l'Ukraine. Charkiv, Chambre du livre d'Ukraine. 25,5 cm.

Seit 1924. Wöchentlich, seit 1929 vierteljährlich. Nationale Bibliographie, in welcher alle Drucke der Sowjetukraine und die außerhalb der Sowjetunion in ukrainischer Sprache erscheinenden Schriften verzeichnet werden. Nach dem Dezimalsystem klassifiziert; nur die schöne Literatur ist ohne DK-Nummern an den Schluß gestellt. Seit 1929 eine besondere vierteljährliche Beilage „Ukraïnške slovo za kordonom" (Das ukrainische Wort jenseits der Grenzen), die ausländische Veröffentlichungen (Bücher und Zeitschriften) in ukrainischer Sprache enthält.

167. **Radjanškij knigar.** (Der Sowjetbuchhändler.) Organ vseukraïnškoï radi z'ïzdiv vidavnictv ta knigotorgovel'nich organizacij. Charkiv, Radjanške selo. 25,5 cm.

Seit 1929. Erscheint zweimal monatlich und bringt zu jedem Heft zwei Beilagen: eine systematisch geordnete Titelliste der ukrainischen Bücherkammer unter dem Titel: „Knižkovi novini USRR" (mit Angabe der auch im „Kartkovij repertuar" [siehe Nr. 165] angegebenen Nummern der staatlichen Registrierung) und eine nach kommunistischen Gesichtspunkten auswählende Liste empfehlenswerter Literatur („Rekomendacijni spiski").

168. **Ukraïna.** Naukovij žurnal ukraïnoznavstva. Pid redakcijeju Michajla Gruševškogo. (Die Ukraine. Organ der Historischen Sektion der Ukrainischen Akademie der Wissenschaften.) Kiïv, Staatsverlag der Ukraine. 22 cm.

Seit 1924. Zweimonatsschrift. Enthält Referate über Ukrainica in ukrainischer, russischer und fremden Sprachen und systematisch geordnete Listen desselben Gebiets in kritischer Auswahl.

[015(479.22) Georgien

169. **†*Bibliographia Georgica.** Sistematičeskij ukazatel' naučnoj literatury Gruzii. Tiflis, Knižnaja palata Gruzii.

Jährlich. 1930 erschien der Jahrgang 1928.

170. ***Çignis matiané.** Knižnaja letopiś SSR Gruzii. Gosudarstvennyj bibliografičeskij organ. Ežemesjačnyj bjulleteń Gruzinskoj knižnoj palaty. (Bücherannalen der Sozialistischen Sowjetrepublik von Georgien.) Tiflis, Glavnoe upravlenie naučn. učreždenijami. 22 cm.

Seit 1917. Monatlich. Titelbibliographie. Alphabetische Anordnung nach verschiedenen Sprachen. Jedem Titel ist die Nummer der Brüsseler Dezimalklassifikation hinzugefügt.

[015(479.24) Aserbeidschan

171. *Azərbajcan mətbyat qitabijjatu. **Letopiś pečati Azerbajdžana.** (Bücherannalen von Aserbeidschan.) Baku, Azerbajdžanskaja gosudarstvennaja knižnaja palata. 21 cm.

Seit 1926. Monatlich. Titelbibliographie; systematische Anordnung. Jedem Titel wird die Nummer des Dezimalsystems zugesetzt. Bis 1928 mit dem Titel: Letopiś Azerbajdžanskoj Gosudarstvennoj Knižnoj Palaty.

[015(479.25) Armenien

172. ***Tpagrouthjan taregir.** Letopiś pečati SSR Armenii. (Bücherannalen der Sozialistischen Sowjetrepublik Armeniens.) Erivan, Knižnaja palata Armenii. 25 cm.

Seit 1926 (für 1925). Quartalsschrift. Titelbibliographie; systematische Anordnung in 21 Fachgruppen. Jedem Titel ist die genaue Nummer der Brüsseler Dezimalklassifikation zugesetzt.

[015(481) Norwegen

173. ***Årskatalog over norsk litteratur.** Utgitt av den Norske bokhandlerforening ved Cammermeyer. Forsynet med henvisninger og systematisk register av Gustav E. Raabe. Oslo, Cammermeyer. 21 cm.

Fondation 1903. Annuel. Continuation du „Kvartalskatalog over norsk litteratur" fondé en 1903. Bibliographie complète, alphabétique de la littérature norvégienne. 1930 parut en 1931.

174. **For folkeoplysning.** Tidsskrift for boksamlinger og folkeakademier. Redigert av Karl Fischer. Oslo, Folkeboksamlingenes ekspd., Grubbegt. 4. 24 cm.

Fondation 1907. 6 fascicules par an. Donne dans chaque numéro une liste classifiée d'ouvrages récemment publiés et choisis pour satisfaire aux besoins des bibliothèques populaires. Les titres sont accompagnés d'un résumé du contenu et d'une critique.

175. ***Norsk bokfortegnelse.** Utgitt av Universitetsbiblioteket. Oslo, Den Norske bokhandlerforening. 24 cm.

Première période: 1814—1847, publiée 1848. Maintenant édité tous les 5 ans, par la bibliothèque universitaire d'Oslo. Bibliographie complète de tous les livres imprimés en Norvège. Alphabétiquement arrangée par ordre d'auteurs. En fin: »Musikk«, »Karter«, »Stikkords-

register« (Table alphabétique des matières), »Systematisk register« (Table méthodique).

176. **Norsk bokhandlertidende.** Red.: H. J. Haffner. Oslo, Den Norske bokhandlerforening, Grøndahl, Toldbodgt. 27. 29 cm.
Fondation 1879. Hebdomadaire. Chaque numéro contient une bibliographie primaire des récentes publications norvégiennes, alphabétiquement arrangée par ordre d'auteurs. Communiquée par Cammermeyers Bokhandel.

— siehe auch: Nr. 325. 352.

[015(485) Schweden

177. ***Årskatalog för svenska bokhandeln.** Utg. av Svenska bokförläggareföreningen genom H. E. Lagerqvist. Stockholm, Svenska bokförläggareföreningen. 23 cm.
Seit 1862 (für das Jahr 1861). Jährlich. Ab 1922 von H. E. Lagerqvist. Enthält: 1. Alfabetisk avdelning. 2. Systematisk avdelning. 3. Svensk musikförteckning (seit 1891; seit 1909 von John Lindqvist). Die systematische Anordnung geschieht nach „Klassifikationssystem för svenska bibliotek" (Stockholm 1921); mit Schlagwortregister. 1931 erschien der Jahrgang 1930.

178. **Biblioteksbladet.** Organ för Sveriges Allmänna Biblioteksförening. Redaktion: Fredrik Hjelmqvist, Knut Tynell och Hans Küntzel. Stockholm, P. A. Norstedt. 26 cm.
Seit 1916. 8 Hefte jährlich. Enthält in jedem Heft nach „Klassifikationssystem för svenska bibliotek" (1921) geordnete kurze Besprechungen von Neuerscheinungen im schwedischen Buchhandel, zum Gebrauch für die schwedischen Volksbibliotheken, außerdem systematisch geordnete Listen schwedischer Neuerscheinungen. Von Zeit zu Zeit erscheinen systematische Verzeichnisse über Aufsätze, die in schwedischen allgemeinen Zeitschriften und Jahrbüchern erschienen sind (zuletzt 1931 für 1927—1929). Alphabetisches Register in jedem Jahrgang.

179. ***Svensk bokförteckning.** Systematisk månatlig sammanställning av nyheter i bokhandeln. Utg. av Svenska bokhandlareföreningen. Red.: Oscar Arweson, Äppelviken. Eslöv, Knut Kindvall. 22 cm.
Seit 1913. Monatlich. Enthält ein systematisch (nach „Klassifikationssystem för svenska bibliotek", Stockholm 1921) geordnetes Bücherverzeichnis. Alphabetisches Register für Monat und Jahr.

180. **Svensk bokhandelstidning.** Svenska Bokförläggareföreningens tidning. Utg. av Yngve Hedvall. Stockholm, Hantverkaregatan 18. 29 cm.

Seit 1863. Wöchentlich. Enthält „Svensk bokförteckning. Meddelad genom aktiebolaget Nordiska Bokhandeln", „Svensk musikförteckning. Meddelad av John Lindqvist", beide alphabetisch.

181. ***Svensk bok-katalog.** På uppdrag av Svenska bokförläggareföreningen utarbetad av Carl Efvergren. Stockholm, Svenska Bokförläggareföreningen. 27,5 cm.

Seit 1878 (für 1866—75). Anfangs zehnjährig, ab 1896/1900 fünfjährig, 1928—1929 für 1921/1925. Alphabetische und systematische Abteilung, letztere nach „Klassifikationssystem för svenska bibliotek" (Stockholm 1921) geordnet. Enthält eine reichhaltigere Auswahl von Titeln als „Årskatalog för svenska bokhandeln". Musikliteratur wurde nur 1876/1885—1896/1900 verzeichnet. Autorennamen und Schlagwörter in einem Alphabet.

[015(489) Dänemark

182. ***Dansk Bogfortegnelse.** København, G. E. C. Gad. 21 cm.

Seit 1851. 16—19 Nummern im Jahr. Jede Nummer enthält ein alphabetisches Verzeichnis der im dänischen Buchhandel neu erschienenen Bücher. Zu jedem Jahrgang alphabetisches und systematisches Register mit dazugehörenden Stich- und Schlagwortverzeichnissen. Für das System ist die Brüsseler Dezimalklassifikation mit gewissen Modifizierungen zugrunde gelegt, in abgekürzter Form werden ihre Ziffern auch den Titeln des alphabetischen Teils zugesetzt. Bringt auch eine jährliche Liste der in Dänemark erscheinenden Musikalien.

183. **†*Dansk Bogfortegnelse.** [For 5 Aar.] Udarbejdet af H. Ehrencron-Müller. København, G. E. C. Gad. 28,5 cm.

Seit 1861 (für 1841—1858). Fünfjährige Titelliste dänischer Bücher, lieferungsweise erscheinend. Beruht auf den Angaben tn der Halbmonatsschrift „Dansk Bogfortegnelse" (siehe Nr. 182). Letzte Ausgabe erschien 1926 für die Jahre 1920—24. 1930 erschienen die ersten Lieferungen des Alphabets des Zeitraums 1925—1929. Zerfällt in einen alphabetischen Hauptteil und in die Register, bestehend aus einer systematischen Übersicht, angelegt nach der Brüsseler Dezimalklassifikation, und einem Schlag- und Stichwortregister. Angehängt ist „Islandsk Bogfortegnelse", eine auf Grund der Lieferungen der isländischen Verleger an die Königliche Bibliothek in Kopenhagen ausgearbeitete alphabetische Titelliste.

184. **Dansk Boghandlertidende.** Udg. af Den Danske Boghandlerforening. Red.: Chr. Konig. København. 29 cm.

Seit 1866. Wöchentlich. In jeder Nummer unter dem Titel „Dansk Bogfortegnelse" ein alphabetisches Verzeichnis der im dänischen Buchhandel neu erschienenen Bücher, mitgeteilt von G. E. C. Gad. Den einzelnen Titeln ist die Nummer der Dezimalklassifikation beigefügt. Kein Gesamtregister.

185. **Den nye Litteratur.** Dansk Litteraturtidende. Udg. af Danmarks Biblioteksforening, Københavns Boghandlerforening og Den danske Provinsboghandlerforening. Redig. af Povl Engelstoft og Svend Dahl. København, Graabrødetorv 16. 23 cm.

Seit 1923. Monatlich. Enthält kurzgefaßte Rezensionen über die dänischen literarischen Neuerscheinungen aller Gebiete, vorzüglich der Belletristik. Berücksichtigt wesentlich den Bedarf der Volksbibliotheken.

— siehe auch: Nr. 326. 353.

[015(491) Island

Siehe Nr. 183.

[015(492) Niederlande

186. ***Acta Leidensia.** Academische bibliographie. Uitgegeven vanwege het Leidsch Universiteits-Fonds. Leiden, S. C. van Doesburgh. 19 cm.

Seit 1925. Ungefähr halbjährlich. Verzeichnis von Büchern und Zeitschriftenartikeln von Professoren, Lektoren und Studenten der Leidener Universität, in alphabetischer Ordnung der Verfasser.

187. †***Brinkman's catalogus van boeken, tijdschriften, en verder in den boekhandel voorkomende artikelen,** die in het jaar ... in Nederland zijn uitgegeven of herdrukt. Bewerkt door G. J. van der Lek. Leiden, A. W. Sijthoff. 19 cm.

Seit 1883. Jährlich. Bis 1929 mit dem Titel: „Brinkman's alphabetische lijst van boeken ..." 1929 mit dem Titel: „Brinkman's alphabetische catalogus van boeken, landkaarten ..." 1931 erschien die Liste für 1930. Verfasser und Stichworte in einem Alphabet.

188. †***Brinkman's catalogus van boeken, plaat- en kaartwerken,** die gedurende ... tot ... in Nederland zijn uitgegeven of herdrukt. In alphabetische volgorde gerangschikt door D. Smit. Leiden, A. W. Sijthoff. 23,5 cm.

Seit 1884. In Lieferungen erscheinendes Mehrjahrsverzeichnis, erstmalig für 1850—1882, zuletzt 1926—27 für 1921—1925 erschienen.

Alphabet der Autoren. Zwei Anhänge mit besonderem Titelblatt: 1. „Repertorium op Brinkman's Catalogus" (alphabetisches Schlagwortregister); 2. „Brinkman's Titel-Catalogus van gedurende ... tot ... in Nederland verschenen werken op het gebied der nieuwe letterkunde" (Titelregister der schönen Literatur mit Hinweis auf den Verfasser).

189. ***Brinkman's Cumulatieve catalogus van boeken en verder in den boekhandel voorkomende artikelen,** die in Nederland zijn uitgegeven of herdrukt, benevens aanvullingen over voorafgaande jaren, in één alphabet gerangschikt volgens auteur, titel en onderwerp. Voorts een alphabetische lijst van Nederlandsche boeken in België uitgegeven. Leiden, A. W. Sijthoff. 19 cm.

In dieser Gestalt und mit diesem Titel seit 1930. Monatlich, und zwar in der Weise kumulierend, daß jedes neue Heft den Inhalt der vorhergehenden Hefte desselben Jahres mit in sich begreift. Enthält laufend alle niederländischen Neuerscheinungen in Buchform, soweit sie im Buchhandel zu beziehen sind. Durch Kumulierung entsteht die Jahresliste (siehe Nr. 187).

190. **†*Catalogus van academische geschriften in Nederland en Nederlandsch Indie verschenen.** Utrecht, Nederlandsche Vereeniging van Bibliothecarissen. 23,5 cm.

Seit 1925 (für 1924). Jährliche Bibliographie der im Vorjahr erschienenen Universitätsschriften. Geordnet nach Universitäten. 1930 erschien ein Autoren- und Sachregister zu Jg. 1—5.

191. ***Jaarlijksche boekenschouw,** uitgegeven in overleg met en onder aanbeveling van den Bond van R. K. Openbare Leeszalen en Boekerijen. Redacteur-secr: R. van de Mark. Tilburg, Het Nederlandsche Boekhuis. 23,5 cm.

Seit 1918. Jährlich. Titel mit Anmerkungen; Bücher in niederländischer und anderen Sprachen, systematisch geordnet.

192. **Nederlandsche Bibliographie.** Maandblad voor boekenvrienden, waarin opgenomen lijst van nieuw verschenen uitgaven. Leiden, A. W. Sijthoff. 27 cm.

Seit 1855. Monatlich. Enthält außer Aufsätzen Buchbesprechungen (meist aus der schönen Literatur) und ein systematisch geordnetes Titelverzeichnis niederländischer Neuerscheinungen.

193. **†*Het Nederlandsche Boek.** Amsterdam, Nederlandsche Uitgeversbond. 22,5 cm.

Seit 1924. Jährlich. Systematische Zusammenstellung der nieder-

ländischen Buchproduktion aller Gebiete mit Verfasser- und Verleger-register, sowie zahlreichen Annoncen der beteiligten Firmen.

194. **Nieuwsblad voor den boekhandel.** Uitgegeven door de Vereeniging ter Bevordering van de Belangen des Boekhandels. Amsterdam, Heerengracht 124—128. 31 cm.

Seit 1833. Halbwöchentlich. Enthält in jeder Nummer: „Nieuwe uitgaven in Nederland“ (alphabetische Liste von Neuerscheinungen mit Preisen).

— siehe auch: Nr. 26. 327. 354. 369.

[015(493) Belgien

195. **L'Annuaire des bibliothèques publiques.** Publié sous la direction de Ch. Depasse, inspecteur des bibliothèques publiques au Ministère des sciences et des arts. Paris, Fischbacher; La Louvière, Éditions „Labor“, 6—8 avenue Rêve d'Or. 25 cm.

Depuis 1930. Annuel. La quatrième partie de cet ouvrage est intitulée „Bibliographie générale“ et renferme d'importantes listes d'ouvrages récents susceptibles d'être acquis par les bibliothèques populaires. Ces listes sont classées systématiquement. Beaucoup de titres sont suivis d'appréciations.

196. *Ministère des sciences et des arts. Bibliothèque Royale. **Bibliographie de Belgique.** Liste mensuelle des publications belges ou relatives à la Belgique acquises par la Bibliothèque Royale. Belgische Bibliographie. Maandelijksche lijst van Belgische werken of werken België betreffende aangekocht door de Koninklijke Bibliotheek. Bruxelles, Bibliothèque Royale, 5 rue du Musée. 27,5 cm.

Depuis 1875. Mensuelle. Bibliographie-titres classée methodiquement d'après la Classification Décimale. »Index alphabétique des noms d'auteurs et des ouvrages anonymes« dans chaque numéro. Répertoires annuels alphabétique et analytique.

197. **De Boekenkast.** Nieuwsblad voor het Nederlandsche boek in Vlaanderen. Orgaan van de Vereeniging ter Bevordering van 't Vlaamsche boekwezen. Redactie en beheer: Eug. de Bock. Antwerpen, Kruishofstraat 223. 26,5 cm.

Depuis 1929. Mensuel. Annonce les livres flamands parus en Belgique. Articles et bibliographies-titres. Supplément à la revue »De Bibliotheekgids«.

198. **Journal de la librairie, de l'imprimerie et de toutes les professions qui s'y rattachent.** Bruxelles, Secrétariat du Cercle de la librairie, 5 rue des Chartreux. 27 cm.

Depuis 1909. Mensuel. Bibliographies-titres des ouvrages récemment parus; arrangement alphabétique par auteurs.

199. ***Liste des acquisitions des bibliothèques scientifiques de Belgique,** publiée par la Bibliothèque royale à l'initiative de la Fondation universitaire. Lijst van aanwinsten van de wetenschappelijke bibliotheken van Belgie. Bruxelles, Bibliothèque royale, rue du Musée, 5. 27,5 cm.

Depuis 1930. Trimestrielle. Notices titres classées systématiquement d'après la classification décimale.

200. ***Paginae bibliographicae.** Bibliographie. Philologie. Histoire de la littérature. Arts plastiques. Théâtre. Musique. Art du carillon. Folklore. Numismatique. Histoire politique. Géographie. Éd.: L. Lebeer, Fr. Lyna, M. Stijns, W. van Eeghem. Bruxelles, 11 rue E. Discailles. 24 cm.

Depuis 1926. Irrégulier. Comptes-rendus analytiques des articles de revues, livres, etc. paraissant en Belgique dans les humanités. Classés suivant la classification décimale.

201. **Que lire?** Revue mensuelle des meilleures nouveautés parues en librairie. Bruxelles, 502 avenue Georges Henri. 25,5 cm.

Depuis 1925. Mensuel. Revue catholique. Littérature, questions religieuses, philosophie, hagiographie, histoire. Biographies. Beaux arts. Questions sociales. Nombreuses notices bibliographiques analytiques rédigées du point de vue confessionnel.

— siehe auch: Nr. 328—331.

[015(494) Schweiz

202. ***Bibliographisches Bulletin der Schweiz.** Herausgegeben von der Schweizerischen Landesbibliothek zugleich als Verzeichnis ihres neuen Zuwachses. (Umschlag: Büchermarkt.) Bulletin bibliographique de la Bibliothèque nationale suisse. (Couverture: Le Livre en Suisse.) Bern-Bümpliz, Benteli. 22 cm.

Depuis 1901. Mensuel. Bibliographie-titres des ouvrages publiés en Suisse ou par des Suisses ou concernant la Suisse. Mentionne aussi les œuvres musicales. Divisé par matières avec tables alphabétiques mensuelles et annuelles. Le répertoire des vingt premières années est publié sous le titre de: »Répertoire méthodique des publications suisses ou relatives à la Suisse 1901—1920. Systematisches Verzeichnis der schweizerischen oder die Schweiz betreffenden Veröffentlichungen 1901—1920«. Berne, Hans Huber, 1927—29. Chaque numéro du »Livre en Suisse« est accompagné de la »Sammelliste wich-

tiger Erwerbungen der schweizerischen Bibliotheken. Bulletin collectif des acquisitions importantes des bibliothèques suisses«.

203. ***Jahresverzeichnis der schweizerischen Hochschulschriften.** Catalogue des écrits académiques suisses. Basel, Universitätsbibliothek. 23 cm.

Depuis 1898. Annuel. Les universités suisses et l'Ecole polytechnique fédérale y mentionnent d'abord les titres des écrits émanant de leurs autorités, puis les thèses, classées par Facultés. Index des noms d'auteurs et répertoire alphabétique des matières. Le Catalogue pour l'année 1929 a paru en 1930.

204. *Katalog der Schweizerischen Landesbibliothek. **Systematisches Verzeichnis der schweizerischen oder die Schweiz betreffenden Veröffentlichungen.** Répertoire méthodique des publications suisses ou relatives à la Suisse. Bern, H. Huber. 26 cm.

Seit 1922 (für 1901—20). Soll in Zukunft alle 10 Jahre erscheinen (Jahrzehnt 1921—30 ist im Druck). Nach der Dezimalklassifikation geordnet mit Schlagwortverzeichnis und Personen- und Ortsregister. Die Titel sind nur kurz angegeben, dafür ist auf den betreffenden Jahrgang des „Bibliographischen Bulletins" (siehe Nr. 202) hingewiesen.

— siehe auch: Nr. 332—335.

[015(495) Griechenland

205. ***Diethnes bibliographikon deltion.** (Internationales bibliographisches Bulletin.) Athen, Verlagshaus „Dianoesis", rue Sarri 396. 31,5 cm.

Seit 1930. Monatliche systematische Bibliographie der in Griechenland erscheinenden Bücher.

[015(496) Türkei

206. †***Bibliyoğrafya.** Türkiyede çıkan kitap, gazete ve mecmualardan bahsetmek üzere Maarif Vekâleti Millî Talim ve Terbiye Heyeti tarafından çıkarılır Neşriyat Bültenidir. (Bibliographie der in der Türkei erscheinenden Bücher, Zeitungen und Zeitschriften, herausgegeben vom Türkischen Unterrichtsministerium.) İstanbul, Devlet Matbaasi (Staatsdruckerei). 25 cm.

Seit November 1930. Monatlich. Systematisch gegliedert, nach Büchern und Zeitschriften getrennt. Bisher Heft 2 und 3 erschienen. Heft 1 soll ältere Literatur bringen.

[015(497.1) Jugoslavien

207. †**Glasnik kńižara.** (Der Buchhändlerbote.) Organ kńižarskog udružeńa kral'evine Jugoslavije. Uredn.: Milan Brajer.

Beograd, Kńižarsko udružeńe kral'evine Jugoslavije, Jovana Ristićeva ulica 24. 24 cm.
Seit 1929. Monatlich. September 1929 bis Ende 1930 nicht erschienen. Enthält ab Jahrgang 1931, Heft 3 eine regelmäßige alphabetische Bibliographie jugoslavischer Zeitschriften und Bücher.

208. **Knjižarstvo.** (La librairie.) Journal du Cercle des libraires de Zagreb. Rédacteur: Josip Kratina. Zagreb, Praška ulica 6. 25 cm.
Depuis 1925. Mensuel. Donne la bibliographie des nouvelles publications en Yougoslavie. Ordre alphabétique.

209. ***Naša knjiga.** Mesečni časopis o novim knjigama kraljevine Jugoslavije. (Unser Buch. Monatliches Verzeichnis der im Königreich Jugoslavien neu erschienenen Bücher.) Odgovorni urednici: Dušan Pavešić i Stanislav Župić. Zemun, Jugoslavija, Naša knjiga. 20 cm.
Seit 1929. Erscheint monatlich. Systematisch geordnetes Titelverzeichnis der jugoslavischen Neuerscheinungen. Insbesondere sind die kroatischen und serbischen neuen Bücher berücksichtigt. Jährliches Autorenregister.

210. **Slovenski tisk.** (Der slovenische Buchdruck.) Uredil Miroslav Ambrožič. Ljubljana: Zveza faktorjev za Slovenijo. 31 cm.
Seit 1929. Erscheint monatlich. Jahrgang 1929/30 enthält eine alphabetisch geordnete Titelliste slovenischer laufender Zeitschriften, ferner ein Verzeichnis neuer slovenischer Bücher und eine Liste neuerschienener Musikalien, alle drei Verzeichnisse von J. Šlebinger zusammengestellt.

[015(497.2) Bulgarien

211. **Bŭlgarska kniga.** (Das bulgarische Buch.) Redaktor: T. Borov. Sofija, T. F. Čipev, Bul. Dondukov 20–22. 25 cm.
Seit 1930. Erscheint jeden zweiten Monat. Jedes Heft bringt ein systematisch geordnetes Titelverzeichnis der bulgarischen Neuerscheinungen.

212. ***Bŭlgarski knigopis.** (Bulgarische Bibliographie.) Tom 1: Knigi. Bulletin bibliographique des livres déposés à la Bibliothèque Nationale de Bulgarie à Sofia. Sofija, Narodnata Biblioteka. 23 cm.
Seit 1897. Jährlich. Titelbibliographie der in Bulgarien erscheinenden Bücher und Sammelwerke in systematischer Anordnung

(16 Gruppen). Der Inhalt der Sammelwerke wird angegeben. Mit alphabetischem Verfasserregister. 1930 erschien die Bibliographie für das Jahr 1929. Die 2. Abteilung verzeichnet die Zeitschriften (s. Nr. 335). Bis 1929 lautete der Titel der Bücherliste: »Bibliografičeski bjuletin za depoziranitě knigi v Sofijskata Narodna Biblioteka«.

— siehe auch: Nr. 301. 336. 337.

[015(498) Rumänien

213. ***Buletin trimestrial al publicaţiunilor din România.** (Bulletin trimestriel des publications parues en Roumanie.) Publié par „Institutul de literatură şi bibliografie din România". Bucarest, Facultatea de Litere, Str. Edgar Quinet. 22,5 cm.

Depuis 1928. Trimestriel. Donne, dans chaque numéro, groupés par matières, les titres des ouvrages nouveaux publiés en Roumanie, arrangés alphabétiquement et accompagnés de l'Index décimal selon le système Dewey. Donne chaque année une bibliographie-titres des périodiques paraissant en Roumanie.

214. ***Buletinul cărţii româneşti.** (Bulletin du livre roumain.) Bucureşti, Cartea românească, Bulevardul Academiei 3. 23,5 cm.

Depuis 1929. Mensuel. Donne, dans chaque numéro, groupés par matières, les titres des ouvrages nouveaux publiés en Roumanie.

215. ***Creşterea colecţiunilor.** Academia Română. (Accroissement des collections de l'Académie Roumaine.) Bucarest, Calea Victoriei 125. 8°.

Depuis 1905. Semestriel. Bibliographie primaire donnant la liste alphabétique ou chronologique des entrées dans les différentes sections: A. Imprimés. B. Estampes = cartes, portraits, vues. C. Manuscrits. D. Documents. E. Collection numismatique.

216. **†Erdélyi irodalmi szemle.** (Siebenbürgische literarische Rundschau.) Tudományos és kritikai folyóirat. Szerkeszti: György Lajos. Cluj-Kolozsvár, Minerva. 23,5 cm.

Seit 1924. Vierteljährlich. Enthält eine jährliche Titelbibliographie der in Siebenbürgen erschienenen ungarischen Bücher von Miklós Ferenczi; 1929 für das Jahr 1927.

217. **Societatea de mâine.** (La Société de demain.) Revista bilunară pentru probleme sociale şi economice. Cluj, Str. Baba Novac 8. 32 cm.

Depuis 1924. Bimensuel. Publie depuis 1929 une bibliographie-titres des ouvrages sociologiques, économiques, historiques et littéraires paraissant en Roumanie, rédigée par Ion Muşlea.

[015(51) China

218. **Kuo-li-pei-ping-t'u-shu-kuan-kuan-kan.** (Bulletin of the National library of Peiping.) Peiping, National library. 25 cm.
Since 1928. Bi-monthly. Containing bibliographies and classified lists of new accessions; also book reviews. In Chinese.

219. ***Shang-wu-yin-shu-kuan-chu-pan-chou-kan.** (Weekly publications of the Commercial Press.) Shanghai, Commercial Press. 26,5 cm.
Since 1923. Weekly. Containing classified new publications annotated. In Chinese.

220. **Tsing-hua-hsüeh-pao.** (Tsing Hua journal.) Peiping, Tsing Hua University. 26,5 cm.
Since 1915. Three times a year. Containing occasionally bibliographies, book reviews, and abstracts. In Chinese.

[015(52) Japan

221. †***Book man.** Shomotsu-shumi-zasshi. (Zeitschrift für Buchinteressenten.) Tōkyō, Naimushō (Innenministerium). 22 cm.
Seit 1927(?). Monatlich. Verzeichnis neuer japanischer Bücher mit Besprechungen. Bis 1928 mit dem Titel "Book review".

222. **Tosho geppo.** (Bibliographische Monatsschrift.) Tōkyō, Kanda, Nippon shosekisho kumiai jimusho, 9 Minamikoga-cho.
Monthly.

[015(54) Britisch Indien

223. †*India. Central Publication Branch. **Catalogue of publications relating to agriculture, forestry, army, civic, commerce, finance, legislation, industry, public health, railways, science, trade etc.** Published by the Government of India. Calcutta, Government of India, Central Publication Branch. 25 cm.
Seit 1928. Jährlich. Ist Fortsetzung des "General catalogue of all publications of the Government of India and local governments and administrations".

224. †*India. Central Publication Branch. **List of nonconfidential publications not included in the general catalogue of Government of India publications.** Calcutta, Government of India Publication Branch. 24 cm.
Seit 1927. Jährlich.

225. †*Government of India. **Monthly Book List.** Calcutta, Government of India, Central Publication Branch, 3, Govt. Place. 18 cm.
Monatliche Titelliste. Systematisch geordnet.

226. †***Catalogue of books printed and published in Ajmer-Merwara** and registered under Act 25 of 1867. Ajmer. 34,5 cm.
Vierteljährlich. Einseitig bedruckte Titelliste.

227. †***Catalogue of books and pamphlets registered in Assam.** Shillong, Assam Government Press. 25 cm.
Vierteljährlich. Einseitig bedruckte Titelliste der Neuerscheinungen des Gebiets.

228. †*Assam. Government Book Depot. **Catalogue of books and publications of the Assam Government** which are intended for sale for the half year ending.... Shillon, Assam Government Press. 33 cm.
Seit 1928 (für 1927). Halbjährliche Titelliste.

229. †***Catalogue of books published in the Civil and Military Station of Bangalore,** under the provisions of Act 25 of 1867. Bangalore. 34 cm.
Vierteljährliche Liste.

230. ***Bengal library catalogue of books registered in the Presidency of Bengal.** Appendix to "The Calcutta Gazette". Calcutta, Bengal Library. 34 cm.
Since 1863. Quarterly. List of works divided into books and periodicals. Under each language-heading classified according to subject.

231. †*Office of the Director of Public Instruction, Bihar and Orissa. **Catalogue of books and periodicals published in the province of Bihar and Orissa** and registered under Act 25 of 1867. Appendix to the Bihar & Orissa Gazette. Patna, Director of Public Instruction. 35 cm.
Vierteljährlich. Einseitig bedruckte systematische Titelbibliographie von Büchern und Zeitschriften des Gebiets.

232. ***Catalogue of books printed in the Bombay Presidency.** Bombay, Government Central Press. 34,5 cm.
Since 1867. Quarterly. Published two months after the end of the quarter. List of books arranged according to subject. Subject headings in English arranged alphabetically.

233. †***Quarterly Catalogue of books (registered in Burma).** Burma, Government of Burma. 34,5 cm.
Vierteljährlich. Einseitig bedruckte Titelliste.

234. †***Catalogue of books and pamphlets registered in the Central Provinces and Berar.** Suppl. to "The Central Provinces Gazette". Nagpur, Government, Central Provinces. 25,5 cm.

Vierteljährliche, einseitig bedruckte Titelliste der Neuerscheinungen des Gebietes.

235. †*Chief Commissioner, Delhi. **Catalogue of books registered.** Delhi, Chief Commissioner. 34,5 cm.

Vierteljährliche Titelliste.

236. ***Catalogue of books registered in the Madras Presidency.** Supplement to the Fort St. George Gazette. Madras, Superintendent, Government Press. 34 cm.

Since 1874. Quarterly. List of books classified by subjects.

237. †***List of official publications (other than confidential) issued by the Government of Madras,** including those printed by the Superintendent, Government Press, Madras. Calcutta, Government of India, Central Publication Branch. 24,5 cm.

Jährlich. Liste der in Madras erschienenen Regierungsdrucksachen, nach Behörden geordnet. 1929 erschien die Liste für das Jahr 1927.

238. †***Catalogue of books registered under the Government of Mysore.** Bangalore. 34,5 cm.

Vierteljährliche Titelliste.

239. ***Catalogue of books registered in the Punjab** under Act 25 of 1867 and Act 10 of 1890. Lahore, Director of Public Instruction. 33 cm.

Since 1874. Quarterly. List of books arranged by subjects alphabetically.

240. †***List of publications (other than confidential) issued by the Government of the United Provinces** and officers subordinate to it, which are exempted from registration. Allahabad, Government Press, United Provinces. 22 cm.

Jährlich. Nach Behörden geordnete Regierungsdrucksachen der "United Provinces", sämtlich in der Regierungsdruckerei in Allahabad gedruckt. 1929 erschien die Liste für das Jahr 1928.

241. ***Statement of particulars regarding books and periodicals published in the United Provinces** under the Act 25 of 1867. Allahabad, Director of Public Instruction. 33,5 cm.

Since 1869. Quarterly. Divided into class 1: Books, class 2: Periodicals. In each class arrangement by languages, in each language by subjects.

[015(566.1) Armenien

242. † **Handes amsorya.** Zeitschrift für armenische Philologie. Wien, Mechitharisten-Kongregation, VII, Mechitharistengasse 4. 30 cm.

Seit 1887. Monatlich. Enthält auf den Umschlagblättern ein laufendes Verzeichnis armenischer Neuerscheinungen und jährlich einmal ein Verzeichnis armenischer und armenistischer Zeitschriften. Text armenisch.

[015(569) Palästina

243. †***Kirjath sepher** (Qirjat sēfer). A quarterly bibliographical review of the Jewish National and University Library in Jerusalem. Jerusalem, 36 Meah Shearim. 24,5 cm.

Seit April 1924. Erscheint vierteljährlich in hebräischer Sprache. Vorwiegend bibliographisch. Bringt die vollständige Liste in Palästina neu erscheinender Bücher und Zeitschriften, daneben eine internationale Bibliographie der Hebraica und Judaica in 23 Gruppen, die auch Zeitschriftenaufsätze verzeichnet und häufig den Titeln Erläuterungen in hebräischer Sprache beifügt.

[015(584) Turkestan

244. †***Letopiś pečati Turkmenistana.** Tyrkmenistan metbuchat kitab'jat'. (Bibliographisches Jahrbuch von Turkmenistan.) Ašchabad, Gosudarstvennaja knižnaja palata Turkmenistana. 20,5 cm.

Seit 1930. Jährlich. Bisher zwei Hefte, die die neuere Literatur bis 1928 einschließlich in systematischer Ordnung nach der Dezimalklassifikation verzeichnen. Heft 1 enthält Literatur in turkmenischer Sprache, Heft 2 die in russischer Sprache.

245. ***Knižnaja letopiś Uzbekistanskoj gosudarstvennoj knižnoj palaty.** Özbekistan dəvlət kitab palatasynyn mətbuat kitabyjaty. (Bücherannalen der Bücherkammer von Uzbekistan.) Samarkand. 21 cm.

Seit 1928. Ist 1928 einmal, 1929 zweimal erschienen. Titelbibliographie; systematische Anordnung.

[015(59) Französisch Hinterindien

246. *Gouverñement général de l'Indochine. Direction des archives et des bibliothèques. Dépôt légal. **Liste des imprimés déposés.** Hanoï-Haiphong, Impr. d'Extrême-Orient. 24,5 cm.

Depuis 1922. Bibliographie-titres semestrielle de tous les imprimés, périodiques ou non, paraissant en Annam, au Cambodge, en Cochinchine, au Laos, au Tonkin et à Kouang Tcheou Wan. Tables alphabétiques d'auteurs et de matières dans chaque fascicule. Extrait du Journal officiel de l'Indochine française.

[015(62) Ägypten

247. Egyptian Government Press, Publications Office. **Publications issued during the month of . . .** Le Caire, Imprimerie nationale.
Mensuel. Publié en arabe et en anglais.

248. **Al-Hilal.** Maǵalla šahrīja muṣawwara. (La nouvelle Lune. Revue mensuelle illustrée.) Éditeurs: Ammīl wa Šukrı Zaidān. Le Caire, Kasr El Doubara. 24 cm.
Depuis 1892. Mensuel. Chaque numéro comprend une division intitulée "Dans le monde littéraire" et contenant de comptes rendus des ouvrages les plus importants qui paraissent en Orient et particulièrement en Égypte.

249. **Al-Maǵalla al-ǵadīda.** (La nouvelle Revue.) Publié par Salama Moussa. Le Caire, 149 Avenue de la Reine Nazli, près le Pont Limoun.
Une bibliographie suivie d'un commentaire parait régulièrement pour les ouvrages arabes publiés par la presse locale.

250. **Al-Muqtaṭaf.** (L'Élite.) Publié par Yacoub Sarruf et Farès Nimr. Le Caire. 25 cm.
Depuis 1876. Mensuel. Revue arabe scientifique et littéraire comprenant dans chaque numéro une bibliographie critique des ouvrages scientifiques et littéraires paraissant en Égypte.

[015(68) Südafrika

251. **South African Stationery Trades Journal.** Cape Town.
The 1928 year contains in the May, July, and October numbers a "List of books published in South Africa since January, 1928" by J. L. van Schaik, with intention to continue the publication.

[015(71) Canada

252. **Bookseller and stationer and office equipment journal.** Editor: L. C. Randall. Toronto, Maclean. 30 cm.
Since 1884. Monthly. Contains in March "Spring Semi-annual Catalogue" and in September "Fall Semi-annual Catalogue" (Copyright by "Bookseller and stationer"), complete alphabetically arranged lists of the season's new books.

253. **Le Canada français.** 2. série du Parler français, couronné par l'Académie Française, publication de l'Université Laval, organe de la Société du parler français au Canada. Québec, Université Laval, imprimé par l'Action Sociale, 103 rue Sainte-Anne. 23 cm.

Since 1918. Ten numbers a year. Has a section "Les Livres" which includes initialed reviews of books of all kinds in French or translated into French.

254. **The Canadian annual review of public affairs.** Toronto, The Canadian Review Company, Ltd. 23 cm.

Since 1900. Annual. Contains "Canadian Books", a classified list by George H. Locke, Librarian of the Public Library of Toronto. It includes books published in Canada, and those about Canada published in other countries. It has a section devoted to pamphlets, yearbooks, textbooks, government documents, society reports.

255. ***The Canadian Catalogue of books published in Canada, about Canada, as well as those written by Canadians.** Compiled by the Public Library, Toronto. Toronto, Public Library. 25,5 cm.

Since 1921/22 (published 1923). Annual. Classified with alphabetical subdivisions by authors. Includes a list of French-Canadian books.

256. **Ontario library review.** Published quarterly under the authority of the Minister of Education, in the interest of the libraries of the province. Toronto, Public Libraries Branch, Ontario Department of Education, Parliament Buildings. 25 cm.

Since 1916. Quarterly. Each number contains a "Book-selection" guide to new books, chose from the point of view of the smaller libraries, and arranged by classes. Also there is "Canadian Catalogue of Books", and a list of French Canadian books contributed by Aegidius Fauteux, Bibliothèque Saint-Sulpice, Montreal, P. Q.

— siehe auch: Nr. 370.

[015(72) Mexico

257. ***Bibliografía mexicana.** Director: Rafael Heliodoro Valle. Tacubaya, D. F., Calle 25, número 62. 17,5 cm.

Since 1930. Monthly. Titles of new Mexican publications.

258. †Publicaciones del Departamento de bibliotecas. **Boletín de El libro y el pueblo.** México, Secretaría de educación pública. 21,5 cm.

Monatlich. Enthält eine Rubrik „Novedades bibliográficas mexicanas" (Titelliste) und sonstige bibliographische Materialien.

259. ***Boletín de novedades bibliográficas mexicanas.** Publicación del Departamento de bibliotecas de la Secretaría de educación pública. México, D. F.
Monthly. Selected list of new books.

260. †**Libros.** Revista mensual bibliográfica. Organo de la librería 'Cultura'. Director: Manuel Toussaint. México, Rep. Argentina 5. 34 cm.
Seit 1930. Monatlich. In jeder Nummer eine Liste neuer mexikanischer Bücher, die von der Nationalbibliothek Mexico auf Grund ihrer Eingänge aufgestellt wird.

[015(728.3) Honduras

261. **Revista del Archivo y Biblioteca nacionales de Honduras.** Tegucigalpa. 28 cm.
Since 1904. Monthly. Lists of books received.

[015(729.1) Cuba

262. †**Archipiélago.** Boletín de la Institución hispanocubana de cultura de oriente. Director: Max Henríquez Ureña. Jefe de redacción: Ricardo Rodríguez Cáceres. Santiago de Cuba, Tipogr. Arroyo. 23,5 cm.
Seit 1928. Dreimal im Jahr. Mit Bücherbesprechungen und Zeitschriftenschau.

263. †**Revista bimestre cubana.** Editada por la Sociedad económica de amigos del pais. Director: Fernando Ortiz. Habana (Cuba), Calles L y 27a. 24,5 cm.
Seit 1831. 1835—1910 nicht erschienen. Zweimonatig. Enthält eine Zeitschriftenschau, Besprechungen selbständiger Neuerscheinungen, vorwiegend aus Cuba, und eine Liste von Neuerscheinungen.

[015(73) Vereinigte Staaten

264. *New York State Library. **Bibliography bulletin.** Albany, New York, University of the State of New York. 23 cm.
Since 1899. Issued at irregular intervals. Includes bibliographies on special subjects, with an annual "Best books of . . . selected for a small public library"; this list is arranged by Decimal Classification.

265. ***The Book review digest.** New York, The H. W. Wilson company, 950—972 University Avenue. 26 cm.
Since 1905. Monthly, except July, with six month's cumulation in August and bound annual cumulation in February. Devoted to the valuation of current literature arranged alphabetically by authors. Includes digests of reviews in over 60 American publications.

266. ***The Booklist.** A guide to new books. Zaidee B. Vosper, editor. Chicago, Illinois, American Library Association, 520 N. Michigan Avenue. 22 cm.

Since 1905. Monthly, except August and September. Giving a choice of new American books with notes and comments. Classified by subjects, with an author and subject index. The single entries are followed by the number of the Decimal Classification, by catch-words (subject headings) and by the numbers of the Library of Congress cards.

267. ***Booklist books.** A selection. Chicago, Illinois, American Library Association, 520 N. Michigan Avenue. 23 cm.

Since 1919. Annual. A shorter list of the books of the year with the Booklist notes. Classified by subjects, with an index. D. C. numbers and catch words are noted at the foot of each entry.

268. **Bulletin of the New York Public Library.** New York, 476 Fifth Avenue. 26 cm.

Since 1897. Monthly. Contains bibliographies and reference lists on various subjects; and lists interesting recent additions classified by subjects.

269. *Library of Congress, Copyright Office. **Catalogue of copyright entries.** Washington, United States Government Printing Office. 24,5 cm.

Consists of four parts as follows:

Pt. 1, group 1. Books. Issued several times a week.

Pt. 1, group 2. Pamphlets, leaflets, contributions to newspapers or periodicals, etc., lectures, sermons, addresses for delivery, maps. Monthly.

Pt. 1, group 3. Dramatic compositions; motion pictures. Monthly.

Pt. 2. Periodicals. Quarterly.

Pt. 3. Musical compositions. Monthly.

Pt. 4. Works of art; reproductions of a work of art; drawings or plastic works of a scientific or technical character; photographs; prints and pictorial illustrations. Quarterly. Annual indexes for each part.

270. ***The Cumulative Book Index.** A world list of books in the English language. Edited by Mary Burnham. New York City, H. W. Wilson, 950–972 University Avenue. 25,5 cm.

Since 1898. Monthly, with quarterly, semi-annual, annual and bi-annual cumulations. Author, title, and subject index of books and pamphlets published in the United States, in one alphabet. The permanent bound editions comprising one or more years are continuing the "United States Catalog" (fourth edition issued in 1928). The two-years cumulation of books published 1928 and 1929 appeared in 1930. The last annual issue is published in 1931 comprising the books published in 1930.

271. *Library of Congress. **A List of American doctoral dissertations.** Prepared by Mary Wilson MacNair. Washington, United States Government Printing Office. 23 cm.

Since 1913. Annual. Consists of I. Alphabetical author list; II. A classified subject list; III. Index of subjects; IV. Alphabetical list of doctors arranged by universities. Includes also theses for previous years received since the publication of those lists. 1929 published in 1931.

272. †***New York Herald Tribune books.** New York. 42 cm.

Wöchentlich. Ausführliche Besprechungen wichtiger Neuerscheinungen und systematische Titelliste "Books of the week".

273. †***The New York Times book review.** Published by the New York Times Company. New York, Times Square. 42 cm.

Wöchentlich. Ausführliche Besprechungen wichtiger neuer Bücher und Titelliste "Latest books received".

274. *Library of Congress. **Printed cards.** Printed and sold by the Library of Congress, Washington, D. C.

Since 1901. 7,5 × 12,5 cm. Information concerning the cards is contained in the following publications, to be had on application to the Card Division of the Library of Congress: L. C. printed cards, how to order and use them. 5th ed. 1925. 36 p.; Handbook of card distribution, with references to Bulletins 1—25. 6th ed. 1925. 107 p.

275. ***The Publishers' trade list annual.** New York City, R. R. Bowker company, Office of the Publishers' Weekly. 26 cm.

Since 1873. Annual. An alphabetical collection of publishers' catalogues.

276. **The Publishers' Weekly.** The American book trade journal. New York City, R. R. Bowker Company, 62 West 45th Street 24,5 cm.

Since 1872. Weekly. Each issue contains an author and title index of current American book publications arranged alphabetically. Pamphlet material and books of lesser trade interest are listed alphabetically in smaller type.

277. †**The Saturday review of literature.** Edited by Henry Seidel Canby. New York, 25 West 45th Street. 41 cm.
Seit 1924. Wöchentlich. Enthält Besprechungen und Titellisten neuer Bücher auf allen Wissensgebieten.

278. **Wilson bulletin for librarians.** New York City, H. W. Wilson, 950—972 University Avenue. 25,5 cm.
Since 1914. Monthly except July and August. Each issue contains the "Standard catalog monthly", a selected annotated list of best books. Prepared primarily for the small library. Subject classification (Dewey). This publication supersedes the "Standard catalog bimonthly". The entries, including the notes, are taken from the Book Review Digest.

— siehe auch: Nr. 17. 18. 338. 342. 355—357. 371—373.

[015(81) Brasilien

279. †***Boletim bibliographico da Bibliotheca Nacional do Rio de Janeiro.** Organizado por E. E. Gaudie Ley. Rio de Janeiro, Bibliotheca Nacional. 26 cm.
Seit 1918. Vierteljährliche Liste der Neuerwerbungen der Bibliothek. Systematisch nach der Brüsseler Dezimalklassifikation geordnet. Jedem Titel ist die Dezimalnummer und die Standortsnummer in der Bibliothek zugesetzt. 1927 erschien der Jahrgang 1921.

[015(82) Argentinien

280. †*Universidad Nacional de la Plata. Facultad de humanidades y ciencias de la educación. **Anuario bibliográfico.** Letras, historia, educación y filosofía. La Plata, Instituto bibliográfico. 24 cm.
Seit 1927 (für 1926). Jährlich. Ausführliche systematisch geordnete Titelbibliographie über die argentinischen Neuerscheinungen (Bücher und Aufsätze) der im Titel erwähnten Fachgebiete. 1930 erschien in zwei Teilen die Bibliographie für 1929.

281. **Boletín bibliográfico.** Director: Emilio Vera y Gonzalez. Buenos Aires, Calle Alsina 500. 26 cm.
Since 1928. Monthly. Book reviews and titles of books registered for copyright at the National Library.

282. **Boletín bibliográfico de la Biblioteca mayor de la Universidad nacional de Córdoba.** Director-bibliotecario: Juan G. García. Buenos Aires, Casilla Correo 63. 26 cm.
Since 1930. Monthly. Book reviews and titles of new publications received by the library.

283. †*República Argentina. Ministerio de relaciones exteriores y culto. Biblioteca y archivo. **Boletín internacional de bibliografía argentina.** Buenos Aires. 26,5 cm.
Seit November 1930. Soll monatlich erscheinen. Besprechungen argentinischer Werke, meist neu erschienener, in alphabetischer Reihenfolge.

284. †**Charlas de mi librero.** Revista argentina de los amigos del libro y organo defensor del gremio de libreros y editores. Buenos Aires, Jesús Menéndez, Bernardo de Irigoyen 186. 27 cm.
Seit März 1930. Monatlich. Mit systematischer Titelbibliographie von Neuerscheinungen aller Fachgebiete, die in Argentinien und der übrigen spanisch redenden Welt ans Licht treten.

285. †**Nosotros.** Revista mensual de letras, arte, historia, filosofía y ciencias sociales. Directores: Alfredo A. Bianchi, Roberto F. Giusti. Buenos Aires, Lavalle 1430. 22,5 cm.
Seit 1907. Monatlich. Enthält in jedem Heft Rezensionen neuer Bücher aus allen geisteswissenschaftlichen Fächern und eine systematische Titelliste argentinischer und sonstiger spanisch geschriebener Neuerscheinungen.

— siehe auch: Nr. 40.

[015(83) Chile

286. **Boletín de la Biblioteca nacional.** Director: Guillermo Feliú Cruz. Santiago de Chile, Biblioteca nacional. 26 cm.
Since 1929. Monthly. Titles of new books received, classified by subject.

287. †*Biblioteca nacional de Chile. **Revista de bibliografía chilena.** Dirigida por Raúl Silva Castro. Santiago de Chile, Biblioteca nacional. 24,5 cm.
Seit 1927. Fortsetzung der 'Revista de bibliografía chilena y extranjera' (erschienen 1913—1918). Vierteljährlich. Systematische Titelbibliographie der in Chile erschienenen selbständigen Werke und Zeitschriftenaufsätze. Mit jährlichem Verfasserregister. Enthält außerdem gelegentlich Spezialbibliographien.

[015(86) Kolumbien

288. **Revista de la Biblioteca nacional de Bogotá.** Bogotá. 24 cm.
Since 1923. Monthly. List of books received.

[015(861) Ecuador

289. **Boletín de la Biblioteca nacional de Quito.** Quito. 30 cm.
Since 1920. Bi-monthly. Lists of books received.

[015(899) Uruguay

290. †**Revista uruguaya de bibliografía.** Montevideo, Calle Ituzaingó 1510. 23 cm.
Seit 1928. Monatlich. In jedem Heft eine Liste der im vergangenen Monat in Uruguay erschienenen Bücher; ferner in den meisten Heften Listen sonstiger Neuerscheinungen in spanischer Sprache.

[015(92) Niederländisch-Indien

291. †***Lijst van aanwinsten der Bibliotheek van het Museum (Kon. Bataviaasch Genootschap en Rechtshoogeschool).** Weltevreden, G. Kolff. 23,5 cm.
Monatlich. Systematische Titelliste der Neueingänge der Bibliothek. Kann bis zu einem gewissen Grade als Ersatz für die fehlende Bibliographie der in den niederländischen Kolonien neuerschienenen Bücher gelten. Berücksichtigt alle Fachgebiete; die Rechtswissenschaft nimmt eine bevorzugte Stellung ein.

— siehe auch: Nr. 341. 1898.

[015(94) Australien

292. *Commonwealth Parliament Library. **Books added.** Canberra, Australia, H. J. Green, Government Printer. 24 cm.
Since 1911. Monthly. Adds brief notes or extracts from reviews. Includes all books and pamphlets copyrighted in Australia, this being the depositary library under the Copyright Act.

292a. ***List of applications for the registration of the copyright in literary (including musical and dramatic) and artistic works.** Extract from the Commonwealth of Australia Gazette. Melbourne, H. J. Green, Government Printer. 33 cm.
Since 1914. Quarterly.

292b. †**Official journal of patents, trade marks & designs.** Issued by Department of Patents, Commonwealth of Australia. Melbourne. 28 cm.
Wöchentlich. Enthält in jeder Nummer: „List of applications for the registration of the Copyright in literary and artistic works under the Copyright Act 1912“; diese Liste wird lückenlos seit 1907 geführt. Von den Büchern sind nur die Titel angegeben.

293. **Bulletin of bibliography and Dramatic index.** Frederick W. Faxon, editor. Boston, Mass., The F. W. Faxon Co., 83 Francis Street. 26,5 cm.

Since 1897. 3 numbers a year. "The principal contents of the Library press" (English and American) and the record of "Births and deaths in the periodical world" are regular features. The January—April number contains an "Index to library reference lists" of the previous year. The "Dramatic Index" is later cumulated and published in the Annual magazine subject-index (see No. 355).

294. **The Library Association record.** Edited by Arundell Esdaile. London W. C. 1, The Library Association, 26 Bedford Square. 25,5 cm.

Since 1899. Monthly (1923—1930 quarterly). Reviews of current works and notes of periodical articles relating to librarianship. International.

295. **The Library journal.** New York, R. R. Bowker company, 62 West 45th Street. 27 cm.

Since 1876. Published twice a month (monthly in July and August). Since Decembre 15, 1929 there appears once a month "Current library literature" which is intended to index with brief annotation articles in library periodicals, books on libraries and library economy and other material of interest to the profession. The subject headings follow those in Cannons' "Bibliography of library economy", to which this department makes a continuing supplement.

296. ***The year's work in librarianship.** Edited for the Library Association by Arundell Esdaile. London, Library Association, 26—27 Bedford Square. 21,5 cm.

Since 1929 (embracing the literature published 1928). Annual. A review of books and articles in periodicals of the previous year under subject headings. Compiled by several authors. The 1929 volume published in 1931.

297. **Zentralblatt für Bibliothekswesen.** Herausgegeben von Aloys Bömer, Georg Leyh, Walther Schultze. Leipzig, O. Harrassowitz, Querstraße 14. 25 cm.

Seit 1884. Monatlich. Enthält in jeder Nummer Buchbesprechungen und eine internationale systematisch geordnete Bibliographie der neuerscheinenden Bücher und Zeitschriftenaufsätze zum Bibliotheks- und Buchwesen sowie zur Bibliographie, zusammengestellt von Joris Vorstius. Es werden nur die wichtigsten Neuer-

scheinungen genannt; vollständig wird die Literatur in der Internationalen Bibliographie des Buch- und Bibliothekswesens (siehe Nr. 5) verzeichnet.

298. **Revue des bibliothèques.** Organe officiel de l'Association des bibliothécaires français. Directeurs: Emile Chatelain et L. Barrau-Dihigo. Rédacteur en chef: Henri Lemaître. Paris, Champion, 5 quai Malaquais. 25 cm.

1ère année: 1897. Trimestrielle. Comptes rendus. Dépouillement de périodiques. Liste de livres annoncés. Concerne la bibliothéconomie, la vie des bibliothèques, la paléographie et la bibliographie.

299. **†Bibliotekovedenie i bibliografija.** (Bibliothekswesen und Bibliographie.) Žurnal teorii, istorii i praktiki bibliotečnogo dela i bibliografii. Redaktor: V. I. Nevskij. Moskva, Gosudarstvennaja Central'naja Knižnaja Palata RSFSR. 25 cm.

Seit 1930. Vierteljährlich. Mit Rezensionen zum Bibliothekswesen und zur Bibliographie.

300. **Žurnal bibliotekoznavstva ta bibliografiï.** Zeitschrift für Bibliothekswesen und Bibliographie, herausgegeben von der Nationalbibliothek der Ukraine an der Ukrainischen Akademie der Wissenschaften. Kiïv, vul. Ševčenka 14. 26 cm.

Seit 1927. Jährlich. Enthält außer Aufsätzen eine systematische Titelbibliographie ukrainischer und russischer Bücher und Aufsätze aus dem Gebiet des Bibliotheks- und Buchwesens sowie der Bibliographie, und eine Auswahl aus den ausländischen Publikationen auf diesen Gebieten.

301. **Čitalište.** (Der Lesesaal.) Herausgegeben von dem Bulgarischen Obersten Ausschuß der nationalen Lesesäle. Herausgeber: Jačo St. Chlěbarov. Sofija. 24 cm.

Seit 1911. Monatlich. Enthält Kritiken und eine Titelbibliographie von Neuerscheinungen unter der Redaktion von Ivan Danov, die nach der Dezimalklassifikation geordnet ist.

302. **Przegląd bibljoteczny.** (Revue des bibliothèques.) Wydawnictwo Związku bibljotekarzy polskich. Réd.: Edward Kuntze. Kraków, Bibljoteka Jagiellońska, św. Anny 12. 24 cm.

Depuis 1927. Revue trimestrielle. Donne en annexe paginée séparément la bibliographie polonaise courante des livres et articles sur les questions de bibliothèques, rédigée jusqu'à 1929 par Wł. Wislocki, à partir de 1930 par M. Mazankówna-Friedbergowa. Ordre alphabétique et systématique.

303. **Chung-hua-tu-shu-kuan-hsieh-hui-hui-pao.** (Bulletin of the Library Association of China.) Peiping, Library Association of China. 26 cm.

Since 1925. Bi-monthly. Containing bibliographies. In Chinese.

304. **Tu-shu-kuan-hsüeh-chi-kan.** (Library science quarterly.) Peiping, Library Association of China. 26 cm.

Since 1926. Quarterly. Publishing bibliographies, and containing book-reviews. In Chinese.

305. **†Toshokan kenkyû.** Organ of "the League of Young Librarians". Osaka, 5 Andôjibashi-dôri IV, Minami-ku. 23 cm.

Seit 1928. Vierteljährlich. Am Schluß jedes Heftes eine systematisch nach der Dezimalklassifikation angelegte Titelliste: „Books on bibliography and library science". International.

306. **Toshokan zasshi.** (Library journal.) Ed. by Nippon toshokan kyokai (Japanese Library Association). Tokyo, Azabu, 32 Gazenbo-cho.

Monthly.

— siehe auch: Buchwesen im allgemeinen (Nr. 5—13) und Nr. 29. 62—64.

[05 + 07 Zeitschriften- und Zeitungsverzeichnisse

307. ***Adreßbuch der fremdsprachigen Zeitschriften und Zeitungen.** Die wichtigsten Zeitschriften und politischen Zeitungen des Auslandes und Deutschlands in fremden Sprachen. Bearbeitet von F. Vogelsang. Leipzig, Börsenverein der Deutschen Buchhändler. 23,5 cm.

Seit 1927. Bisher nur 1 Band. Verzeichnet die Zeitschriften nach Wissensgebieten, die Zeitungen nach Ländern. Am Schluß Schlagwort- und Titelregister der Zeitschriften und Ortsregister der Zeitungen.

308. ***The Newspaper Press Directory** and advertisers' guide, containing particulars of every newspaper, magazine, review, and periodical published in Great Britain and Ireland. London E. C. 1, C. Mitchell, 1 & 2 Snow Hill. 27,5 cm.

Since 1846. Annual. List of newspapers, magazines, and periodicals of Great Britain, Ireland, and the Dominions, with publishers and subscription rates. Title and subject lists.

309. ***Willing's Press Guide.** A comprehensive index and handbook of the press of the United Kingdom of Great Britain,

Northern Ireland and the Irish Free State. London W. C. 1, Willing Service, 356—364 Gray's Inn road. 22 cm.

Since 1874. Annual. Alphabetical list of newspapers and periodicals with publishers and subscription rates; changes of title, subject list, foreign section. Includes London and provincial daily papers.

310. ***Gracklauers Zeitschriften-Katalog.** Herausgegeben von Herbert Goldacker. Leipzig, O. Gracklauer. 22,5 cm.

Seit 1928. Erscheint alle zwei Jahre. Systematisches Titelverzeichnis deutscher Zeitschriften mit Angabe der Erscheinungsweise, des Jahresbeginns und der Preise. Mit alphabetischem Titelregister. Zuletzt 1930 erschienen.

311. ***Jahrbuch der Tagespresse.** Berlin, C. Duncker. 23,5 cm.

Seit 1928. Jährlich. Bibliographie deutscher und deutschsprachiger Zeitungen. Nach Ländern und Provinzen, innerhalb dieser nach Städten geordnet. Mit Städteverzeichnis und Titelregister der Zeitungen.

312. ***Sperlings Zeitschriften- und Zeitungsadreßbuch.** Handbuch der deutschen Presse. Die wichtigsten deutschen Zeitschriften und politischen Zeitungen Deutschlands, Österreichs und des Auslands. Leipzig, Börsenverein der Deutschen Buchhändler. 24 cm.

Seit 1859. Jährlich. Zerfällt in 4 Abteilungen: 1. „Zeitschriften" in systematischer Anordnung, 2. „Politische Zeitungen" nach Ländern geordnet, 3. „Verlegerverzeichnis", Übersicht der Zeitschriften nach Verlegern, 4. „Register" und zwar Schlagwortregister und Titelregister der Zeitschriften, Orts- und Titelregister der politischen Zeitungen.

313. ***Zeitungskatalog.** Berlin, R. Mosse. 29 cm.

Seit 1863 (?). Jährlich. Berücksichtigt in erster Linie politische Zeitungen, verzeichnet die Anzeigenpreise und nimmt auch die für das Inseratengeschäft wichtigsten ausländischen Zeitungen und Zeitschriften auf. Bei den Zeitungen regionale, bei den Zeitschriften systematische Anordnung. Ortsregister vorhanden, Titelregister der Zeitschriften fehlt.

314. *Ala. **Zeitungskatalog.** Ala Anzeigen-Aktiengesellschaft in Interessengemeinschaft mit Haasenstein & Vogler. Berlin W 35, Potsdamerstraße 27a. 28 cm.

Jährlich. Verzeichnet die deutschen und ausländischen Tageszeitungen und Fachzeitschriften, erstere nach Orten, letztere systematisch. Mit Titel- und Stichwortregister. Zuletzt 1930 erschienen.

315. ***Zeitungskatalog.** Berlin, Verband Deutscher Annoncen-Expeditionen e. V. 33, cm.
Seit 1925. Jährlich. Verzeichnet die in Deutschland und einige der im Ausland erscheinenden politischen Zeitungen nach Ländern geordnet und die in Deutschland und z. T. im Ausland erscheinenden Fachzeitschriften nach Wissensgebieten geordnet. Mit Angabe der Zeilenlänge und Anzeigenpreise.

316. ***Zeitungspreisliste.** Berlin, Reichsdruckerei. 29,5 cm.
Seit 1828. Jährlich, nebst 15 Nachträgen, die in vierteljährlichen Heften zusammengefaßt werden. Verzeichnis der durch die Post zu beziehenden Zeitungen und Zeitschriften; alphabetisch in zwei Gruppen, von denen die erste die deutschen, die zweite die ausländischen Titel enthält. Angabe von Erscheinungsort, Erscheinungsweise und Preisen.

— siehe auch: Nr. 59.

317. **†*Zeitungskatalog Čechoslovakei.** Prag I., R. Mosse, Ovocný trh 19. 28 cm.
Jährlich. Enthält ein systematisches Verzeichnis von Zeitungen und Zeitschriften der Tschechoslovakei mit den für Inserate wichtigen Angaben über Zeilenpreis und Zeilenbreite und Angabe der Erscheinungsweise und Auflagenhöhe. Sonstige Angaben (Redaktion, Adresse, Anfangsjahr u. dgl.) fehlen. Kein Titelregister; nur Ortsregister und Register der Fachabteilungen. Tschechische Ausgabe mit dem Titel „Časopisecký katalog Č. S. R.“

— siehe auch: Nr. 89.

318. **†*Katalog prasowy Para.** Catalogue des périodiques polonais. Polnischer Zeitschriftenkatalog. Dawniejszy „Pierwszy spis gazet i czasopism“. W Poznaniu, Polska Agencja Reklamy, Aleje Marcinkowskiego 11. 23,5 cm.
Seit 1922. Erscheint in größeren Abständen. Verzeichnis sämtlicher in Polen erscheinenden Zeitungen und Zeitschriften, sowie der im Auslande in polnischer Sprache erscheinenden Periodica.

319. **†*Spis gazet i czasopism Rzeczypospolitej Polskiej,** oraz poradnik reklamowy. (Verzeichnis der Zeitungen und Zeitschriften Polens.) Warszawa, T. Pietraszek, Marszałkowska 115. 22,5 cm.
Seit 1922. Jährlich. Alphabetisch nach Orten und systematisch.

— siehe auch: Nr. 102.

320. ***Annuaire des journaux, revues et publications périodiques publiés à Paris.** Paris, Le Soudier, 174 boulevard St. Germain. 22 cm.

1ère année: 1881. Notices des titres et des conditions d'abonnement, classées alphabétiquement, suivies d'une table systématique.

321. ***Annuaire de la presse française et étrangère et du monde politique.** Directeur: Maurice Roux-Bluysen. Paris, 7 rue Portalis. 24,5 cm.

1ère année: 1878. Annuel. Toute la presse française et une partie de la presse étrangère. Liste alphabétique des associations et syndicats de presse avec les pseudonymes des journalistes et gens de lettres. Liste des journaux de Paris classés par rubriques. Liste de la presse des départements classée alphabétiquement par départements. Liste des colonies et de l'étranger par pays.

322. ***Nomenclature des journaux & revues en langue française** paraissant dans le monde entier, publiée par l'»Argus de la presse«. Paris, Argus de la presse, 37 rue Bergère. 22 cm.

En 1917, s'appelait: »Nomenclature des journaux etc., parus pendant la guerre 1914—1917«. Parait à intervalles irréguliers. Dernière édition: 1930. Liste alphabétique des publications parisiennes, de province, etc.

323. †**Annuario della stampa.** A cura del Sindacato nazionale fascista dei giornalisti. Direttore: Giulio Benedetti. Milano, Libreria d'Italia, 38 via Sardegna. 24,5 cm.

Seit 1916. Erscheint unregelmäßig, zuletzt 1930. Enthält außer Aufsätzen und Materialien, die für den Journalisten von Wichtigkeit sind, auch Verzeichnisse italienischer und ausländischer Zeitungen und Zeitschriften.

— siehe auch: Nr. 123.

324. †*USSR. **Periodica.** Zeitungen, Zeitschriften. Moskau, Meždunarodnaja kniga, Kuzneckij most 18. Querformat: 15 × 23 cm.

Seit 1930. Jährlich. Enthält ein nach dem russischen Alphabet geordnetes Titelverzeichnis der wichtigeren in der Sowjetunion erscheinenden Zeitungen und ein systematisch geordnetes Titelverzeichnis der wichtigeren in der Sowjetunion erscheinenden Zeitschriften. Beide Verzeichnisse mit Preisangaben.

325. †**Norsk Aviskatalog.** Oslo, Industriforbundets Annoncebyraa. 29,5 cm.

Jährlich. Enthält im ersten Teil ein nach Orten geordnetes Verzeichnis norwegischer Zeitungen (1931: 264 Zeitungen aus 115 Orten) mit Angabe der Erscheinungsweise und Annoncenpreise.

326. ***Indenrigsk Avisfortegnelse.** Udg. af Generaldirektoratet for Post- og Telegrafvæsenet. København. 25 cm.

Seit 1854. Vierteljährlich. Alphabetisches Verzeichnis der durch die Post zu beziehenden dänischen Zeitungen und Zeitschriften mit Angabe der Erscheinungsweise und der Bezugspreise.

327. **†Sijthoff's Adresboek voor den Nederlandschen boekhandel en aanverwante vakken.** Benevens aanwijzing der in Nederland uitkomende dag-, week- en maandbladen en tijdschriften. Leiden, A. W. Sijthoff. 22,5 cm.

Seit 1855. Jährlich. Enthält im 2. Abschnitt ein Verzeichnis niederländischer Zeitschriften, 1. alphabetisch, 2. nach Städten geordnet, mit Sachregister.

328. **†*Annuaire général de la presse belge.** Algemeen Adresboek van de Belgische pers. Comprenant les noms et les adresses des quotidiens, hebdomadaires, mensuels et des périodiques professionnels, paraissant en Belgique. Gand, É. A. de Lys, 14 boulevard Léopold. 24 cm.

Seit 1925. Unregelmäßig. Alphabetisch mit Orts- und Sachregister. Zuletzt 1930 erschienen. Bei jeder Zeitschrift werden nur Titel und Adresse mitgeteilt.

329. Union de la presse périodique belge. **Bulletin officiel.** Directeur-rédacteur en chef: Gaston Mertens. Bruxelles, 28 rue Marie de Bourgogne. 25 cm.

Depuis 1900. Trimestriel. Annonce les naissances des revues. Cette partie paraît à part depuis 1904, sous le titre de »Revue bibliographique et statistique de la presse belge« (voir No. 330).

330. **†*Revue bibliographique et statistique de la presse belge.** Sous la direction de G. Mertens. Bruxelles, 28 rue Marie de Bourgogne. 25 cm.

Depuis 1904. 3 fois par an. Donne une simple liste de nouveaux périodiques parus en Belgique. Tirage à part du Bulletin officiel de l'Union de la presse périodique belge (voir No. 329).

331. **Revue de la presse périodique.** Tijdschrift van de periodische pers. Bulletin de l'Association des journalistes et publications périodiques. Tijdschrift van het Verbond der journalisten van periodische pers. Administration: Aug. Duchesne. Bruxelles, chaussée d'Ixelles 80. 24 cm.

Depuis 1902. Notice sur les revues paraissant en Belgique dans tous les domaines.

332. *Schweizerische Postverwaltung. **Preisliste der schweizerischen Zeitungen.** Indicateur du prix des journaux suisses. Prontuario dei prezzi dei giornali svizzeri. Bern, Schweizerische Postverwaltung. 21 cm.

Depuis 1849. Sans périodicité fixe. Avec des suppléments. Ordre alphabétique. Dernière édition parue en 1928, valable à partir du 1er janvier 1929.

333. ***Verzeichnis der laufenden schweizerischen Zeitschriften** mit Einschluß der Zeitungen, Jahrbücher, Kalender, Serien usw. Herausgegeben von der Schweizerischen Landesbibliothek in Bern auf Grund ihrer Eingänge. Catalogue des périodiques suisses, revues, journaux, annuaires, almanachs, collections, etc. reçus par la Bibliothèque nationale à Berne. Bern-Bümpliz, Benteli. 23 cm.

Depuis 1917. Périodicité irrégulière. Dernière édition entièrement refondue: 1925. Suppléments annuels. Catalogue méthodique avec index alphabétique.

334. ***Zeitungs-Catalog Schweiz.** Zürich, Rudolf Mosse, Annoncen-Expedition, Limmatquai 34. 29 cm.

Seit 1925. Jährlich. Verzeichnet schweizerische Zeitungen (kantonale Anordnung) und Zeitschriften (systematische Anordnung).

335. ***Zeitungs-Catalog.** Genf, Publicitas, Schweizerische Annoncen-Expedition A. G. 28,5 cm.

Jährlich. Verzeichnet in- und ausländische Zeitungen (regionale Anordnung) und Zeitschriften (systematische Anordnung) mit Angabe der Anzeigenpreise.

336. ***Bŭlgarski knigopis.** (Bulgarische Bibliographie.) Tom 2: Spisanija i vestnici. Bulletin bibliographique des publications périodiques déposées à la Bibliothèque Nationale de Bulgarie de Sofia. Sofija. 22 cm.

Seit 1897. Jährlich. Bis 1907 mit dem Bulletin für die Bücher (s. Nr. 212) vereinigt, von 1908 an separat. Titelbibliographie aller in Bulgarien erscheinenden Zeitschriften und Zeitungen, nach diesen beiden Kategorien getrennt. Innerhalb jeder Gruppe werden erst die bulgarischen, dann die fremdsprachigen Publikationen genannt. 1929 erstmalig 2 Register: der Redakteure und der herausgebenden Institute. 1930 erschien der Jahrgang 1929. Bis 1929 mit dem Titel: „Bibliografičeski bjuletin za depoziranite periodičeski izdanija v Narodnata Biblioteka.“

337. †***Godišnik na Narodnata Biblioteka v Plovdiv.** Annuaire de la Bibliothèque Nationale à Plovdiv. Redaktor: B. Djakovič. Plovdiv. 27,5 cm.

Seit 1909. Jährlich. Enthält ein laufendes Zeitschriftenverzeichnis. Alphabetisch geordnet. 1929 erschien das Jahrbuch für 1927 mit der Liste der 1927 in Bulgarien erschienenen Zeitschriften und Zeitungen.

338. †***N. W. Ayer & Son's Directory of newspapers and periodicals.** A guide of publications printed in the United States and possessions, the Dominion of Canada, Bermuda, Cuba and the West Indies. Philadelphia, N. W. Ayer, 318 Chestnut Street. 25 cm.

Seit 1880. Jährlich. Geordnet nach Ländern und Orten; Register nach Fachgebieten und Titeln. Bis 1929 mit dem Titel: „N. W. Ayer & Son's American newspaper annual and directory".

— siehe auch: Nr. 293.

339. †***Ibero American red book** (press directory). Anuario de la prensa ibero-americana. New York, Pan American News Service, 25 Church St. 26,5 cm.

Seit 1930. Soll jährlich erscheinen. Nach Ländern geordnetes Verzeichnis süd- und mittelamerikanischer Zeitungen und Zeitschriften.

340. ***Lista de las publicaciones periódicas chilenas,** publicada por la Biblioteca nacional de Chile. Santiago de Chile, Imprenta Cervantes, Agustinas 1354. 19 cm.

Se publica anualmente desde 1915. Cataloga revistas, diarios y periódicos. Ha publicado en 1930 las publicaciones correspondientes a 1928.

341. †**Regeerings-almanak voor Nederlandsch-Indie.** Weltevreden, Landsdrukkerij. 22,5 cm.

Seit 1865. Erscheint jährlich in zwei Bänden. Enthält in jeder Ausgabe eine „Opgave van periodieke geschriften, in Indie verschijnende", teilweise mit Angabe des Anfangsjahres.

[014.3 : 05 + 014.3 : 07 Zeitschriften- und Zeitungsaufsätze

342. ***International index to periodicals devoted chiefly to the humanities and science.** A cumulative author and subject index to a selected list of the periodicals of the world. Edited by Alice F. Muench, Bea Joseph and Margaret Furlong. New York, H. W. Wilson, 950—972 University Avenue. 26,5 cm.

Since 1913. Six numbers a year, with annual cumulation and a permanent edition comprising four years. Indexes 286 domestic and foreign scholarly magazines. 1930 appeared the annual cumulation including June 1929 to May 1930. The first cumulation of more than one year is comprising the years 1907 to 1915, the fourth comprising the years 1924—1927, appeared in 1929. Until 1920, the Index was named "Readers' Guide to periodical literature supplement".

343. ***The subject index to periodicals.** London W. C. 1, Library Association, 26—27 Bedford Square. 32 cm.

Since 1916 (for 1915). Annual. Alphabetical subject index to about 700 British and foreign journals. In 1931 the Index of 1929 is published.

344. ***Internationale Bibliographie der Zeitschriftenliteratur mit Einschluß von Sammelwerken und Zeitungen. Abteilung A: Bibliographie der deutschen Zeitschriften-Literatur mit Einschluß von Sammelwerken und Zeitungen.** Alphabetisches, nach Schlagworten sachlich geordnetes Verzeichnis von Aufsätzen, die in zumeist wissenschaftlichen Zeitschriften und Sammelwerken deutscher Zunge erschienen sind. Mit Nachträgen aus den vorhergehenden Jahren und Verfasserregister. Gautzsch bei Leipzig, F. Dietrich. 25 cm.

Seit 1897 (für 1896). Erscheint in 6—8 Lieferungen und umfaßt jedesmal ein halbes Jahr. 1930 erschien das zweite Halbjahr 1928 und der ganze Jahrgang 1929. Eine Auswahl von Zeitungsaufsätzen erscheint als besondere Beilage (siehe Nr. 345).

345. ***Halbmonatliches Verzeichnis von Aufsätzen aus deutschen Zeitungen** in sachlich-alphabetischer Anordnung mit jährlichem Gesamt-Sach- und -Verfasserregister. Gautzsch bei Leipzig, F. Dietrich. 25 cm.

Seit 1909. Erscheint zweimal monatlich als Beilage zur Bibliographie der deutschen Zeitschriften-Literatur (Internationale Bibliographie der Zeitschriftenliteratur Abt. A). 1923—27 nicht erschienen. In jeder Nummer werden Aufsätze aus den unmittelbar vorhergehenden Wochen registriert.

346. ***Internationale Bibliographie der Zeitschriftenliteratur mit Einschluß von Sammelwerken und Zeitungen. Abteilung B: Bibliographie der fremdsprachigen Zeitschriftenliteratur.** Répertoire bibliographique international des revues etc. International index to periodicals. Alphabetisches nach Schlagworten in deut-

scher Sprache sachlich geordnetes Verzeichnis von Aufsätzen, die in zumeist wissenschaftlichen Zeitschriften, Sammelwerken und Zeitungen nichtdeutscher Zunge erschienen sind. Mit Verfasserregister. Gautzsch bei Leipzig, F. Dietrich. 25 cm.

Seit 1911. Erschien früher in Vierteljahrsbänden, zuletzt lieferungsweise in Mehrjahrsbänden; N. F. Bd. 3 für 1925—27 ist 1930 im Erscheinen begriffen. Die Jahrgänge 1919—24 fehlen bisher, sollen aber nachgeholt werden. Alle Fachgebiete sind berücksichtigt mit Ausnahme der Medizin.

347. ***Internationale Bibliographie der Zeitschriftenliteratur mit Einschluß von Sammelwerken und Zeitungen. Abteilung C: Bibliographie der Rezensionen.** Nach Titeln (Alphabet der Verfasser) geordnetes Verzeichnis von Besprechungen deutscher und ausländischer Bücher und Karten, die in zumeist wissenschaftlichen und kritischen Zeitschriften, Zeitungen und Sammelwerken deutscher Zunge erschienen sind. Gautzsch bei Leipzig, F. Dietrich. 25 cm.

Seit 1901 (für 1900). Erscheint lieferungsweise in Jahresbänden. 1930 erschien Band 48 für 1925—28. Bis Band 13, 1911 mit dem Titel: „Bibliographie der deutschen Rezensionen".

347a. **†*Index critico-litterarius.** Revista trimestral de documentación. Tarragona, Biblioteca "Antonio Agustín", San Pablo 4. Querformat 13,5 × 21,5 cm.

Seit 1928. Vierteljährlich. Internationales, alphabetisch nach Schlagworten geordnetes Verzeichnis von Zeitschriftenaufsätzen der verschiedensten Kulturgebiete. Rund 400, zum großen Teil spanische Zeitschriften werden ausgezogen. Außerdem werden Rezensionen aus über 80 Zeitschriften gebracht. Unter den Sachgebieten ist die Theologie besonders gepflegt.

348. ***Argus.** Revue populárně vědeckých článků ve stručném výtahu. (Revue populaire d'extraits d'articles de revues.) Praha-Smíchov, Smetanova 2. 26,5 cm.

Depuis 1925. Mensuelle. Dépouillement de recueils tchécoslovaques. Classification méthodique.

349. ***Indice della stampa.** Bollettino dei quotidiani. Rubricazione e registrazione analitica di tutte le notizie e di tutti gli articoli secondo le norme suggerite dai vari dicasteri dell' amministrazione dello stato. Direttore: Attilio Marini. Ancona, Palazzo Giacchetti. 34 cm.

Dal 1929. Settimanale. È una bibliografia per titoli fatta mediante spoglio e classificazione di tutti gli articoli dei principali giornali quotidiani d'Italia. La rubricazione è fatta in ordine di materia e per ogni classe in ordine cronologico.

349a. †***Indice della stampa.** Bollettino dei periodici. Rubricazione e registrazione analitica di tutte le notizie e di tutti gli articoli secondo le norme suggerite dai vari dicasteri dell' amministrazione dello stato. Direttore: Attilio Marini. Ancona, Palazzo Giacchetti. 34 cm.

Seit 1930. Monatlich.

350. ***Žurnal'naja letopis.** Organ gosudarstvennoj bibliografii. (Annalen der Zeitschriftenliteratur.) Moskva, Gosudarstvennaja central'naja knižnaja palata RSFSR. 22,5 cm.

Seit 1926. Früher vierteljährlich, 1929 jeden zweiten Monat erscheinend. Titelbibliographie der in RSFSR erscheinenden Zeitschriftenaufsätze; systematische Anordnung; rund 760 Zeitschriften werden ausgezogen.

351. ***Latvijas zinātne un literatūra.** Science et littérature de la Lettonie. Red.: Voldemars Caune. Edition de la Bibliothèque d'Etat. Rīgā, Valters & Rapa, Teatra ielā 14. 23 cm.

Seit 1920. Jährliche Titelbibliographie der in Lettland erschienenen Zeitschriften- und Zeitungsaufsätze. Bis 1924 sind nur die Titel in lettischer Sprache aufgenommen, später sind auch die übrigen Sprachen mit Ausnahme der in hebräischen Lettern gedruckten Titel berücksichtigt. Bis zum Berichtsjahr 1926 waren auch die selbständigen Publikationen verzeichnet; diese werden von 1927 an laufend in „Valsts Bibliotekas Biļetens" (siehe Nr. 162) registriert. 1930 erschien der Jahrgang 1927. Die Titel der Aufsätze sind nach der Brüsseler Dezimalklassifikation angeordnet.

352. ***Norsk tidsskriftindex.** Systematisk fortegnelse over innholdet av norske periodiske skrifter samt artikler av nordmenn og om Norge i utenlandske skrifter. Utarbeidet av W. P. Sommerfeldt. Oslo, Steenske Forlag. 23,5 cm.

Fondation 1918. Annuel. Bibliographie méthodique des articles de périodiques norvégiens et de tous les articles écrits par des Norvégiens et sur la Norvège dans les périodiques étrangers. Table alphabétique des matières. 1929 a paru en 1930.

353. ***Dansk Tidsskrift-Index.** Udgivet af Statens Bibliotekstilsyn. Udarbejdet af Th. Døssing og Robert L. Hansen. København, H. Hagerup. 23 cm.

Seit 1916 (für 1915). Jährlich. Verzeichnis von Aufsätzen, die in rund 225, zumeist wissenschaftlichen, dänischen und einigen norwegischen und schwedischen Zeitschriften erschienen sind. Umfaßt nicht Besprechungen. Systematisch nach dem dänischen Dezimalsystem. In jedem Jahrgang kurzgefaßtes alphabetisches Schlagwortregister. 1930 erschien der Jahrgang 1929.

354. ***Nijhoff's Index op de Nederlandsche periodieken van algemeenen inhoud.** Bewerkt door A. J. van Huffel. 's Gravenhage, M. Nijhoff. 21,5 cm.

Seit 1910. Monatlich. Verzeichnet den Inhalt von etwa 50 Zeitschriften und einiger großer Zeitungen. Geordnet alphabetisch nach Schlagwörtern (bei der schönen Literatur nach Verfassern). Beigefügt (ebenfalls monatlich): „Register op beoordeelingen van Nederlandsche boeken", alphabetisch nach den Namen der rezensierten Autoren. Jährlich ein Verfasser- und Schlagwortregister.

355. ***Annual magazine subject-index.** Frederick W. Faxon, editor. Boston, Massachusetts, F. W. Faxon, 83 Francis Street. 24 cm.

Since 1907. Annual. Consists of two parts: I. A subject-index to a selected list of 171 American (and few English) periodicals and society publications in the field of humanities; II. The Dramatic index, covering articles and illustrations concerning the stage and its players in more than 60 periodicals of America and England and including the dramatic books of the year. Appendix: The dramatic books and plays (in English). 1929 published in 1930.

356. **†*The catholic periodical index.** Edited by Francis E. Fitzgerald. New York, Library Section of the National Catholic Educational Association; H. W. Wilson.

Seit März 1930. Vierteljährlich. Erschließt den Inhalt von 37 katholischen Zeitschriften, und zwar vorwiegend von amerikanischen.

357. ***Readers' guide to periodical literature.** New York, H. W. Wilson, 950—972 University Avenue. 26 cm.

Since 1900. Monthly, with bimonthly, quarterly, annual and triannual cumulations. Indexes, by author and subject, the contents of 121 current American periodicals popular in public and school libraries. The last annual cumulation (January 1929 to June 1930) edited by Alice M. Dougan and Bertha Joel, appeared in 1930. The last cumulative volume comprising three or more years have appeared in 1929 (for 1925—1928).

— siehe auch: Nr. 125. 178.

[058 Adreßbücher

357a. ***Adreßbuch der Adreßbücher.** Eine Übersicht über Fach-, Stadt- und Länder-Adreßbücher der Welt. Annuaire des Annuaires. Directory of directories. Köln, M. Dumont Schauberg, Langgasse 1—3. 21 cm.

Seit 1890. Erscheint unregelmäßig in Abständen von mehreren Jahren. Zuletzt 1930 erschienen. Mit Schlagwortregister.

[069 Museumskunde

358. **The Museum news.** Published by The American Association of Museums. L. C. Everard, editor. Washington, D. C., Smithsonian Institution. 28 cm.

Since 1924. Semi-monthly September to June inclusive. Contains lists of books, pamphlets, and periodical references, American and foreign.

359. **The Museums journal.** The organ of the Museums Association. Edited by F. A. Bather, E. R. Dibdin and H. J. E. Peake. London W. 1, Dulau, 32 Old Bond Street. 26 cm.

Since 1901. Monthly. Includes sections of reviews of museum publications and museum reports; also a reference list for curators. International.

360. **Museumskunde.** Vierteljahrschrift für Verwaltung und Technik privater und öffentlicher Sammlungen. Amtliches Organ des Deutschen Museumsbundes. Herausgegeben von K. H. Jacob-Friesen. Berlin, W. de Gruyter. 28 cm.

Seit 1905. Vierteljährlich. 1924—1928 nicht erschienen. Enthält in jedem Heft in dem Abschnitt „Literatur" ein systematisches Verzeichnis von Neuerscheinungen und Inhaltsangaben von Fachzeitschriften. Zusammengestellt von A. Schramm. Gegeben wird eine Auswahl aus der internationalen Literatur über die Verwaltung und Technik der Museen.

[07 Zeitungswesen

361. **Journalism quarterly,** devoted to investigative studies in the field of journalism. Frank Luther Mott, editor. Iowa City, Iowa, Association of Schools and Departments of Journalism and the American Association of Teachers of Journalism. 25 cm.

Since March 1924. The June, 1930 issue contains "An annotated bibliography of articles on journalistic subjects in American magazines, January—April, 1930" compiled by Ralph D. Casey.

— siehe auch: Nr. 5. 1487; Zeitungskataloge siehe Nr. 307—341.

362. †***Overseas official publications.** Quarterly bulletin of official publications received by the Royal Empire Society (formerly Royal Colonial Institute) and issued in the Overseas British Empire or relating thereto. Edited by the Librarian, Royal Empire Society. London W. C. 2, Royal Empire Society, Northumberland Avenue. 21,5 cm.

Seit 1927. Vierteljährlich. Nach Ländern geordnete Titelliste.

363. *Saorstát Eireann. Irish Free State. **A List of government publications, issued by the Stationery Office.** Dublin, Stationery Office. 25 cm.

Since 1922. Monthly. Consolidated annually.

364. †*H. M. Stationery Office. **Monthly circular of new publications** (on the cover: of recent selected publications). London W. C. 2, H. M. Stationery Office, Adastral House, Kingsway. 21,5 cm.

Seit 1919. Monatlich. Systematische Titelliste der Regierungsdrucksachen, von denen einige, die am Anfang stehen, mit Referaten versehen sind.

365. ***Monthly list of Government Publications** issued by H. M. Stationery Office. London W. C. 2, H. M. Stationery Office, Adastral House, Kingsway. 24 cm.

Since 1919. Monthly. Titles arranged under issuing departments, with subject index. The June and December numbers are respectively six-monthly and annual accumulations, having the title: 'Consolidated list of Government publications'.

366. ***Deutsche amtliche Druckschriften.** Erwerbungen der Staatsbibliothek zu Berlin. Berlin, W. de Gruyter. 24,5 cm.

Seit 1928 (für 1927). Enthält die Erwerbungen ab 1927, zuerst halbjährlich, von 1930 an jährlich (erstmalig für 1929). Titelbibliographie amtlicher und halbamtlicher Drucksachen, in Abteilung A (Behörden des Reiches, der Länder und sonstige öffentliche Körperschaften) nach Behörden geordnet, in Abteilung B (Publikationen der Städte, Land- und Kirchengemeinden) nach Orten geordnet. Dazu Behörden- und Ortsregister. Den Titeln sind die Signaturen der Staatsbibliothek beigefügt.

367. ***Monatliches Verzeichnis der reichsdeutschen amtlichen Druckschriften.** Bearbeitet von der Deutschen Bücherei. Herausgegeben vom Reichsministerium des Innern. Berlin W 8, Reichs- und Staatsverlag. 21 cm.

Seit 1928. Monatlich. Bringt das amtliche und halbamtliche Schrifttum des Deutschen Reichs, der Länder, Städte sowie der Körperschaften des öffentlichen Rechts, und zwar Einzelwerke, Karten und zum Teil Zeitschriftenaufsätze. Der wichtige Inhalt der Gesetzblätter wird regelmäßig mitgeteilt. Ausgeschlossen sind u. a. Universitäts- und Schulschriften, Akademie- und Patentschriften. Das Titelmaterial wird innerhalb der drei Hauptgruppen Reich, Länder, Städte nach der herausgebenden Behörde geordnet. Mit jährlichem Sach-, Personen- und Behördenregister.

— siehe auch: Nr. 68.

368. †***Latvijas oficialo izdevumu saraksts.** Liste des documents officiels de Lettonie. Rīgā, Latvijas starptautiskās drukas darbu apmaiņas Birojs. 22,5 cm.
Seit 1925 (für 1924/25). Jährlich. Herausgegeben vom Internationalen Austauschbüro bei der Staatsbibliothek in Riga.

369. ***Nederlandsche overheidsuitgaven.** Lijst van officieele uitgaven verschenen in Nederland en Nederlandsch Oost- en West-Indië, bewerkt door het Ruilbureau der Koninklijke Bibliotheek. 's Gravenhage, Algemeene Landsdrukkerij. 20 cm.
Seit 1930. Jährlich. Alphabetisch geordnet nach den Namen der Institute. Erstmalig für 1929.

370. †*Canada. Department of Public Printing and Stationery. Division of Documents. **Catalogue of official publications of the Parliament and Government of Canada.** Prepared by A. L. Normandin. Ottawa, King's Printer. 25 cm.
Seit 1930. Soll jährlich erscheinen. Enthält die Titel und Verkaufspreise amtlicher kanadischer Drucksachen.

371. ***Monthly catalogue, United States public documents.** (With prices.) Issued by the Superintendent of Documents. Washington, United States Government Printing Office. 24 cm.
Since 1895. Monthly. An index of official publications of the U. S. A. arranged alphabetically by the issuing department, bureau or division.

372. *Library of Congress. Division of Documents. **Monthly check-list of State publications.** Washington, Government Printing Office. 24,5 cm.
Since 1910. Monthly. Alphabetical arrangement by states of official publications received by the Library of Congress.

373. ***Weekly list of selected United States government publications.** Issued by the Superintendent of Documents. Washington, D. C., United States Government Printing Office. 23 cm.

Since July 11, 1928. Weekly. Arranged alphabetically by subjects.

— Universitäts- und Schulschriften siehe: Nr. 57. 75. 76. 86. 113. 190. 203. 271.

[090.1 Bibliophilie

374. **Philobiblon.** Eine Zeitschrift für Bücherliebhaber. Wien, H. Reichner, Strohmayergasse 6. 23 cm.

Seit 1928. Monatlich (ausgenommen Juli-August). Enthält ein internationales Titelverzeichnis von Neuerscheinungen, die für den Bibliophilen von Interesse sind.

375. **L'Ex-libris.** Revue internationale. Armoriaux, blasons, généalogies, héraldique, ordres de chevalerie, reliures armoriées. Paris, H. Daragon, 10 rue Fromentin. 28,5 cm.

1ère année: 1929. Parait tous les 2 mois. »Bibliographie«: notices d'études françaises et étrangères.

— siehe auch: Nr. 5. 6. 7. 488.

[1 Philosophie

[10 Allgemeines

376. **Philosophy.** The journal of the British Institute of Philosophical Studies. Edited by Sydney E. Hooper. London W. C. 2, Macmillan, St. Martin's Street. 24,5 cm.

Since 1926. Quarterly. Until 1930, the periodical was named "Journal of philosophical studies". Containing a section devoted to signed reviews of new books. Also a survey of philosophy in various countries. International.

377. †**Mind.** A quarterly review of psychology and philosophy. Edited by G. E. Moore. London W. C. 2, Macmillan, St. Martin's Street. 22 cm.

Seit 1876. Vierteljährlich. Enthält in jedem Heft außer Aufsätzen und einigen Buchbesprechungen eine Übersicht über den Inhalt neuer Hefte der wichtigsten philosophischen Zeitschriften aller Länder.

378. ***Bibliographie der Philosophie und Psychologie.** Leipzig, W. Heims. 24 cm.

Seit 1921 (für 1920). Jährlich. Aufzählende Titelbibliographie. Zuletzt 1931 für das Jahr 1930 erschienen. Steindruck.

379. **Grundwissenschaft.** Philosophische Zeitschrift der Johannes-Rehmke-Gesellschaft. Herausgegeben von Johs. Erich Heyde. Leipzig, F. Meiner. 24 cm.

Seit 1919. 4 Hefte im Jahr (gewöhnlich Doppelhefte). Bringt einen umfassenden systematisch geordneten Besprechungsteil. Das Ausland ist berücksichtigt.

380. **Kant-Studien.** Philosophische Zeitschrift. Mit Unterstützung der Kant-Gesellschaft herausgegeben von Paul Menzer und Arthur Liebert. Berlin, Pan-Verlag Kurt Metzner. 24 cm.

Seit 1896. Vierteljährlich. Enthält einen ausgedehnten Besprechungsteil, der alle wichtigeren philosophischen Neuerscheinungen würdigt. International.

381. ***Literarische Berichte aus dem Gebiete der Philosophie.** Das umfassende Literaturblatt für Wissenschaft und allgemeines

Geistesleben. Herausgegeben von Arthur Hoffmann. Erfurt, K. Stenger. 23 cm.

Seit 1923. Jährlich mehrere Hefte. Enthält ausschließlich bibliographische Zusammenstellungen. Die laufende Bibliographie der deutschen philosophischen Bücher und die der Zeitschriftenaufsätze erscheinen halbjährlich, die der Bücher bearbeitet von Arthur Hoffmann (zuletzt 1929 für 1928), die der Aufsätze von Erich Witte (1931 für 1929). Außerdem erscheint jährlich einmal die systematische Bibliographie der deutschen philosophischen Dissertationen von Kurt Gassen (zuletzt 1931 für 1929), und eine systematische Titelliste der englischen philosophischen Buchveröffentlichungen von Hellmut Bock (zuletzt 1930 für 1927).

382. ***Philosophie, Psychologie, Pädagogik.** Monatlicher Anzeiger aller Neuerscheinungen auf dem Gebiete der Philosophie, Psychologie, Psychotechnik, Erziehung, Unterricht und Jugendbewegung des in- und ausländischen Büchermarktes. Leipzig, J. A. Barth. 22 cm.

Seit 1925. Monatlich. Buchhändlerischen Zwecken dienende systematische Titelliste mit Proben und gelegentlichen Erläuterungen und Empfehlungen.

383. **Philosophisches Jahrbuch.** Auf Veranlassung und mit Unterstützung der Görres-Gesellschaft begründet. Herausgegeben von M. Grabmann und Ed. Hartmann. Fulda, Fuldaer Actiendruckerei. 24 cm.

Seit 1888. Vierteljährlich. Jedes Heft enthält „Sammelberichte, Rezensionen und Referate“ von Neuerscheinungen in systematischer Anordnung, sowie eine Zeitschriftenschau.

384. **†Archives de philosophie.** Paris, G. Beauchesne, 117 rue de Rennes. 25 cm.

Seit 1923. Erscheint unregelmäßig in Einzelheften, zu denen seit 1929 ein besonderer bibliographischer Anhang (»Supplément bibliographique«) mit Rezensionen herausgegeben wird. Außerdem erscheint alle 2 Jahre ein Sonderheft, betitelt »Bibliographie critique«, das einen kritischen Überblick über die wichtigsten philosophischen Neuerscheinungen gibt.

385. **Revue de métaphysique et de morale.** Secrétaire de la rédaction: Xavier Léon. Paris, A. Colin, 103 boulevard Saint-Germain. 25 cm.

1ère année: 1893. Trimestrielle. »Supplément« (Livres nouveaux et périodiques): comptes rendus.

386. **Revue philosophique de la France et de l'étranger.** Directeur: L. Lévy-Bruhl. Paris, F. Alcan, 108 boulevard Saint-Germain. 25 cm.

1ère année: 1876. Parait tous les 2 mois. »Revues critiques«, »Analyses et comptes rendus«, »Revue des périodiques«: comptes rendus parfois très étendus d'ouvrages et articles français et étrangers classés méthodiquement.

387. **Rivista di filosofia.** Direttore: Luigi Fossati. Milano (120), via Ciro Menotti 20. 24 cm.

Dal 1909. Trimestrale. Oltre ad una rubrica di „Recensioni" ed un' altra di „Note bibliografiche" (brevi cenni informativi), pubblica di frequente delle interessanti „rassegne" compilate da autori vari in cui vengono esaminate complessivamente le principali opere recenti relative a una determinata disciplina filosofica (p. es. „Rassegna di filosofia classica", „Rassegna di filosofia italiana" etc.). Da notarsi inoltre uno spoglio di „Riviste filosofiche nel 1927" pubblicato nell' annata 1928. Tutte queste varie rubriche bibliografiche si riferiscono a opere italiane e straniere.

388. **Filosofski pregled.** (Rundschau für Philosophie.) Herausgeber: D. Michalčev. Sofija, Svetoslav Terter 9. 24 cm.

Seit 1929. Zweimonatsschrift für Philosophie und Psychologie. Enthält einige Besprechungen bulgarischer und ausländischer philosophischer Neuerscheinungen.

389. **Ruch filozoficzny.** (Mouvement philosophique.) Éditeur et rédacteur: Kazimierz Twardowski. Lwów, Université. 25 cm.

Depuis 1911. Mensuel (les mois de Juillet et d'Août exceptés). Bibliographie critique (choix), dépouillement des périodiques polonais et étrangers. Bibliographie-titres, ordre systématique.

390. **Česká mysl.** (La Pensée tchèque.) Revue philosophique. Praha, „Čin". 25 cm.

Depuis 1905. Quatre fois par an. Comptes rendus critiques.

391. **Athenaeum.** Réd. par István Dékány. Publ. par la Société hongroise de philosophie. Budapest VIII, múzeum-körút 6. 24 cm.

Depuis 1892. Revue bimensuelle. Ilona Gáspár y publie sous le titre de „Hazai és külföldi irodalom" la bibliographie alphabétique de la littérature philosophique de la Hongrie et de l'étranger (en 1930 pour l'année 1929).

— siehe auch: Nr. 430. 437. 438. 446. 452. 467. 468. 1731.

[13 Spezielle Psychologie

392. **Mental hygiene.** Published quarterly by the National Committee for Mental Hygiene. Frankwood E. Williams, editor. Albany, N. Y., 372–374 Broadway. 25,5 cm.

Since 1917. Quarterly. Contains a section of signed book reviews and a "Current bibliography" by Irene Bremner Brown. American, English and Canadian material only. The bibliography is uncritical and does not include articles of a technical or clinical nature.

393. **Zeitschrift für Völkerpsychologie und Soziologie.** Herausgegeben von Richard Thurnwald. Leipzig, C. L. Hirschfeld. 24 cm.

Seit 1925. Vierteljährlich. Enthält Besprechungen und Berichte über Neuerscheinungen in systematischer Anordnung und eine Übersicht über den einschlägigen Inhalt einer großen Zahl philosophischer, psychologischer, ethnologischer, nationalökonomischer usw. Zeitschriften. International.

394. ***Child development abstracts and bibliography.** Compiled by J. Allan Hicks. Washington, D. C., Committee on Child Development, National Research Council, 2101 Constitution Ave. 22 cm

Since 1927. Bi-monthly. Planographed. Selected from the abstracts appearing in current issues of 14 periodicals and 1 card service and reproduced verbatim. Arranged under source. Yearly cumulative index.

[15 Allgemeine Psychologie

395. ***Psychological abstracts.** Edited by Walter S. Hunter. Published by the American Psychological Association. Lancaster, Pa., Psychological review company, Prince and Lemon Streets. 27 cm.

Since Jan. 1927. Monthly. Non-critical abstracts of the world's literature in psychology and closely related subjects. Classified by subjects, with an author index.

396. **†*Psychological bulletin.** Edited by Edward S. Robinson. Published for the American Psychological Association. Princeton, New Jersey, Psychological Review Co. 24,5 cm.

Seit 1904. Monatlich außer August und September. Enthält ausschließlich kritische Sammelreferate und Einzelrezensionen über Psychologie.

397. ***Psychological index.** An annual bibliography of the literature of psychology and cognate subjects. Edited by Walter S. Hunter, Raymond R. Willoughby. Published for the American

Psychological Association. Princeton, New Jersey, Psychological Review Company. 25,5 cm.

Since 1894. Publications of the world. Classified by subjects with an author index. Year 1929 published June 1930 (containing 6392 entries).

398. **Archiv für die gesamte Psychologie.** Organ der Deutschen Gesellschaft für Psychologie. Herausgegeben von W. Wirth. Leipzig, Akademische Verlagsgesellschaft. 24,5 cm.

Seit 1903. 4 Hefte bilden einen Band. Enthält eine „Bibliographie der ausländischen Literatur über Psychologie, ihre Grenzgebiete und Hilfswissenschaften", zusammengestellt von O. Klemm, in Form eines systematischen Titelverzeichnisses, ferner einige ausführliche Literaturberichte. 1931 erschien die Bibliographie für 1929 (4127 Nummern mit Autorenregister). Die Bibliographie der deutschen Literatur ist in der Zeitschrift für Psychologie enthalten (siehe Nr. 399).

399. **Zeitschrift für Psychologie.** Organ der Gesellschaft für experimentelle Psychologie. Abteilung 1 der Zeitschrift für Psychologie und Physiologie der Sinnesorgane. Herausgegeben von F. Schumann. Leipzig, J. A. Barth. 24 cm.

Seit 1890. Erscheint in Bänden zu sechs Heften. Enthält Rezensionen sowie eine jährliche systematisch geordnete Titelbibliographie der deutschen Literatur über Psychologie von Ellen Richter und Ad. Ehrhardt; 1931 erschien die Bibliographie für 1930. Die Bibliographie der ausländischen Literatur erscheint im Archiv für die gesamte Psychologie (siehe Nr. 398).

400. **L'Année psychologique.** Publiée par Henri Piéron. Paris, F. Alcan, 108 boulevard Saint-Germain. 21 cm.

1ère année: 1894. Annuel. Livres et périodiques français et étrangers sont analysés et commentés dans les «Analyses bibliographiques» dont le classement est méthodique. Une table alphabétique donne les noms des auteurs dont les travaux ont été analysés. Les renseignements portent sur les publications de l'année précédente.

401. **Revue française de psychanalyse.** Organe officiel de la Société psychanalytique de Paris. Paris, Doin, 8 place de l'Odéon. 24 cm.

1ère année: 1927. Trimestrielle. La «Bibliographie» analyse les périodiques français et étrangers. Table analytique annuelle des matières.

402. †**Kwartalnik psychologiczny.** (Psychologische Vierteljahrsschrift.) Redaktor: Stefan Błachowski. Poznań, Poznańskie Towarzystwo Psychologiczne, ul. Dominikańska 4. 24,5 cm.
Seit 1930. Vierteljährlich. Mit Rezensionen und Zeitschriftenschau. Ungefähr die Hälfte des Umfangs entfällt auf den bibliographischen Teil.

— siehe auch: Nr. 377. 378. 382. 392—394. 445. 1264.

[176 Sexuelle Frage

403. **Zeitschrift für Sexualwissenschaft und Sexualpolitik.** Mitteilungsblatt der Internationalen Gesellschaft für Sexualforschung. Herausgegeben von Max Marcuse. Berlin und Köln, A. Marcus & E. Weber. 24,5 cm.
Seit 1914. 8 Hefte jährlich. Mit Buchbesprechungen und Zeitschriftenschau.

[178 Alkoholfrage

404. **Die Alkoholfrage.** Internationale wissenschaftlich-praktische Zeitschrift. Herausgegeben vom Deutschen Verein gegen den Alkoholismus und von der Internationalen Vereinigung gegen den Alkoholismus. Herausgeber: I. Gonser. Berlin-Dahlem, Auf der Wacht, Werderstr. 16. 22,5 cm.
Seit 1904. Jährlich 6 Hefte. In jedem Heft eine gedrängte systematische Titelbibliographie deutscher Bücher und Zeitschriftenaufsätze.

[2 Religion, Theologie

[20 Allgemeines

405. **Anglican theological review.** Edited by Frederick C. Grant and Burton S. Easton in collaboration with representative scholars throughout the Church. Lancaster, Pennsylvania, Lancaster press, inc., Prince and Lemon Streets. 24,5 cm.

Since 1919. Quarterly. More than half the review is devoted to signed reviews with a section "Notes on new books" classified and annotated. Literature of the world.

406. **Canadian journal of religious thought.** A bi-monthly magazine for the expression of Canadian thought on social, political, educational and moral questions, from the religious viewpoint. Toronto, 73 Queen's Park. 25,5 cm.

Since 1924. Bi-monthly. Contains "Among the new books", which furnishes signed reviews of books on the Bible, religion, church history, theology, philosophy, and psychology.

407. **Church quarterly review.** Edited by H. Maynard Smith. London W. C., Society for Promoting Christian Knowledge, Northumberland Avenue. 27,5 cm.

Since 1875. Quarterly. Contains book reviews, book notices and contents of current periodicals. International.

408. **†The Congregational quarterly.** A review of religious life and thought. Editor: Albert Peel. London E. C. 4, Congregational Union of England and Wales, Memorial Hall. 25 cm.

Seit 1923. Vierteljährlich. Enthält die bibliographischen Rubriken: "Current literature" (Rezensionen); "Shorter notices and descriptive list" (Literaturnotizen); und "Periodical publications" (Zeitschriftenschau, nach Zeitschriften geordnet).

409. **The Journal of religion**: issued by the Divinity Faculty and Conference of the University of Chicago. Shirley Jackson Case, editor. Chicago, Illinois, University of Chicago Press, 5750 Ellis Avenue. 24 cm.

Since 1921. Quarterly. Includes sections "Critical reviews" and "Recent books" classified.

410. **The journal of theological studies.** London, Humphrey Milford. 23 cm.

Since 1899. Quarterly. In each number the contents of current periodicals are listed. Besides the reviews there is an occasional "Chronicle" of literature relating to a special subject. International.

411. **Methodist review.** George Elliott, editor. New York City, Methodist book concern, 150 Fifth Avenue. 23,5 cm.

Since 1818. Bimonthly. The section "Our bookshelf" contains signed reviews and brief notes.

412. **†The Review and Expositor.** A Baptist theological quarterly. Edited by the Faculty of the Southern Baptist Theological Seminary. John R. Sampey, editor-in-chief. Louisville, Kentucky, Morton Hall. 23 cm.

Seit 1904. Vierteljährlich. Jedes Heft enthält zahlreiche Besprechungen theologischer Neuerscheinungen. Fast nur Werke in englischer Sprache.

413. ***Bibliographisches Beiblatt der Theologischen Literaturzeitung.** Bearbeitet von Gustav Reich und H. Seesemann. Leipzig, J. C. Hinrichs. 24 cm.

Seit 1922. Wird in Lieferungen der Theologischen Literaturzeitung (siehe Nr. 417) beigelegt und erscheint viermal jährlich. Faßt in systematischer Anordnung halbjährlich die gesamte internationale theologische Literatur zusammen und berücksichtigt auch den Zeitschrifteninhalt. Bloße Titelaufzählungen ohne Anmerkungen. 1930 wurde die Literatur des Jahres 1929 verzeichnet.

414. ***Literarische Beilage zum Klerusblatt.** Hauptschriftleitung: Ludwig Bruggaier und Josef Gmelch. Eichstätt, Landesverband der Diözesan-Priestervereine Bayerns. 24 cm.

Seit 1925. Monatlich. Rezensionen, Zeitschriftenschau, Neue Bücher. Gelegentlich Abhandlungen an der Spitze eines Heftes.

415. ***Theologie der Gegenwart.** Literarische Beilage zur „Neuen kirchlichen Zeitschrift“. Leipzig, A. Deichert. 21 cm.

Seit 1907. Monatlich. Systematisch geordnete Bücherbesprechungen zur evangelischen Theologie vom positiv-kirchlichen Standpunkte aus; der Stoff ist in 12 Gruppen geteilt, von denen jede eine Nummer füllt, so daß jede Gruppe einmal im Jahr behandelt wird. Die verarbeitete Literatur ist nicht sehr umfangreich; ausländische Literatur und Zeitschriftenaufsätze sind nicht berücksichtigt.

416. **Theologie und Glaube.** Zeitschrift für den katholischen Klerus. Herausgegeben von den Professoren der Bischöflichen Philosophisch-Theologischen Akademie Paderborn. Paderborn, Bonifacius-Druckerei. 22 cm.

Seit 1909. Sechsmal im Jahr. Jedes Heft enthält in dem Abschnitt „Aus der Theologie der Gegenwart" eine große Anzahl von Bücherbesprechungen aus der gesamten Theologie. Außerdem ist ein besonders paginierter „Literarischer Anzeiger" beigeheftet, eine alphabetische Liste neuer deutscher Bücher aus dem Gebiete der katholischen Theologie.

417. ***Theologische Literaturzeitung.** Herausgegeben von Walter Bauer. Leipzig, J. C. Hinrichs. 31 cm.

Seit 1876. Jährlich 26 Nummern. Enthält Rezensionen in- und ausländischer Werke. Die Besprechungen sind nicht gruppiert, doch durch ein Register zusammengefaßt. Seit 1922 mit vierteljährlichem „Bibliographischem Beiblatt" (siehe Nr. 413).

418. ***Theologische Revue.** In Verbindung mit der katholisch-theologischen Fakultät zu Münster herausgegeben von Franz Diekamp und Arnold Struker. Münster, Aschendorff. 28,5 cm.

Seit 1902. Monatlich. Katholisch. Enthält Rezensionen und am Schluß eine „Bücher- und Zeitschriftenschau" in Form eines systematischen internationalen Titelverzeichnisses zur gesamten Theologie.

419. ***Theologischer Handkatalog.** Systematisches Verzeichnis wichtiger und neuer evangelisch-theologischer Werke. Göttingen, Vandenhoeck & Ruprecht. 18 cm.

Seit 1896. Erscheint etwa jährlich. Systematisches Titelverzeichnis mit Verfasserregister, das in Verbindung mit der Vereinigung evangelischer Buchhändler von zehn deutschen theologischen Verlagsanstalten herausgegeben wird und Handelszwecken dient. Gesamtverzeichnis der im Handel erhältlichen evangelisch-theologischen deutschen Bücher.

420. ***Theologisches Literaturblatt.** Herausgegeben von Ludwig Ihmels und Ernst Sommerlath. Leipzig, Dörffling & Franke. 33,5 cm.

Seit 1880. Vierzehntägig. Bringt längere Besprechungen neuer Literatur und Inhaltsangaben neuer Zeitschriftenhefte.

421. **Theologisch-praktische Quartalschrift.** Herausgegeben von den Professoren der bischöflichen theologischen Diözesan-

Lehranstalt in Linz. Redakteure: Leopold Kopler und Wenzel Grosam. Linz a. d. D., Stifterstraße 7. 21,5 cm.

Seit 1848. Vierteljährlich. Enthält in jedem Heft Bücherbesprechungen und eine alphabetische Liste von neuen Büchern. Berücksichtigt ist die katholisch-theologische Literatur in deutscher Sprache.

422. **Zeitschrift für katholische Theologie.** Herausgegeben von der Theologischen Fakultät der Universität Innsbruck. Innsbruck, Felizian Rauch. 23 cm.

Seit 1877. Vierteljährlich. Enthält einen systematisch geordneten, aus Einzelbesprechungen bestehenden Literaturbericht über alle Gebiete der katholischen Theologie und Philosophie und eine besonders paginierte Titelliste von Neuerscheinungen: „Literarischer Anzeiger der Zeitschrift für katholische Theologie".

423. **Svenskt kyrkoliv i Finland.** Årsbok för de svenska församlingarna. Helsingfors, Förbundet för svenskt församlingsarbete i Finland. 21,5 cm.

Seit 1922. Jährlich. Enthält eine jährliche systematische Titelbibliographie: „Svensk kyrklig och teologisk litteratur i Finland" von Edvin Wirén, und zwar 1930 für das Jahr 1929. Die Bibliographie ist für die Jahre 1901—1921 ergänzt worden.

424. **Norsk teologisk tidsskrift.** Utgitt av Lyder Brun, Anton Fridrichsen, Oluf Kolsrud. Oslo, Grøndahl. 21 cm.

Fondation 1900. Trimestrielle. Contient depuis 1927 annuellement une bibliographie-titres de l'acquisition de la Bibliothèque universitaire à Oslo des ouvrages des sciences religieuses et de la littérature théologique. Rédigée par Henrik Harboe. Systématiquement arrangée.

425. **Norvegia sacra.** Aarbok til kunnskap om den norske kirke i fortid og samtid. Redigert av Oluf Kolsrud. Oslo, Steenske Forl. 24 cm.

Fondation 1921. Annuel. Contient depuis 1923 une bibliographie primaire des ouvrages norvégiens de théologie par Oluf Kolsrud. Systématiquement arrangée. La bibliographie de 1925 est publiée en 1927, celle de 1926—28 va paraître prochainement.

426. †**Bulletin de littérature ecclésiastique.** Publié par l'Institut catholique de Toulouse. Toulouse, 31 rue de la Fonderie; Privat, 14 rue des arts; Paris, Lethielleux, 10 rue Cassette. 25,5 cm.

Seit 1877. Zweimonatig, außer August und September. Enthält in jedem Heft ausführliche Kritiken katholisch-theologischer Neuerscheinungen. International.

6*

427. **†Irénikon.** Prieuré D'Amay-sur-Meuse, Belgique. 21 cm.
Seit 1926. Zweimonatig. Enthält Auszüge aus neuen Zeitschriftenaufsätzen und Buchbesprechungen. International.

428. **†Recherches de science religieuse.** Paris, 15 rue Monsier. 25 cm.
Seit 1910. Zweimonatig. Mit laufenden Literaturberichten, unter anderem über Kirchengeschichte (Joseph Duhr), Urchristentum (Jules Lebreton), Byzantinische Kirche (Louis Jalabert), Exegese des Alten Testaments (Jean Calès), Exegese des Neuen Testaments (Joseph Huby) usw.

429. **Revue d'histoire et de philosophie religieuses.** (Suite de: Annales de bibliographie théologique.) Publiée par la Faculté de théologie protestante de l'Université de Strasbourg. Strasbourg, 9b rue des Frères. 23,5 cm.
1ère année: 1921. Mensuelle. Comptes rendus critiques dans la «Revue des livres». «Revue des périodiques» classés méthodiquement. Toute la production française et étrangère.

430. **†Revue des sciences philosophiques et théologiques.** Publiée sous la direction d'un groupe de Dominicains français. Paris, J. Vrin, 6 place de la Sorbonne. 25 cm.
Seit 1907. Vierteljährlich. Enthält eine Bibliographie von Zeitschriftenaufsätzen, die nach den Zeitschriften geordnet ist; den Titeln sind kurze Inhaltsangaben beigegeben. Außerdem zahlreiche Sammelberichte über katholische Theologie und Philosophie. International.

431. Université de Strasbourg. **Revue des sciences religieuses.** Publiée sous la direction des professeurs de la faculté de théologie catholique. Strasbourg, Palais universitaire, place de l'Université. 24 cm.
1ère année: 1921. Trimestrielle. «Comptes rendus» critiques d'ouvrages français et étrangers. «Chroniques» des diverses branches de la théologie et de l'histoire des églises.

432. **†Estudis franciscans.** Revista trimestral de cultura eclesiàstica i franciscanisme. Direcció i redacció: Convent de Fra-Menors Caputxins, Barcelona-Sarrià. Barcelona, Editorial Franciscana, Riera de Sant Miquel 1 bis. 24 cm.
Seit 1907. Vierteljährlich. Enthält einen ausführlichen internationalen Rezensionenteil, der über die gesamte Theologie berichtet.

433. **Bilychnis.** Rivista mensile di studi religiosi. Edita dalla facoltà del la Scuola teologica Battista di Roma. Direttore: Lodovico Paschetto. Roma (109), Piazza in Lucina 35. 25 cm.

Dal 1912. Mensile. Ogni fascicolo contiene diverse rubriche bibliografiche, cioè: «Rassegne» (esame complessivo di opere dedicate a un determinato argomento), «Rivista delle riviste» (riassunti di articoli), «Recensioni», notizie e critiche varie relative a recenti pubblicazioni e infine un «Bollettino bibliografico» ordinariamente di soli titoli, ma qualche volta anche con brevi cenni, di opere ed articoli pubblicati uno o due mesi avanti. Tutte queste rubriche hanno per oggetto principale gli studi religiosi italiani e stranieri intesi in senso molto largo, ma qualche volta si occupano anche di altre discipline attinenti alla cultura dello spirito.

434. †**Ricerche religiose.** Dirette da Ernesto Buonaiuti. Roma, via Giulio Alberoni 7. 23 cm

Seit 1925. Zweimonatig. Enthält ausführliche Besprechungen theologischer Neuerscheinungen («Recensioni») und kürzere Literaturnotizen («Spigolature e notizie»). International.

435. †**La Ciencia Tomista.** Publicación bimestral de los Dominicos españoles. Salamanca, San Esteban, Apartado 17. 25 cm.

Seit 1910. Zweimonatig. Enthält Besprechungen theologischer Neuerscheinungen und Literaturberichte über biblische und dogmatische Theologie.

436. †**Estudios eclesiásticos.** Revista trimestral redactada por padres de la Compañía de Jesús. Madrid, Pozas 12. 23 cm.

Seit 1922. Vierteljährlich. Mit Rezensionen sowie Sammelreferaten von F. Fuster (Kanonik), E. Hernández (Asketik und Mystik), F. M. Palmés (Pädagogische Psychologie) und Z. García Villada (Kirchengeschichte).

437. †**Angelicum.** Periodicum internationale de re philosophica et theologica. Organum Unionis Thomisticae. Roma, 'Angelicum', via S. Vitale 15. 24,5 cm.

Seit 1924. Vierteljährlich. Enthält Rezensionen und eine internationale, systematisch geordnete Titelliste neuer Bücher und Zeitschriftenaufsätze «De vita philosophica ac theologica».

438. †**Antonianum.** Periodicum philosophico-theologicum trimestre. Editum cura professorum Collegii S. Antonii de Urbe. Roma, via Merulana 124. 24,5 cm.

Seit 1926. Vierteljährlich. Enthält außer Rezensionen Sammelreferate über katholische Theologie.

439. †Universitas Catholica Lovaniensis. **Ephemerides theologicae Lovanienses.** Theologica dogmatica, Theologica moralis, Jus canonicum. Lovanii, 19 rue des Récollets; Brugis, Beyaert, 8 rue Notre Dame. 25 cm.
Seit 1924. Vierteljährlich. Enthält in jedem Heft einen umfangreichen Rezensionenteil und eine internationale systematisch geordnete Titelliste neuer Bücher und Zeitschriftenaufsätze «Elenchus bibliographicus» (berücksichtigt vor allem katholische Dogmatik, Moraltheologie und kanonisches Recht; z. T. Erläuterungen zu den Titeln).

440. †**Bogoslovija.** Bohoslovia. (Theologie.) Naukovij trimisjačnik. Vidaje Bogoslovśke Naukove Tovaristvo. Redakciju vede: J. Slipij. L'viv, Kopernika 36. 24 cm.
Seit 1923. Vierteljährlich. Mit Rezensionen und Listen neuer Bücher und Zeitschriftenaufsätze.

441. †**Zapiski čina sv. Vasilija Velikogo.** Analecta ordinis S. Basilii Magni. Red.: Josafat Ivan Skruteń. L 'viv, ul. Žovkivśka 36. 25,5 cm.
Seit 1924. Erscheint unregelmäßig. Jedes Heft enthält ausführliche und kürzere Besprechungen von Büchern und Aufsätzen aus dem Gebiete der Theologie. International.

442. **Ateneum kapłańskie.** (Athénée des prêtres.) Revue mensuelle, publiée sous la direction des professeurs du Séminaire théologique de Włocławek, consacrée à l'Écriture Sainte, la théologie dogmatique, l'apologétique, la théologie morale, ascétique et pastorale, au droit canonique, à la liturgie, à la philosophie, l'histoire, aux sciences sociales, à la pédagogie et à l'art chrétien. Włocławek, Seminarjum duchowne. 25,5 cm.
Depuis 1909. Donne séparément en annexe une bibliographie-titres dans l'ordre systématique.

443. **Časopis katolického duchovenstva.** (Revue du clergé catholique.) Praha II, Karlovo nám. 6. 23 cm.
Depuis 1828. 10 fois par an. Publie la bibliographie théologique par Antonín Podlaha. Sommaire des périodiques théologiques tchèques et slaves.

444. **Al-Manār.** (Le phare.) Rédacteur: As-Sajid Muḥammad Rašid Riḍā. Au Caire, 14 rue Inchah. 24 cm.

Depuis 1898. Dix cahiers par an. Revue pour les études islamiques. Contient une bibliographie d'ouvrages arabes, particulièrement théologiques.

— siehe auch: Nr. 87. 465.

[21 **Religionsphilosophie**

445. **Archiv für Religionspsychologie und Seelenführung.** Herausgegeben von Werner Gruehn. Organ der Internationalen Gesellschaft für Religionspsychologie. Leipzig, E. Pfeiffer. 24 cm.
Seit 1914. Erscheint zwanglos in Bänden. Enthält systematisch geordnete Rezensionen zur Religionspsychologie. 1930 sind Arbeiten aus den Jahren 1928—1930 besprochen.

446. **Christentum und Wissenschaft.** Herausgegeben von Rob. Winckler und Hermann Sasse. Dresden und Leipzig, T. L. Ungelenk. 23 cm.
Seit 1925. Monatlich. Enthält in jedem Heft eine Abteilung „Neues Schrifttum aus Theologie, Philosophie und angrenzenden Gebieten", die von Carl Schneider und W. Schadeberg bearbeitet ist und systematisch geordnete Rezensionen meist deutscher Bücher enthält.

— siehe auch: Nr. 406. 485.

[211.5 **Atheismus**

447. **Antireligioznik.** (Der Feind der Religion.) Ežemesjačnyj naučno-metodičeskij žurnal. Organ central'n. soveta sojuza voinstvujuščich bezbožnikov SSSR. Moskva, Bezbožnik, Sretenka 10. 25 cm.
Seit 1926. Erscheint monatlich. Enthält in jedem Heft Besprechungen von Büchern und ein systematisch geordnetes Verzeichnis von neuen antireligiösen Büchern und Aufsätzen.

[22 **Bibel**

448. **Biblische Zeitschrift.** Herausgegeben von Joh. Göttsberger und Jos. Sickenberger. Freiburg i. B., Herder. 23,5 cm.
Seit 1903. Zwei Doppelhefte jährlich. Die Zeitschrift enthält in unregelmäßigen Abständen eine reichhaltige von den Herausgebern bearbeitete Bibliographie zum Alten und Neuen Testament mit zahlreichen kritischen Anmerkungen.

449. **Revue biblique.** Publiée par l'École pratique d'études bibliques établie au Couvent dominicain Saint-Étienne de Jérusalem. Paris, Gabalda, 90 rue Bonaparte. 25,5 cm.

1ère année: 1891. Trimestrielle. Comptes rendus critiques dans «Recensions» et «Bulletins»: ouvrages et périodiques français et étrangers. Tables annuelles.

450. **Biblica.** Commentarii editi quater in anno a Pontificio Instituto Biblico. Roma, piazza della Pilotta 35. 25 cm.

Dal 1920. Trimestrale. Oltre alle recensioni ogni numero pubblica una puntata dell' «Elenchus bibliographicus» compilato da E. Power, bibliografia sistematica per titoli di opere e articoli italiani e stranieri attinenti allo studio della Bibbia o ad argomenti affini. Tale bibliografia, che si riferisce alle pubblicazioni dell' annata in corso e a quelle rimaste fuori dagli anni precedenti, si completa a fin d'anno con un indice alfabetico degli autori ed ha una paginazione a sè.

[221 Altes Testament

451. **Zeitschrift für die alttestamentliche Wissenschaft und die Kunde des nachbiblischen Judentums.** Herausgegeben von Johannes Hempel. Gießen, A. Töpelmann. 24 cm.

Seit 1881. Jährlich 4 Hefte. Enthält in der von J. Hempel, K. Galling und M. Noth bearbeiteten Abteilung: „Wichtige Abhandlungen und Aufsätze aus Zeitschriften und Sammlungen" knappe, teilweise orientierende, teilweise kritische Referate in- und ausländischer neuer Zeitschriftenaufsätze, eingeteilt in drei Gruppen: A. Allgemeine und theologische, B. Archäologische und philologische, C. Jüdische Zeitschriften.

[23 Dogmatik

452. **†Divus Thomas.** Jahrbuch für Philosophie und spekulative Theologie, III. Serie. Herausgeber: G. M. Manser und G. M. Häfele. Freiburg in der Schweiz, Albertinum. 23 cm.

Seit 1914. Vierteljährlich. Enthält Rezensionen und eine besonders paginierte „Thomistische Literaturschau", die systematisch angeordnete Titel zur thomistischen Philosophie und Theologie verzeichnet.

453. **Revue apologétique.** Doctrine et faits religieux. Directeurs: Mgr. Baudrillard, J. V. Bainvel. Paris, G. Beauchesne, 117 rue de Rennes. 22 cm.

1ère année: 1905. Parait le 5 de chaque mois. Livres et périodiques français sont analysés et dépouillés sous les rubriques: «Revue des revues» et «Bibliographie». Plusieurs «Chroniques» passent en revue les publications les plus importantes intéressant la spécialité.

— siehe auch: Nr. 439. 467. 468.

[248 Asketik und Mystik

454. **†Revue d'ascétique et de mystique.** Toulouse, 9 rue de Montplaisir. 25 cm.

Seit 1919. Vierteljährlich. Enthält in jedem Heft eine systematisch geordnete internationale Titelliste neuer Bücher und Aufsätze auf dem Gebiete der Askese und Mystik.

[251 Homiletik

455. **Przegląd homiletyczny.** (Revue homilétique.) Kwartalnik poświęcony zagadnieniom kaznodziejstwa polskiego. Publiée par la Société homilétique de Kielce. Kielce, Séminaire. 23 cm.

Depuis 1923. Revue trimestrielle. Donne une bibliographie-titres courante des publications homilétiques polonaises et étrangères. Ordre systématique.

[264 Liturgik

456. Verein zur Pflege der Liturgiewissenschaft. **Jahrbuch für Liturgiewissenschaft.** Herausgegeben von Odo Casel. Münster i. W., Aschendorff. 25 cm.

Seit 1921. Jährlich. Mit jährlichem, umfangreichen Literaturbericht (ausführliche Besprechungen der liturgiewissenschaftlichen Neuerscheinungen). 1930 erschien die Bibliographie für die Zeit von August 1928 bis Dezember 1929.

[266 Mission

457. **†The international review of missions.** Editor: William Paton. London S. W. 1, Edinburgh House, Eaton Gate, Sloane Square. 24 cm.

Seit 1912. Vierteljährlich. Enthält in jedem Heft eine "International missionary bibliography" in systematischer Anordnung. Bloße Titel ohne Zusätze.

458. **Die deutsche evangelische Heidenmission.** Jahrbuch der vereinigten deutschen Missionskonferenzen. Herausgegeben von Walter Freytag. Hamburg 13, Verlag der Deutschen Evangelischen Missionshilfe, Alsterchaussee 11. 23 cm.

Seit 1927. Jährlich. Am Schluß des Bandes Bücherschau von M. Schlunk in zusammenhängender Darstellung. Zeitschriftenaufsätze sind fortgelassen, da sie im Missions-Bücherwart (siehe Nr. 460) zu finden sind.

459. **Lutherisches Missionsjahrbuch.** Herausgegeben im Auftrage der Missionskonferenz in Sachsen durch W. Gerber. Leipzig, H. G. Wallmann. 18 cm.

Seit 1899. Jährlich. Mit dem Abschnitt: „Missions-Bibliographie", einer systematisch geordneten Titelbibliographie, bearbeitet von Benz. Für das Jahr 1930 im Jahrgang 1931.

460. ***Missions-Bücherwart.** Organ der Zentralstelle für Missionsliteratur. Herausgegeben von Martin Schlunk. Stuttgart, Evangelischer Missionsverlag; Basel, Missionsbuchhandlung. 22 cm.
Seit 1925. Vierteljährlich. Beilage der Zeitschriften „Evangelisches Missionsmagazin" und „Neue allgemeine Missionszeitschrift". Bringt im 1. Teil („Neuerscheinungen der letzten Monate") Titel von Büchern und Aufsätzen in systematischer Anordnung ohne Besprechungen, im 2. Teil Bücherbesprechungen. Beschränkt sich auf die deutschsprachige Literatur.

461. **Zeitschrift für Missionswissenschaft und Religionswissenschaft.** Herausgegeben von Jos. Schmidlin. Münster i. W., Aschendorff. 23,5 cm.
Seit 1910. Jährlich 4 Hefte. Enthält jährlich zwei einander ergänzende internationale, systematische Titellisten von Joh. Rommerskirchen: 1. „Missionsbibliographie" (systematische, praktische, organisatorische Literatur); 2. „Missionsgeschichtliche Literatur". 1931 erschienen die Bibliographien für 1930.

462. †**Revue d'histoire des missions.** Revue trimestrielle. Rédaction: „Les Amis des Missions". Paris, Édition Spes, 17 rue Soufflot. 25 cm.
Seit 1924. Vierteljährlich. Enthält in dem Abschnitt «Revue des revues et des livres» eine internationale systematische Titelbibliographie neuer Bücher und Aufsätze zur Missionswissenschaft. Erwähnt nur «articles et livres d'intérêt général et historique».

[27 Kirchengeschichte

463. **Zeitschrift für Kirchengeschichte.** In Verbindung mit der Gesellschaft für Kirchengeschichte herausgegeben von Leopold Zscharnack und Heinrich Bornkamm. Gotha, L. Klotz. 23 cm.
Seit 1877. Vierteljährlich. Enthält in jeder Nummer in der Abteilung „Literarische Berichte und Anzeigen" ausführliche kritische Besprechungen von Neuerscheinungen auf dem Gebiet der gesamten Kirchengeschichte. International.

464. Université Catholique de Louvain. **Revue d'histoire ecclésiastique.** Louvain, 40 rue de Namur. 25 cm.
Depuis 1899. Trimestrielle. Publie, comme annexe de chaque numéro, une bibliographie-titres très complète, classée systématique-

ment, de l'histoire ecclésiastique (6—7000 titres par an). Comptes-rendus analytiques nombreux. Chroniques.

465. †**Analecta sacra Tarraconensia.** Anuari de la Biblioteca Balmes. Barcelona, Biblioteca Balmes, Duran i Bas 11. 27 cm.

Seit 1925. Jährlich. Enthält eine jährliche, unter der Redaktion von Josep Vives zusammengestellte «Bibliografia hispànica de ciencies historico-eclesiàstiques», die auch die nichthistorische Theologie berücksichtigt. Außerspanische Literatur ist in Auswahl aufgenommen. Die Schriften sind meist besprochen. Sehr umfangreich. Enthält auch Zeitschriftenaufsätze. 1930 erschien die Bibliographie für 1929.

466. †**Recherches de théologie ancienne et médiévale.** Louvain, Abbaye du Mont César. 25 cm.

Seit 1929. Vierteljährlich. Enthält in jedem Heft einen umfangreichen internationalen Rezensionenteil («Comptes rendus») und ein «Bulletin de théologie ancienne et médiévale» mit besonderer Paginierung und Autorenregister in jedem Heft.

— siehe auch: Nr. 1770. 1775.

467. **Scholastik.** Vierteljahresschrift für Theologie und Philosophie. Herausgegeben von den Professoren des Ignatiuskollegs in Valkenburg. Freiburg i. Br., Herder. 23 cm.

Seit 1926. Vierteljährlich. Bringt in dem Abschnitt: „Aufsätze und Bücher" eines jeden Heftes Besprechungen von Neuerscheinungen zur scholastischen Philosophie und Theologie in systematischer Anordnung. International.

468. **Revue thomiste.** Questions du temps présent. Saint Maximin (Var), École de théologie. 25,5 cm.

1ère année: 1893. Parait tous les 2 mois. «Comptes rendus bibliographiques» de livres français et étrangers classés méthodiquement. «Revue des revues»: analyses rapides de périodiques français et étrangers. «Bulletin thomiste» (depuis 1924): Bibliographie analytique et critique d'ouvrages concernant la vie et le système de S. Thomas.

— siehe auch: Nr. 435. 452.

469. ***Soupis literatury o českých náb(oženských) dějinách v XIV—XVII stol.** (Bibliographie de l'histoire religieuse des Tchèques du 14. au 17. siècle.) Praha. 24 cm.

Depuis 1925. Annuel. Supplément au „Husitský Archiv". Classement méthodique. En 1931 pour lesannées 1927—1929.

470. **Revue d'histoire de l'Église de France.** Organe de la Société d'histoire ecclésiastique de la France. Directeur: Victor Carrière. Paris, 212 rue de Rivoli. 25,5 cm.
1ère année: 1910. Trimestrielle. La production française et étrangère est passée en revue: analysée dans les «notes bibliographiques» et dans la «Revue des périodiques», énumérée sans analyses sous la rubrique «Livres nouveaux». La «Chronique d'histoire régionale» donne des comptes rendus de revues de sociétés savantes et de bulletins religieux.

471. **Nederlandsch archief voor kerkgeschiedenis.** Onder redactie van A. Eekhof en J. Lindeboom. 's Gravenhage, M. Nijhoff. 25 cm.
Seit 1900. In zwanglosen Heften; 4 Hefte bilden einen Band. Enthält: „Overzicht van geschriften betreffende de Nederlandsche kerkgeschiedenis", eine systematisch geordnete Titelliste in- und ausländischer Bücher und Zeitschriftenartikel zur niederländischen Kirchengeschichte.

[271 Orden und Klöster

472. **Revue Mabillon.** Archives de la France monastique. Abbaye de St. Martin de Ligugé (Vienne); Paris, Picard, 82 rue Bonaparte. 25 cm.
1ère année: 1905. Trimestrielle. «Comptes rendus d'ouvrages français et étrangers». «Chronique bibliographique d'histoire monastique» par G. Charvin.

473. **Studien und Mitteilungen zur Geschichte des Benediktiner-Ordens und seiner Zweige.** Herausgegeben von der Bayerischen Benediktinerakademie. München, Oldenbourg in Komm. 22,5 cm.
Seit 1880. Vierteljährlich. Bringt in Heft 1 jedes Jahrgangs eine internationale „Bibliographia Benedictina" von Romuald Bauerreiß in systematischer Anordnung; 1930 erschien die Bibliographie für 1929. Außerdem enthält jedes Heft eine „Literarische Umschau".

474. †**Revue bénédictine.** Directeur: Dom Philibert Schmitz. Abbaye de Maredsous (Belgique); Paris, Champion; Freiburg i. Br., Herder. 25,5 cm.
Seit 1884. Vierteljährlich. Enthält in jedem Heft einen internationalen systematisch geordneten Rezensionenteil und zwei besonders paginierte kritische Literaturberichte: 1. «Bulletin d'histore bénédictine» von Ph. Schmitz (internationale, systematisch geordnete Bibliographie von Zeitschriftenaufsätzen zur Benediktinergeschichte,

teilweise mit Besprechungen; 2. «Bulletin d'ancienne littérature chrétienne latine» (systematisch geordnete Bücherbesprechungen und Referate über Zeitschriftenaufsätze, seit Oktober 1929 von De Bruyne und C. Lambot).

475. **†Études franciscaines.** Revue publiée par les Frères Mineurs Capucins. Paris, Société et Librairie Saint-François, 4 rue Cassette. 24 cm.

Seit 1905. Zweimonatig. Enthält Buchbesprechungen und laufend einige bibliographisch sehr ergiebige Sammelreferate: «Bulletin franciscain» von Amédée Teetaert und Jean de Dieu, «Bulletin d'histoire» von Louis de Gonzague usw.

476. **Revue d'histoire franciscaine.** Revue d'histoire, de littérature, d'archéologie, d'art. Directeur: Henri Lemaître. Paris, J. Vrin, 6 place de la Sorbonne. 25 cm.

1ère année: 1924. Trimestrielle. «Comptes rendus» d'ouvrages français et étrangers. Revue analytique et critique des «Périodiques» français et étrangers, dans l'ordre alphabétique. «Chronique» littéraire.

477. **†Studi francescani.** Rivista nazionale italiana. Pubblicazione trimestrale. Firenze, Vallecchi, viale dei Mille 72. 25,5 cm.

Seit 1914. Vierteljährlich. Enthält Rezensionen und in dem Abschnitt: «Cronaca» nach Ländern getrennte Literaturübersichten.

478. **Bollettino francescano storico-bibliografico,** diretto da P. Placido da Pavullo O. M. C. (Paolo Piombini). Supplemento a „Frate Francesco". Reggio Emilia, Libreria editrice „Frate Francesco". 24 cm.

Dal 1930. Periodicità indeterminata. Ha una parte bibliografica molto ampia in cui offre recensioni di scritti attinenti anche lontanamente ad argomenti francescani e bibliografie specifiche come il «Saggio di bibliografia francescano-parmense» (Titoli ordinati sistematicamente seguiti da brevi note) comparso nel no II–III.

— siehe auch: Nr. 432.

[281 Orientalische Kirchen

479. **Oriens christianus.** Halbjahrshefte für die Kunde des christlichen Orients. Im Auftrage der Görresgesellschaft herausgegeben von A. Baumstark. Leipzig, O. Harrassowitz. 28,5 cm.

Seit 1901. Halbjährlich. Enthält u. a. Besprechungen und einen von W. Heffening unter Beihilfe von V. Inglisian und G. Graf bearbeiteten Literaturbericht über den außereuropäischen christlichen Orient, der die Neuerscheinungen in zusammenhängendem Text mit bibliographischen Fußnoten in systematischer Anordnung bespricht. Berücksichtigt sind syrische, arabische, koptische, äthiopische, georgische und armenische Literaturdenkmäler. 1930 erschien der Literaturbericht für 1928 und 1929.

[282 Römisch-Katholische Kirche

480. **The Catholic historical review.** Official organ of the American Catholic Historical Association. Editors: Peter Guilday, George B. Stratemeier, Leo F. Stock. Washington, Catholic University. 24 cm.

Since 1915. Quarterly. Book reviews and notices, with periodical literature, American and foreign.

481. **Analecta Bollandiana.** Ediderunt: Hippolytus Delehaye, Paulus Peeters, Mauritius Coens, Robertus Lechat, presbyteri Societatis Jesu. Bruxelles, Société des Bollandistes, 24 boulevard Saint-Michel; Paris, Picard, 82 rue Bonaparte. 25 cm.

Depuis 1882. Trimestriel. «Bulletin des publications hagiographiques» (nombreux comptes-rendus analytiques et bibliographies-titres concernant l'hagiographie).

— siehe auch: Nr. 77. 436.

[284 Evangelische Kirchen

482. **Luther-Jahrbuch.** Jahrbuch der Luther-Gesellschaft. Herausgegeben von Th. Knolle. München, Chr. Kaiser. 21,5 cm.

Seit 1919. Jährlich. Enthält seit 1926 eine Luther-Bibliographie, zuletzt von Kurt Dietrich Schmidt bearbeitet, die die wissenschaftlichen Bücher und Aufsätze über Luther sowie neue Ausgaben in systematischer Anordnung verzeichnet. International. Jg. 11, 1929 enthielt die Bibliographie des Jahres 1927.

483. **Bulletin** [de la] Société de l'histoire du protestantisme français. Etudes, documents, chronique littéraire. Directeur: Jacques Pannier. Paris, 54 rue des Saints-Pères. 25,5 cm.

1ère année: 1851. Parait tous les 3 mois. Ouvrages et périodiques français et étrangers. «Chronique littéraire et comptes rendus critiques.» «À travers la presse»: dépouillements et analyses.

484. **Reformační Sborník.** Práce z dějin československého života náboženského. (Revue de la Réformation.) Praha, Blahoslavova společnost. 25 cm.

Depuis 1927. Annuel. Publie la bibliographie de l'histoire de l'Église protestante tchèque par Ferdinand Hrejsa.

— siehe auch: Nr. 408. 411.

[291 Vergleichende Religionswissenschaft

485. **Archiv für Religionswissenschaft.** Vereint mit den Beiträgen zur Religionswissenschaft der Religionswissenschaftlichen Gesellschaft in Stockholm. Herausgegeben von Otto Weinreich und M. P. Nilsson. Leipzig und Berlin, Teubner. 23 cm.
Seit 1898. Zwanglos in etwa halbjährlichen Heften. Enthält in Abteilung 2 („Berichte") jedes Heftes ausgedehnte kritische Sammelreferate mit Beurteilungen der wichtigsten neuen religionsgeschichtlichen Arbeiten.

[294.3 Buddhismus

486. †**Buddhica.** Documents et travaux pour l'étude du Bouddhisme. Publiés sous la direction de Jean Przyluski. Paris, P. Geuthner. 8°.
Seit 1928. Serienwerk mit unregelmäßiger Erscheinungsweise der einzelnen Stücke. Enthält seit 1930 in der 2. Serie („Documents") eine laufende „Bibliographie bouddhique", erstmalig für Januar 1928 bis Mai 1929.

[296 Judentum

487. *D. J. B. **Das jüdische Buch.** Eine bibliographische Monatsschrift. Frankfurt am Main, L. Sänger, Gwinnerstraße 18. 28 cm.
Seit 1931. Monatlich. Enthält ein alphabetisches Verzeichnis jüdischer oder auf das Judentum bezüglicher deutscher Neuerscheinungen.

488. **Soncino-Blätter.** Beiträge zur Kunde des jüdischen Buches. Herausgegeben von der Soncino-Gesellschaft der Freunde des jüdischen Buches, unter Redaktion von Herrmann Meyer. Berlin C 2, Kaiser-Wilhelmstr. 12. 31 cm.
Seit 1925. Unregelmäßig. Enthält eine laufende systematische Bibliographie der Judaistik von Herrmann Meyer, zuletzt in Bd. 2, 1927.

489. **Zeitschrift für die Geschichte der Juden in Deutschland.** Herausgegeben von Ismar Elbogen, Aron Freimann, Max Freudenthal. Berlin, Philo-Verlag. 23 cm.
Seit 1929. Vierteljährlich. Gibt eine laufende Bibliographie der Juden in Deutschland von Heinrich Loewe.

490. **Revue des études juives.** Publication trimestrielle de la Société des études juives. Paris, Durlacher, 142 rue du Faubourg Saint Denis. 25 cm.

1ère année: 1880. Trimestrielle. Quelques comptes rendus critiques d'ouvrages et d'articles français et étrangers sous la rubrique «Bibliographie». Deux fois par an: «Revue bibliographique» analytique par J. Weill (livres et périodiques).

491. †**Jevrejski almanach.** (Jüdischer Almanach.) Izdaje: Savez Rabina Kraljevine S. H. S. Uredio je: Leopold Fischer. Vršac, Savez. 23 cm.

Seit 1925. Jährlich. Mit einem von Leopold Fischer zusammengestellten Rezensionenteil, meist jüdische Neuerscheinungen betreffend.

492. ***Bibliografiše jorbiker fun Jiwa.** Roczniki bibljografji żydowskiej. Yearbook of Yiddish bibliography. Edited by the Yiddish Scientific Institute, Bibliographical Department. Warsaw, Kulturliga. 23,5 cm.

Depuis 1928 (concernant l'année 1926). Annuaire. Donne la bibliographie complète des publications en langue juive. Arrangement méthodique. Livres et articles classés selon le système décimal. Jusqu'ici un volume seulement. Les suivants sont en préparation.

— siehe auch: Nr. 243.

[297 Islam

493. **Revue des études islamiques.** Directeur: L. Massignon. Paris, P. Geuthner, 13 rue Jacob. 23,5 cm.

Depuis 1927. Trimestrielle. La section bibliographique: «Abstracta Islamica» passe en revue toutes les publications récentes relatives à l'Islam. Notices critiques de longueur variable classées méthodiquement.

[3 Sozialwissenschaften und Recht

[30 Allgemeine Literatur

494. **The American journal of sociology.** Published for the American Sociological Society. Chicago, Illinois, The University of Chicago press, 5750 Ellis Avenue. 25 cm.

Since 1895. Bimonthly. Book reviews and bibliography. The 1929 census of „Current research projects" appears in Nov. 1929 and July, 1930 issues. Annually a list of doctoral dissertations and masters' theses in sociology in preparation in universities and colleges in the United States and Canada.

495. ***Bulletin of the Public Affairs Information Service.** Editor: Mary Elizabeth Furbeck. New York City, 11 West 40th Street. 26 cm.

Since 1915. Weekly, cumulated at intervals, and annual cumulations. Selected material in English relating to economic, social and political affairs. About 900 periodicals are indexed. Publications from all English speaking countries are included. Alphabetical arrangement by subjects.

496. **†Review of Polish law and economics.** Zeitschrift für polnisches Recht und Wirtschaftswesen. Herausgeber: Rudolf Langrod. Warszawa, Hoża 37. 25,6 cm.

Seit 1928. Erster Jahrgang vierteljährlich, dann jährlich. Zerfällt in einen englischen und einen deutschen Teil, die besonders paginiert sind. Der deutsche Teil enthält eine Titelliste von Neuerscheinungen auf dem Gebiet des Rechts und der Volkswirtschaft.

497. ***Social science abstracts.** A comprehensive abstracting and indexing journal of the world's periodical literature in the social sciences. Published under the auspices of the Social Science Research Council. F. Stuart Chapin, editor-in-chief. New York, N. Y., Columbia University, 611 Fayerweather Hall. 27 cm.

Since March, 1929. Monthly. Classified. Annual indexes by subjects and authors.

498. **†The Social service review.** A quarterly devoted to the scientific and professional interests of social work. Edited by the

Faculty of the Graduate School of Social Service Administration of the University of Chicago. Managing Editors: Edith Abbott, Sophonisba P. Breckinridge. Chicago, University of Chicago Press, 5750 Ellis Avenue. 24 cm.

Seit 1927. Vierteljährlich. Jedes Heft enthält einen internationalen Rezensionenteil („Book reviews") und Besprechungen amtlicher Veröffentlichungen („Public documents").

499. **Archiv für Sozialwissenschaft und Sozialpolitik.** Herausgegeben von Emil Lederer. Tübingen, J. C. B. Mohr. 24 cm.

Seit 1894. Jährlich 2 Bände zu 3 Heften. Jedes Heft enthält u. a. Sammelreferate und einen „Literatur-Anzeiger", der die Neuerscheinungen in systematischer Anordnung mit ausführlichen Kritiken verzeichnet. Die ausländische Literatur ist berücksichtigt.

500. ***Aus Kultur und Recht.** Übersicht der wichtigsten deutschen Erscheinungen aus dem Gebiet der Rechts- und Staatswissenschaften. Zusammengestellt von W. Prager und E. Dorsch. Berlin, R. L. Prager. 22 cm.

Seit 1926. Jährlich. 1930 erschien die Bibliographie für 1929.

501. ***Bibliographie der Rechts- und Staatswissenschaften.** Herausgeber: Werner Prager. Berlin, R. L. Prager. 22 cm.

Seit 1886. 6 Hefte im Jahr. Internationale systematische Titelliste der Neuerscheinungen auf dem Gebiet der Rechts- und Staatswissenschaften. Vorwiegend deutsche Literatur. Ohne Angabe des Verlags, aber mit Angabe des Preises. Keine Zeitschriftenaufsätze.

502. ***Bibliographie der Sozialwissenschaften.** Monatshefte der Buch- und Zeitschriftenliteratur des In- und Auslandes über Gesellschaft, Politik, Wirtschaft, Finanzen, Statistik. Herausgegeben vom Statistischen Reichsamt. Berlin, R. Hobbing. 30 cm.

Seit 1905. Monatlich. Internationales, systematisch stark durchgegliedertes Titelverzeichnis der Neuerscheinungen auf dem Gebiet der Sozialwissenschaften im weitesten Sinne einschließlich der Zeitschriftenaufsätze. Jährliche Verfasser- und Sachregister.

503. ***Der Fachjurist.** Literaturberichte über Rechtswissenschaft und ihre Grenzgebiete, Betriebswirtschaft, Politik, Wirtschaftswissenschaft. Berlin W 30, Verlag für Fachbibliographie. 23 cm.

Seit 1931. Monatlich. Systematische Bibliographie neuer deutscher Bücher und Zeitschriftenaufsätze zur Rechtswissenschaft nebst Grenzgebieten, zum Teil mit erläuternden Notizen.

504. ***Mitteilungen der Sozialwissenschaftlichen Studienbibliothek bei der Kammer für Arbeiter und Angestellte in Wien.** Wien I, Kammer für Arbeiter und Angestellte, Ebendorfer Straße 7. 24,5 cm.
Seit 1928. Vierteljährlich. Vollständige Titelbibliographie der sozialwissenschaftlichen und politischen Werke, die von der Sozialwissenschaftlichen Studienbibliothek neu erworben werden.

505. ***Zeitschriftenschau der Sozialwissenschaftlichen Studienbibliothek bei der Kammer für Arbeiter und Angestellte in Wien** und des Institutes für Sozialforschung an der Universität Frankfurt a. M. Wien I, Kammer für Arbeiter und Angestellte, Ebendorfer Straße 7. 33 cm.
Seit 1929. Monatlich. Maschinenschriftlich vervielfältigt. Teils Titelaufzählung, teils Inhaltsangabe der einschlägigen Aufsätze eines jeden Heftes. Referiert über die Hefte des Vormonats. Erscheint in zwei Teilen: 1. Wirtschafts- und Sozialpolitik; 2. Politische Arbeiterbewegung, Sozialökonomik, Soziologie, Geschichte, Pädagogik. In beiden Teilen nach Zeitschriften geordnet.

506. †*Bureau voor economische en sociale documentatie. **Systematische catalogus van tijdschrift- en dagbladartikelen.** Weltevreden, G. Kolff. 23,5 cm.
Seit 1926. Monatlich. Systematische Titelliste in- und ausländischer Zeitungsartikel und Zeitschriftenaufsätze auf den Gebieten des Rechts und der Wirtschaft mit Einschluß der Nachbargebiete. Mit halbjährlichem Autorenregister.

507. †***Tidsskrift-Indeks.** Herausgeber: Institutet for Historie og Samfundsøkonomi. København, Kristiansgade 12.
Seit 1927. Zettelbibliographie der Wirtschafts- und Sozialwissenschaften im Format 7,5 × 12,5 cm. Ausgezogen werden etwa 150 in Kopenhagener Bibliotheken vorhandene dänische und ausländische Zeitschriften. Es erscheinen monatlich 100—150 Zettel.

508. Bibliothèque de philosophie contemporaine. **L'Année sociologique.** Dir.: Marcel Mauss. Réd.: Georges Bourgin. Paris, F. Alcan, 108 boulevard Saint-Germain. 22,5 cm.
1ère année: 1896/1897. Les analyses d'ouvrages et d'articles français et étrangers se trouvent à la fin de chacune des grandes divisions méthodiques. En 1927 a paru le 1er fascicule de l'année 1924/25.

509. ***Bibliographie Dalloz.** Droit privé, droit public, économie politique, histoire du droit, droit international. Paris, Dalloz, 11 rue Soufflot. 24 cm.

1ère année: 1925. Parait tous les 2 mois (sauf en août-septembre). Comptes rendus critiques d'ouvrages français. Revues des revues françaises juridiques et économiques.

510. ***Bibliographie générale des sciences juridiques, politiques, économiques et sociales** de 1800 à 1925—1926. Par A. Grandin. Paris, Librairie du Recueil Sirey, 22 rue Soufflot. 25 cm.

Devenue bibliographie courante depuis l'année 1926. 1er supplément pour les années 1926 et 1927: paru en 1928. 2e supplément pour l'année 1928: paru en 1929. 3e supplément pour l'année 1929: paru en 1930. 4e supplément pour l'année 1930: paru en 1931. Ouvrages, périodiques, documents administratifs de la France et de l'étranger. Notices classées méthodiquement.

511. **Bulletins du Comité d'études sociales et politiques.** Paris, 45 rue d'Ulm. 27 cm.

Dépouillements de revues et de journaux politiques, économiques et d'information. Classés méthodiquement. Ces bulletins sont indépendants les uns des autres; ils ont pour titres et pour périodicité: 1° «Les faits sociaux.» 1ère année: 1919. Hebdomadaire. 2° «L'orientation nouvelle». 1ère année: 1920. Parait 2 fois par mois. 3° «L'esprit public.» 1ère année: 1919. Hebdomadaire. 4° «Les réalités.» 1ère année: 1925. Quotidien, avec un supplément hebdomadaire. 5° «La journée planétaire.» 1ère année: 1926. «La semaine» et «La quinzaine» planétaires donnent des comptes rendus de livres, et une revue par pays des principales revues.

512. †***La Critique sociale.** Revue des idées et des livres. Directeur: Boris Souvarine. Paris, M. Rivière, 31 rue Jacob. 27 cm.

Seit 1931. Monatlich. Enthält fast ausschließlich Buchbesprechungen und eine Zeitschriftenschau. Berücksichtigt vorwiegend Sozialwissenschaften und Recht, daneben politische und Geistesgeschichte.

513. †*Société des Nations. Bibliothèque. League of Nations. Library. **Liste mensuelle d'ouvrages catalogués à la Bibliothèque de la Société des Nations.** Monthly List of books catalogued in the Library of the League of Nations. Genève. 20 cm.

Seit 1928. Monatlich. Verzeichnet die wichtigsten Erwerbungen von Neuerscheinungen durch die Bibliothek, eingeteilt in 1. Ouvrages généraux, 2. Société des Nations, 3. Droit international, 4. Relations internationales, 5. Droit interne, 6. Questions sociales et pédagogiques, 7. Questions d'hygiène et de médecine, 8. Histoire et géographie, 9. Scien-

ces économiques, financières et commerciales, 10. Communications et transports, 11. Publications gouvernementales. Mit jährlichem Register.

514. †*Société des Nations. Bibliothèque. League of Nations. Library. **Liste mensuelle d'articles sélectionnés.** Monthly List of selected articles. Genève, Bibliothèque de la Société des Nations 27 cm.

Seit 1929. Monatlich. 1929 mit dem Titel «Liste bi-mensuelle d'articles sélectionnés». Bibliographie von Zeitschriftenaufsätzen in systematischer Anordnung mit einem Supplement «Traités internationaux et actes législatifs». Erscheint auch einseitig bedruckt.

515. ***Revue bibliographique des ouvrages de droit, de jurisprudence, d'économie politique, de science financière et de sociologie.** Paris, Giard, 16 rue Soufflot. 25 cm.

1ère année: 1894. Parait tous les 2 mois. Comptes rendus analytiques, liste des nouveautés, et sommaires de revues. Production française.

516. Université libre de Bruxelles. Instituts Solvay. **Revue de l'Institut de Sociologie.** Bruxelles, Institut de Sociologie, Parc Léopold. 24 cm.

Depuis 1920. Trimestrielle. «Chronique du mouvement scientifique» par D. Warnotte; très nombreuses analyses d'ouvrages et bibliographies-titres classées méthodiquement dans chaque numéro.

517. **Revue internationale de sociologie.** Directeur: Gaston Richard. Paris, M. Giard, 16 rue Soufflot. 25 cm.

1ère année: 1893. Parait tous les 2 mois. «Revue des livres.» «Revue des revues.» Ouvrages et périodiques français et étrangers.

518. **Revue des sciences politiques.** Publiée avec la collaboration des professeurs et des anciens élèves de l'École libre des sciences politiques. Paris, F. Alcan, 108 Boulevard Saint-Germain. 25 cm.

1ère année: 1885. Trimestrielle. Ouvrages français et étrangers. Comptes rendus critiques classés méthodiquement et analyses sous la rubrique «Bibliographie».

519. †***Annuario bibliografico italiano di diritto, economia e politica.** A cura di Luigi Perla. Roma, Anonima romana editoriale. 26 cm.

Seit 1927. Erscheint zwanglos in Lieferungen als Beilage zu „Nuovi studi di diritto, economia e politica". Systematische Bibliographie italienischer neuer Bücher und Aufsätze, teilweise mit erläuternden Notizen.

520. ***Bibliografia fascista.** Rassegna mensile del movimento culturale fascista in Italia e all'estero. Direttore: Giorgio Berlutti. Roma, Libreria del Littorio, Corso Umberto I 330. 26 cm.

Dal 1926. Mensile. Contiene rassegne bibliografiche sopra determinati argomenti, recensioni, critiche e notizie di recenti pubblicazioni italiane e straniere e di articoli di periodici italiani e stranieri e dà notizia anche di conferenze, discorsi, lezioni. Si occupa di tutto quanto viene pubblicato sul movimento d'idee suscitato dal Fascismo.

521. **Rassegna bibliografica delle scienze giuridiche, sociali e politiche.** Direttore: Giuseppe Castelli-Avolio. Napoli, Jovene, via Mezzocannone 109. 25 cm.

Dal 1926. Trimestrale. Contiene anche articoli originali, ma la più grande parte della rivista è consacrata alla bibliografia con l'„esame di opere" (recensioni di opere italiane e straniere, ma prevalentemente italiane, divise per classi), l'„esame di riviste" (recensioni di importanti articoli di riviste italiane e straniere divise a seconda del paese di pubblicazione), gli „Annunzi di recenti pubblicazioni" italiane e straniere e l'„Annunzio degli articoli delle principali riviste italiane di scienze giuridiche, sociali e politiche". Queste due ultime rubriche sono di soli titoli.

521 a. **Rivista internazionale di scienze sociali** e discipline ausiliarie. Pubblicata a cura dell' Università Cattolica del Sacro Cuore. Milano, Piazza S. Ambrogio 9. 25 cm.

Dal 1892. Bimestrale. Contiene «Spoglio delle riviste» e «Analisi d'opere».

522. ***Boletín bibliográfico de ciencias jurídicas, filosofía y sociología.** Buenos Aires, Librería „El Ateneo", Florida 371. 20,5 cm.

Since 1928. Annual. New publications issued in Argentina and foreign countries. A dealer's catalogue.

523. **Archeion oikonomikon kai koinonikon epistemon.** (Archiv für Wirtschafts- und Sozialwissenschaften.) Publikationsorgan der Gesellschaft für Wirtschafts- und Staatswissenschaften. Herausgeber: Demetrios E. Kalitsunakis. Athen, Hodos Sophokleus, Stoa Pappu. 25,5 cm.

Seit 1921. Vierteljährlich. Bringt in jedem Heft zwei besonders paginierte Abteilungen, enthaltend Rezensionen und systematische Bibliographie neugriechischer und fremdsprachlicher Bücher.

524. **†Socyjalistyčnae budaŭnictva.** Socialističeskoe stroitel'stvo. Štomesjačnaja polityko-ėkonomičnaja časopiś. (Der sozialisti-

sche Aufbau. Politisch-ökonomische Monatsschrift.) Mensk, vyd. Dzjaržplanu BSSR, Pljac voli 5. 25 cm.

Seit 1926. Monatlich. Enthält fast in jedem Heft eine von Ul. Prakulevič bearbeitete, systematisch geordnete Titelliste von Büchern und Aufsätzen über politisch-ökonomische Fragen, die in der U. d. S. S. R., vornehmlich in Weißrußland, erschienen sind.

525. **Przegląd socjologiczny.** Kwartalnik Polskiego Instytutu Socjologicznego. (Revue de sociologie. Bulletin trimestriel de l'Institut polonais de sociologie.) Rédacteur en chef: Florjan Znaniecki. Poznań, Zamecznik, Plac Wolności 7. 25,5 cm.

Depuis 1930. Revue trimestrielle. Donne une bibliographie-titres courante des plus importantes publications sociologiques polonaises et étrangères; arrangement méthodique. Comptes rendus. Dépouillement des périodiques.

526. **Ruch prawniczy, ekonomiczny i socjologiczny.** Poświęcony nauce i życiu prawnemu i gospodarczemu Rzeczypospolitej Polskiej. (Le Mouvement juridique, économique et sociologique. Consacré aux sciences juridiques et économiques en Pologne.) Organe de la Faculté de droit de l'Université de Poznań. Rédacteur en chef: Antoni Peretiatkowicz. Poznań, L'Université. 22,5 cm.

Depuis 1921. Revue trimestrielle. Donne la bibliographie critique et analytique des publications polonaises (ouvrages et articles de revues) concernant le droit, l'économie et la sociologie. Publie une liste analogue de publications étrangères.

527. **Sociální revue.** (Revue sociale. Bulletin officiel du Ministère de la Prévoyance Sociale.) Praha II, 375. 24 cm.

Depuis 1919. Bimestriel. Donne une liste de nouvelles acquisitions de la Bibliothèque. Classement méthodique. Cette liste paraît aussi à part et est établie par Bohumil Janoušek.

528. **Sociologická revue.** (Revue sociologique.) Brno, Falkensteinerova 14. 23,5 cm.

Depuis 1930. Trimestriel. Donne une bibliographie sociologique analytique et critique (ouvrages et articles de périodiques).

529. **Věstník Ministerstva financí Státu československého.** (Bulletin du Ministère des Finances.) Praha I., Husova 20. 30 cm.

Depuis 1920. Mensuel. Dans «Oddíl 2: část revuální» il y a une bibliographie des articles de périodiques.

530. †***Társadalomtudományi bibliographia** Budapest közkönyvtárainak szerzeményei alapján. (Bibliographie der Sozialwissenschaften auf Grund der Erwerbungen der öffentlichen Bibliotheken Budapests.) Szerkesztette: Krisztics Sándor. Budapest, Pfeifer F. 23 cm.

Seit 1926 (für 1924). Jährlich. Erscheint in der Serie: „Magyar sociographiai intézet kiadványai" (Veröffentlichungen des Ungarischen Soziologischen Instituts). Titelbibliographie von Büchern und Zeitschriftenaufsätzen in systematischer Anordnung nach dem Brüsseler Dezimalsystem. Den Büchern sind Besitzziffern der beteiligten Bibliotheken hinzugefügt. Zuletzt 1929 für das Jahr 1926 erschienen. Englische Ausgabe in derselben Serie mit dem Titel „Bibliography of social sciences".

531. **Shê-hui-k'o-hsüeh-tsa-chih.** (Quarterly review of social sciences.) Peiping, Institute of Social Research. 26 cm.

Since 1930. Quarterly. Containing book-reviews. In Chinese.

— siehe auch: Nr. 217. 393. 870. 1899.

[31 Statistik

532. *Permanent Consultative Committee on Official Statistics. **Guide to current official statistics of the United Kingdom.** London, H. M. Stationery Office. 24,5 cm.

Since 1921. Annual. Chairman: Sir Alfred Watson. Contains a systematic survey of the statistics appearing in all official publications. Subject index and index of departments. National. In 1930 appeared the volumes containing the material of 1929.

533. **Journal of the Royal Statistical Society.** London, W. C. 2, Royal Statistical Society, 9 Adelphi Terrace. 21,5 cm.

Since 1838. Quarterly. Each issue contains reviews of current statistical and economic books, and a list of statistical and economic articles in recent periodicals. International.

534. **Nordisk statistisk tidskrift.** Utg. av Thor Andersson. Stockholm, Grevgatan 70. 24,5 cm.

Seit 1922. Vierteljährlich. Enthält: „Nordisk statistisk litteratur", sehr knappe bibliographische Angaben über Bücher und Zeitschriftenaufsätze (unregelmäßig, zuletzt in Band 9, 1930); ferner Rezensionen.

535. **Journal de la Société hongroise de statistique.** Budapest II, Société, Buday László-utca 1. 23 cm.

Depuis 1923. Revue trimestrielle. Donne sous le titre de «Bibliographie des ouvrages statistiques et économiques parus en Hongrie et par des auteurs hongrois à l'étranger» une bibliographie alphabétique en 3 groupes: 1) publications officielles, 2) périodiques, 3) publications privées. Sa «Revue des publications hongroises» donne une bibliographie analytique des livres et des périodiques.

536. †**Metron.** Rivista internazionale di statistica. Revue internationale de statistique. International review of statistics. Internationale statistische Zeitschrift. Direttore: Corrado Gini. Roma, Istituto di statistica e politica economica della R. Università di Roma. 25,5 cm.

Seit 1920. In Bänden zu 4 Heften. Enthält eine jährliche Titelbibliographie von Zeitschriften und Büchern zur Statistik.

537. **Československý statistický věstník.** Bulletin statistique de la République Tchécoslovaque. Praha II, Office de statistique de l'État, Bělského tř. 2. 28 cm.

Depuis 1920. Mensuel. 1. Bibliographie spéciale d'articles de revues tchèques et étrangères. 2. Bibliographie statistique. Classement méthodique. 3. Liste de nouvelles acquisitions de la Bibliothèque. Par Marta Kudrnáčová.

— siehe auch: Nr. 563.

[32 **Politik, Staatswissenschaft**

538. **The American political science review.** Published quarterly by The American Political Science Association. Menasha, Wisconsin, 450—458 Ahnaip Street. 26 cm.

Since 1906. Quarterly. Book reviews, and classified lists of recent publications of political interest; books and periodicals edited by Charles M. Kneier and Charles S. Hyneman; Government publications, American and foreign, edited by Miles O. Price; Doctoral dissertations in preparation, compiled by Earl W. Crecraft.

539. ***Berichte der Deutschen Hochschule für Politik.** Berlin. 23,5 cm.

Seit 1924. Monatlich. Enthält in der Hauptsache den „Politischen Literaturbericht", systematisch angeordnete Besprechungen neuer in Deutschland erschienener Bücher. Dieser ist auch den Zeitschriften „Europäische Gespräche" (siehe Nr. 554) und „Zeitschrift für Politik" beigeheftet.

540. †**L'Année politique française et étrangère.** Secrétaires: Bernard Lavergne, René Hubert, Edmond Vermeil. Paris, J. Gamber, 7 rue Danton. 25,5 cm.

Seit 1926. Vierteljährlich. Zahlreiche Rezensionen in sachlichen Gruppen.

541. ***Bulletin quotidien de presse étrangère** publié par le Ministère des Affaires étrangères. Paris. 32,5 cm.
Depuis 1916. Quotidien. Extraits et résumés des journaux étrangers classés par sujets. Sommaire par pays.

542. ***Bulletins périodiques de la presse** (allemande, ou américaine, ou anglaise, etc.) du ... au ... publiés par le Ministère des Affaires étrangères. Paris. 31,5 cm.
Depuis 1916. Périodicité variable. La revue de la presse embrasse la période indiquée au titre.

543. **L'Esprit international.** The international mind. Revue trimestrielle. Dotation Carnegie pour la paix internationale. Paris, Hachette, 79 Boulevard Saint-Germain. 24 cm.
1ère année: 1927. Trimestriel. La «Bibliographie» analyse les travaux français et étrangers sous la rubrique «Ouvrages nouveaux»; elle donne un résumé des articles les plus importants dans la «Revue des revues».

544. **Moderní Stát.** L'État moderne. Revue pro politiku, parlamentarismus a vědy státní. Praha III, Karmelitská 6. 28 cm.
Depuis 1928. Mensuel. Donne une bibliographie-titres des sciences politiques. Classement par pays.

[323.1 Minderheitenfrage

545. **†Bulletin international du droit des minorités.** Directeur: Kurt Junckerstorff. Leiden, A. W. Sijthoff. 30,5 cm.
Seit 1930. Unregelmäßig. Enthält in dem Abschnitt „Bibliographie" kurze Besprechungen selbständiger Werke und wichtiger Abhandlungen in Zeitschriften. International. 1930 wird über die Literatur seit Anfang 1929 berichtet.

546. **Sprawy narodowościowe.** Czasopismo poświęcone badaniu spraw narodowościowych. (Les Problèmes des nationalités. Revue consacrée aux problèmes des minorités nationales.) Publiée par l'Institut consacré aux études des problèmes des nationalités. Rédacteur en chef: St. J. Paprocki. Warszawa, Nowy Świat 21. 24 cm.
Depuis 1927. Revue bimestrielle. Contient une bibliographie complète, dirigée par P. Grzegorczyk, concernant les questions des minorités nationales en Pologne. La bibliographie de l'année 1929 a été publiée en 1930.

[325 Kolonisation, Auswanderung

547. **Koloniale Rundschau und Mitteilungen aus den deutschen Schutzgebieten.** Monatsschrift für koloniale Wirtschaft, Völker- und Länderkunde. Berlin W 35, Potsdamer Straße 97. 24 cm.
Seit 1909. Monatlich. Jedes Heft bringt ein internationales systematisches „Literaturverzeichnis".

548. †**Bulletin de l'Agence générale des colonies.** Paris, Galerie d'Orléans, Palais-Royal. 24 cm.
Seit 1907. Enthält in jedem Heft Buchbesprechungen und eine systematische Übersicht des Inhalts neuer Zeitschriftenhefte. International.

549. †**Outre-Mer.** Revue générale de colonisation. Publiée avec la collaboration des professeurs et des anciens élèves de l'École Coloniale. Paris, Larose, 11 rue Victor-Cousin. 25 cm.
Seit 1929. Vierteljährlich. Enthält Besprechungen neuer Bücher und eine systematische Titelliste neuer französischer Zeitschriftenaufsätze.

550. **Kwartalnik Naukowego Instytutu emigracyjnego i kolonjalnego** oraz przegląd emigracyjny. (Revue trimestrielle de l'Institut scientifique de l'Émigration.) Rédacteur en chef: G. Załecki. Varsovie, ul. Bracka 13. 22,5 cm.
Depuis 1926. Revue trimestrielle. Donne à partir de l'année 1928 irrégulièrement une bibliographie des articles de périodiques polonais concernant l'émigration, rédigée par K. Zieleniewski.

[327 Internationale und auswärtige Politik

551. **Foreign affairs.** An American quarterly review. Hamilton Fish Armstrong, editor. New York City, Council on Foreign Relations, 45 East 65th Street. 25 cm.
Since 1922. Quarterly. Each number contains a classified list of recent books on international relations by William L. Langer, together with classified lists of source material, both official and non-official, compiled by Denys P. Myers.

552. †**International affairs.** Journal of the Royal Institute of International Affairs. London S. W. 1, Chatham House, St. James's Square. 25 cm.
Seit 1922. Zweimonatig. Mit kürzeren oder längeren Besprechungen von in- und ausländischen Werken zur Politik.

553. ***A selected list of recent articles on international affairs.** Compiled by Mary Phillips Webster, and issued by the National

Council for Prevention of War. Washington, D. C., 532 17th Street. 28 cm.

Since 1923. Monthly. The list is classified by subjects and countries and includes American and foreign publications, with principal articles in the daily newspapers, the New York Times and the United States Daily, published in Washington. Mimeographed.

554. **Europäische Gespräche.** Hamburger Monatshefte für auswärtige Politik. Herausgegeben von A. Mendelssohn-Bartholdy. Berlin-Grunewald, W. Rothschild. 24 cm.

Seit 1923. Monatlich. Enthält in jedem 2. Heft eine „Bibliographie zur auswärtigen Politik" mit erläuternden Anmerkungen. Beigeheftet sind die „Berichte der Deutschen Hochschule für Politik" (siehe Nr. 539).

555. ***Bulletin bibliographique de documentation internationale contemporaine.** Bibliographical Bulletin on international affairs. Publié par l'Office de documentation internationale contemporaine et par le Centre européen de la Dotation Carnegie pour la paix internationale. Paris, Les Presses universitaires de France, 49 boulevard Saint-Michel. 27,5 cm.

1ère année: 1926. Mensuel. Notices classées méthodiquement. Table des matières.

556. **Przegląd polityczny.** Czasopismo poświęcone zagadnieniom polityki zagranicznej. (Revue politique, consacrée aux problèmes importants de la politique étrangère actuelle.) Rédacteur en chef: M. Handelsman. Warszawa, Rynek Starego Miasta 31. 24 cm.

Depuis 1924. Paraît chaque mois. Contient la bibliographie des ouvrages et des articles polonais et des publications étrangères les plus importantes concernant la politique étrangère. Arrangée par pays.

557. **Zahraniční politika.** (La politique étrangère.) Sborník pro studium mezinárodních otázek politických, právních, hospodářských a sociálních. Redaktor: Josef Chmelař. Praha XII, Orbis, Fochova 62. 24,5 cm.

Depuis 1922. Mensuelle. Comptes-rendus et bibliographie-titres. Ouvrages tchécoslovaques et étrangers relatifs à la politique extérieure de la Tchécoslovaquie.

558. **Külügyi szemle.** (Revue des affaires étrangères.) Revue des affaires extérieures, de droit international et d'économie politique. Réd.: Jenő Horváth. Budapest. 23 cm.

Depuis 1926. Parait quatre fois par an. Donne la bibliographie primaire des livres et des articles de l'étranger et de la Hongrie, concernant la politique extérieure, le droit international et la question des minorités.

— siehe auch: Nr. 1900.

[33 Nationalökonomie

559. **The American economic review.** Published by The American Economic Association. Davis R. Dewey, managing editor. Menasha, Wisconsin, 450 Ahnaip Street. 25 cm.

Since 1911. Quarterly. Contains signed reviews, lists of new books, documents and reports classified by subjects. American and foreign publications. Also an annual list of doctoral dissertations in political economy in progress in American universities and colleges.

560. **Contributions to Canadian economics.** Toronto, The University of Toronto Press. 24,5 cm.

Since 1928. Yearly. Published as part of the "History and economics series" of "University of Toronto studies". Contains a "Bibliography of recent publications on Canadian economics" by Harold A. Innis, books and periodical articles, systematically arranged.

561. **Economic Journal.** The quarterly journal of the Royal Economic Society. Edited by J. M. Keynes and D. H. Macgregor. London, Macmillan. 24,5 cm.

Since 1890. Quarterly. International. Includes reviews and lists of new books and periodicals.

562. **Economica.** A journal of the social sciences. Edited by Sir William Beveridge, T. E. Gregory and H. J. Laski. London, W. C. 2, London School of Economics, Houghton Street. 24,5 cm.

Since 1921. Three times a year. Reviews of current literature in the social sciences; international. Yearly lists of theses in economics in progress in universities and colleges of Great Britain and Northern Ireland.

563. **Jahrbücher für Nationalökonomie und Statistik.** Herausgegeben von Ludwig Elster. Jena, G. Fischer. 24,5 cm.

Seit 1863. Monatlich 1 Heft, jährlich 2 Bände. Jedes Heft enthält die bibliographischen Rubriken „Übersicht über die neuesten Publikationen Deutschlands und des Auslandes", die in systematischer Anordnung Bücher verzeichnet oder kritisch bespricht, sowie „Die periodische Presse des Auslands" und „Die periodische Presse Deutschlands" mit Aufzählung der bedeutendsten Zeitschriften-Aufsätze. 1931 erschien ein Generalregister für 1911 bis 1929.

564. **Weltwirtschaftliches Archiv.** Zeitschrift des Instituts für Weltwirtschaft und Seeverkehr an der Universität Kiel. Herausgegeben von Bernhard Harms. Jena, G. Fischer. 23 cm.
Seit 1913. Vierteljährlich. In jedem Heft findet sich ein besonders paginierter umfänglicher bibliographischer Teil, bestehend aus systematisch geordneten Besprechungen und Titelanführungen wirtschaftlicher Literatur. Keine Zeitschriftenaufsätze.

565. **Ekonomen.** Organ för Svenska ekonomföreningen. Red.: Harald Hörlin. Stockholm, Malmskillnadsgatan 48 B. 24,5 cm.
Seit 1924. 10 Hefte jährlich. Enthält seit 1926 in jeder Nummer eine Titelbibliographie über wirtschaftliche Literatur. Ab 1928 wird auch skandinavische Zeitschriftenliteratur berücksichtigt. Auch wichtigere schwedische Zeitungsartikel.

566. **Sociala meddelanden.** (Statistiska meddelanden. Ser. F.) Utg. av. K. socialstyrelsen. Stockholm, K. socialstyrelsen. 24 cm.
Seit 1912. Monatlich. Enthält seit 1926 für die Zeit vom Dezember 1925 an eine monatliche internationale Titelbibliographie: „Tidskriftsöversikt" in systematischer Anordnung.

567. **Bulletin périodique.** Paris, 35 rue Saint-Dominique. 27 cm.
Depuis 1923. Parait tous les mois, sauf de juillet à septembre. «Revue des livres et des revues»: compte-rendus de publications d'économie politique et de finance.

568. **Revue d'économie politique.** Rédacteur en chef: Charles Gide. Paris, Recueil Sirey, 22 rue Soufflot. 25,5 cm.
1ère année: 1887. Parait tous les 2 mois. «Bulletin bibliographique»: Comptes rendus critiques (des livres) et revues des périodiques» (classés par langues).

569. **†Giornale degli economisti e rivista di statistica.** Direttori: Alberto Beneduce, Gustavo del Vecchio, Giorgio Mortara. Roma 104, via del Tritone 67. 25,5 cm.
Seit 1886. Monatlich. Enthält in jedem Heft einen ausführlichen internationalen, systematisch geordneten Rezensionenteil und dreimal im Jahr eine besonders paginierte systematische „Bibliografia economica italiana" mit kurzen Besprechungen.

570. ***Indice bibliografico.** Spoglio di pubblicazioni periodiche italiane ed estere pervenute [al] Consiglio provinciale dell' economia di Milano. Milano, via Mercanti 2. 29 cm.

Dal 1930. Mensile. È uno spoglio per soli titoli disposti in ordine alfabetico del soggetto trattato.

571. ***Bibliografia economică română.** Bibliographie économique roumaine. Repertoriu bibliografic al lucrărilor relative la ştiinţele sociale, economice, agricole şi industriale ⟨cărţi şi articoli din ziare şi reviste⟩. Suplement la „Buletinul Institutului economic românesc." Redactor: Nicolae C. Istrati. Bucureşti. 24,5 cm.
Seit 1922 (für 1921). Alle zwei Monate. Titelbibliographie neuer in Rumänien erschienener Bücher und Zeitschriftenaufsätze über Sozial- und Wirtschaftswissenschaft. Systematische Ordnung nach dem Brüsseler Dezimal-System. Mit jährlichem Autoren- und Schlagwortregister.

572. **†Buletinul Institutului economic românesc.** (Zeitschrift des Rumänischen Instituts für Wirtschaftswissenschaften.) Publicaţiune periodică lunară. Bucureşti, Banca naţională a României. 24,5 cm.
Seit 1922. Monatsschrift, doch meist Doppelhefte. Enthält eine besonders paginierte bibliographische Beilage (siehe Nr. 571), außerdem in jedem Heft systematisch geordnete Besprechungen sowie eine Titelbibliographie von Neuerscheinungen. International.

573. Institut mirovogo chozjajstva i mirovoj politiki pri Kommunističeskoj Akademii. **Mirovoe chozjajstvo i mirovaja politika.** Ežemesjačnyj žurnal. (Weltwirtschaft und Weltpolitik.) Red.: E. Varga. Moskva, Kommunističeskaja Akademija, Volchonka 14. 25,5 cm.
Monatlich. Enthält laufend eine Liste russischer und ausländischer Zeitschriftenaufsätze über allgemeine Wirtschaftsfragen; 1928 für das Jahr 1927.

574. **Naučen pregled.** (Wissenschaftliche Rundschau.) Sofija, Svoboden Universitet, Blizko-Iztočen Institut. 24 cm.
Seit 1929. Viermonatsschrift. Enthält Besprechungen und Notizen von Neuerscheinungen aus dem Gebiete der Politik und der Volkswirtschaft.

575. **Stopanska misŭl.** (Der Wirtschaftsgedanke.) Herausgegeben von der Gesellschaft der Akademischen Volkswirte in Bulgarien. Sofija, Slavjanska ul. 2. 24 cm.
Seit 1929. Vierteljährlich. Enthält Rezensionen und eine Titelbibliographie.

576. **Ekonomista.** Kwartalnik poświęcony nauce i potrzebom życia. (L'Économiste. Revue trimestrielle consacrée aux problèmes économiques. Publiée par la Société des économistes et des statisticiens polonais.) Rédacteur en chef: E. Lipiński. Warszawa, Jasna 19. 24,5 cm.
Depuis 1901. Trimestriel. Donne une bibliographie annuelle des publications polonaises et étrangères qui se rattachent à la vie économique en Pologne. Les publications étrangères sont classées par langues.

577. **Közgazdasági szemle.** (Revue d'économie publique.) Publ. par la Société hongroise d'économie publique. Réd. par Farkas Heller. Budapest, R. Gergely, Dorottya-utca 2. 23,5 cm.
Depuis 1877. De 1877 jusqu' à 1893 elle a paru sous le titre de «Nemzetgazdasági szemle»; à partir de 1893 sous le titre de «Közgazdasági és közigazgatási szemle»; depuis 1896 sous le titre de «Közgazdasági szemle». Revue mensuelle. Donne une bibliographie analytique des articles des revues étrangères sous le titre de «Külföldi folyóiratok szemléje». Contient sous le titre de «Könyvszemle» une bibliographie primaire méthodiquement classée des ouvrages parus en librairie.

578. **Shang-yeh-yüeh-pao.** (The national journal of commerce.) Shanghai, National Chamber of Commerce. 29 cm.
Giving financial and commercial abstracts. In Chinese.

— siehe auch: Nr. 635.

[33(09) Wirtschaftsgeschichte

579. **Economic history review.** Editors: E. Lipson, R. H. Tawney. Published for the Economic History Society. London, W. 1, A. & C. Black, 4—6 Soho Square. 26 cm.
Since 1927. Annual. The bibliographical section is international and includes reviews, selected bibliographies of special subjects and lists of articles and books on economic history, arranged by countries.

580. **Annales d'histoire économique et sociale.** Directeurs: Marc Bloch, Lucien Febvre. Paris, A. Colin, 103 Boulevard Saint-Michel. 25,5 cm.
1ère année: 1929. Trimestrielles. La rubrique «Du passé au présent: à travers livres et revues» étudie les nouvelles publications françaises et étrangères dans de grands chapitres méthodiques.

580 a. †**Roczniki dziejów społecznych i gospodarczych.** Annales d'histoire sociale et économique. Pod red. Franciszka Bujaka i Jana Rutkowskiego. Lwów, Fr. Bujak, Uniwersytet. 24 cm.

Seit 1931. Jährlich. Bisher ein Band. Dieser enthält am Schluß zahlreiche systematisch geordnete Rezensionen.

[331 Arbeit und Arbeiter

581. ***Index to labor articles.** Published by the Labor Research Department, Rand School of Social Science. New York City, 7 East 15th Street. 25,5 cm.
Since Dec. 1926. Monthly. Classified by subjects.

582. †International Labour Office. **International labour review.** Geneva; London, G. Allen & Unwin. 23,5 cm.
Seit 1921. Monatlich. Enthält in jedem Hefte eine internationale Bibliographie von selbständigen Publikationen aus dem Gebiet der Arbeitswissenschaft mit kurzen erläuternden Anmerkungen. Gleichzeitig erscheint eine französische Ausgabe mit dem Titel «Revue internationale du travail» (siehe Nr. 587).

583. United States Department of Labor. Bureau of Labor Statistics. **Monthly labor review.** Washington, United States Government Printing Office. 23,5 cm.
Since July, 1915. Monthly. Brief abstracts of official and unofficial publications relating to labor: United States and foreign.

584. **Halbjahresbuch der Arbeitsvermittlung und Arbeitslosenversicherung.** Herausgegeben von F. Berndt, B. Lehfeldt, O. Weigert. Berlin SW 61, R. Hobbing. 23,5 cm.
Seit 1928. Jährlich 2 Bände. Enthält Rechtsprechung und Schrifttum des Vorjahres.

585. **Kölner sozialpolitische Vierteljahresschrift.** Zeitschrift des Forschungsinstituts für Sozialwissenschaften in Köln. Köln, Oskar Müller, Kleine Budengasse 11. 23 cm.
Seit 1921. Vierteljährlich. Enthält jährliche besprechende Literaturübersichten: 1. „Die sozialpolitische Buchliteratur", 2. „Die arbeitsrechtliche Buchliteratur" von E. Molitor. 1930 erschienen die Übersichten für 1929.

586. †***Bibliographie de l'organisation internationale du travail.** Bibliography of the international labour organisation. Bibliographie der internationalen Arbeitsorganisation. Genève, Bureau international du travail. 23,5 cm.
Seit 1928. Jährlich. Bildet die Ergänzung zur «Bibliographie de l'organisation internationale du travail 1919—26», erschienen 1927. Internationale systematische Titelbibliographie.

587. Bureau international du travail. **Revue internationale du travail.** Genève. 24 cm.

Depuis 1921. Mensuel. Donne dans chaque numéro les titres des nouvelles lois, décrets, arrêtés, ordonnances et conventions internationales concernant le travail dans tous les pays et, sous le titre «Notices bibliographiques», l'analyse des principaux ouvrages traitant de questions du travail. Pour l'édition anglaise voir Nr. 582.

588. **Revue de la science du travail.** Directeurs-fondateurs: J. N. Lahy, P. Sollier, J. P. Arend. Paris, Alcan, 108 boulevard Saint Germain; Bruxelles, Goemaere, 21 rue de la Limite. 24 cm.

Depuis 1929. Trimestriel. Publie dans un ordre systématique un dépouillement analytique des revues et des ouvrages relatifs à l'ergologie.

589. **†L'Organizzazione scientifica del lavoro.** Rivista dell' Ente nazionale italiano per l'organizzazione scientifica del lavoro. Direttori: Francesco Mauro, Gino Olivetti. Roma, Piazza Venezia 11. 29,5 cm.

Seit 1926. Monatlich. Enthält in jedem Heft in dem Abschnitt «Indice bibliografico» Inhaltswiedergaben neuer Zeitschriftenaufsätze zur Arbeitswissenschaft und Arbeitsorganisation. International.

590. **Jahrbuch für forstliche Arbeitswissenschaft.** Herausgegeben von der Gesellschaft für forstliche Arbeitswissenschaft e. V., Eberswalde. Berlin N 65, Steup & Bernhard, Chausseestraße 59. 21 cm.

Seit 1930. Jährlich. Enthält eine Titelliste „Aus dem Schrifttum der Arbeitswissenschaft und ihrer Anwendung in der Forstwirtschaft". 1930 erschien die Bibliographie für das Jahr 1929.

[331 : 34 Arbeitsrecht

591. ***Jahrbuch des Arbeitsrechts** nebst sozialpolitischer Übersicht. Systematische Übersicht über das Schrifttum, die Rechtsprechung und die Verwaltungspraxis unter Berücksichtigung des österreichischen Rechtes. Herausgegeben von Heinrich Hoeniger unter Mitwirkung von Rudolf Schultz und Ludwig Heyde. Mannheim, Berlin, Leipzig, J. Bensheimer. 24,5 cm.

Seit 1922 (für 1918—20). Jährlich. Zuletzt 1931 für das Jahr 1930. Systematisch geordnet.

592. **Neue Zeitschrift für Arbeitsrecht.** Herausgegeben von H. Dersch, Fr. Sitzler, Fr. Syrup. Mannheim, J. Bensheimer. 28,5 cm.

Seit 1921. Monatlich. Bringt in jeder Nummer eine von H. Dersch, Graeffner und Herz bearbeitete systematisch angeordnete, referierende Übersicht neuer Zeitschriftenaufsätze sowie einen laufenden, jeweils Halbjahrszeiträume umfassenden Literaturbericht über die neuen Bücher zum in- und ausländischen Arbeitsrecht von Lutz Ritter sowie (für das Ausland) von Fuhs, Kuttig und Herz.

593. ***Schrifttum des Arbeitsrechts.** Zitate aus Zeitschriften, Lehrbüchern und andern Schriften im Gesamtgebiete des Arbeitsrechtes in systematischer Ordnung. Herausgeber: Heinz Potthoff, S. Jadesohn, H. Meissinger. Stuttgart, J. Heß. 21 cm.
Seit Februar 1928. Erscheint monatlich als Beilage der Zeitschrift „Arbeitsrecht". Den Titeln sind gelegentlich Referate beigegeben. Nur deutsches Recht.

594. **Il diritto del lavoro.** Rivista mensile ufficiale per gli atti e comunicati del Ministero delle corporazioni diretta da Dario Guidi, L. A. Miglioranzi. Roma, via Tacito 41. 27 cm.
Dal 1927. Mensile. Ogni numero contiene la «Bibliografia» in cui vien dato il titolo di tutti i più notevoli scritti (opere e articoli di riviste) italiani e di alcuni stranieri riguardanti i problemi del lavoro. Tale bibliografia è suddivisa per materia e corredata di un indice a soggetto e di uno degli autori. Nella rubrica «Rassegna della dottrina» vengono inoltre recensiti quegli scritti che appaiono di maggior importanza.

[334 Genossenschaftswesen

595. **Vierteljahrsschrift für Genossenschaftswesen.** Mitteilungen aus dem Seminar für Genossenschaftswesen der Universität Halle. Herausgegeben von Ernst Grünfeld. Halle, Universitätsplatz 10a. 23 cm.
Seit 1923. Bis Jahrgang 6, 1928 unter dem Titel: „Genossenschafts-Korrespondenz". Vierteljährlich. Bringt seit Juli 1926 in jeder Nummer ein systematisch geordnetes Titelverzeichnis von auf dem Gebiete des Genossenschaftswesens neuerschienenen Werken und Zeitschriftenaufsätzen, hauptsächlich denjenigen in deutscher, englischer, französischer und italienischer Sprache. Jährlich einmal werden die Dissertationen der deutschen Hochschulen berücksichtigt.

596. **†*Bibliografia corporativa.** Roma, Edizioni del diritto del lavoro. 18 cm.
Seit 1930. Jährlich. Erscheint in der Sammlung «Studi e documenti di diritto e di economia del lavoro, Ser. B (documenti)». 1930 erschienen die Jahrgänge 1928 und 1929. Internationale, systematisch

geordnete Titelbibliographie mit Verfasser- und Sachregister. Die Titel sind nicht erläutert.

597. A. V. Merkulov. **Sistematičeskij ukazateľ kooperativnoj literatury vyšedšej v SSSR.** (Systematisches Verzeichnis der in der Sowjetunion erschienenen Literatur über das Genossenschaftswesen.) Moskva, Knigosojuz, Tverskoj buľvar 10. 21 cm.

Seit 1927 (für 1925 und 1926). Bisher alle zwei Jahre. 1930 erschien der Doppeljahrgang für 1927 und 1928, der ein Autoren- und Schlagwortregister für 1925—28 enthält.

598. **Visnik promislovoï ta promislovo-kreditovoï kooperacïï Ukraïni.** (Gewerblich-genossenschaftliches Nachrichtenblatt der Ukraine.) Charkiv. 26 cm.

Seit 1927. Monatlich. Enthält eine Titelbibliographie von Neuerscheinungen und Zeitschriftenaufsätzen in ukrainischer und russischer Sprache.

599. **Spółdzielczy przegląd naukowy.** (Revue scientifique de coopération.) Pod redakcją Tadeusza Kłapkowskiego. Warszawa, ul. Warecka 11a. 23,5 cm.

Depuis 1928. Six fois par an. Donne une bibliographie courante systématique des publications polonaises sur la coopération. Jusqu'à 1930, la revue parut sous le nom de «Biuletyny Społdzielczego Instytutu Naukowego».

600. **Latvijas kooperacijas gada grāmata.** Annuaire de la coopération de la Latvie. Publié par „Latvijas kooperativu kongresu padome." Rīgā, Dzirnavu ielā 68. 25 cm.

Seit 1923. Jährlich. Enthält eine jährliche Titelbibliographie der lettischen Genossenschaftsliteratur; 1930 für das Jahr 1928; alphabetisch.

— siehe auch: Nr. 145.

[335 Sozialismus

601. †Otdel Leningradskogo Oblastnogo Komiteta VKP(b) po izučeniju Oktjabŕskoj Revoljucii i VKP(b). **Krasnaja letopiś.** (Die rote Chronik.) Leningrad, Krasnaja Gazeta, Prospekt 25 Oktjabrja 68. 21,5 cm.

Seit 1921. Sechsmal im Jahr. Enthält Rezensionen und Listen der Neuerscheinungen auf dem Gebiete der kommunistischen Fachliteratur.

602. *Institut Lenina pri CK VKP. **Leniniana.** Moskva, Gosudarstvennoe Izdatel'stvo. 22,5 cm.
Seit 1926 (für 1924). Jährliche annotierte Bibliographie der russischen Bücher und Zeitschriftenaufsätze über Lenin und den Leninismus. 1930 erschien die Bibliographie für 1928.

603. †Institut Lenina pri CK VKP(b). **Proletarskaja revoljucija.** (Die proletarische Revolution.) Moskva, Gosudarstvennoe Izdatel'stvo. 26 cm.
Seit 1922. Monatlich. Mit Rezensionen und Listen von Neuerscheinungen zur Geschichte und Theorie des Bolschewismus.

604. Institut sovetskogo stroitel'stva i prava. **Sovetskoe gosudarstvo i revoljucija prava.** (Der Sowjetstaat und die Revolution des Rechts.) Moskva, Izdatel'stvo Kommunističeskoj Akademii. 25 cm.
Seit 1930. Erscheint monatlich und enthält fast in jedem Heft ein systematisch geordnetes Verzeichnis der neuerschienenen Bücher und Aufsätze über Fragen des Sowjetstaats und -Rechts. Nur russische Literatur. Daneben bringt jedes Heft Besprechungen rechts- und staatswissenschaftlicher Literatur.

— siehe auch: Nr. 63. 84.

[336 **Öffentliche Finanzen, Steuerwesen**

605. **Finanz-Archiv.** Zeitschrift für das gesamte Finanzwesen. Herausgegeben von Georg Schanz. Tübingen, J. C. B. Mohr. 24 cm.
Seit 1884. Halbjährlich. Enthält außer zahlreichen Rezensionen seit 1928 jährlich einmal eine „Bibliographie der finanzwissenschaftlichen Literatur“ von Franz Segner in Form eines systematischen internationalen Titelverzeichnisses. Zeitschriftenaufsätze sind mitverzeichnet. Zollwesen ist ausgeschlossen. 1930 erschien die Bibliographie für 1929.

606. **Jahrbuch des Steuerrechts.** Herausgegeben von Fritz Koppe. Berlin, Wien, Industrieverlag Spaeth & Linde. 22 cm.
Seit 1921. Jährlich. Systematisch geordnete Zusammenstellung von Entscheidungen und Schrifttum zum gesamten deutschen Steuerrecht einschließlich des Zollrechts.

607. **Rechtsprechung und Schrifttum in Reichssteuersachen.** Herausgegeben von R. Kloß. München, Berlin und Leipzig, J. Schweitzer. 19 cm.

Seit 1920. Jährlich. 1929 für das Jahr 1928. Nach Gesetzen geordnet (zuletzt sind 40 Reichsgesetze und Staatsverträge berücksichtigt).

608. **Soergels Jahrbuch des Reichssteuerrechts.** Herausgegeben von Hs. Th. Soergel. Stuttgart, W. Kohlhammer. 20,5 cm.
Seit 1921. Jährlich. Nach Gesetzen geordnet. Bringt bei jedem Gesetz außer den Entscheidungen die im Berichtsjahr zu demselben erschienenen Zeitschriftenaufsätze. 1930 erschien das Jahrbuch für 1929.

609. **Revue de science et de législation financières.** Directeur: Gaston Jèze. Paris, M. Giard, 16 rue Soufflot. 24,5 cm.
1ère année: 1903. Trimestrielle. «Bulletin bibliographique»: comptes rendus d'ouvrages et d'articles français et étrangers. «Index bibliographique»: titres et sommaires.

[338 : 91 Wirtschaftsgeographie

610. **Erde und Wirtschaft.** Vierteljahrsschrift für Wirtschaftsgeographie und ihre praktische Anwendung. Schriftleitung: G. Braun. Braunschweig, Berlin, Hamburg, G. Westermann. 26,5 cm.
Seit 1927. Vierteljährlich. Enthält in jedem Heft Literaturbesprechungen und ein nach Ländern geordnetes Titelverzeichnis neuer Bücher und Aufsätze zur Wirtschaftsgeographie. International.

[34 Rechtswissenschaft

611. **Annual survey of English law.** London School of Economics and Political Science (University of London), Department of law. London W. C. 2, School of Economics and Political Science, Houghton Street. 24 cm.
Since 1928 (published in 1929). Annual; national; the Survey is divided into twelve parts, each part is sub-divided into three sections: (a) Legislation; (b) Case Law; (c) Bibliography.

612. †*The Johns Hopkins University. The Institute of Law. **Current research in law.** By Elisabeth S. Iddings. Baltimore, Johns Hopkins Press. 21 cm.
Seit 1929. Jährliche Bibliographie der in den Vereinigten Staaten an Universitäten und Instituten im abgelaufenen Jahr veröffentlichten oder in Vorbereitung befindlichen juristischen Arbeiten einschließlich der vorbereiteten oder erschienenen Doktordissertationen.

613. ***Index to legal periodicals and Law library journal.** Eldon R. James, editor. Published for the American Association

of Law Libraries. New York City, H. W. Wilson, 950–972 University Avenue. 25,5 cm.

Since 1908. Quarterly, with annual cumulations. Arranged by subjects, with an author index, and a list of cases commented upon.

614. †**New York University law quarterly review.** Edited by Alison Reppy. New York City, Washington Square, East. 25,5 cm.

Seit 1924. Vierteljährlich. Enthält eine laufende Rubrik "Check-list and index to current legal literature".

615. **Deutsche Juristen-Zeitung.** Herausgegeben von Otto Liebmann. Berlin W 57, O. Liebmann, Potsdamer Straße 96. 28 cm.

Seit 1896. Halbmonatlich. Enthält seit 1925 in jeder Nummer eine aufzählende internationale systematische Titelbibliographie über neue Zeitschriftenaufsätze und Bücher von Hans Paalzow.

616. **Internationales Anwaltsblatt.** Schriftleiter: Rudolf Braun. Wien I, Internationaler Anwaltverband, Weihburggasse 9. 27,5 cm.

Seit 1914. Monatlich. Enthält eine Übersicht über den Inhalt neuer Hefte der wichtigsten juristischen Fachzeitschriften Deutschlands, Österreichs, der Schweiz und der Tschechoslovakei.

617. ***Kritische Vierteljahrsschrift für Gesetzgebung und Rechtswissenschaft.** Herausgegeben von Professoren der Münchener Juristenfakultät. München, Berlin und Leipzig, J. Schweitzer. 23,5 cm.

Seit 1858. Vierteljährlich. Enthält ausschließlich ausführliche Sammel- und Einzelrezensionen in systematischer Anordnung. International.

618. **Das Recht.** Juristisches Zentralblatt für Praktiker. Berlin W 8, C. Heymann. 24,5 cm.

Seit 1897. Erscheint monatlich als Beilage zum „Zentralblatt für Handelsrecht". In jedem Heft systematisch geordnete Kurzreferate über die Zeitschriftenaufsätze auf allen Rechtsgebieten. Nur deutsche Literatur.

619. **Zeitschrift für Ostrecht.** Hervorgegangen aus der „Zeitschrift für osteuropäisches Recht" und dem „Ostrecht". In Gemeinschaft mit der Deutschen Gesellschaft zum Studium Osteuropas herausgegeben im Auftrage des Osteuropa-Institutes in Breslau. Berlin W 8, C. Heymann. 24 cm.

Seit 1927. Monatlich. Mit Buchbesprechungen und Zeitschriftenschau.

620. **Zeitschrift für schweizerisches Recht.** Herausgegeben von Eduard His. Basel, Helbing & Lichtenhahn. 22 cm.

Seit 1852. Vierteljährlich. Gibt jährlich eine „Übersicht der Literatur über schweizerisches Recht“, eine nach Materien geordnete Zusammenstellung der wissenschaftlichen Produktion über das schweizerische Recht von Hans Huber. 1930 erschien die Liste der Veröffentlichungen des Jahres 1929.

621. **†Zentralblatt für die juristische Praxis.** Herausgegeben von Alfred Handl, Georg Petschek. Wien I, Perles, Seilergasse 4. 23 cm.

Seit 1883. Monatlich. Bringt einen umfangreichen Rezensionenteil in systematischer Anordnung.

622. **†Rechtsgeleerd magazijn.** Tijdschrift voor binnen- en buitenlandsche rechtsstudie onder redactie van C. W. Star Busmann, W. L. P. A. Molengraaff en F. G. Scheltema. Haarlem, F. Bohn. 23 cm.

Seit 1882. 6 Nummern jährlich. Enthält in jedem Heft die Rubrik: „Inhoud van binnen- en buitenlandsche rechtsgeleerde tijdschriften“, nach den Zeitschriften geordnet.

623. **†Repertorium van de Nederlandsche jurisprudentie en rechtsliteratuur.** Amsterdam, Uitgave van het Repertorium. 24 cm.

Seit 1878. Jährlich. Enthält Rechtsprechung und Literatur in alphabetischer Schlagwortanordnung mit Gesetzesregister.

624. **Svensk juristtidning.** Stockholm, Nordiska bokhandeln. 24,5 cm.

Seit 1916. 6 Hefte jährlich. Enthält neben Rezensionen und Zeitschriftenübersichten (skandinavischer Zeitschriften) zwei jährlich erscheinende, systematisch angeordnete Titelbibliographien: „Ur nordiska tidskrifter“ (seit 1926, seit 1930 von Phillips Hult), und „Svensk litteraturförteckning“ (seit 1924, seit 1927 von Phillips Hult), und zwar 1930 für das Jahr 1929.

625. **†Tidsskrift for retsvidenskap.** Utgit av bestyrelsen for den Stangske Stiftelse i Oslo. Hovedred.: Fredrik Stang. Oslo, H. Aschehoug. 22,5 cm.

Seit 1888. Jährlich 4 Hefte. Als Beilage erscheint eine mehrere Jahre umfassende Bibliographie der nordischen Rechtsliteratur von

Th. M. Andern, C. Junior und A. E. Rohde. Zuletzt 1928 für 1921—24 erschienen.

626. **Juridičeska misŭl.** (Der juristische Gedanke.) Herausgegeben von dem Justiz-Ministerium. Sofija. 24 cm.
Seit 1919. Zweimonatsschrift. Mit kritischer Bibliographie.

627. **Juridičeski archiv.** Archives juridiques. Spisanie za pravna nauka i sădebna praktika. Redaktori: V. Ganev, L. Dikov. Sofija, C. N. Čolakov, bul. Dondukov 42. 24 cm.
Seit 1929. Monatlich. Enthält eine Übersicht bulgarischer und ausländischer Neuerscheinungen auf dem Gebiete der Rechtswissenschaft sowie eine Zeitschriftenschau.

628. **†Pokazateľ na zakonitě, pravilnicitě, publikuvani v Dŭrž. v-k, na rešenijata na Vŭrch. kas. săd, na bŭlgarskitě sŭčinenija, komentarii i răkovodstva po pravoto i na juridičeskitě statii, napečatani v našitě juridičeski spisanija.** (Verzeichnis der Gesetze, Verordnungen und Verfügungen des Obersten Gerichtshofes usw., ferner juristischer Abhandlungen, Handbücher und Zeitschriftenartikel.) Plovdiv, Danov. 8°.
In unregelmäßigen Abständen erscheinen hierzu, und zwar erstmalig 1919 für die Jahre 1915—1918, Supplemente von Todor D. Mirkov; sie erscheinen als besondere Hefte der Serie „Našitě zakoni. Sădebna biblioteka". Letztes Heft: Supplementheft 14, 1929, für die Jahre 1927 und 1928.

629. **Mjesečnik.** Glasilo Pravničkoga Društva. (Revue mensuelle de la Société de droit à Zagreb.) Rédacteurs: Edo Lovrić et Ivo Politeo. Zagreb, Jurjevska ul. 51. 22,5 cm.
Depuis 1875. Mensuelle. Donne des comptes rendus de livres et de périodiques spéciales, yougoslaves et étrangers.

630. **†*Hoesicka bibljografja prawnicza.** (Hoesick's Rechtsbibliographie.) Kwartalnik poswięcony rejestracji polskiego piśmiennictwa prawniczego. Redaktor: Artur Miller. Warszawa, F. Hoesick, Senatorska 22. 23,5 cm.
Seit 1930. Vierteljährlich. Titelbibliographie der in Polen erscheinenden polnischen juristischen Literatur. Systematisch geordnet. Etwa 50 meist polnische juristische Zeitschriften sind ausgezogen.

631. **†Przegląd prawa i administracji imienia Ernesta Tilla.** (Zeitschrift für Recht und Verwaltung.) Redaktorowie: Roman Longchamps, Józef Münz, Artur Till. Lwów, ul. Piłsudskiego L. 4. 24 cm.

Seit 1876. Vierteljährlich. Enthält Rezensionen über die im In- und Auslande erscheinende juristische Literatur.

— siehe auch: Nr. 291. 496. 500. 501. 503. 509. 510. 515. 519. 526. 656.

[34(09) Rechtsgeschichte

632. **Zeitschrift der Savigny-Stiftung für Rechtsgeschichte.** Romanistische Abteilung. Weimar, H. Böhlau. 22,5 cm.

Seit 1862. Jährlich. Enthält seit 1924 einen jährlichen „juristischen Papyrusbericht" von Paul M. Meyer, zuletzt 1930 für Oktober 1927 bis Oktober 1929; ferner zahlreiche Rezensionen.

633. **Revue historique de droit français et étranger.** Paris, Librairie du Recueil Sirey, 22 rue Soufflot. 23 cm.

1ère année: 1855. Trimestrielle. «Comptes rendus» d'ouvrages et d'articles français et étrangers. Supplément bibliographique annuel: le «Bulletin bibliographique» rédigé par E. Perrot. Il porte sur l'année en cours et l'année précédente; il annonce en outre les ouvrages à paraître. Notices non analytiques classées.

634. **Rivista di storia del diritto italiano.** Direttori: Nino Tamassia, Carlo Calisse, Pier Silverio Leicht. Roma, via Giuseppe Pisanelli 4. 25 cm.

Dal 1928. Quadrimestrale. Oltre al «Bollettino bibliografico» che contiene ampie recensioni e fa parte di ogni fascicolo, la rivista pubblica annualmente dal 1929 la «Bibliografia della Rivista di storia del diritto italiano» che è una bibliografia sistematica di titoli seguiti da breve cenno del contenuto e comprende i lavori italiani e i principali lavori stranieri relativi alla storia del diritto, pubblicati negli anni precedenti.

[340.1 Rechtsphilosophie

635. **Archiv für Rechts- und Wirtschaftsphilosophie** mit besonderer Berücksichtigung der Gesetzgebungsfragen. Herausgegeben von Leopold Wenger, Wilhelm Sauer, Goetz Briefs. Berlin-Grunewald, W. Rothschild. 24 cm.

Seit 1907. Vierteljährlich. Enthält einen Rezensionenteil und seit 1927 ein reichhaltiges systematisches Verzeichnis von Zeitschriftenaufsätzen von Friedrich Darmstaedter.

635 a. **Rivista internazionale di filosofia del diritto.** Direttore: Giorgio Del Vecchio. Roma, via Appennini 52. 25 cm.

Dal 1921. Bimestrale. Si occupa di filosofia del diritto e contiene notizie bibliografiche delle principali opere italiane e straniere.

[340.6 Gerichtliche Medizin

636. **Deutsche Zeitschrift für die gesamte gerichtliche Medizin.** Fortsetzung der Vierteljahrsschrift für gerichtliche Medizin und öffentliches Sanitätswesen. Organ der Deutschen Gesellschaft für Gerichtliche und Soziale Medizin. Berlin, J. Springer. 24 cm.

Seit 1922. Zwanglos in Bänden zu 6 Heften. Jeder Band in 2 Abteilungen, die für sich paginiert sind und besondere Titelblätter haben: „Originalien" und „Referate". Der Referatenteil ist redigiert von P. Fraenckel und O. Sprinz und bringt das Material an in- und ausländischen Büchern und Zeitschriftenaufsätzen in 16 Fachgruppen.

637. †**Archivio di antropologia criminale, psichiatria e medicina legale.** Organo ufficiale della Associazione italiana di medicina legale e del Seminario di antropologia criminale e diritto penale presso l'Università di Torino. Torino, Bocca, via Carlo Alberto 3. 25 cm.

Seit 1880. Zweimonatig. Enthält in jedem Heft Buchbesprechungen, Auszüge aus neuen Zeitschriftenheften und Titellisten von Zeitschriftenaufsätzen über Einzelgebiete (z. B. Psicopatologia forense; Deontologia; Traumatologia forense; Tossicologia forense), die jährlich oder seltener wiederkehren. International.

638. **Czasopismo sądowo-lekarskie.** (Revue de médicine judiciaire.) Revue consacrée à la médicine, la psychiatrie judiciaire et à la criminologie. Éd. de la Société médicale d'éditions. Rédacteur: Wiktor Grzywo-Dąbrowski. Warszawa, Mokotowska 49. 25 cm.

Depuis 1928. Revue trimestrielle. Donne la bibliographie-titres des travaux polonais concernant la criminologie et la médicine judiciaire, publiés dans les revues médicales polonaises, par Wiktor Gryzwo-Dąbrowski. Classement systématique. La bibliographie paraît une fois par an et fournit des renseignements sur l'année précédente.

[341 Internationales Recht

639. **The American journal of international law.** Published by The American Society of International Law. George A. Finch, managing editor. Washington, D. C., 2 Jackson Place. 26,5 cm.

Since 1907. Quarterly. Contains signed book reviews (in every issue) and a "review of current periodicals" by Charles G. Fenwick (twice a year).

640. †**The British year book of international law.** Affiliated to the Royal Institute of International Affairs. Editors: A. Pearce Higgins, J. L. Brierly. London, Humphrey Milford. 24,5 cm.

Seit 1920. Jährlich. Enthält am Schluß außer Rezensionen eine ausführliche Titelbibliographie von Büchern, Aufsätzen und amtlichen Dokumenten zum internationalen Recht.

641. †Vereeniging voor de Uitgave van Grotius. **Grotiana.** 's-Gravenhage, Drukkerij „Humanitas". 22,5 cm.

Seit 1928. Jährlich. Enthält außer Artikeln „Vervolglijst aansluitende bij Ter Meulen, Concise Bibliography" in 2 Abteilungen: 1. Uitgaven van Grotius' werken, 2. Geschriften over Grotius' leven en over zijn werken.

642. †**Grotius.** Annuaire international. La Haye, M. Nijhoff. 20,5 cm.

Seit 1913. Jährlich. Enthält eine systematische Titelliste «Bibliographie des publications parues aux Pays-Bas sur le droit international et les matières connexes». 1930 erschien die Bibliographie für 1929.

643. **Annuaire de la vie internationale.** Politique, économique, juridique. Paris, Les Éditions internationales, 4 bis rue des Écoles. 25 cm.

1ère année: 1929 (concernant l'année 1927). 1928 paru en 1930. «Ouvrages intéressant le droit international» (classés par pays). «Publications officielles». «Articles des revues». «Journaux quotidiens». Tables des noms, des matières. Index des revues.

644. **Journal du droit international.** Directeur: André-Prudhomme. Paris, Godde, 25—27 place Dauphine. 22,5 cm.

1ère année: 1874. Parait tous les 2 mois. «Revue des revues» françaises et étrangères, et «Bibliographie»: notices analytiques d'ouvrages français et étrangers. Tables chronologique et analytique annuelles. Des tables générales ont paru pour les années 1874—1904 et pour les années 1905—1925.

645. †**Revue de droit international.** Paris, Éditions Internationales, 4 bis rue des Écoles. 25 cm.

Seit 1927. Vierteljährlich. Enthält in jedem Heft in dem Abschnitt «À travers les revues» Besprechungen, Inhaltsangaben oder bloße Titel neuer Zeitschriftenaufsätze aus aller Welt von Benjamin Akzin.

646. †**Revue de droit international et de législation comparée.** Publiée sous la direction de Charles de Visscher. Bruxelles, van Campenhout, 22 rue des Paroissiens; La Haye, Belinfante; Paris, A. Pedone. 25 cm.

Seit 1869. Vierteljährlich. Enthält Auszüge aus französischen, deutschen und englischen Zeitschriften und einen internationalen Rezensionenteil.

647. †Istituto di studi legislativi. **Annuario di diritto comparato e di studi legislativi.** A cura di Salvatore Galgano. Roma, Istituto di studi legislativi, Palazzo di Giustizia. 27 cm.

Seit 1927. Erscheint unregelmäßig. Enthält jährlich Titel-Bibliographien von Neuerscheinungen auf dem Gebiete der Rechtswissenschaft der einzelnen Staaten, jeweils von einem Fachmann des betreffenden Landes in systematischer Anordnung zusammengestellt. Band 6, 1930 enthält vorwiegend Literatur aus dem Jahre 1929.

648. **Bulletin de l'Institut intermédiaire international.** Office permanent de documentation juridique internationale. Directeur: C. L. Torley Duwel. Harlem, Tjeenk Willink; La Haye, Nijhoff. 25 cm.

Seit 1919. Vierteljährlich. Enthält in jedem Heft eine «Bibliographie de droit international et de matières connexes», eingeteilt in 1. Documents officiels (alphabetisch nach den Ländern); 2. Ouvrages; 3. Articles de revues (2 und 3 alphabetisch nach den Verfassernamen). Keine Erläuterungen zu den Titeln.

— siehe auch: Nr. 1711.

[341.5 Internationales Privatrecht

649. Institut für ausländisches und internationales Privatrecht. **Zeitschrift für ausländisches und internationales Privatrecht.** Herausgegeben von Ernst Rabel. Berlin W 10, W. de Gruyter. 27 cm.

Seit 1927. Zweimonatig. In jedem Heft bibliographische Länderberichte, die kritische Jahresübersichten über Rechtsprechung und Schrifttum der einzelnen Länder geben, z. B. von Haab für die Schweiz und von Esmein für Frankreich.

650. **Revue de droit international privé.** Directeur: A. de Lapradelle. Paris, Librairie du Recueil Sirey, 22 rue Soufflot. 25 cm.

1ère année: 1905. Trimestrielle. Comptes rendus d'ouvrages surtout français dans la «Bibliographie»; «Bibliographie générale du droit international privé et du droit pénal international» (1930 pour 1929—30; titres seulement).

[341.6 Internationale Gerichtsbarkeit

651. **La Paix par le droit.** Pour la Société des Nations. Organe de la Société française de la paix par le droit. Paris, 24 rue Pierre Curie. 24 cm.

1ère année: 1891. Mensuelle. «Bibliographie»: revue des livres et des périodiques français et étrangers.

652. †**Annual report of the Permanent Court of International Justice.** Leyden, A. W. Sijthoff. 23 cm.
Seit 1925. Jährlich. Enthält: "Bibliographical list of official and unofficial publications concerning the Permanent Court of International Justice" von J. Douma. Erscheint auch als Sonderabdruck und in französischer Ausgabe (siehe Nr. 653).

653. †**Rapport annuel de la Cour permanente de justice internationale.** Leyde, A. W. Sijthoff. 23,5 cm.
Seit 1925. Erscheint als Serie E von «Publications de la Cour permanente de justice internationale». Jährlich. Enthält jährlich die systematische Titelbibliographie «Liste bibliographique des publications officielles et non officielles relatives à la Cour permanente de justice internationale» von J. Douma. Erscheint auch als Sonderabdruck und in englischer Ausgabe (siehe Nr. 652).

[342 Öffentliches Recht

654. **Revue du droit public et de la science politique en France et à l'étranger.** Directeur: Gaston Jèze. Paris, Giard, 16 rue Soufflot. 25,5 cm.
1ère année: 1894. Trimestrielle. Ouvrages, thèses et articles sous les rubriques: a) «Bulletin bibliographique» (analytique); b) «Index bibliographique» par Watrin (sans analyses).

655. †**Studi senesi** nel Circolo giuridico della R. Università. Direttore: Pietro Rossi. Siena, Biblioteca del Circolo giuridico della R. Università. 24,5 cm.
Seit 1884. Jährlich 5 Hefte. Gibt in Abständen von mehreren Jahren einen kritischen Literaturbericht über öffentliches Recht von A. Rapisardi Mirabelli. Zuletzt 1930 für die Zeit von 1927–29.

656. **Gesetzgebung und Literatur.** Archiv in Monatsheften. Berlin-Wilhelmshagen, Wirtschaftsverlag A. Sudau. 23 cm.
Seit 1921. Monatlich. Enthält ein systematisches Titelverzeichnis von selbständigen Neuerscheinungen zur Gesetzgebung und Verwaltung. Ausländische Literatur fehlt. Außerdem einige Buchbesprechungen.

[343 Strafrecht

657. **Zeitschrift für die gesamte Strafrechtswissenschaft.** Herausgegeben von Ed. Kohlrausch und W. Gleispach. Berlin, W. de Gruyter. 23 cm.

Seit 1881. In Bänden zu 6 Heften. Jedes Heft bringt in dem Abschnitt „Literaturbericht" kritische Übersichten über Neuerscheinungen auf bestimmten Gebieten der Rechtswissenschaft von verschiedenen Berichterstattern, z. B. über Kriminalpolitik, Rechts- und Sozialphilosophie, Strafrecht: Allgemeiner Teil, Gerichtliche Psychiatrie und Kriminalpsychologie, Kriminalstatistik, Geistig-gewerblicher Rechtsschutz, Gefängniskunde.

658. **Tijdschrift voor strafrecht.** Leiden, E. J. Brill. 24,5 cm.
Seit 1886. Vierteljährlich. Enthält: „Strafrechtelijke bibliographie" von G. A. Evers. Verzeichnet Bücher und Zeitschriftenartikel, nach dem in- und ausländischen Material getrennt. Die Bibliographie für 1929 erschien 1930.

659. ***Literatur-Rundschau für Mitarbeiter in der Straffälligenfürsorge.** Herausgegeben vom Fünften Wohlfahrtsverband. Schriftleitung: Ernst Ranft. Dresden-N. 6, Unterer Kreuzweg 3. 23 cm.
Seit November 1929. Monatlich. Systematische Bibliographie von Neuerscheinungen zur Straffälligenfürsorge mit kurzen Besprechungen.

[347 Privatrecht

660. ***Jahrbuch des deutschen Rechtes.** Herausgeber: Franz Schlegelberger, Leo Sternberg. Berlin, F. Vahlen. 25 cm.
Seit 1904. Jährlich. Ausführliche Berichte über die im Berichtsjahr veröffentlichte deutsche Literatur und Rechtsprechung zu dem deutschen bürgerlichen Recht nebst Gerichtsverfassung, freiwilliger Gerichtsbarkeit und Reichsverfassung. Nach den einzelnen Gesetzen geordnet. 1931 erschien der Bericht über das Jahr 1930.

661. **Soergels Rechtsprechung.** Jahrbuch des Zivilrechts. Herausgegeben von Hs. Th. Soergel. Stuttgart, W. Kohlhammer. 20,5 cm.
Seit 1902 (für 1900/01). Jährlich. Enthält sämtliche Entscheidungen und Zeitschriftenaufsätze des Vorjahres zum deutschen Zivilrecht. Berichtsjahr 1929 in zwei Bänden; der erste behandelt die Hauptgebiete (Bürgerliches Gesetzbuch, Zivilprozeßordnung, Handelsgesetzbuch), der zweite die Spezialgebiete des Mietrechts, Aufwertungsrechts und Arbeitsrechts. 1931 erschien der Jahrgang 1930 in einem Bande.

662. **Warneyers Jahrbuch der Entscheidungen auf dem Gebiete des Zivil-, Handels- und Prozeßrechts** einschließlich der dieses

Gebiet betreffenden steuerrechtlichen Entscheidungen, verbunden mit einem Jahrbuch des Aufwertungsrechts. Herausgegeben von Otto Warneyer und Fritz Koppe. Berlin, Wien, Industrieverlag Spaeth & Linde. 23 cm.

Seit 1903 (für 1900—02). Jährlich. Systematische Anordnung nach Gesetzen. Enthält Rechtsprechung und Literatur. Zuletzt 1931 für die Zeit von Herbst 1929 bis Herbst 1930.

663. **Revue trimestrielle de droit civil.** Comité de direction: Albert Wahl, Henri Capitant, Étienne Bartin, René Demogue. Paris, Librairie du Recueil Sirey, 22 rue Soufflot. 23,5 cm.

1ère année: 1902. Trimestrielle. «Bibliographie des ouvrages sur le droit civil», comptes rendus et notices non analytiques des ouvrages et des périodiques parus: I. en France (par René Demogue), II. dans les pays étrangers.

[347.7 Handels- und Seerecht

664. ***Jahrbuch des Treuhandrechts.** Herausgegeben von Johannes Hein. Berlin, G. Stilke. 21,5 cm.

Soll jährlich erscheinen. Jg. 1 für 1929 erschien 1930. Ausführliche Auszüge aus Schrifttum und Rechtsprechung zum deutschen Treuhandrecht in systematischer Anordnung mit Autoren- und Sachregister.

665. **Revue de droit maritime comparé.** Dirigée par Léopold Dor. Paris, Librairie générale de droit et de jurisprudence, 20 rue Soufflot. 25,5 cm.

1ère année: 1923. Parait 2 fois par an. «Bibliographie»: analyses d'ouvrages et de périodiques français et étrangers. Arrangement par pays.

[347.81 Luftrecht

666. **Air law review.** Alison Reppy, editor. Brattleboro, Vermont, Board of air law review of New York University, School of law, 73 Main Street. 25,5 cm.

Since January 1930. Quarterly. Contains a section on current legal literature, books and periodicals. International in scope and interest.

[347.9 Zivilprozeß

667. **†Rivista di diritto processuale civile.** Direttori: G. Chiovenda, F. Carnelutti. Padova, Cedam (Casa editrice Dott. Antonio Milani). 25,5 cm.

Seit 1924. Vierteljährlich. Enthält in jedem Heft in systematischer Anordnung Besprechungen und Titelanführungen selbständiger Neuerscheinungen. International.

668. **Przegląd notarjalny.** Kwartalnik poświęcony sprawom notarjatu i hipoteki. (Revue notariale. Revue trimestrielle consacrée aux questions du notariat et des hypothèques publiée par les Chambres notariales de la Petite Pologne.) Rédacteur en chef: Stanisław Stein. Kraków, Poselska 20. 22,5 cm.

Depuis 1922. Trimestriel. Analyse les ouvrages et articles de revues concernant le droit civil et pénal, politique et administratif, commercial etc. Donne dans chaque numéro le sommaire des revues juridiques polonaises.

[348 Kirchenrecht

669. **Archiv für katholisches Kirchenrecht.** Mit besonderer Rücksicht auf die Länder deutscher Zunge. Herausgegeben von Nikolaus Hilling. Mainz, Kirchheim. 24 cm.

Seit 1857. Vierteljährlich, aber meist in Doppelheften. Jedes Heft enthält einen umfangreichen Rezensionenteil und ein internationales systematisches Literaturverzeichnis von Neuerscheinungen, zusammengestellt von N. Hilling.

[35 Öffentliche Verwaltung

670. **Beamten-Jahrbuch.** Wissenschaftliche Monatsschrift für das deutsche Berufsbeamtentum. Herausgeber: Fritz Winters und Walter Pietsch. Berlin W 10, Verlagsanstalt des Deutschen Beamtenbundes, Hohenzollernstraße 20. 21 cm.

Seit 1914. Monatlich. Mit laufender Bibliographie der Beamtenwissenschaft und Verwaltungstechnik, bearbeitet unter Leitung von Paul Münster; zuletzt 1929 für die Zeit von April 1927 bis Ende 1928 erschienen.

671. **†*Magyar kormányzati bibliographia.** (Bibliographie der ungarischen Verwaltung.) Szerkesztette: Krisztics Sándor. Budapest, Pfeifer F. 23 cm.

Seit 1926 (für 1924). Jährlich. Erscheint in der Serie „Magyar sociographiai intézet kiadványai" (Veröffentlichungen des Ungarischen Soziologischen Instituts). Systematisch nach dem Brüsseler Dezimalsystem geordnete Titelbibliographie der ungarischen Verwaltung auf Grund der Bücher, Aufsätze, Gesetze, Verordnungen und Entscheidungen. Zuletzt 1927 für das Jahr 1925 erschienen. In derselben Serie erscheint auch eine Ausgabe dieser Bibliographie mit englischem Titel: „Bibliography of the Hungarian administration".

672. **The Municipal index.** A yearbook for city, town and county officials, state highway engineers, and all others interested in public improvement activities. Harold S. Buttenheim, editor. New York City, American city magazine corporation, 443 Fourth Avenue. 25,5 cm.

Since 1924. Annual. Contains lists and bibliographies on a wide variety of municipal and civic subjects. American publications only.

673. **Municipal reference library notes.** Rebecca B. Rankin, librarian. New York City, New York Public Library, Municipal Reference Library, Room 2240, Municipal Building. 23 cm.

Since 1914. Weekly, except during July and August. Contains "Monthly list of New York city publications" and "Current civic literature" (American only), classified by subjects.

674. **Behördenjahrbuch. Deutscher Kommunal-Kalender.** Termin-Kalender und Handbuch für Verwaltungsbehörden. Herausgegeben von Alfred Finke und Erwin Stein. Berlin-Friedenau, Deutscher Kommunal-Verlag, Hertelstraße 5. 27,5 cm.

Seit 1920. Jährlich. Mit zwei bibliographischen Listen: 1. „Literatur über ausländisches Kommunalwesen" von Otto Waldschütz (1931 für die Zeit von Oktober 1929 bis September 1930); 2. „Übersicht über die wichtigste kommunalpolitische und kommunalwirtschaftliche Literatur" von Max Arendt (meist deutsche Literatur, 1931 für das Jahr 1930). In beiden Listen werden die bloßen Titel gegeben (ohne Erläuterungen).

675. **Zeitschrift für Kommunalwirtschaft.** Halbmonats-Hefte für das gesamte Verwaltungswesen, die sozialen und wirtschaftlichen Aufgaben der Städte und höherer Kommunalverbände unter besonderer Berücksichtigung kommunaler Technik. Amtliches Organ des Vereins für Kommunalwirtschaft und Kommunalpolitik e. V. Chefredakteur: Erwin Stein. Berlin-Friedenau, Deutscher Kommunal-Verlag, Hertelstraße 5. 29,5 cm.

Seit 1911. Halbmonatlich. Enthält alle zwei Monate eine „Zeitschriftenschau" bearbeitet von Kaeber. Alphabetische Titelbibliographie. Nur deutsche Titel.

676. ***Tablettes documentaires municipales.** Union internationale des villes et pouvoirs locaux. Bruxelles, 3 bis rue de la Régence. 26 cm.

Depuis 1920. Mensuel. Publie dans l'ordre de la classification décimale une bibliographie internationale et annotée d'ouvrages et d'articles d'intérêt municipal. Cette revue paraît brochée à la suite de: «L'Administration locale.» Traduction flamande sous le titre «Gemeentelijk Documentatie»; traduction allemande sous le titre „Kommunale Arbeit aller Länder".

677. **Samorząd terytorjalny.** Kwartalnik poświęcony teorji i życiu samorządu terytorjalnego. (L'Administration locale et régionale. Revue trimestrielle consacrée à la doctrine et la vie de l'administration locale et régionale.) Édition du Bureau des Congrès des conseils d'arrondissements. Rédacteur en chef: M. Jaroszyński. Warszawa, Plac Napoleona 7. 24 cm.

Depuis 1929. Trimestriel. Donne la bibliographie courante des livres et articles polonais aussi bien qu'étrangers sur l'administration locale et régionale. Ordre alphabétique par pays.

678. **Latvijas pilsētu savienības rakstu krājums.** (Schriften der Städtevereinigung Lettlands.) Rīgā, L. Kēniņu ielā Nr. 5. 22 cm.

Seit 1930. Jährlich. Enthält eine von Paulīna Dzērve zusammengestellte Titelbibliographie der in Lettland erschienenen Bücher, Zeitungs- und Zeitschriftenaufsätze über das Kommunalwesen; 1930 für die Jahre 1927 und 1928; systematische Anordnung.

679. **Városi szemle.** (Revue municipale. Contributions relatives à l'administration municipale et à la statistique.) Szerkesztik: Lamotte Károly, Illyefalvi I. Lajos. Budapest, Bureau communal de statistique. 25,5 cm.

Depuis 1908. Publication bimensuelle. Donne deux bibliographies courantes: 1. Városügyi bibliográfia. Bibliographie-titres classée méthodiquement des ouvrages concernant les affaires municipales de la Hongrie et de l'étranger. 2. Budapest irodalma. Bibliographie systématique d'ouvrages, d'articles de revues et de journaux relatifs à Budapest.

[355 Heerwesen

680. **v. Löbells Jahresberichte über das gesamte Heer- und Kriegswesen.** Herausgegeben von v. Oertzen. Berlin, E. S. Mittler. 23,5 cm.

Seit 1874. Jährlich. Für die Kriegszeit und einige Nachkriegsjahre nicht erschienen. Enthält am Schluß ein Verzeichnis des militärischen Schrifttums, zum Teil mit kritischen Würdigungen; zuletzt 1929.

681. **Militärwissenschaftliche Mitteilungen.** Herausgegeben vom Österreichischen Bundesministerium für Heerwesen. Wien I, Bundesministerium für Heerwesen, Stubenring 1. 23 cm.

Seit 1869. Alle zwei Monate. Enthält Buchbesprechungen militärwissenschaftlicher Literatur.

682. **†De militaire Spectator.** Tijdschrift voor de weermacht van Nederland en Indië. Onder hoofdredactie van J. H. Carstens. 's-Gravenhage, De Swart, Oude Molstraat 7. 24,5 cm.
Seit 1833. Monatlich. Mit systematischer Bibliographie ausländischer militärwissenschaftlicher Zeitschriftenaufsätze in jedem Heft.

683. **Ny militär tidskrift.** Utgivare: K. G. Berggren. Stockholm, Narvavägen 30. 26 cm.
Seit 1927. 24 Nummern jährlich. Enthält ab 1930 in jedem Heft: „Översikt över vissa tidningsartiklar av militärt intresse" (kurzgefaßte Referate schwedischer Zeitschriftenaufsätze).

684. **Revue militaire française.** Fusion du Journal des sciences militaires, de la Revue militaire des armées étrangères, et de la Revue d'histoire. Publiée avec le concours de l'État-major de l'armée. Paris, Berger-Levrault, 5 rue Auguste Comte. 22,5 cm.
1ère année: 1831. Mensuelle. «Livres et revues» (dans chaque numéro): Bulletin bibliographique donnant des comptes rendus d'ouvrages et d'articles et le sommaire des revues militaires françaises et de quelques revues étrangères.

685. **Rivista militare italiana.** Direttore: Ettore Scala. Roma, Carlo Voghera. 24 cm.
Dal 1856. Mensile. Tutti i fascicoli dedicano una parte notevole alle «Recensioni» divise in recensioni di libri e recensioni di articoli e agli «Indice e sommari di riviste» (spoglio di titoli). Inoltre quasi ogni numero contiene anche la rubrica «Libri e riviste», in cui vien dato il titolo dei più recenti lavori. Tutte queste rubriche si riferiscono a pubblicazioni italiane e straniere relative all' arte militare, alla storia, geografia, colonie e materie affini.

686. **Kniga i oborona SSSR.** Žurnal voennoj kritiki i bibliografii. (Das Buch und die Landesverteidigung der Union der Soz. Sowjetrepubliken. Zeitschrift für Militärkritik und Bibliographie.) Moskva, Gosudarstvennoe voennoe izdatel'stvo. 25 cm.
Seit 1930. Monatlich.

687. **Voenen žurnal.** (Zeitschrift für Militärwesen.) Sofija. 8°.
Seit 1904 (?). Monatlich. Enthält eine vierteljährliche Beilage mit dem Titel: „Pregled na voennija pečat" (Übersicht über die Kriegspresse) und eine zweite bibliographische Beilage mit dem Titel: „Pregled

na čuždestranija voenen pečat“ (Übersicht über die ausländische Kriegspresse).

688. †**Ratnik.** (Der Krieger.) Mesečni vojni list. Izdaje Ministarstvo vojske i mornarice. Ured'uje odbor u glavnom d'eneralštabu. Urednik: Milojko B. Janković. Beograd, Štamparska radionica ministarstva vojske i mornarice. 24 cm.

Seit 1885. Erscheint monatlich und bringt Übersichten über den Inhalt militärwissenschaftlicher Zeitschriften, nach Ländern geordnet.

689. **Bellona.** Dwumiesięcznik wojskowy wydawany przez Wojskowy Instytut naukowo-wydawniczy. (Revue bimestrielle publiée par l'Institut scientifique militaire.) Rédacteur en chef: E. Quirini. Warszawa, Librairie militaire, Nowy Świat 69. 24,5 cm.

Depuis 1918. Donne séparément en annexe une bibliographie-titres courante des publications concernant les questions militaires. Ordre systématique. Dépouillement des périodiques militaires polonais.

690. **Przegląd historyczno-wojskowy** wydawany przez Wojskowe Biuro Historyczne. (Revue d'histoire militaire publiée par le Bureau historique militaire.) Rédacteur en chef: O. Laskowski. Warszawa, Librairie militaire, Nowy Świat 69. 24,5 cm.

Depuis 1929. Paraît irrégulièrement. Donne une bibliographie-titres en ordre systématique des publications sur l'histoire militaire polonaise et étrangère. En 1929 a publiée la bibliographie de l'histoire militaire polonaise de 1912—1928 et celle de l'histoire militaire étrangère de 1927—1928. En 1930 parut la bibliographie de l'année 1929.

691. **Przegląd wojskowy.** Kwartalnik poświęcony wojskowej myśli obcej. (Revue militaire. Revue trimestrielle consacrée aux sciences militaires étrangères.) Publiée par l'Institut scientifique militaire, département II, l'État-major général et la Société des sciences militaires. Warszawa, Librairie militaire, Nowy Świat 69. 25,5 cm.

Depuis 1924. Trimestriel. Donne une bibliographie courante critique des articles de plus de 50 périodiques étrangers.

692. **Vojenské rozhledy.** Revue militaire tchécoslovaque. Vydáva Vědecký ústav vojensky. Praha II, Ostrovní 26. 27 cm.

Depuis 1920. Mensuelle. Bibliographie analytique des articles de périodiques, tchèques et étrangers. Comptes rendus.

693. †**Militāru rakstu krājums.** (Sammlung militärischer Abhandlungen.) Rīga, Armijas komandiera štaba izdevums. 23,5 cm.

Seit 1924. Vierteljährlich. Bringt in jedem Heft kurze Inhaltsübersichten der wichtigsten ausländischen militärwissenschaftlichen Zeitschriften.

694. †**Magyar katonai szemle.** (Ungarische Zeitschrift für Heerwesen.) Budapest IX, A m. kir. hadtörténelmi Levéltár, Üllői-ut 49. 24 cm.
Seit 1931. Monatlich. Enthält Rezensionen und Zeitschriftenschau; international.

695. **A m. kir. Honvéd gyalogsági lövőiskola közleményei.** (Bulletin de l'École r. hong. des tireurs d'infanterie de la défense nationale.) Budapest. 24 cm.
Depuis 1930. Revue mensuelle. Donne sous le titre de «Lapszemle» une bibliographie analytique des articles des revues hongroises et étrangères.

— siehe auch: Nr. 901. 1107. 1392. 1393.

[358.1 Artillerie

696. **Artilleri-tidskrift.** Utgiven av A. Lagerfelt, Hj. Thorén och Henning Schmiterlöw. Stockholm, Artillerigården. 21,5 cm.
Seit 1872. 6 Hefte jährlich. Enthält seit 1925 eine halbjährliche, systematisch geordnete, internationale Titelbibliographie der einschlägigen Zeitschriftenliteratur.

697. **Revue d'artillerie.** Paris, Berger-Levrault, 5 rue des Beaux Arts. 23 cm.
1ère année: 1873. Paraît le 15 de chaque mois. Comptes rendus critiques dans la «Bibliographie: Bulletin des livres et des articles de revues». Publications françaises et étrangères.

698. †**Rivista di artiglieria e genio.** Romá, via Astalli 15. 24,5 cm.
Seit 1884. Monatlich. Enthält in jedem Heft in dem Abschnitt „Rivista di libri e di periodici" eine Bibliographie neuer Bücher und Zeitschriftenaufsätze aller Länder, zum Teil mit Besprechungen.

[358.4 Luftwaffe

699. *War Office. Air Survey Committee. **Bibliography.** London, His Majesty's Stationery Office. 24,5 cm.
Since 1923. Irregular. List of titles arranged chronologically. The first list was issued with the first report of the Air Survey Committee, 1923, and additional bibliographies are issued at intervals.

— siehe auch: Nr. 666.

[359 Kriegsmarine

700. **Marine-Rundschau.** Monatsschrift für Seewesen. Berlin, E. S. Mittler. 25 cm.

Seit 1890. Monatlich. Enthält in jedem Heft eine Übersicht über den Inhalt neuer in- und ausländischer Zeitschriftenhefte in systematischer Anordnung.

701. **Tidskrift i sjöväsendet.** Utg. av Kungl. örlogsmannasällskapet i Karlskrona. Karlskrona, J. A. Krook. 22 cm.

Seit 1836. Monatlich. Enthält seit 1884: „Innehåll i atskilliga maritima och krigsvetenskapliga tidskrifter. Utdrag ur i Marinstaben upprättad litteraturförteckning", kurzgefaßte Referate in- und ausländischer Zeitschriftenartikel. Systematische Gruppierung.

— siehe auch: Nr. 1394. 1493.

[36 Soziale Fürsorge

702. **Archiv für soziale Hygiene und Demographie,** zugleich Fortsetzung des Bibliographischen Jahresberichts über soziale Hygiene, Demographie und Medizinalstatistik sowie alle Zweige des sozialen Versicherungswesens. Herausgegeben von der Arbeitsgemeinschaft Sozialhygienischer Reichsfachverbände und dem Reichsausschuß für Hygienische Volksbelehrung. Berlin-Charlottenburg 5, Selbstverlag der Arbeitsgemeinschaft, Frankstraße 3. 28,5 cm.

Seit 1925. Erscheint zwanglos, 6 Hefte bilden einen Band. Jedes Heft enthält Besprechungen und Referate aus den Gebieten Demographie, Eugenik, Öffentliche Gesundheitspflege, Sozialhygiene und Sozialpolitik. International.

703. ***Bibliographie der Wohlfahrtspflege.** Herausgegeben vom Archiv für Wohlfahrtspflege. Bearbeitet von Sofie Götze. Berlin, C. Heymann. 21,5 cm.

Seit 1928. Systematisch geordnete Bibliographie deutscher Bücher und Zeitschriftenaufsätze. Bisher nur ein Band, der die Literatur des Jahres 1927 behandelt.

704. **Blätter für das Wohlfahrtswesen.** Herausgegeben von der Gemeinde Wien. Wien, Gemeinde Wien. 31 cm.

Seit 1901. Zweimonatig. Bücherbesprechungen und Zeitschriftenschau für die Neuerscheinungen auf dem Gebiete der sozialen Fürsorge.

705. **Deutsche Zeitschrift für Wohlfahrtspflege.** Vereinigt mit „Die Fürsorge". Herausgegeben von S. Wronsky, Fr. Ruppert, Memelsdorff. Berlin, C. Heymann. 24 cm.

Seit 1925. Monatlich. Enthält eine monatliche systematische Bibliographie deutscher Zeitschriftenaufsätze von Sofie Götze.

706. **Jahrbuch der Caritaswissenschaft.** Herausgegeben von Franz Keller. Freiburg i. Br., Institut für Caritaswissenschaft an der Universität. 21 cm.

Seit 1927. Jährlich. Enthält eine systematische Titelbibliographie deutscher im Berichtsjahr erschienener Bücher auf dem Gebiete der sozialen Fürsorge und Wohlfahrtspflege von Josef Mayer. 1930 erschien die Bibliographie für 1929.

707. **Jahrbuch des Reichsversicherungs-, Reichsversorgungs- und Fürsorgerechts.** Herausgegeben von Hs. Th. Soergel. Stuttgart, W. Kohlhammer. 20,5 cm.

Seit 1912. Jährlich. Enthaltend Rechtsprechung und Zeitschriftenaufsätze. Systematisch nach Gesetzen geordnet. Berücksichtigt auch die selbständig erschienenen Schriften. 1931 erschien das Jahrbuch für 1930.

— siehe auch: Nr. 404.

[362.1 Krankenfürsorge

708. **Nosokomeion.** Quarterly hospital review. Revue trimestrielle des hôpitaux. Vierteljahrsschrift für das Krankenhauswesen. Stuttgart, W. Kohlhammer. 23,5 cm.

Seit 1930. Vierteljährlich. Enthält seit 1931 eine internationale systematische Titelbibliographie von Christian Reimann und Ernst Wöller: „Literaturübersicht über das Krankenhauswesen".

709. **Zeitschrift für das gesamte Krankenhauswesen.** Organ des Gutachterausschusses für das öffentliche Krankenhauswesen, der Vereinigung der leitenden Verwaltungsbeamten von Krankenanstalten und des Reichsverbandes der privaten gemeinnützigen Kranken- und Pflegeanstalten Deutschlands. Berlin und Wien, J. Springer. 30 cm.

Seit 1905. Vierzehntägig. Enthält systematisch geordnete Referate über neue in- und ausländische Zeitschriftenaufsätze sowie Buchbesprechungen.

710. **Revue internationale de la Croix-rouge.** Bulletin international des sociétés de la Croix-rouge. Genève, Comité international de la Croix-rouge. 23 cm.

Depuis 1919. Mensuelle. Donne des comptes rendus d'ouvrages sur des sujets en rapport avec l'activité des sociétés de la Croix-rouge, et dans une rubrique «À travers les revues» elle analyse brièvement les articles sur les mêmes sujets parus dans les principales revues médicales, sanitaires, sociales etc. des principaux pays d'Europe et d'Amérique.

[362.7 Jugendwohlfahrt

711. **International handbook of child care and protection.** Being a record of State and voluntary effort for the welfare of the child. Compiled, from official sources, by Edward Fuller. London, W. C. 1, Longmans, Green & Co. 18,5 cm.
Since 1924. Irregularly. Bibliographical section of books and periodicals. The 1928 volume contains bibliography of works published 1925–1927.

712. ***Jahrbuch des Jugendrechts.** Herausgegeben von Heinrich Webler. Berlin W 8, C. Heymann. 22 cm.
Seit 1930. Soll jährlich erscheinen. Enthält Gesetzgebung, Rechtsprechung und Literatur des deutschen Jugendrechts in systematischer Verarbeitung. 1930 erschien als erster Band ein Doppeljahrgang für 1928 und 1929.

713. **†Revue internationale de l'enfant.** Genève, Union internationale de secours aux enfants, 31 quai du Mont-Blanc. 24 cm.
Seit 1926. Monatlich. In jedem Heft findet sich ein internationaler Referatenteil über Bücher und Aufsätze zum Kinderschutz.
— siehe auch: Nr. 725. 1209.

[368 Versicherungswesen

714. **†Assekuranz-Jahrbuch.** Herausgegeben von S. J. Lengyel. Wien und Leipzig, Compaßverlag. 21,5 cm.
Seit 1880. Jährlich. Enthält eine von S. Lengyel bearbeitete systematische Bibliographie der Privatversicherung. 1931 erschien die Bibliographie für 1930.

715. **Jahrbuch des Krankenversicherungsrechts.** Herausgegeben von Hs. Th. Soergel. Stuttgart, W. Kohlhammer. 20 cm.
Seit 1914. Jährlich. Rechtsprechung und Literatur zur Krankenversicherung (Arbeiter-, Angestellten- und Arbeitslosenversicherung). 1929 erschien der Jahrgang 1928.

716. **Nordisk försäkringstidskrift.** Utg. av Forsikringsforeningen i København, Försäkringsföreningen i Finland, Den norske forsikringsforening, Svenska försäkringsföreningen och Försäkringssällskapet i Göteborg. Ansvarig utgivare: Paul Bergholm. Stockholm, Box 7043. 23,5 cm.

Seit 1921. Vierteljährlich. Enthält seit 1928, Nr. 2, in jedem Heft eine systematisch geordnete, internationale Titelbibliographie versicherungswissenschaftlicher Literatur. Nur selbständig erschienene Publikationen.

717. **Skandinavisk Aktuarietidskrift.** Utg. av Den Danske Aktuarforening, Den Norske Aktuarforening, Svenska Aktuarieföreningen och Finlands Aktuarieförening. Redaktör: Reinhold Palmqvist. Stockholm 16, Redaktör. 23,5 cm.

Seit 1918. Vierteljährlich. Enthält seit 1921: „Översikt av utländska aktuarietidskrifter" (abwechselnd in dänischer, norwegischer und schwedischer Sprache), kurze Referate über nichtskandinavische Zeitschriftenartikel versicherungswissenschaftlichen Inhalts.

— siehe auch: Nr. 584. 585. 707. 1183.

[37 Erziehung und Unterricht

718. ***Bibliography of research studies in education.** Prepared in the Library division, Office of education, by Edith A. Wright. Washington, United States Government Printing Office. 23 cm.

Since 1928. Annual. A classified and annotated list of research studies in eduacation with author and subject index, and an index of institutions. Issued as a number of "Office of Education Bulletin". 1927/28 and 1928/29 published in 1930.

719. ***The Education index.** A cumulative author and subject index to a selected list of educational periodicals, books, and pamphlets. L. Belle Voegelein, editor; Dorothy R. Carpenter, managing editor. New York City, The H. W. Wilson company, 950—972 University Avenue. 25,5 cm.

Since March 1929. Monthly, except during July and August, with quarterly and semi-annual cumulations. Indexes, by author and subject, leading periodicals, reports, bulletins and proceedings in the educational field and includes descriptive notes of professional books. Principally American publications. 137 periodicals are indexed (132 American, and 5 foreign). 1930 appeared the first annual cumulation including January 1929 to June 1930.

720. **The Journal of education.** A monthly record and review. With which are incorporated The School world and The educational times. London E. C. 2, 3 Ludgate Broadway. 28 cm.

Since 1879. Monthly. Issues a book supplement each month with reviews and notes of educational books.

721. **Journal of educational research.** Official organ of the Educational Research Association. Bloomington, Illinois, Public school publishing company. 23,5 cm.

Since 1920. Monthly (except July and August). Contains sections "Reviews", "Research abstracts and bibliographies".

722. *United States Department of the Interior. Office of Education. **Record of current educational publications.** Compiled by the Library Division, Office of Education. Washington, United States Government Printing Office. 24 cm.

Since 1912. Issued at irregular intervals as a number of the "Bulletin of the Office of Education, Department of the Interior". 1929 issued in 1930. A classified and annotated list.

723. †**School and society.** Edited by J. McKeen Castell. New York, The Science Press. 26 cm.

Seit 1915. Wöchentlich. Enthält eine jährliche Liste amerikanischer (auch einiger englischer) Bücher des Jahres über Pädagogik von Joseph L. Wheeler in systematischer Anordnung. Etwa 500 Titel. Januar 1931 erschien die Liste für das Jahr 1930.

724. **The Teachers' journal and abstract.** George Willard Frasier, editor; Earle U. Rugg, managing editor. Greeley, Colorado, Colorado State Teachers College. 25,5 cm.

Since 1926. The Abstracts are classified: I. Abstracts dealing with general problems of education; II. Abstracts dealing with teaching of the special subjects.

725. ***Die erziehungswissenschaftliche Forschung.** Pädagogische Gesamtbibliographie. Im Auftrage der Akademie gemeinnütziger Wissenschaften zu Erfurt herausgegeben von Arthur Hoffmann. Erfurt, K. Stenger. 23 cm.

Seit 1926. Erscheint in zwanglosen, selbständigen Heften. Vollständige pädagogische Titelbibliographie in folgenden halbjährlich oder jährlich berichtenden Abteilungen: 1. Allgemeines; enthält die deutschen Bücher und Zeitschriftenaufsätze (von Werner Diederich und Else Beilig), die deutschen Dissertationen (von Kurt Gassen) und die englischen Buchveröffentlichungen (von Hellmut Bock); 2. Berufserziehung (von Emmi Schultze); 3. Heilpädagogik (unter der Redaktion von Bruno Klopfer); 4. Jugendwohlfahrtspflege (unter der Redaktion von Käthe Mende).

726. **Jahrbuch der Erziehungswissenschaft und Jugendkunde.** Herausgegeben von Erich Stern. Berlin SW 19, Union. 23,5 cm.

Seit 1926. Jährlich. Mit einem vom Herausgeber zusammengestellten „Literaturbericht", der aus systematisch geordneten Rezensionen zur Pädagogik besteht. Der letzte Band ist 1928 erschienen.

727. **Der neue Weg.** Österreichische Monatshefte für pädagogische Forschung und Bildung. Wien I, Österreichischer Bundesverlag, Schwarzenbergstraße 5. 24 cm.
Seit 1924. Monatlich. Mit Rezensionen und seit 1928 mit der Vierteljahresbeilage: „Wegweiser durch das Jugendschrifttum". Schriftleiter: Aldobrand Roczek.

728. **Pädagogisches Jahrbuch.** Herausgegeben von der Wiener Pädagogischen Gesellschaft. Geleitet von Ernst Kunzfeld. Wien, Deutscher Verlag für Jugend und Volk. 22 cm.
Seit 1881. Jährlich. Enthält Buchbesprechungen aus den Gebieten Pädagogik, Unterrichtsbücher aller Wissensgebiete, Jugendschriften.

729. **Pädagogisches Zentralblatt.** Herausgegeben vom Zentralinstitut für Erziehung und Unterricht. Gesamtschriftleitung: Pallat. Langensalza, J. Beltz. 24 cm.
Seit 1919. Monatlich. Bringt am Schluß jedes Heftes eine „Pädagogische Rundschau" von Otto Bobertag, die in systematischer Anordnung Besprechungen über Neuerscheinungen bringt. International.

730. **Norsk pedagogisk årbok.** Trondhjem, Noregs pedagogiske landslag. 23 cm.
Fondation 1925. Annuel. Contient depuis 1927 une bibliographie primaire des ouvrages pédagogiques norvégiens. Arrangement systématique. La bibliographie de 1927 a paru en 1928.

731. **Bulletin du Ministère des sciences et des arts.** Dison (Belgique), Imprimerie disonaise. 24 cm.
Depuis 1907. Trimestriel. Publie en annexe la liste semestrielle des acquisitions de la Bibliothèque du Ministère des sciences et des arts qui constitue une véritable bibliographie de la pédagogie; les titres sont accompagnés des indices numériques de la Classification Décimale. La liste parait aussi à part (depuis 1924).

732. **Bulletin de la Société française de pédagogie.** Paris, au Siège social, Musée Pédagogique, 41 rue Gay Lussac. 22 cm.
Depuis 1922. Trimestriel. La «Bibliographie» renseigne sur les livres rentrant dans la spécialité de la revue (psychologie de l'enfant,

éduction, enseignement) — et aussi sur les établissements spécialisés de l'étranger.

733. **L'Enseignement public.** Revue pédagogique, publiée sous les auspices du Ministère de l'Instruction publique. Paris, Delagrave, 15 rue Soufflot. 22,5 cm.

1ère année: 1878. Mensuelle. «A travers les périodiques français, italiens, etc. . . .» (par A. Léaud) et «Les livres» passent en revue toute la littérature technique.

734. †***Anuario de bibliografía pedagógica.** Por Rufino Blanco y Sánchez. Madrid, El Magisterio español, Calle de Quevedo 7. 21 cm.

Seit 1920. Jährlich. Internationale Titelbibliographie. Verfassernamen und Stichworte in einem Alphabet. 1930 erschien die Bibliographie für 1929.

735. **Učebno-pedagogičeskaja kniga.** (Das Unterrichtsbuch.) Ežemesjačnyj bibliografičeskij žurnal. Moskva, Gosudarstvennoe učebno-pedagogičeskoe izdateľstvo. 25 cm.

Seit 1931. Monatlich.

736. **Ukraïnśkij Visnik eksperimentaľnoï pedagogiki ta refleksologiï.** (Ukrainischer Anzeiger der experimentellen Pädagogik und der Reflexologie.) Organ des ukrainischen Forschungsinstituts für Pädagogik. Charkiv, Deržavne Vidavnictvo Ukraïni. 25 cm.

Seit 1925. Vierteljährlich. Referate der Fachliteratur des Auslandes. Halbbibliographisch.

737. **Bŭlgarsko učilište.** (Die bulgarische Schule.) Herausgeber: T. D. Sindžirdev. Sofija, Kazanlŭška dolina. 24,5 cm.

Seit 1928. Monatlich. Enthält Buchbesprechungen und eine Titelbibliographie von Neuerscheinungen.

738. **Svobodno vŭzpitanie.** (Die freie Erziehung.) Spisanie za pedagogičeska kultura. Redaktor: Dimitŭr I. Kacarov. Sofija, St. Georgiev, ul. „Bačo Kiro" 15. 23,5 cm.

Seit 1921. Erscheint monatlich, außer im Juli und August. Enthält in jedem Heft Rezensionen der wichtigsten in- und ausländischen Fachliteratur und eine Zeitschriftenschau.

739. **Učilišten pregled.** (Rundschau für Schulwesen.) Izdava Ministerstvoto na narodnoto prosvěštenie. Sofija. 23 cm.

Seit 1896. Monatlich, außer Juli und August. Enthält in jedem Heft Rezensionen und eine Zeitschriftenschau.

740. **Minerwa polska.** Organ Komisji historycznej Naukowego Towarzystwa Pedagogicznego poświęcony historji szkolnictwa i wychowania w Polsce. (Minerve polonaise. Bulletin de la Commission historique de la Société des sciences pédagogiques consacrée à l'histoire de l'instruction et de l'éducation en Pologne.) Rédacteur: Stanisław Łempicki. Lwów, Książnica-Atlas. 23 cm.

Depuis 1927. Revue trimestrielle. Donne une bibliographie courante alphabétique de l'histoire de l'éducation et de l'instruction publique en Pologne, rédigée par A. Knot (publiée 1929 pour les années 1927 et 1928).

741. †**Muzeum.** (Das Museum.) Czasopismo, poświęcone sprawom wychowania i szkolnictwa. Organ Towarzystwa Nauczycieli szkoł średnich i wyższych. Redaktor: Piotr Zygmunt Dąbrowski. Lwów, ul. Lyczakowska 5. 23,5 cm.

Seit 1885. Zweimonatig. Mit Rezensionen von Büchern und Übersichten über den Inhalt polnischer und ausländischer pädagogischer Zeitschriften.

742. **Rocznik pedagogiczny.** (Annuaire pédagogique.) Rédacteur en chef: S. Dickstein. Varsovie, Książnica-Atlas, Nowy Świat 39. 24 cm.

Depuis 1881. Annuaire. Donne une bibliographie complète des travaux polonais de l'année précédente concernant la pédagogie, rédigée par Br. Kozłowska et M. Rychterówna. L'ordre alphabétique et systématique. En 1928 a été publiée la bibliographie pour les années 1924 et 1925.

743. **Chung-hua-chiao-yü-chien.** (The China education world.) Shanghai, Chung Hua Book co. 24,5 cm.

Since 1912. Monthly. Containing a periodical index to articles on education and lists of new publications. In Chinese.

— siehe auch: Nr. 382. 713. 1209.

[373 Mittelschulwesen

744. **Bayerische Blätter für das Gymnasial-Schulwesen.** Herausgegeben vom Verein Bayerischer Philologen, geleitet von Ernst Wüst. München und Berlin, Oldenbourg. 23 cm.

Seit 1865. Vierteljährlich. Am Schluß jedes Heftes findet sich eine Zeitschriftenschau und eine Bücherschau der für den Gymnasiallehrer wichtigen Literatur aus allen Wissensgebieten, die in 3 Abteilungen zerfällt: A) Einzelbesprechungen, B) Kurze Anzeigen, C) Sammelbesprechungen.

[374 Erwachsenenbildung

745. **Freie Volksbildung.** Zweimonatsschrift für die gesamte Erwachsenenbildung. Neue Folge des „Archivs für Erwachsenenbildung". Herausgeber: Fritz Laack und Eduard Weitsch. Frankfurt a. M., Neuer Frankfurter Verlag. 23 cm.

Seit 1926. Jährlich 6 Hefte. Enthält eine laufende Titelbibliographie deutscher Bücher und Aufsätze zur Erwachsenenbildung, zusammengestellt vom Archiv für Volksbildung in Berlin.

746. **Bulletin de l'Institut national d'orientation professionnelle.** Directeurs: J. Fontègne, H. Laugier, H. Piéron. Paris, Institut national d'orientation professionnelle, Musée pédagogique, 41 rue Gay Lussac. 25,5 cm.

1ère année: 1929. Mensuel. «A travers les revues» et «Bulletin bibliographique» donnent quelques dépouillements et analyses.

747. **Przegląd oświatowy.** Miesięcznik Towarzystwa Czytelń Ludowych. (Revue de l'instruction publique. Revue mensuelle de la Société des bibliothèques populaires.) Rédacteur en chef: A. Ludwiczak. Poznań, Ratajczaka 16. 23 cm.

Depuis 1906. Revue mensuelle. Donne une bibliographie-titres courante des publications polonaises concernant l'instruction publique. Dépouillement des périodiques concernant l'instruction publique.

[378 Hochschulwesen

748. †***Literaturblatt für deutsches Hochschul- und Studentenwesen.** Beilage zur Deutschen Hochschulwarte. Schriftleiter: O. F. Scheuer. Wien, Dapontegasse 12. 26,5 cm.

Seit 1920. Monatlich. Besprechungen neuer Literatur zum Hochschulwesen.

[38 Handel und Verkehr

749. **Vierteljahrshefte für Konjunkturforschung.** Herausgegeben vom Institut für Konjunkturforschung. Berlin, R. Hobbing. 29,5 cm.

Seit 1926. Vierteljährlich. Jedes Heft von Teil B enthält im Anhang ein internationales Titelverzeichnis von „Neuerscheinungen zur Konjunkturforschung", das sich auf Bücher und Aufsätze erstreckt.

750. †**De Indische Mercuur.** Weekblad voor handel, landbouw, nijverheid en mijnwezen in Nederlandsch Oost- en West-Indie. Amsterdam, J. H. de Bussy. 29 cm.

Seit 1874. Wöchentlich. Enthält in jeder Nummer eine internationale systematische Literaturzusammenstellung, die vom Kolonial-

Institut in Amsterdam, Abteilung Handelsmuseum, besorgt wird. Kurze Anmerkungen. Die Liste kann auch von Interessenten einzeln bezogen werden.

751. **Mededeelingen van het Nederlandsch Instituut van Doctorandi in de Handelswetenschap** en van den Amsterdamschen Kring van Economen. Vlaardingen, Dorsman & Odé. 24,5 cm.
Seit 1926. Ungefähr dreimonatig. Enthält ein Verzeichnis von „Verschenen boekwerken" auf dem Gebiet der Handelswissenschaften. Systematisch geordnet. Niederländische und fremdsprachige Bücher sind verzeichnet.

— siehe auch: Nr. 564. 573. 1494—1496. 1501. 1503.

[389.6 Normung

752. *U. S. Department of Commerce. **Standards yearbook,** compiled by the National Bureau of Standards. Washington, Government Printing Office. 23,5 cm.
Since 1927. Annual. Contains, since 1928, in each issue a "Bibliography on standardization" compiled by Anne L. Baden. Comprises references to the general literature (American and foreign publications). Published as number of "Bureau of Standards miscellaneous publications", the 1931 issue bearing the number 119.

753. **†Zprávy Československého Narodního Komitétu pro vědeckou organisaci** (Zprávy ČSKO). Mitteilungen des Čechoslovakischen National-Komitees für wissenschaftliche Organisation. Praha. 30 cm.
Seit 1928. 10mal im Jahr. Mit Bücherbesprechungen und der bibliographischen Beilage „Technický Index". Diese bringt Literaturauszüge, die ausgeschnitten und aufgeklebt werden können und mit den Nummern der Dezimalklassifikation versehen sind.

— siehe auch: Nr. 5. 1486.

[39 Volkskunde

754. **Jahrbuch für Volksliedforschung.** Im Auftrage des Deutschen Volksliedarchivs herausgegeben von John Meier. Berlin W 10, W. de Gruyter. 25 cm.
Seit 1928. Jährlich. Enthält eine Titelbibliographie der wichtigsten Volksliedliteratur auf Grund der bibliographischen Kartothek des Deutschen Volksliedarchivs von Erich Seemann. 1930 erschien die Bibliographie für 1928.

755. ***Volkskundliche Bibliographie.** Im Auftrage des Verbandes Deutscher Vereine für Volkskunde mit Unterstützung von

E. Hoffmann-Krayer herausgegeben von Paul Geiger. Berlin, W. de Gruyter. 23 cm.

Seit 1919 (für 1917). Jährlich (zuletzt in Doppeljahrgängen). Internationale, systematische Titelbibliographie der im Berichtsjahr erschienenen volkskundlichen Literatur. 1931 erschien die Bibliographie für 1925 und 1926.

756. **Zeitschrift für Volkskunde.** Im Auftrage des Verbandes Deutscher Vereine für Volkskunde herausgegeben von Fritz Boehm. Berlin, W. de Gruyter. 25,5 cm.

Seit 1891. Jährlich 3 Hefte. Reiches bibliographisches Material in den Rubriken „Bücheranzeigen" und „Notizen" jedes Heftes.

757. **Folkminnen och folktankar.** Huvudred.: H. Celander. Göteborg, H. Celander, St. Sigfridsgatan 42. 25 cm.

Seit 1914. Vierteljährlich. Enthält 1930: „Bibliografi över svensk folkminneslitteratur" von Sven Grén Broberg für 1925—1927. Die Literatur über materielle Volkskultur ist ausgeschlossen. Fortsetzung der Jahresbibliographien „Kulturhistorisk litteratur" in Rig, 1918 bis 1922, für die Periode 1917—1920/1921, und Olga Wetterberg, Bidrag till en bibliografi över svensk folkminneslitteratur utkommen under åren 1921—1924. Göteborg 1928 (= Folkloristiska studier och samlingar. 3).

758. **Lares.** Organo del Comitato nazionale per le tradizioni popolari. Direttore: Paolo Toschi. Firenze, Centro di alti studi (Ente fascista di cultura), Palagio di Parte Guelfa. 25 cm.

Dal 1930. Trimestrale. La «Bibliografia» contiene ampie recensioni di opere e di articoli recenti e una parte di essa è dedicata alla bibliografia sistematica del folklore nelle varie regioni italiane.

759. **†Laographia.** Deltion tes hellenikes laographikes hetaireias. (Volkskunde. Bulletin der Griechischen Gesellschaft für Volkskunde.) Herausgeber: Stilpon P. Kyriakidis, Saloniki. Saloniki, Kyriakidis. 24,5 cm.

Seit 1909. Unregelmäßig, etwa jährlich ein Doppelheft. Enthält Rezensionen und Bücherlisten zur allgemeinen Volkskunde.

760. **†Naukovij zbirnik Charkivśkoï naukovo-doslidnoï katedri istoriï ukraïnśkoï kul'turi imeni akad. D. I. Bagalija.** Annalen des wissenschaftlichen Forschungskatheders für ukrainische Kulturgeschichte in Charkiw. Charkiv, Deržavne Vidavnictvo Ukraïni. 25,5 cm.

Seit 1924. Unregelmäßig. Enthält eine jährliche Titelbibliographie der ukrainischen Literatur zur Volkskunde und Ethnologie von V. Daškevič in systematischer Anordnung. 1930 erschien die Bibliographie für das Jahr 1928.

761. **Izvěstija na Narodnija Etnografičeski Muzej v Sofija.** (Mitteilungen des Bulgarischen Ethnographischen Museums in Sofia.) Sofija. 26 cm.
Seit 1921. Dreimonatig. Zahlreiche Besprechungen und Titelbibliographie bulgarischer und auswärtiger ethnographischer Publikationen.

762. †**Časopis za zgodovino in narodopisje.** (Zeitschrift für Geschichte und Volkskunde.) Izdaja Zgodovinsko društvo v Mariboru. Uredil: Fran Kovačič. Maribor. 23,5 cm.
Seit 1904. 5 Hefte jährlich. Enthält eine Jahresbibliographie der slovenischen Volkskunde von F. Baš, 1930 für das Jahr 1929.

763. **Etnolog.** (L'Ethnologue.) Bulletin du Musée royal d'ethnographie à Ljubljana. Ljubljana. 23 cm.
Depuis 1926. Une ou deux fois par an. Donne la bibliographie analytique et critique de la littérature spéciale.

764. **Glasnik Etnografskog Muzeja u Beogradu.** (Bulletin du Musée d'ethnographie de Belgrade.) Publié sous la direction de Borivoje M. Drobńaković. Belgrade, Musée d'ethnographie. 25,5 cm.
Depuis 1926. Annuel. Donne la bibliographie spéciale des livres et des périodiques nationaux, rédigée par Petar Ž. Petrović.

765. **Lud słowiański.** Pismo poświęcone dialektologji i etnografji Słowian. (Le peuple slave. Revue consacrée à la dialectologie et l'ethnographie slaves.) Rédacteurs: Kazimierz Nitsch et Kazimierz Moszyński. Kraków, Gebethner & Wolff. 24 cm.
Depuis 1929. Parait sans périodicité définie. Publie en annexe la bibliographie systématique de l'ethnographie polonaise, rédigée par J. Bystroń.

766. **Mūsų tautosaka.** (Unsere Volkskunde.) Kaunas, Vytauto Didžiojo Universiteto humanitarinių mokslų fakultetas. 24 cm.
Seit 1930. Mit systematischer Bibliographie der litauischen Volkskunde.

— siehe auch: Nr. 842. 863. 864. 1737. 1892; Ethnologie siehe Nr. 974—985.

[4 Sprachwissenschaft und Philologie

[40 Allgemeines

767. †**Transactions and proceedings of the American Philological Society.** Edited by Joseph William Hewitt. Middleton, Connecticut, Wesleyan University. 22 cm.

Seit 1869. Jährlich. Mit Jahresbibliographie der Veröffentlichungen der Mitglieder der Gesellschaft.

768. **Bulletin de l'Association Guillaume Budé.** Paris, 95 boulevard Raspail. 20,5 cm.

1ère année: 1923. Trimestriel. Dans chaque numéro la «Chronique bibliographique» analyse et commente livres et articles importants; fournit aussi la liste des livres de linguistique, de philologie et de littérature parus pendant les mois précédents. Annuellement les meilleurs livres étrangers de philologie sont choisis et analysés dans le «Supplément critique au Bulletin de l'Association Guillaume Budé»; le premier numéro de ce Supplément contenant le compte rendu des ouvrages parus en 1928, a été publié en 1929.

769. **Revue belge de philologie et d'histoire.** Recueil trimestriel, publié par la Société pour le progrès des études philologiques et historiques. Bruxelles, M. Lamertin, 58—60 rue Coudenberg; Paris, Éd. Champion, 5 quai Malaquais. 23 cm.

Depuis 1923. Trimestrielle. Publie de très nombreux comptes-rendus, des bibliographies critiques et un dépouillement très copieux des revues relatives à l'histoire et à la philologie.

770. †**Revista filologică.** (Philologische Rundschau.) Organ al cercului de studii filologice de pe lângă Facultatea de filosofie şi litere din Cernăuţi. Director: Al. Procopovici. Cernăuţi, str. Arhimandritul Eusebie Popovici 16 b. 23 cm.

Seit 1927. Unregelmäßig. Mit Titelbibliographien neuer Bücher.

771. **Prace filologiczne.** (Travaux philologiques.) Warszawa, Caisse Mianowski, ul. Nowy-Świat 72. 23 cm.

Depuis 1885. En tomes d'une périodicité irrégulière. Contient une bibliographie-titres (rédigée par Stanisław Szober) des travaux linguistiques polonais publiés à part et dans les revues. Classement systématique. Les renseignements sont fournis pour l'année précédente. Chaque tome contient aussi un compte-rendu sommaire sur la linguistique polonaise de l'année précédente par Witold Doroszewski.

[413.11 Ortsnamenforschung

772. **Zeitschrift für Ortsnamenforschung.** Herausgegeben von Joseph Schnetz. München 32, R. Oldenbourg. 22,5 cm.

Seit 1925. Dreimal im Jahr. Bringt außer Buchbesprechungen und kritischen Sammelreferaten einmal jährlich eine internationale Titelbibliographie in systematischer Anordnung.

— siehe auch: Nr. 799. 808.

[414 Phonetik

773. **Vox.** Mitteilungen aus dem Phonetischen Laboratorium der Universität Hamburg. Herausgegeben von G. Panconcelli-Calzia. Hamburg, Phonetisches Laboratorium, Jungiusstraße 7. 28 cm.

Seit 1891. Vierteljährlich. Enthält in jedem Heft eine „Bibliographia phonetica", die ausführliche Referate über Neuerscheinungen nach Büchern und Zeitschriftenaufsätzen getrennt bringt. International.

[417 Inschriften- und Handschriftenkunde

774. ***L'Année épigraphique.** Revue des publications épigraphiques relatives à l'antiquité romaine, par R. Cagnat et M. Besnier. Paris, Ernest Leroux, 28 rue Bonaparte. 25,5 cm.

1ère année: 1888 (paru 1889). Annuelle. Analyses et comptes rendus critiques de périodiques et d'ouvrages français et étrangers de l'année précédente.

775. **Archiv für Papyrusforschung und verwandte Gebiete.** Herausgegeben von Ulrich Wilcken. Leipzig, Berlin, B. G. Teubner. 25,5 cm.

Seit 1900. Erscheint unregelmäßig in Bänden zu 2 Heften. Enthält von Zeit zu Zeit eine laufende juristische Literaturübersicht von Leopold Wenger und ein laufendes Urkundenreferat von Ulrich Wilcken.

— siehe auch: Nr. 5. 1766. 1773.

[42/48 Klassische und germanisch-romanische Philologie

776. ***Museum.** Maandblad voor philologie en geschiedenis. Leiden, A. W. Sijthoff. 29 cm.

Seit 1893. Besprechungen von in- und ausländischen Büchern, und Angabe von „Recensies, verschenen over werken van Nederlanders, of betrekking hebbend op Nederland“. Bezieht sich auf klassische Philologie in weitestem Sinne sowie auf Literatur und Kultur der germanischen und romanischen Sprachen.

777. †**Egyetemes philologiai közlöny.** (Philologisches Organ der Universität.) A Budapesti philologiai Társaság megbízásából szerkesztik: Kerényi Károly és Koszó János. Budapest VI, Császár Ernő, Felső erdősor 1. 24 cm.

Seit 1877. Jährlich 10 Hefte. In jedem Heft Besprechungen ungarischer und ausländischer Bücher aus dem Gebiete der klassischen und modernen Philologie.

— siehe auch: Nr. 1697. 1708. 1731.

[42/46 **Germanische und romanische Philologie**

778. †**Modern language notes.** Baltimore, The John Hopkins Press. 24,5 cm.

Seit 1886. Monatlich (außer Juli, August, September und Oktober). Enthält unter anderem Rezensionen neuer Bücher und eine besonders paginierte internationale Titelliste "Recent Publications".

779. **The modern language review.** A quarterly journal edited for the Modern Humanities Research Association by J. G. Robertson, Charles J. Sisson and Edmund G. Gardner. Cambridge, University Press. 23,5 cm.

Since 1905. Quarterly. Signed reviews and an international classified list of "new publications" of the preceding quarter including all modern languages.

780. PMLA. **Publications of the Modern Language Association of America.** Edited by Carleton Brown. Published by the Association. New York City, 100 Washington Square East. 25,5 cm.

Since 1886. Quarterly. No. 1 (the March issue) of each year (since 1922) contains an "American bibliography" for the previous year, classified as follows: I. General: by Francis P. Magoun; II. English language and literature: by Albert C. Baugh; III. American literature: by Gregory Paine; IV. French language and literature: by H. Carrington Lancaster; V. Spanish and Portuguese: by J. P. W. Crawford; VI. Italian: by J. E. Shaw; VII. German: by H. W. Nordmeyer.

781. **Archiv für das Studium der neueren Sprachen und Literaturen.** Herausgegeben von Alois Brandl und Gerhard Rohlfs. Braunschweig, Berlin und Hamburg, G. Westermann. 22,5 cm.

Seit 1846. Erscheint in Bänden zu 4 Heften. Bringt in jedem Heft unter der Rubrik „Beurteilungen" ausführliche Besprechungen zur Germanistik, Romanistik und Anglistik, in jedem 2. Heft eine nach Sprachen geordnete Bibliographie, zum Teil mit erläuternden Notizen.

782. ***Literaturblatt für germanische und romanische Philologie.** Herausgegeben von Otto Behaghel und Kurt Glaser. Leipzig, O. R. Reisland. 29 cm.

Seit 1880. 6 Doppelnummern. Bringt Besprechungen von Neuerscheinungen des In- und Auslandes, teilt den Inhalt der germanistischen und romanistischen Zeitschriften der Welt mit und schließt mit einer „Bibliographie" (Titelverzeichnis neu erschienener Bücher) und Personalnachrichten.

783. **Zeitschrift für französischen und englischen Unterricht.** Herausgegeben von Wilhelm Gaede und Albert Kruse. Berlin, Weidmann. 24,5 cm.

Seit 1902. Achtmal im Jahr. Bringt in jedem Heft unter anderem ausführliche Besprechungen, eine Zeitschriftenschau mit erläuternden Notizen und ein nach Sprachen (Deutsch, Englisch, Französisch) eingeteiltes Titelverzeichnis neuer Bücher.

784. **†Leuvensche Bijdragen.** Tijdschrift voor moderne philologie. 's Gravenhage, M. Nijhoff. 24 cm.

Seit 1896. Vierteljährlich mit einem ebenfalls vierteljährlich erscheinenden Beiblatt. Das ausschließlich bibliographische Beiblatt enthält Rezensionen, Zeitschriftenschau und Neuigkeitenliste.

785. **Studier i modern språkvetenskap.** Utgivna av Nyfilologiska sällskapet i Stockholm. Uppsala, Almqvist & Wiksell. 23 cm.

Erscheint seit 1898 jedes dritte oder vierte Jahr. Enthält eine nationale Titelbibliographie, ab 1924/1926 von Carl Björkbom und Sigurd Karlström: „Aperçu bibliographique des ouvrages de philologie romane et germanique publ. par des Suédois", 1928 für die Periode 1924—1926.

786. **Mémoires de la Société néo-philologique de Helsingfors.** Helsingfors, Société. 22 cm.

Seit 1893. Erscheint unregelmäßig. Enthält eine laufende, alphabetische, nach Verfassern geordnete Titelbibliographie: „Liste des travaux sur les langues et littératures romanes et germaniques, non scandinaves, publiés par des auteurs finlandais ou parus en Finlande.“ Von M. Wasenius begründet, seit 1924 von Iris Roos herausgegeben. Zuletzt 1929 für 1925—28 erschienen.

787. **Neofilolog.** (Néophilologue.) Organe de la Société néophilologique polonaise. Rédacteur: Z. Łempicki. Warszawa, Halina Nieniewska, ul. Filtrowa 69. 23 cm.

Depuis 1930. Paraît 5 fois par an. Donne la bibliographie-titres des travaux polonais et étrangers sur l'enseignement des langues étrangères modernes. Classement par pays et alphabétique.

[42/43 Germanische Philologie

788. †**The Germanic review.** Issued quarterly by the Department of Germanic Languages of Columbia University. Lancaster Pa, Prince and Lemon Str., and New York, Columbia University Press. 25 cm.

Seit 1926. Vierteljährlich. Enthält in jedem Heft eine systematisch geordnete internationale Titelbibliographie von L. R. Bradley, G. Keil und H. G. Wendt mit dem Titel "American bibliography of Germanic languages and literatures". 1930 erschien die Bibliographie für die Zeit von Juli 1929 bis Juni 1930.

[42 Englische Philologie

789. **American speech.** Edited by Louise Pound, Kemp Malone. Baltimore, Maryland, Warwick & York, 10 East Centre Street. 26 cm.

Since 1926. Bi-monthly. The Bibliographical department conducted by Arthur G. Kennedy contains signed book reviews and brief notices of books and periodical articles relating to the subject.

790. ***Annual bibliography of English language and literature.** Edited for the Modern Humanities Research Association by M. S. Serjeantson. Cambridge, Bowes & Bowes. 22 cm.

Since 1921 (embracing 1920). Annual. Language classified by subject; literature chronologically; both subdivided alphabetically by authors. First edited by and known by the name of A. C. Paues. The 1930 volume contains the literature published in 1929.

791. **The English Association Bulletin.** London, S. W. 1, The English Association, 4 Buckingham Gate. 24 cm.

Since 1907. Three times a year. Each number contains a biblio-

graphical section of books and articles in periodicals on English language and literature classed under centuries.

792. †**English Studies.** A journal of English letters and philology. Edited by E. Kruisinga and R. W. Zandvoort. Amsterdam, Swets & Zeitlinger, Keizersgracht 471. 24,5 cm.

Seit 1919. Zweimonatig. Bringt in jedem Heft in dem Abschnitt "Bibliography" eine Übersicht über den Inhalt neuer Zeitschriftenhefte und Titellisten neuer Bücher. International.

793. ***The year's work in English studies.** Edited for the English Association by F. S. Boas. Oxford, University Press; London, H. Milford. 22,5 cm.

Since 1920. Annual. Works on language and literature classified under subjects or periods, with a separate section for bibliographica. Includes criticism of articles in periodicals. The 1929 volume is published in 1931.

794. ***Beiblatt zur Anglia.** Mitteilungen über englische Sprache und Literatur und über englischen Unterricht. Herausgegeben von Max Friedrich Mann. Halle, M. Niemeyer. 24 cm.

Seit 1891. Monatlich. Enthält Besprechungen der bedeutendsten anglistischen Neuerscheinungen.

[43 Deutsche Philologie

795. ***Anzeiger für deutsches Altertum und deutsche Litteratur.** Beiblatt zur Zeitschrift für deutsches Altertum und deutsche Litteratur. Herausgegeben von Edward Schröder. Berlin, Weidmann. 23 cm.

Seit 1876. Vierteljährlich. Ausführliche wissenschaftliche Besprechungen der wichtigsten germanistischen Neuerscheinungen, besonders über die Sprache und die ältere Literatur.

796. ***Jahresbericht über die Erscheinungen auf dem Gebiete der germanischen Philologie.** Herausgegeben von der Gesellschaft für deutsche Philologie in Berlin. Redaktion: Fritz Behrend. Berlin W 10, W. de Gruyter. 23,5 cm.

Seit 1879. Jährlich. Internationale systematische Bibliographie der im Berichtsjahr erschienenen Bücher und Aufsätze. Mit Autoren- und Rezensentenregister. 1930 erschien die Bibliographie für 1928.

797. **Zeitschrift für deutsche Philologie.** Herausgegeben von Paul Merker und Wolfgang Stammler. Stuttgart, W. Kohlhammer. 24,5 cm.

Seit 1874. Vierteljährlich. Enthält eine in der Regel halbjährliche Titelbibliographie neuer germanistischer Dissertationen von Hans Ziegler (zuletzt 1930) und eine Bibliographie von germanistischen Fachaufsätzen in nichtgermanistischen Zeitschriften, ebenfalls von Ziegler (zuletzt 1928).

798. **Zeitschrift für Deutschkunde.** Herausgegeben von W. Hofstaetter und H. A. Korff. Leipzig, B. G. Teubner. 23,5 cm.

Seit 1887. Anfangs unter dem Titel „Zeitschrift für den deutschen Unterricht". Monatlich. Bringt je eine wissenschaftliche und pädagogische Jahresbibliographie mit erläuternden Notizen, die das für den Deutschkundler wesentliche Schrifttum zusammenfassen. Diese Literaturberichte sind in 12 bzw. 14 Fachgruppen gegliedert, die auf eine Reihe von Mitarbeitern aufgeteilt sind. 1931 erschien die Bibliographie für 1930.

799. **Bayerischer Heimatschutz für Volkskunst und Volkskunde, Heimatschutz und Denkmalpflege,** herausgegeben vom Bayerischen Landesverein für Heimatschutz E. V., in Verbindung mit dem Bayerischen Landesamt für Denkmalpflege und dem Bayerischen Nationalmuseum. Augsburg, B. Filser. 29 cm.

Seit 1904. Jährlich. Enthält eine laufende Titelbibliographie von Gg. Buchner: „Schriftenverzeichnis zur ortsnamenkundlichen Literatur Bayerns".

— siehe auch: Nr. 1653.

[439.5 Nordische Philologie

800. **Arkiv för nordisk filologi.** Utgivet med understöd av Axel Kocks fond för nordisk filologi genom Emil Olson. Lund, C. W. K. Gleerup. 24 cm.

Seit 1882/1883. Vierteljährlich. Enthält seit 1917 eine jährliche internationale Titelbibliographie von Sven Grén Broberg, und zwar 1930 für das Jahr 1928. Systematische Anordnung.

801. **Årsskrift för Modersmålslärarnas Förening.** Göteborg, Alber . 21,5 cm.

Seit 1917. Jährlich. Enthält: „Bibliografi över de från trycket utgivna, huvudsakligen svenska skrifter och uppsatser, som röra modersmålsundervisningen", ab 1928 von Anna Berner, und zwar 1929 für das Jahr 1928.

802. **Acta philologica Scandinavica.** Tidsskrift for nordisk Sprogforskning. Udgivet af det Danske Sprog- og Litteraturselskab. Redigeret af Johs. Brøndum-Nielsen. København, Levin & Munksgaard. 25 cm.

Seit 1926. Vierteljährlich. Enthält eine jährliche, sehr ausführliche Bibliographie der Literatur über nordische Philologie und Linguistik, analytisch dargestellt von Harry Andersen und Poul Andersen; umfaßt auch Besprechungen. Systematisch geordnet. 1931 erschien die Bibliographie für die Zeit von Mitte 1929 bis Mitte 1930.

[44/46 Romanische Philologie

803. †**The Romanic review.** A quarterly journal devoted to research in the Romance languages and literatures. Edited by John L. Gerig. Lancaster, Pa., Prince and Lemon Str.; New York, Columbia University Press. 25,5 cm.

Seit 1910. Vierteljährlich. Mit laufender Titelbibliographie zur romanischen Sprachwissenschaft von Pauline Taylor, 1929 für 1927.

804. **Zeitschrift für romanische Philologie.** Herausgegeben von Alfons Hilka. Halle (Saale), M. Niemeyer. 24 cm.

Seit 1877. In Bänden zu 6 Heften. Enthält in den Supplementheften eine vollständige internationale systematische Jahresbibliographie ohne Anmerkungen von Fr. Ritter. Die Jahrgänge 1914—23 fehlen, sollen aber nachgeholt werden. 1931 erschien die Bibliographie für 1926.

805. **Revue des langues romanes.** Montpellier, Société des langues romanes. 23 cm.

1ère année: 1870. Semestrielle. Compte-rendus critiques d'ouvrages et de périodiques français et étrangers.

806. **Revue de linguistique romane.** Publiée par la Société de linguistique romane. Paris, H. Champion, 5 quai Malaquais. 25,5 cm.

1ère année: 1925. Trimestrielle. Plusieurs «Chroniques» bibliographiques. La «Bibliographie» pour les 5 premières années sera publiée prochainement.

807. **Romania.** Recueil consacré à l'étude des langues et des littératures romanes. Directeur: Mario Roques. Paris, Champion, 5 quai Malaquais. 15 cm.

1ère année: 1872. Trimestriel. «Comptes rendus» d'ouvrages français et étrangers. Dépouillement de périodiques. Une table portant sur les années 1872 à 1901, oeuvre de A. Bos, a paru en 1906.

[44 Französische Philologie

808. †**Bulletin de la Commission de toponymie & dialectologie.** Handelingen van de Commissie voor toponymie & dialectologie. Liége; Bruxelles, J. Cuvelier, 1 rue du Musée. 22,5 cm.

Seit 1927. Jährlich. Enthält in jedem Bande eine von H. J. van de Wijer zusammengestellte Titel-Bibliographie der flämischen Ortsnamenliteratur mit Einleitung (1930 für das Jahr 1929); ferner einen Literaturbericht zur wallonischen Philologie von J. Haust.

— siehe auch: Nr. 783.

[449.9 **Katalanische Philologie**

809. †**Anuari de l'Oficina romanica de lingüística i literatura.** Barcelona, Biblioteça Balmes, Dusan i Bas 11. 25 cm.

Seit 1928. Jährlich. Enthält eine systematisch geordnete Bibliographie der katalanischen Sprache und Literatur von Josep Vives in Zusammenarbeit mit Ramón Aramon i Serra. Den Titeln sind meist erläuternde Anmerkungen hinzugefügt. Die Bibliographie will das katalanische Gegenstück zu der Bibliographie in der Revista de filologia española (siehe Nr. 813) darstellen.

[45 **Italienische Philologie**

810. †**L'Italia dialettale.** Rivista di dialettologia italiana. Diretta da Clemente Merlo. Pisa, Simoncini. 24 cm.

Seit 1924. 3 Hefte jährlich. Enthält eine «Bibliografia dei dialetti italiani e non italiani d'Italia» (Literaturbericht) von Carlo Battisti.

[459 **Rumänische Philologie**

811. Universitatea din Cluj. **Dacoromania.** Buletinul »Muzeului limbei române«. Condus de Sextil Puşcariu. Cluj, »Ardealul«, Strada Memorandului 22. 23 cm.

Fondé 1920. Annuaire. Donne l'analyse de livres nouveaux intéressant la langue et la littérature roumaines, et, classée par matières et par auteurs, la bibliographie critique des articles de revues et de journaux tant roumains qu'étrangers intéressant la spécialité.

[46 **Spanische Philologie**

812. **Hispania.** A journal devoted to the interests of teachers of Spanish, and published by the American Association of Teachers of Spanish. Alfred Coester, editor. Stanford University, California. 24 cm.

Since 1918. Published six times a year. Departments on Contemporary Spanish literature; Pedagogical journals; Literary periodicals; New books, and signed reviews.

813. †**Revista de filología española.** Director: Ramón Menéndez Pidal. Madrid, Calle de Almargo 26. 25 cm.

Seit 1914. Vierteljährlich. Enthält in jeder Nummer eine erschöpfende, internationale Bibliographie der spanischen Sprache und Literatur.

814. **The classical quarterly.** Edited for the Classical Association by R. Hackforth and J. D. Denniston. London W., J. Murray, Albemarle Street. 28 cm.

Since 1907. Published in Jan., April and Oct.; last issue is a double number. A section is devoted to summaries of current periodicals of all countries.

815. **The classical review.** Edited for the Classical Association by E. Harrison and W. M. Calder. London W., J. Murray, Albemarle Street. 26,5 cm.

Since 1887. Published six times a year. Reviews of books and of articles in periodicals; also a short summary of periodicals published in the previous two months.

816. †The Society for the Promotion of Hellenic Studies. **The Journal of Hellenic studies.** London W. C. 2, Macmillan, St. Martin's Street. 27 cm.

Seit 1880. Halbjährlich. Enthält im Hauptteil Rezensionen und Sammelberichte über griechische Epigraphie (von M. N. Tod) und griechische Archäologie (von H. G. G. Payne), in der Beilage ein laufendes Supplement zu dem 1924 erschienenen Katalog der gemeinsamen Bibliothek der Hellenischen und Römischen Gesellschaft (siehe Nr. 817).

817. †**The Journal of Roman studies.** Published by the Society for the promotion of Roman studies. London W. C. 1, Office of the Society, 50 Bedford Square. 29 cm.

Seit 1911. Halbjährlich. In jedem Bande ein Supplement zu dem 1924 erschienenen "Subject catalogue of the joint library" der Roman Society und der Hellenic Society (vgl. Nr. 816).

818. ***The year's work in classical studies.** Edited for the Council of the Classical Association by S. G. Owen. Bristol, J. W. Arrowsmith, 11 Quay Street. 21,5 cm.

Since 1906. Annual. 10 chapters divided by subjects and compiled by several scholars; books and articles in periodicals reviewed. Comprehensive bibliography; international. The publications of the current year and the preceding year are included.

819. ***Bibliotheca philologica classica.** Beiblatt zum Jahresbericht über die Fortschritte der klassischen Altertumswissenschaft (siehe Nr. 822). Bearbeitet von Rudolf Kaiser. Leipzig, O. R. Reisland. 22 cm.

Seit 1875 (für 1874). Jährlich. Internationale systematische Titelbibliographie neuer Bücher und Zeitschriftenaufsätze zur klassischen Philologie. Mit Verfasserregister. 1931 erschien die Bibliographie für 1929.

820. **Glotta.** Zeitschrift für griechische und lateinische Sprache. Herausgegeben von Paul Kretschmer und Wilhelm Kroll. Göttingen, Vandenhoeck & Ruprecht. 24,5 cm.

Seit 1907. Vierteljährlich, aber meist Doppelhefte. Bringt in jedem Bande einen ausgezeichneten kritischen Literaturbericht über die griechische, lateinische und etruskische Sprache. International. 1931 erschien der Bericht über 1928. Außer den Herausgebern Kretschmer und Kroll sind M. Leumann, P. Wahrmann und E. Vetter an der Berichterstattung beteiligt.

821. ***Gnomon.** Kritische Zeitschrift für die gesamte klassische Altertumswissenschaft. Herausgeber: Richard Harder. Berlin, Weidmann. 25,5 cm.

Seit 1925. Monatlich. Rezensierende Zeitschrift mit ausführlichen Buchbesprechungen. Sechsmal jährlich erscheint eine einseitig bedruckte bibliographische Beilage, die aus einem internationalen systematischen Titelverzeichnis besteht. Jährliches Register der besprochenen Schriften.

822. ***Jahresbericht über die Fortschrit e der klassischen Altertumswissenschaft.** Herausgegeben von Karl Münscher. Leipzig, O. R. Reisland. 22,5 cm.

Seit 1875 (für 1873). Jährlich 4 Bände, zwanglose Hefte. Kritische, auf ausführliche Erörterung der Probleme abgestellte Berichte über die Neuerscheinungen des In- und Auslandes, auf bestimmte Mitarbeiter verteilt, die zwanglos zusammenfassende Mehrjahrsberichte (z. B. über die Vorsokratiker 1923—26, Plautus 1921—25, griechische Geschichte 1915—25 usw.) liefern. Einteilung: Abt. 1 = Griechische Autoren, Abt. 2 = Lateinische Autoren, Abt. 3 = Altertumswissenschaft, Abt. 4 = Biographisches Jahrbuch (Nekrologe) und „Bibliotheca philologica classica“ (diese letztere siehe Nr. 819).

823. ***Philologische Wochenschrift.** Herausgegeben von F. Poland. Leipzig, O. R. Reisland. 27 cm.

Seit 1881. Wöchentlich. Enthält Rezensionen und Zeitschriftenauszüge zur klassischen Philologie, ferner in jeder Nummer ein „Rezensionsverzeichnis philologischer Schriften“, zum Teil mit einem Zitat aus der Beurteilung der betreffenden Schrift.

824. †***Klassieke bibliographie.** Maandlijsten van tijdschriftartikelen met driemaandelijksche lijsten van nieuwe boekwerken in de Buma-Bibliotheek en in andere Nederlandsche bibliotheken. Uitgegeven door A. Hulshof. Utrecht. 23,5 cm.

Seit 1929. Monatlich. Auf einseitig bedruckten Blättern zum Ausschneiden und Aufkleben. Mit jährlichem Autorenregister.

825. †*Collection de bibliographie classique. **L'Année philologique.** Bibliographie critique et analytique de l'antiquité grécolatine. Publiée par J. Marouzeau. Paris, Les Belles Lettres, 95 Boulevard Raspail. 25 cm.

Seit 1928 (für 1924—26). Jährlich. Internationale systematisch geordnete Bibliographie der Neuerscheinungen zur klassischen Philologie. Teilweise Inhaltsangaben zu den Titeln. Mit Verfasserregister. 1930 erschien die Bibliographie für 1929.

826. †**Bulletin bibliographique et pédagogique du Musée Belge.** Revue trimestrielle de philologie classique. Publiée sous la direction de E. Remy, J. P. Waltzing. Liége, Vaillant-Carmanne, Place Saint-Michel 4; Paris, Champion, quai Malaquais 5. 25 cm.

Seit 1897. Vierteljährlich. Enthält in dem den größten Teil jedes Heftes einnehmenden Abschnitt «Partie bibliographique» Besprechungen von Neuerscheinungen auf dem Gebiet der klassischen Philologie und antiken Geschichte. International.

827. **Revue de philologie, de littérature et d'histoire anciennes.** Publiée sous la direction de P. Jouguet et A. Ernout. Paris, C. Klincksieck, 11 rue de Lille. 25 cm.

1ère année: 1845. Trimestrielle. «Bulletin bibliographique»: Comptes rendus d'ouvrages et d'articles français et étrangers. Annuellement: «Revue des comptes rendus d'ouvrages relatifs à l'antiquité classique«.

828. ***Bollettino di filologia classica.** Diretto da Angelo Taccone e Luigi Castiglioni. Torino, G. Chiantore, via Vittorio Amedeo II. n. 18. 24 cm.

Dal 1894. Mensile. È un periodico esclusivamente bibliografico: La parte più importante è data infatti dalla «Bibliografia» (recensioni di opere recenti italiane o straniere); contiene inoltre una «Rassegna delle riviste» italiane e straniere, che è uno spoglio in cui al titolo degli articoli segue un cenno riassuntivo in poche parole, e la rubrica «Annunzi bibliografici e notizie», che contiene cenni critici intorno a nuove pubblicazioni, studi e articoli.

829. †**Il Mondo classico.** Rivista bimestrale bibliografica, scientifica, umanistica. Edita e diretta da Angelo Taccone. Torino, via Caboto 5. 24 cm.

Seit 1931. Zweimonatig. Enthält im ersten Teil jedes Heftes Rezensionen, bibliographische Hinweise und eine Zeitschriftenschau, im zweiten Teil Abhandlungen zur klassischen Philologie.

830. **Eos.** Commentarii Societatis philologae Polonorum. Publié par la Société polonaise des philologues. ' wów, Gubrynowicz; Paris, Les Belles Lettres. 23 cm.

Depuis 1894. Annuaire. Donne la «Bibliographia philologiae classicae et humanisticae Polonorum». Bibliographia titres. Classement systématique avec deux index alphabétiques: 1. par matières. 2. par auteurs. La bibliographie était publiée avant la guerre en forme de fascicules séparés qui embrassaient les données pour plusieurs années; interrompue en 1913, elle a reparu en 1929 (pour les années 1911—1925, publiée par Wiktor Hahn, formant le no. 1 de «Eus Supplementa»).

831. **Kwartalnik klasyczny.** (Revue trimestrielle classique.) Publiée par la Société Polonaise Classique. Rédacteur en chef: R. Ganszyniec. Lwów, Wł. Grużewski, ul. Obertyńska 2. 23 cm.

Depuis 1927. Revue trimestrielle. Donne depuis 1928 une bibliographie critique, courante des travaux polonais concernant la philologie classique, rédigée par R. Ganszyniec. Dépouillement des revues polonaises et étrangères. Critiques.

[48 Griechische Philologie

832. **Revue des études grecques.** Publication de l'Association pour l'encouragement des études grecques. Paris, E. Leroux, 28 rue Bonaparte. 25 cm.

1ère année: 1888. Trimestrielle. «Compte-rendus bibliographiques» des ouvrages français et étrangers reçus à la revue. Chaque année, la revue publie un «Bulletin archéologique» (par cinq auteurs), un «Bulletin numismatique», un «Bulletin papyrologique» (par Seymour de Ricci), un «Bulletin bibliographique» (par Germaine Rouillard) et un «Bulletin épigraphique» (par P. Roussel), tous concernant la littérature de l'année précédente.

[491 Indogermanische Philologie

833. ***Indogermanisches Jahrbuch.** Im Auftrag der Indogermanischen Gesellschaft herausgegeben von Albert Debrunner und Walter Porzig. Berlin und Leipzig, W. de Gruyter. 23,5 cm.

Seit 1913. Jährlich. Enthält eine vollständige, systematische Jahresbibliographie zur indogermanischen Sprach- und Altertumswissenschaft. Teilweise referierend. Jahrgang 1931 enthält die Neuerscheinungen des Jahres 1929. Mit Autorenregister. Abgesehen von der Bibliographie enthält das Jahrbuch nur noch persönliche und wissenschaftliche Nachrichten.

[491.1/4 Indologie

834. **The Journal of the Royal Asiatic Society of Great Britain and Ireland.** With which are incorporated the Proceedings of the Society of Biblical Archaeology. London W. 1, 74 Grosvenor Street. 21,5 cm.

Since 1834. Quarterly. Contains reviews of books on Indian languages and literatures, and contents of principal current oriental periodicals.

[491.54 Armenische Philologie

835. **Revue des études arméniennes.** Administrateur: F. Macler. Paris, P. Geuthner, 13 rue Jacob. 24 cm.

1ère année: 1920. Parait 2 fois par an. Comptes-rendus critiques dans chaque numéro. Dans le 2e fascicule la «bibliographie» de l'année précédente analyse et dépouille les ouvrages et les publications de la France et de l'étranger concernant la langue et la littérature arméniennes.

— siehe auch: Nr. 242.

[491.6 Keltische Philologie

836. *The National Library of Wales. **Bibliotheca Celtica.** A register of publications relating to Wales and the Celtic peoples and languages. Aberystwyth, National Library. 21,5 cm.

Since 1909. Annually; since 1914 consolidated volumes for 1914—18 and 1919—23; the volume for 1919—23 being published in 1928. Contains: 1. Books; 2. Reports of societies; 3. Eisteddfodau (programmes, etc.); 4. Newspapers and periodicals; 5. Supplementary lists of books published 1908—18 and 1919—23; 6. A list of pseudonyms. The book material is arranged in one alphabetical sequence by author.

837. **Revue celtique.** Dirigée par J. Loth. Paris, Champion, 5 quai Malaquais. 22 cm.

1ère année: 1870. Trimestrielle. La «Bibliographie» (par J. Vendryes), la «Chronique» (par J. Vendryes) et les «Périodiques» (par M.-L. Sjoestedt et J. Vendryes) analysent et critiquent toute la production française et étrangère.

[491.691 Baskische Philologie

838. †**Eusko-ikaskuntza'ren deia.** Boletín de la Sociedad de estudios vascos. San Sebastián, Palacio de la Diputación de Guipúzcoa. 21 cm.

Seit 1919. Vierteljährlich. Am Schluß jedes Heftes in der Rubrik „Idazti beŕiak“ eine Titelbibliographie neuer Bücher und Aufsätze zur baskischen Sprache und Kultur.

[491.7/8 Slavische Philologie

839. **Slavische Rundschau.** Berichtende und kritische Zeitschrift für das geistige Leben des slavischen Volkes. Herausgegeben von Franz Spina und Gerhard Gesemann. Berlin W 10, W. de Gruyter. 24 cm.

Seit 1929. 10 Hefte im Jahr. Jedes Heft bringt neben Aufsätzen und einem ausgedehnten Rezensionenteil eine „Bibliographie“ (nach Sprachen eingeteilte Titelliste neuer Bücher und Aufsätze).

840. **Zeitschrift für slavische Philologie.** Herausgegeben von Max Vasmer. Leipzig, Markert & Petters. 24 cm.

Seit 1924. Vierteljährlich, aber meist halbjährliche Doppelhefte. Von bibliographischem Wert sind außer den Rezensionen vor allem ausgezeichnete Sammelreferate.

841. Institut d'études slaves. **Revue des études slaves.** Directeurs: A. Meillet et Paul Boyer. Paris, H. Champion, 5 quai Malaquais. 25 cm.

1ère année: 1921. Semestrielle. Une «chronique» abondante passe en revue toutes les publications françaises et étrangères intéressant la spécialité. Les notices, analyses et comptes rendus sont classés par régions linguistiques.

842. **Bŭlgarski pregled.** Spisanie za slavjanska filologija. (Bulgarische Rundschau. Zeitschrift für slavische Philologie.) Herausgeber: Stojan Romanski. Sofija, Carigradski păt' 27. 25 cm.

Seit 1929. Vierteljährlich. Enthält Rezensionen über slavistische Buchliteratur mit besonderer Berücksichtigung der bulgarischen Sprache, Literatur und Ethnographie.

843. **Južnoslovenski filolog.** (Le philologue yougoslave.) Revue de philologie et de linguistique slaves. Publiée par A. Belić. Belgrade, l'Université. 24 cm.

Depuis 1913. Parait deux fois par an. Contient la bibliographie spéciale. Comptes-rendus d'ouvrages. Bibliographies-titres courantes de livres et d'articles de revues yougoslaves, slaves et étrangères; dépouillement d'environ 150 périodiques.

844. **Ruch słowiański.** Miesięcznik poświęcony życiu i kulturze Słowian. (Le mouvement slave. Revue consacrée à la vie et à la civilisation des Slaves.) Rédacteur en chef: Tadeusz Lehr-Spławiński. Lwów, Ossolineum. 24 cm.
Depuis 1928. Paraît au commencement de chaque mois, juillet et août exceptés. Donne irrégulièrement une bibliographie incomplète des publications polonaises aussi bien qu'étrangères. Dépouillement des périodiques concernant les questions slaves.

845. **Slavia.** Časopis pro slovanskou filologii. (Revue pour la philologie slave.) Praha, Unie. 25,5 cm.
Depuis 1922. Deux fois par an. Contient: Comptes-rendus; sommaires des périodiques slaves et slavistiques; bulletins critiques et littéraires.

846. ***Bibliografie československých prací linguistických a filologických.** (Bibliographie des travaux linguistiques et philologiques publiés en Tchécoslovaquie.) Praha, Česká Akademie Věd a Umění; Bursík & Kohout, Václavské nám. 24 cm.
Depuis 1930. Annuel. (2 parties.) Classification méthodique.

847. **Slovanský přehled.** (Revue slave.) Prague II, Legerova 34. 24,5 cm.
Depuis 1898. Mensuel. Comptes rendus d'ouvrages tchèques et étrangers concernant les peuples slaves.

— siehe auch: Nr. 1727. 1728.

848. **Časopis za slovenski jezik, književnost in zgodovino.** (Revue de langue, de littérature et d'histoire slovènes.) Rédigée par Fr. Kidrič, R. Nahtigal et Fr. Ramovš. Publiée par l'Institut de philologie slovène de l'Université. Ljubljana. 23 cm.
Depuis 1919. Annuelle. Donne la bibliographie méthodique des livres et des articles de périodiques yougoslaves et étrangers sur la langue, littérature et histoire slovènes, rédigée par Janko Šlebinger.

849. **Prilozi za kńiževnost, jezik, istoriju i folklor.** (Contributions à la littérature, à la langue, à l'histoire et au folklore yougoslaves.) Rédacteur: Pavle Popović. Publiées par la Société de langue, de littérature et d'histoire yougoslaves, l'Université de Belgrade. Beograd, Državna Štamparija. 23 cm.
Depuis 1921. Annuel. Bibliographie analytique des ouvrages et des articles yougoslaves et étrangers concernant la littérature, la langue et l'histoire.

850. **Rocznik gdański.** Organ Towarzystwa Przyjaciół Nauki i Sztuki w Gdańsku. (Annuaire de Dantzig. Bulletin de la Société des amis des sciences et des arts de Dantzig.) Dantzig, Société. 24 cm.

Depuis 1927. Annuaire. Donne en ordre chronologique la bibliographie-titres rétrospective et courante des travaux linguistiques sur le pays des Cachoubes et la Poméranie rédigée par Wł. Pniewski.

[491.994 **Etruskologie**

851. †Comitato permanente per l'Etruria. **Studi etruschi.** Firenze, Rinascimento del libro, via Antonio Pacinotti 18. 26 cm.

Seit 1927. Jährlich. Mit analytischer Bibliographie der etruskischen Sprache und Archäologie.

[492/495 **Orientalische Philologie**

852. †**Bulletin of the School of Oriental Studies, London Institution.** Published by the School of Oriental Studies. London E. C. 2, Finsbury Circus. 24,5 cm.

Seit 1917. In Bänden zu 4 Heften. Enthält in jedem Heft ausführliche Rezensionen von Neuerscheinungen. International.

853. †***Luzac's Oriental list and book review.** London, Luzac. 21 cm.

Seit 1890. Vierteljährlich. Internationale Titelliste von Neuerscheinungen, den Orient betreffend. In großen Gruppen roh systematisch geordnet. Im 2. Teil jedes Heftes Liste von Antiquaria.

854. **Archiv für Orientforschung.** Internationale Zeitschrift für die Wissenschaft vom Vorderen Orient. Herausgegeben von Ernst F. Weidner. Berlin, Selbstverlag des Herausgebers. 29 cm.

Seit 1923. Sechs Hefte bilden einen Band. Enthält in jedem Heft eine von Weidner zusammengestellte systematische Titelbibliographie, die die neu erschienenen Bücher und Aufsätze über den Vorderen Orient nach Möglichkeit vollständig verzeichnen will.

855. ***Litterae orientales.** Orientalistischer Literaturbericht. Leipzig, O. Harrassowitz. 22 cm.

Seit 1911. Vierteljährlich. Bis 1929 mit dem Titel „Ephemerides orientales". Verzeichnet die Neuerscheinungen des In- und Auslandes auf dem Gesamtgebiet der Orientalistik.

856. ***Orientalische Bibliographie.** Bearbeitet und herausgegeben von Lucian Scherman. Berlin, Reuther & Reichard. 23,5 cm.

Seit 1888. Jährliche Titelbibliographie. Internationale systematische Liste der den Orient betreffenden im Berichtsjahr erschienenen Bücher und Zeitschriftenaufsätze. Keine Erläuterungen zu den Titeln. Zuletzt erschien 1928 die erste Lieferung des Berichtsjahres 1926. Die Berichtsjahre 1912–1925 fehlen noch.

857. ***Orientalistische Literaturzeitung.** Monatsschrift für die Wissenschaft vom ganzen Orient und seinen Beziehungen zu den angrenzenden Kulturkreisen. Herausgegeben von Walter Wreszinski. Leipzig, J. C. Hinrichs. 26,5 cm.

Seit 1898. Monatlich. Enthält systematisch geordnete Besprechungen von Neuerscheinungen und eine Zeitschriftenschau. International. Am Anfang jedes Heftes in der Regel einige Originalaufsätze.

858. **Zeitschrift der Deutschen Morgenländischen Gesellschaft.** Herausgegeben von Georg Steindorff. Leipzig, F. A. Brockhaus. 23 cm.

Seit 1846. 2 Doppelhefte jährlich. In jedem Heft ein Zugangsverzeichnis der Bibliothek der Deutschen Morgenländischen Gesellschaft, das dadurch bibliographischen Wert hat, daß die Nova von den Antiquaria getrennt und systematisch angeordnet sind. International.

859. Svenska orientsällskapet. **Årsbok.** Stockholm, Svenska orientsällskapet (Statens historiska museum). 21 cm.

Seit 1923. Jährlich. Enthält seit 1925: „Nordisk orientalisk bibliografi" von Ernst von Döbeln, und zwar 1911/1920 im Jahrgang 3 (1925) und 1921/1925 im Jahrgang 4 (1926/1927). Systematische Titelliste.

860. **†*Éphémérides orientalistes.** Paris, Paul Geuthner, rue Jacob 13. 21 cm

Unregelmäßig, meist zweimonatig. Unter Stichwörtern gruppiert. Alphabetische Folge der Stichwörter. Bei jedem Stichwort erst Neuerscheinungen, dann Antiquaria.

— siehe auch: Nr. 493. 1874. 1877.

[492.1 Assyrische Philologie

861. **Zeitschrift für Assyriologie und verwandte Gebiete.** Herausgegeben von Heinrich Zimmern. Fachzeitschrift der Deutschen Morgenländischen Gesellschaft. Berlin, W. de Gruyter. 23,5 cm.

Seit 1888. Vierteljährlich. Enthält Bücherbesprechungen und eine jährliche internationale Titelbibliographie neuer Literatur mit Angabe des Inhalts neuer Zeitschriftenhefte und Sammelwerke von H. Zimmern.

[493.1 Ägyptische Philologie

862. **Aegyptus.** Rivista italiana di egittologia e di papirologia diretta da Aristide Calderini. Milano, Università Cattolica (Scuola papirologica), via S. Agnese. 24 cm.

Dal 1920. 4 fasc. l'anno. Oltre all'elenco dei »Testi recentemente pubblicati« e a numerose »Recensioni« di lavori italiani e stranieri, pubblica la «Bibliografia metodica degli studi di egittologia e di papirologia» (titoli di recenti articoli e libri italiani e stranieri) pubblicata per A. Calderini.

[494.5 Finnisch-ugrische Sprachen

863. **Finnisch-ugrische Forschungen.** Zeitschrift für finnisch-ugrische Sprach- und Volkskunde nebst Anzeiger. Herausgegeben von E. N. Setälä, Kaarle Krohn, Yrjö Wichmann. Helsingfors, Lutherinkatu 14. 23 cm.

Seit 1901. Jährlich. Der einen besonderen Band bildende „Anzeiger" enthält eine laufende, systematisch geordnete Titelbibliographie, z. T. mit Referaten, welche bisher die Jahre 1900—1907 umfaßt. 1929 erschien der Jahrgang 1907.

864. ***Jahresbericht der estnischen Philologie und Geschichte.** Eesti filoloogia ja ajaloo aastaülevaade. Herausgegeben von der Gelehrten Estnischen Gesellschaft bei der Universität Dorpat. Tartu-Dorpat, Gelehrte Estnische Gesellschaft. 23 cm.

Seit 1922 (für 1918). Der dritte Band (für 1920) erschien im Jahre 1926. Mehr bisher nicht erschienen. Kritische Bibliographie der gesamten Literatur, auch ausländischer (Bücher, Zeitschriftenaufsätze, Zeitungsartikel und Rezensionen) über die estnische Philologie, Volkskunde, Ethnographie, Archäologie und Geschichte. Systematische Anordnung.

[496 Afrikanische Sprachen

865. **†Africa.** Journal of the International Institute of African Languages and Cultures. Journal de l'Institut international des langues et civilisations africaines. Zeitschrift des Internationalen Instituts für Afrikanische Sprachen und Kulturen. Editor: Diedrich Westermann. Assistant editor: Dorothy Brackett. London, Humphrey Milford. 24 cm.

Seit 1928. Vierteljährlich. Enthält in jedem Heft „Reviews of books" und eine systematische „Bibliography of current literature dealing with African languages and cultures".

[5 Naturwissenschaften und Mathematik

866. ***Hirschwald-Anzeiger.** Berlin, Hirschwald. 20,5 cm.
Seit 1924. Erscheint monatlich in 6 Gruppen: 1 = Medizin und Biologie, 2 = Beschreibende Naturwissenschaften, 3 = Mathematik, Exakte Naturwissenschaften, 4 = Chemie, Pharmazie, 5 = Landwirtschaft, Gartenbau, Forstwesen, 6 = Technik, Technische Chemie, Wirtschaft; verzeichnet die Neuerscheinungen des In- und Auslandes, z. T. mit Inhaltsangaben und referierenden Notizen.

867. ***Literatur-Bericht-Brassler für angewandte Naturwissenschaften,** angewandte Entomologie, Schädlingsbekämpfung, Parasitologie, Bienenzucht, Seidenbau, Vogelschutz usw. Schriftleitung: K. Brassler. Berlin NW 87, Elberfelder Straße 9. 28,5 cm.
Seit 1927. Vierzehntägig. Einseitig bedruckte systematische Titelbibliographie in Maschinenschrift.

868. †*Association de documentation scientifique, industrielle et commerciale. **Bulletin.** Paris, 82 rue Taitbout. 24 cm.
Seit 1911. Vierteljährlich. Internationale systematisch geordnete Titelbibliographie neuer Zeitschriftenaufsätze. Berücksichtigt eine Reihe naturwissenschaftlicher und technischer Gebiete, so vor allem Mechanik, Physik, Chemie, Metallurgie, Landwirtschaft und Verkehrswesen.

869. ***Les nouveaux Livres scientifiques et industriels.** Bibliographie trimestrielle avec table des matières. Paris, Dunod, 92 rue Bonaparte. 26 cm.
1ère année: 1902. Trimestrielle. Livres français parus pendant le trimestre précédent, analyses classées méthodiquement, anopistographes. Les chiffres de la Classification décimale sont ajoutés aux classes et aux titres.

870. ***Giornale di bibliografia tecnica internazionale.** Direttore: C. F. Bonini. Bologna, Casella postale 265. 24 cm.
Dal 1925. Bimestrale. È una bibliografia di recenti pubblicazioni italiane e straniere relativa alle scienze pure e applicate e alle scienze

economiche e sociali. È divisa in due parti: «Recentissime pubblicazioni» e «Rassegna della stampa tecnica periodica internazionale». Ciascuna di esse è divisa in 25 classi. La prima parte dà i titoli delle opere seguiti talora da un breve cenno critico, la seconda è uno spoglio di periodici per soli titoli.

871. ***Concilium Bibliographicum.** Sous le contrôle de la Société Helvétiques des sciences naturelles et de l'American National Research Council à Washington. Zürich 7, Hofstraße 49.

Fondé en 1895. Établit sur fiches du format 7,5 × 12,5 cm la bibliographie-titres des livres et articles en toutes langues relatifs (1) à la paléontologie, (2) la biologie générale, (3) la zoologie, (4) l'anatomie et (5) la physiologie. Les titres de zoologie, de paléontologie et de biologie sont publiés, en outre, en volumes sous le titre de «Bibliographia zoologica» (voir le n° 1034). On s'abonne aux fiches en bloc ou en partie. Les fiches sont envoyées aux abonnés deux ou trois fois par an. Chaque titre est accompagné du chiffre de la Classification décimale.

[50 Naturwissenschaften im allgemeinen

872. **American journal of science.** Edited by Edward S. Dana and Ernest Howe. New Haven, Connecticut, The Tuttle, Morehouse & Taylor company, printers, 123 Temple Street. 24,5 cm.

Since 1818. Monthly. Contains reviews and abstracts of principal scientific publications, American and foreign.

873. ***Australian science abstracts.** Editor-in-chief: G. A. Waterhouse. Sydney, Australian National Research Council. 42 cm.

Since 1923. Quarterly. Classified arrangement under eight heads, including abstracts from overseas periodicals of articles dealing with Australia.

874. **Nature.** A weekly journal of science. Edited by Sir R. Gregory. London, W. C. 2, Macmillan. 27 cm.

Since 1869. Weekly. Reviews of scientific books. Since 1925, a monthly separately-paged supplement containing a class list of new British and foreign scientific and technical books.

875. **†Science Progress.** A quarterly review of scientific thought, work and affairs. Editor: Ronald Ross. London W., Murray, Albemarle Street. 23,5 cm.

Seit 1906. Vierteljährlich. Übersichten über den Fortschritt auf allen naturwissenschaftlichen Gebieten mit Literaturzitaten und Rezensionen in jedem Heft.

876. ***Bibliographie der schweizerischen naturwissenschaftlichen Literatur.** Herausgegeben von der Schweizer. Landesbibliothek. Bibliographie scientifique suisse, publ. par la Bibliothèque nationale suisse. Bern, Schweizer. Landesbibliothek. 21,5 cm.

Seit 1927 (für 1925). Jährlich, und zwar erschien die Bibliographie für 1927 und 1928 als Doppeljahrgang im Jahre 1930. Verzeichnis der schweizerischen naturwissenschaftlichen Schriften und Artikel nach dem Dezimalsystem. Mit Sachregister und Personenregister.

877. ***Ergebnisse der exakten Naturwissenschaften.** Herausgegeben von der Schriftleitung der „Naturwissenschaften". Berlin, J. Springer. 23,5 cm.

Seit 1922. Jährlich. Aneinandergereihte Sammelreferate über wichtige Probleme der exakten Naturwissenschaften, insbesondere der Physik auf Grund der Literatur der letzten Jahre. Das Bibliographische ist in den letzten Bänden stark zurückgetreten.

878. ***Naturae novitates.** Bibliographie neuer Erscheinungen aller Länder auf dem Gebiete der Naturgeschichte und der exakten Wissenschaften. Berlin, R. Friedländer. 22,5 cm.

Seit 1879. Monatlich. Systematisches Titelverzeichnis. Keine Zeitschriftenaufsätze. Die deutsche Literatur ist vor der ausländischen stark bevorzugt.

879. ***Bibliographie scientifique française.** Recueil mensuel, publié par la Commission du Répertoire de bibliographie scientifique. Paris, Gauthier-Villars, 55 quai des Grands-Augustins. 25 cm.

1ère année: 1902. Mensuel. 1ère section: Sciences mathématiques et physiques. 2e section: Sciences naturelles et biologiques. Bibliographie-titres des ouvrages et articles de périodiques. Une table générale des t. I à XIII est en cours de publication: 5 fascicules ont déjà paru.

880. **Revue générale des sciences pures et appliquées.** Directeur: Louis Mangin. Paris, G. Doin, 8 place de l'Odéon. 29,5 cm.

1ère année: 1890. Parait le 15 et le 30 de chaque mois. Comptes rendus de livres dans la «Bibliographie». «Sommaires des journaux scientifiques français et étrangers.»

881. **†Revue des questions scientifiques.** Publiée par la Société scientifique de Bruxelles. Louvain, Société, 2 rue du Manège. 25,5 cm.

Seit 1877. Zweimonatig. Mit Rezensionen über naturwissenschaftliche und mathematische Neuerscheinungen und Sammelreferaten über die auf einzelnen Gebieten (Mathematik, Astronomie usw.) neu publizierten Zeitschriftenaufsätze.

882. ***Katalog polskiej literatury matematyczno-przyrodniczej** wydawany przez Polską Akademję Umiejętności. Catalogue of Polish scientific literature. Kraków, Sławkowska 17. 23,5 cm.
Depuis 1901. Périodicité irrégulière. Donne la bibliographie-titres complète arrangée par groupes A—S et pourvue d'un index des auteurs. En 1930 a publié la bibliographie des années 1919—1922.

883. ***Bibliografické zprávy nakladatelství a knihkupectví Jednoty čsl. matematiků a fysiků.** (Bulletin bibliographique de l'Association tchécoslovaque des mathématiciens et physiciens.) Prague II., Hopfenštokova 9. 23 cm.
Depuis 1927. Mensuel. Systématique. Table des auteurs.

884. **K'o-hsüeh.** (Science.) Shanghai, Science Society of China. 26 cm.
Since 1915. Monthly. Containing occasionally bibliographies and book-reviews. In Chinese.

— siehe auch: Nr. 1—3. 97. 125 (Abt. A). 1070. 1105. 1106.

[51 Mathematik

885. †**Bulletin of the American Mathematical Society.** A historical and critical review of mathematical science. Edited by R. Hedrick, David R. Curtiss, William R. Longley. Menasha, Wis., 450—458 Ahnaip Str. 24 cm.
Seit 1891. Monatlich. Enthält alle 2 Monate eine internationale Titelliste von Neuerscheinungen zur reinen und angewandten Mathematik, jährlich einmal eine internationale Titelliste einschlägiger Zeitschriftenaufsätze.

886. †National Research Council of Japan. **Japanese journal of mathematics.** Transactions and Abstracts. Tokyo, National Research Council, Imperial Academy House, Ueno Park. 26 cm.
Seit 1924. Zwanglos. Enthält in fast jedem Heft außer Aufsätzen in europäischen Sprachen auch Auszüge aus Zeitschriftenaufsätzen aller Länder.

887. ***Jahrbuch über die Fortschritte der Mathematik.** Herausgegeben von der Preußischen Akademie der Wissenschaften. Schriftleiter: Georg Feigl. Berlin, Leipzig, W. de Gruyter. 23 cm.

Seit 1871. Erscheint jahrgangsweise in 5–6 Lieferungen, daneben seit 1930 auch in 5 einzeln käuflichen, sachlich in sich abgeschlossenen Heften. Internationale, systematische Bibliographie der Neuerscheinungen der Mathematik einschließlich der Mechanik, Relativitätstheorie und Astronomie mit kritisch-referierenden Notizen. Zeitschriftenaufsätze sind mit aufgenommen. 1930–1931 erschien der Bericht über das Jahr 1927.

888. ***Zentralblatt für Mathematik und ihre Grenzgebiete.** Reine und angewandte Mathematik, theoretische Physik, Astrophysik, Geophysik. Schriftleitung: O. Neugebauer. Berlin W 9, J. Springer. 24 cm.

Seit 1931. Monatlich. Referate über Mathematik, theoretische Physik, Astronomie und Geophysik unter Ausschluß der rein experimentellen Arbeiten. Mit Autorenregister zu jedem Heft.

889. **Acta mathematica.** Herausgegeben von N. E. Nörlund, T. Carleman. Uppsala, Almqvist & Wiksell. 30 cm.

Seit 1882. 2 Bände (4 Hefte) jährlich. Enthält seit Bd. 28 (1904) eine jährliche oder halbjährliche internationale Titelbibliographie über selbständig erschienene Bücher oder Publikationen mathematischen Inhalts, geordnet nach den Verlegern und mit kurzen Inhaltsübersichten versehen.

890. **Norsk matematisk tidsskrift.** Organ for Norsk Matematisk Forening. Thoralf Skolem, Olaf Thalberg. Oslo, Grøndahl. 24 cm.

Fondation 1908. Trimestrielle. Contient depuis 1928 une bibliographie primaire des acquisitions de la Bibliothèque universitaire en fait de littérature mathématique. Alphabétiquement arrangée. Rédacteur: Helge Bergh Kragemo. La bibliographie des années 1928 et 1929 a paru en 1930.

891. Bibliothèque de l'École des Hautes Études. **Bulletin des sciences mathématiques.** Publié sous les auspices du Ministère de l'Instruction publique. Rédigé par Émile Picard et P. Appell. Paris, Gauthier-Villars, 55 quai des Grands-Augustins. 25 cm.

1ère année: 1870. Mensuel. Comptes rendus et analyses d'ouvrages et de périodiques français et étrangers.

892. **L'Enseignement mathématique.** Revue internationale. Organe officiel de la Commission internationale de l'enseignement mathématique. Dirigée par H. Fehr, A. Buhl. Paris, Gauthier-Villars; Genève, Georg. Administration: Genève, 110 route de Florissant. 25 cm.

Depuis 1899. Tous les deux mois. Chaque numéro donne l'analyse des livres nouveaux et la table des matières des revues de mathématiques. International.

893. ***Revue semestrielle des publications mathématiques.** Rédigée sous les auspices de la Société mathématique d'Amsterdam. Groningen, P. Noordhoff. 22 cm.
Seit 1896. Halbjährlich. Systematisches besprechendes Verzeichnis der internationalen mathematischen Literatur an Büchern und Zeitschriftenaufsätzen. 1930 ist vorwiegend die Literatur von 1927 und 1928 verarbeitet.

[52 Astronomie

894. ***Astronomischer Jahresbericht.** Mit Unterstützung der Astronomischen Gesellschaft herausgegeben von dem Astronomischen Rechen-Institut zu Berlin-Dahlem. Berlin, W. de Gruyter. 23,5 cm.
Seit 1899. Jährlich. Vollständige internationale Bibliographie in systematischer Anordnung mit Namenregister. Teilweise mit kritischen und erläuternden Bemerkungen. Bd. 32, 1931, bringt die Literatur des Jahres 1930.

895. ***Literarisches Beiblatt zu den Astronomischen Nachrichten.** Herausgegeben von H. Kobold. Kiel, Verlag der Astronomischen Nachrichten. 31,5 cm.
Seit 1912. Vierteljährlich. Inhaltsangabe von Zeitschriften und Buchbesprechungen.

896. **Uranja.** Miesięcznik Polskiego Towarzystwa Przyjaciół Astronomji. (Urania. Revue mensuelle de la Société polonaise des amis de l'astronomie.) Rédigée par E. Rybka. Warszawa, Ujazdowska 6—8. 23 cm.
Depuis 1922. Mensuel. Bibliographie des travaux polonais sur l'astronomie. Bibliographie analytique dans l'ordre alphabétique des auteurs. Bibliographie courante trimestrielle.

897. **Japanese journal of astronomy and geophysics.** Nippon-temmongaku-oyobi-chikyu-butsurigaku-shuho. Tokyo, National Research Council of Japan, Uyeno Park. 26,5 cm.
Since 1922. Three times a year. Transactions and abstracts in English.

— siehe auch: Nr. 888.

[526 Geodäsie und Kartographie

898. **Zeitschrift für Vermessungswesen.** Im Auftrag der Deutschen Gesellschaft für Vermessungswesen herausgegeben von O. Eggert und O. Borgstätte. Stuttgart, K. Wittwer. 23 cm.

Seit 1872. Halbmonatlich. Enthält eine monatliche besonders paginierte systematische Titelbibliographie von E. Harbert: „Monats-Übersicht der Literatur für Vermessungswesen und Kulturtechnik“.

899. ***Zeitschriftenschau für das Vermessungswesen und seine Grenzgebiete.** Früher: Mitteilungen aus der Tagesliteratur des Vermessungswesens und aus den ihm verwandten Zweigen. Beilage zu den „Allgemeinen Vermessungs-Nachrichten“. Liebenwerda, Provinz Sachsen, R. Reiss. 25 cm.

Seit 1920. Monatlich. Internationale systematische Titelliste neuer Zeitschriftenaufsätze mit gelegentlichen kurzen Erläuterungen. Die Nummern der Brüsseler Dezimal-Klassifikation sind jedem Titel beigefügt.

900. **Svensk lantmäteritidskrift.** Utg. av Sveriges lantmätareförening. Redaktion: Sven H. Liedbeck, Ludvig Rosenbaum. Stockholm, Tegnérlunden 6. 22,5 cm.

Seit 1911. 6 Hefte jährlich. Enthält Inhaltsübersichten der schwedischen und ausländischen geodätischen Zeitschriftenliteratur.

901. **Wiadomości Służby geograficznej.** Bulletin du Service géographique. Revue trimestrielle de l'Institut géographique militaire de Varsovie et la Section géographique de la Société des sciences militaires. Rédacteur en chef: J. Szajewski. Warszawa, Wilcza 64. 24 cm.

Depuis 1927. Trimestriel. Contient la bibliographie géographique polonaise et étrangère au point de vue des sciences militaires, arrangée méthodiquement par matières. Livres et articles de périodiques.

902. **Térképészeti közlöny.** (Revue cartographique.) Publiée par l'Institut Royal hongrois de cartographie. Budapest 114, II. Retek-utca 43. 24 cm.

Depuis 1930. Série de fascicules paraissant à intervalles irréguliers. Donne sous le titre de „Lapszemle“ une bibliographie analytique internationale des articles de revues relatifs à la cartographie, divisée en 8 groupes de matières.

— Karten siehe Nr. 1806—1808.

[53/54 Physik und Chemie

903. **†Anales de la Real Sociedad española de física y química.** Madrid, Real Sociedad española de física y química, San Bernardo 49. 21 cm.

Seit 1903. Monatlich. Eine besonders paginierte Rundschau gibt außer Sammelreferaten Listen chemischer und physikalischer Zeitschriftenaufsätze, geordnet nach den Zeitschriften.

[53 Physik

904. ***Science abstracts.** Section A: Physics. Edited by the Institution of Electrical Engineers in association with the Physical Society of London. London, S. W. 1, E. & F. N. Spon, 57 Haymarket. 24 cm.
Since 1898. Monthly. Classified abstracts with author index. Annual subject index. International. Section B see No. 1360.

905. ***Physikalische Berichte.** Als Fortsetzung der „Fortschritte der Physik" und des „Halbmonatlichen Literaturverzeichnisses" sowie der „Beiblätter zu den Annalen der Physik" gemeinsam herausgegeben von der Deutschen Physikalischen Gesellschaft und der Deutschen Gesellschaft für technische Physik. Braunschweig, Vieweg. 23 cm.
Seit 1920. Halbmonatlich. Enthält Referate über die physikalischen Neuerscheinungen des In- und Auslandes, einschließlich der Zeitschriftenaufsätze, in systematischer Anordnung.

906. **Journal de physique et le Radium.** Publication de la Société française de physique. Directeurs: P. Langevin et J. Blondin. Directeurs du service bibliographique: L. Bloch et L. Brillouin. Paris, 12 place de Laborde. 27 cm.
1ère année: 1872. Mensuel. «Revue bibliographique» méthodique analyse ouvrages et articles français et étrangers.

907. †Nippon-butsurigaku-shuho. **Japanese journal of physics.** Transactions and abstracts. Tokyo, National Research Council of Japan, Imperial Academy House, Ueno Park. 26 cm.
Seit 1922. Zwanglos. Enthält in jedem Heft als besonders paginierten Teil englischsprachige Auszüge aus japanischen Zeitschriftenaufsätzen.

[535 Optik

908. **Zeitschrift für ophthalmologische Optik mit Einschluß der Instrumentenkunde.** Berlin, J. Springer. 24 cm.
Seit 1913. Zwanglos. Enthält in jedem Heft einen internationalen, systematischen Literaturbericht über optische Arbeiten in fortlaufendem Text mit bibliographischen Fußnoten von H. Boegehold und M. v. Rohr, der auch Zeitschriftenaufsätze berücksichtigt. 1930 erschienen die Übersichten über die Literatur von 1928 und 1929.

[537 Elektrizität

909. **L'Onde électrique.** Publiée par la Société des amis de la T. S. F. Paris, E. Chiron, 40 rue de Seine. 23,5 cm.

1ère année: 1922. Mensuelle. «Analyses» d'articles de revues françaises et étrangères classées méthodiquement.

— siehe auch: Nr. 1363.

[539.3 Elastizität

910. **Journal of rheology.** Published by the Society of Rheology with the cooperation of the Chemical foundation, inc. Editor: Eugene C. Bingham. Easton, Pa., 20th and Northampton Streets. 23,5 cm.

Since 1929. Quarterly. Book reviews. Abstracts of theoretical and technical articles and patents on the flow of substances, reprinted from "Chemical abstracts" and "Science abstracts".

[54 Chemie

911. ***Annual reports on the progress of chemistry.** Editor: Clarence Smith. London, The Chemical Society, Burlington House. 21,5 cm.

Since 1904. Annual. A methodical survey of the chemical literature of the year, with bibliographical footnotes. Author and subject index. The 1930 volume is published in 1931.

912. **†*Annual survey of American chemistry.** Edited by Clarence J. West. Published for National Research Council. New York, Chemical Catalog Company, 419 Fourth Avenue. 21,5 cm.

Seit 1927 (für 1925/26). Jährlich, zuletzt 1931 für 1930 erschienen. In rund 40 Abschnitte geteilt. Kritische Referate in fortlaufendem Text mit bibliographischen Fußnoten.

913. ***British chemical abstracts.** Issued by the Bureau of Chemical Abstracts. Edited by T. F. Burton. A: Pure chemistry. London E. C. 2, 46 Finsbury Square. 28 cm.

Since 1926. Monthly. Contains classified abstracts with author index. A combined annual author and subject index is published. Section B (applied chemistry) see No. 1508.

914. ***Chemical abstracts.** Published semi-monthly by the American Chemical Society. E. J. Crane, editor, Ohio State University, Columbus, Ohio. Secretary's office: Mills Building, Washington, D. C. 23,5 cm.

Since 1907. Semi-monthly. Abstracts of chemical literature, United States and foreign, classified by subjects, with author index in each issue. Annual and decennial indexes.

915. **Journal of chemical education.** Published by Division of Chemical Education of the American Chemical Society. Neil E. Gordon, editor. Easton, Pa., 20th and Northampton Streets. 23,5 cm.

Since 1924. Monthly. Each issue contains Abstracts, classified, and signed book reviews.

916. ***Chemische Novitäten.** Bibliographie der neuerschienenen internationalen Literatur der reinen und angewandten Chemie und der chemischen Technologie. Leipzig, G. Fock. 21,5 cm.

Seit 1904. 6 Hefte jährlich. Internationale systematische Titelliste neuer Bücher mit Angabe der Preise. Am Schluß einige Rezensionen.

917. ***Chemisches Zentralblatt.** Vollständiges Repertorium für alle Zweige der reinen und angewandten Chemie. Herausgegeben von der Deutschen Chemischen Gesellschaft. Redigiert von Maximilian Pflücke. Berlin, Verlag Chemie. 24 cm.

Seit 1830. Wöchentlich. Enthält Referate über in- und ausländische Neuerscheinungen auf dem Gebiete der Chemie in systematischer Anordnung. Zeitschriftenaufsätze sind mit verzeichnet. Mit Jahresregistern (Autorenregister; Sach- und Formelregister). Seit 1897 mit Generalregister für mehrere Jahre, zuletzt für die Jahre 1925—1929 in 3 Bänden 1930—31 erschienen.

918. **Mikrochemie.** Internationales Archiv für deren Gesamtgebiet. Wien I, Emil Haim, Maria-Theresien-Straße 10. 23 cm.

Seit 1922. In zwangloser Folge. Originalarbeiten sowie Berichte über die gesamte mikrochemische Literatur und Sammelreferate über die einzelnen Teilgebiete.

919. **Bulletin de la Société chimique de France.** Rédacteur en chef: R. Marquis. Paris, Masson, 120 boulevard Saint-Germain. 22,5 cm.

1ère année: 1892. Mensuel. «Analyses des travaux français et étrangers». Table annuelle des auteurs. Un volume annuel est consacré aux travaux français et étrangers (principalement les revues).

920. **Helvetica chimica Acta.** Edita a Societate chimica Helvetica. Basileae et Genevae, Georg. 23 cm.

Depuis 1918. 6 à 8 cahiers par an. Contient la bibliographie-titres mensuelle des ouvrages et articles de chimie parus en Suisse.

921. **Chemický obzor.** (Annales de chimie.) Publiées par Spolek československých inženýrů. Praha I, Dům československých inženýrů. 29,5 cm.
Depuis 1926. Mensuel. Analyses des périodiques de chimie pure et appliquée par Josef Maruška. Annexe paginée séparément: «Přehled československé chemické literatury» (voir No. 922).

922. ***Přehled československé chemické literatury.** (Revue de la littérature tchécoslovaque de chimie.) Praha I, Dům československých inženýrů. 29,5 cm.
Depuis 1930. Trimestriel. Supplément au «Chemický Obzor» (voir No. 921). Analyses arrangées méthodiquement.

923. **†Journal of the Chemical Society of Japan.** Nippon kwagaku kwaishi. Formerly Journal of the Tokyo Chemical Society. Published by the Chemical Society of Japan, Faculty of Science. Tokyo, Tokyo Imperial University. 26 cm.
Monatlich. Enthält in den meisten Heften Auszüge aus Zeitschriftenaufsätzen.

924. ***Nippon kagaku soran.** (Complete abstracts of Japanese chemical literatures.) Sendai, Nippon kagaku kenkyukai, 36 Komegafukuro nakanosakadori.
Monthly.

— siehe auch: Nr. 1445. 1446. 1510. 1512. 1514.

[541.18 Kolloidchemie

925. **Kolloid-Zeitschrift.** Zeitschrift für wissenschaftliche und technische Kolloidchemie. Organ für das Gesamtgebiet der reinen und angewandten Kolloidchemie und für die Veröffentlichungen der Kolloid-Gesellschaft. Herausgegeben von Wolfgang Ostwald. Dresden-Bl., Theodor Steinkopff, Residenzstraße 32. 27 cm.
Seit 1906. Monatlich. Enthält in jeder Nummer einen unter der Redaktion von R. E. Liesegang stehenden Referatenteil.

926. **Revue générale des colloïdes.** «Revue générale des colloïdes et de leurs applications industrielles» et «Les Colloïdes en biologie, clinique et thérapeutique» réunis. Directeur: Paul Bary. Paris, 9 rue Coëtlogon. 26,5 cm.
1ère année: 1923. Mensuelle. «Documentation et brevets d'invention»: brèves analyses classées méthodiquement. «Bibliographie»: comptes rendus de volumes et d'articles français et étrangers.

[543/545 Analytische Chemie

927. **The Analyst.** The journal of the Society of Public Analysts and other Analytical Chemists. Editor: C. Ainsworth Mitchell. Cambridge, W. Heffer. 24,5 cm.
Since 1875. Monthly. Contains long abstracts of papers published in other journals and full reviews. Annual name and subject index.

928. **Zeitschrift für analytische Chemie.** Herausgegeben von W. Fresenius, R. Fresenius, L. Fresenius. München, J. F. Bergmann. 23,5 cm.
Seit 1862. Erscheint in zwanglosen Heften, von denen 12 einen Band bilden. In jedem Heft findet sich der Abschnitt „Bericht über die Fortschritte der analytischen Chemie", der meist in Form von Sammelberichten kritische Referate über die neueste Literatur zur analytischen Chemie enthält.

929. **Annales de chimie analytique et de chimie appliquée et Revue de chimie analytique réunies.** Directeur: C. Crinon. Paris, 49 rue des Mathurins. 25 cm.
1ère année: 1896. Parait le 15 de chaque mois. Comptes rendus analytiques et critiques d'ouvrages et d'articles français et étrangers en 3 parties: 1° Revue des publications françaises. 2° Revue des publications étrangères. 3° Bibliographie.

[546 Anorganische Chemie

930. ***The Nickel Bulletin.** Published monthly by the Bureau of Information on Nickel. London S. W. 1, The Mond Nickel Company Ltd., Imperial Chemical House. 24,5 cm.
Since 1928. Monthly. Contains classified abstracts and references. Annual author and subject index.

931. ***Nickel-Berichte.** Herausgegeben vom Nickel-Informationsbüro. Frankfurt a. M., Liebigstraße 16. 25 cm.
Seit 1931. Monatlich. Enthält systematisch geordnete Referate neuer in- und ausländischer Zeitschriftenaufsätze.

— siehe auch: Nr. 1549—1556.

[547 Organische Chemie

932. ***Jahrbuch der organischen Chemie.** Von Julius Schmidt, Stuttgart. Leipzig und Wien, F. Deuticke. 26 cm.
Seit 1907. Jährlich. Referierend-kritischer Literaturbericht über die Forschungsergebnisse und Fortschritte des Berichtsjahres. Die Literatur ist in den Fußnoten genannt. 1931 erschien der Jahrgang 1929.

[548/549 + 55/56 Mineralogie, Geologie und Paläontologie

933. ***Neues Jahrbuch für Mineralogie, Geologie und Paläontologie.** [Abt.:] Referate. Stuttgart, E. Schweizerbart. 23,5 cm.
Seit 1830. Erscheint in drei Abteilungen mit je 6 Heften jährlich. Enthält seit 1925 im Hauptteil wissenschaftliche Referate über Neuerscheinungen aller Länder in systematischer Anordnung. Auch Zeitschriftenaufsätze. Die drei Abteilungen des Referatenteiles sind: 1. Kristallographie, Mineralogie; 2. Allgemeine Geologie, Petrographie, Lagerstättenlehre; 3. historische und regionale Geologie, Paläontologie. Neben der Abteilung Referate werden Originalabhandlungen in besonderen Beilagebänden veröffentlicht.

934. †*República Argentina. Academia Nacional de ciencias. Miscelánea. **Bibliografía de la geología, mineralogía y paleontología de la República Argentina.** Por Enrique Sparn. Córdoba, Argent. 25 cm.
Seit 1920 (für 1900–1914). Unregelmäßig in Zeiträumen von mehreren Jahren. Internationale alphabetische Titelbibliographie mit Schlagwortregister. Letzter Band: 1925–1927, erschienen 1928.

[548 Kristallographie

935. **Zeitschrift für Kristallographie, Kristallgeometrie, Kristallphysik, Kristallchemie.** (= Zeitschrift für Kristallographie, Mineralogie und Petrographie Abt. A.) Herausgegeben von P. Niggli, P. P. Ewald, K. Fajans, M. v. Laue. Leipzig, Akademische Verlagsgesellschaft. 23 cm.
Seit 1877. Zwanglos in Bänden zu 6 Heften. Mit einem laufenden, besonders paginierten internationalen Referatenteil.

[549 Mineralogie

936. **The Mineralogical magazine and journal of the Mineralogical Society.** Edited by L. J. Spencer. London, Humphrey Milford, Amen House, Warwick Square. 29,5 cm.
Since 1876. Quarterly. From 1920 has separately paged "Mineralogical Abstracts" in each number. The section contains about 200 pp. annually with author, subject and topographical indexes. A volume is formed every three years. International.

937. **Mineralogische und petrographische Mitteilungen.** (= Abt. B der Zeitschrift für Kristallographie, Mineralogie und Petrographie.) Herausgegeben von F. Becke, A. Himmelbauer und K. H. Scheumann. Leipzig, Akademische Verlagsgesellschaft. 24,5 cm.
Seit 1878. Zwanglos in Bänden zu 6 Heften. Mit einem laufenden, besonders paginierten internationalen Referatenteil. Seit 1931 bringt

der Hauptteil ein Vollständigkeit anstrebendes internationales Verzeichnis der mineralogischen und petrographischen Literatur, geordnet nach Sprachgebieten; 1931 für das Jahr 1929.

938. **Periodico di mineralogia**, diretto da F. Millosevich. Roma, Istituto di mineralogia della R. Università. 23 cm.

Dal 1930. Quadrimestrale. Ogni numero contiene la «Bibliografia» con titoli e cenno o riassunto del contenuto di tutti i più importanti lavori italiani relativi alla cristallografia, alla mineralogia e petrografia.

939. **Archiwum mineralogiczne Towarzystwa naukowego warszawskiego.** (Archives de minéralogie de la Société des sciences de Varsovie.) Warszawa, Towarzystwo. 24,5 cm.

Depuis 1925. Annuaire. Donne une bibliographie des travaux cristallographiques, minéralogiques et pétrographiques polonais, rédigée par J. E. Iwiński. Bibliographie-titres. Ordre alphabétique des auteurs. Concerne l'année précédente.

[55 Geologie

940. ***Bibliography of North American geology.** Compiled by John M. Nickles. Published by the United States Geological Survey, Department of the Interior. Washington, D. C., Government Printing Office. 23,5 cm.

Since 1909 (for 1908). Annual. Continuation of earlier series. An author list of American publications relating to North American geology, including paleontology, petrology, and mineralogy, with a subject index. 1925—1926 published July, 1928. A volume covering the years 1919—1928 is published in 1931.

941. ***List of geological literature added to the Geological Society's Library.** London W. 1, Geological Society, Burlington House. 22,5 cm.

Since 1894. Annual. Titles only. Includes books, contents of journals and transactions arranged alphabetically by author with a subject index. 1929 is published in 1930.

942. ***Der Geologe.** Auskunftsblatt für Geologen und Mineralogen, zugleich Nachtrag und Ergänzung zum Geologenkalender. Zeitschrift für die Hilfsmittel der geologischen Forschung. Leipzig, M. Weg. 23 cm.

Seit 1910. Erscheint unregelmäßig in Abständen von mehreren Monaten in Einzelheften. Enthält ein Verzeichnis wichtiger Neuigkeiten (Bücher und Sonderabdrucke) aus dem Gebiete der Mineralogie,

Geologie und Petrographie, Paläontologie, praktischen Geologie und Hilfswissenschaften in alphabetischer Anordnung mit Sachregister. International.

943. ***Geologische Literatur Deutschlands.** Herausgegeben von den Deutschen Geologischen Landesanstalten. Berlin N 4, Preußische Geologische Landesanstalt, Invalidenstraße 44. 25,5 cm.
Seit 1907. Jährlich. Erscheint in 2 Reihen: A. Jährlicher Literaturbericht. Systematisch. B. Zwanglose Literaturzusammenstellungen über einzelne Gegenden oder geologische Spezialgebiete. 1930 erschien die Literatur des Jahres 1928.

944. ***Geologisches Zentralblatt.** Anzeiger für Geologie, Petrographie, Palaeontologie und verwandte Wissenschaften. Herausgegeben von K. Keilhack. Leipzig, Borntraeger. 25,5 cm.
Seit 1901. Halbmonatlich. Enthält ausschließlich Besprechungen von Neuerscheinungen in systematischer Anordnung. Zeitschriftenaufsätze werden berücksichtigt. International. Register am Schluß jedes Bandes, außerdem für Jg. 1—15 und 16—30.

945. †Naturwissenschaftliche Zeitschrift **Lotos.** Herausgegeben mit Unterstützung des Ministeriums für Schulwesen und Volkskultur in Prag vom Deutschen naturwissenschaftlich-medizinischen Verein für Böhmen „Lotos" in Prag. Redigiert von Adalbert Liebus. Prag II, „Lotos", Salmova 3. 23 cm.
Seit 1851. Halbjährlich. Enthält ein jährliches „Verzeichnis der geologisch-paläontologischen Literatur über das Gebiet von Böhmen, Mähren und Schlesien" von Adalbert Liebus. 1930 erschien die Bibliographie für 1929.

946. †**Verhandlungen der Geologischen Bundesanstalt.** Wien III, Geologische Bundesanstalt, Rasumofskygasse 23. 24 cm.
Seit 1867. Monatlich. Mit jährlicher Bibliographie der auf Österreich sich beziehenden geologischen und verwandten Arbeiten, zusammengestellt von H. P. Cornelius. 1930 für das Jahr 1929.

947. **Geologiska föreningens i Stockholm förhandlingar.** Stockholm, Nordiska bokhandeln. 22,5 cm.
Seit 1871. Vierteljährlich. Enthält eine Titelbibliographie: „Förteckning över svensk geologisk, paleontologisk, petrografisk och mineralogisk litteratur", ab 1927 von R. Sandegren, und zwar 1929 für das Jahr 1928. 1899—1906 jedes zweite oder dritte Jahr, 1907/1917 für 11 Jahre, sonst jährlich erscheinend. Alphabetisch. Vor 1907 wurde skandinavische Literatur verzeichnet.

948. **Meddelelser fra Dansk Geologisk Forening.** København, G. E. C. Gad. 24 cm.

Seit 1894. Jährlich 1 bis 2 Hefte. Enthält ein jährliches, internationales Titelverzeichnis neuer Bücher und Aufsätze aus dem Gebiete der Geologie, Mineralogie usw., die Dänemark, Island und Grönland betreffen. Alphabetisch nach Verfassern. 1930 erschien das Verzeichnis für das Jahr 1929.

949. *Fédération des Sociétés françaises de sciences naturelles. **Bibliographie des sciences géologiques.** Publiée par la Société géologique de France avec le concours de la Société française de minéralogie. Rédigée par le Syndicat de documentation géologique et paléontologique. Paris, Société, 28 rue Serpente. 24 cm.

1ère année: 1923. Trimestrielle. Articles parus en France et à l'étranger sur la géologie et la minéralogie, classés méthodiquement par pays et par périodiques. Comptes rendus analytiques. Une 2ème partie comprend un index alphabétique des noms d'auteurs et une table alphabétique des matières.

950. ***Revue de géologie et des sciences connexes.** Review of geology and the connected sciences. Rassegna di geologia e delle scienze affini. Organe publié mensuellement sous le patronage de la Société géologique de Belgique. Liége, Vaillant-Carmanne, 4 place Saint-Michel. 24 cm.

Depuis 1920. Mensuelle. Bibliographie analytique classée systématiquement de tout ce qui paraît conçernant la géologie, en français, anglais et italien.

951. **Bollettino del R. Ufficio geologico d'Italia.** Roma, Provveditorato generale dello Stato, Libreria. 25 cm.

Dal 1870. Senza periodicità fissa. Pubblica la «Bibliografia geologica italiana» (titoli di lavori italiani e stranieri sull' Italia) che di solito registra annualmente le opere e gli articoli dell' anno precedente.

952. Geološki Zavod Universiteta u Beogradu. **Geološki anali Balkanskog Poluostrva.** Annales géologiques de la Péninsule Balkanique. Rédacteur: V. K. Petković. Belgrad, L'Institut de géologie de l'Université. 24 cm.

Depuis 1889. Annuel. Bibliographie analytique des livres et des articles de périodiques yougoslaves et étrangers. Bibliographie-titres annuelle de la littérature géologique de la Péninsule Balkanique par Sreten P. Milojević (1927 paru en 1930).

953. ***Bibliografja geologiczna Polski.** Bibliographie géologique de Pologne. Édition du Service géologique de Pologne. Rédigée par M-me R. Danysz-Fleszarowa. Warszawa, Kapucyńska 7. 23 cm.

Depuis 1922. Annuelle. Bibliographie-titres par ordre alphabétique des auteurs. 1928 a paru en 1930.

954. †**Földtani közlöny.** A magyarhoni földtani társulat folyóirata. Geologische Mitteilungen. Zeitschrift der Ungarischen Geologischen Gesellschaft, zugleich Organ der Königl. Ungarischen Geologischen Anstalt. Redigiert von Tibor Zeller und Róbert Reichert. Budapest VIII., Ungarische Geologische Gesellschaft, Múzeum-körút 4. 25 cm.

Seit 1872. Jährlich. Am Schluß jedes Bandes alphabetische Titelbibliographie neuer ungarischer geologischer Bücher und Aufsätze; 1930 erschien die Bibliographie für 1929.

955. †Nippon-chishitsugaku-chirigaku-shuho. National Research Council of Japan. **Japanese Journal of geology and geography.** Tokyo, Uyeno Park. 25,5 cm.

Seit 1922. Unregelmäßig. In englischer Sprache. Mit besonders paginiertem Referatenteil: "Abstracts of geological and geographical papers published in Japan."

[551.1 Geophysik

956. †***Current bibliography of applied geophysics.** E. Lancaster-Jones, editor. London, The Science Museum, South Kensington. 33 cm.

Seit 1929. Unregelmäßig. Maschinenschrift, autographiert. Alphabetische Titellisten. Die Titel sind zum Aufkleben eingerichtet und mit den Nummern der Dezimalklassifikation versehen.

957. *Department of Commerce. United States Bureau of Mines. **Geophysical abstracts.** By Frederick W. Lee. Washington, D. C., the Bureau. 27 cm.

Since 1929. Monthly. Abstracts of articles and notes of new books, dealing with applied geophysics. Arranged in 8 classes. A sub-series of the Information circulars, U. S. Bureau of Mines. Mimeographed with printed title-page.

958. **Zeitschrift für Geophysik.** Herausgegeben im Auftrage der Deutschen Geophysikalischen Gesellschaft. Braunschweig, F. Vieweg. 23 cm.

Seit 1925. Achtmal im Jahr. Den Heften sind zwanglos in besonderer Paginierung beigeheftet ein möglichst vollständiges aufzählendes „Literaturverzeichnis" in systematischer Anordnung von Rudolf Beyer, Konrad Büttner und Lotte Möller sowie ein Referatenteil mit dem Titel „Geophysikalische Berichte", der international gehalten ist.

— Siehe auch: Nr. 888. 897.

[551.2/3 Geodynamik

959. †*Department of the Interior. Canada. Publications of the Dominion Observatory, Ottawa. **Bibliography of seismology.** By Ernest A. Hodgson. Ottawa, F. A. Acland. 29,5 cm.

Seit 1929. Vierteljährlich. Internationale Bibliographie neuer Zeitschriftenaufsätze zur Seismologie, teilweise mit kritischen Bemerkungen.

960. **Zeitschrift für Gletscherkunde, für Eiszeitforschung und Geschichte des Klimas.** Annales de glaciologie. Annals of glaciology. Annali di glaciologia. Herausgegeben von R. v. Klebelsberg. Leipzig, Borntraeger. 25,5 cm.

Seit 1906. In Heften, von denen 4—5 einen Band bilden. Jedes Heft enthält eine „Bibliographie", die in systematischer Anordnung deutsche, französische, englische und italienische Neuerscheinungen, teilweise mit erläuternden Bemerkungen, verzeichnet. Auch Zeitschriftenaufsätze sind berücksichtigt.

961. **Zeitschrift für Vulkanologie.** Rivista vulcanologica. Volcanological review. Revue vulcanologique. Herausgeber: Immanuel Friedlaender und Hans Reck. Berlin, D. Reimer. 24,5 cm.

Seit 1914. Erscheint in Bänden zu 4—6 Heften. Seit 1929 die referierende Rubrik „Neue vulkanologische Literatur" (Titelliste).

962. **Bollettino del Comitato glaciologico italiano.** Redattore: U. Mònterin. Torino, Tipografia sociale torinese, via Ormea 75. 26 cm.

Dal 1914. Annuale. Col n⁰ 10 del 1930 inizia la regolare pubblicazione della „Bibliografia glaciologica italiana" (lavori italiani e lavori stranieri relativi alla regione italiana) e „Bibliografia glaciologica estera" compilate da Carlo Felice Capello, contengono soli titoli in ordine alfabetico d'autore. La bibliografia estera si riferisce al 1928, quella italiana al 1928 e anni precedenti.

[551.46 Ozeanographie

963. †Conseil permanent international pour l'exploration de la mer. **Jounal du Conseil.** Publié par le bureau du Conseil. Rédigé par E. S. Russell. Copenhague, en commission chez A. F. Høst. 25 cm.

Seit 1926. Dreimal jährlich. Enthält in jedem Heft eine internationale systematische Titelliste neuer Zeitschriftenaufsätze zur Ozeanographie, zusammengestellt vom Herausgeber.

[551.5 Meteorologie

964. ***Bibliography of meteorological literature.** Prepared by the Royal Meteorological Society with the collaboration of the Meteorological Office. London S. W. 7, Royal Meteorological Society, 49 Cromwell Road, South Kensington. 25 cm.

Since 1922. Twice a year. A classified bibliography. Ten numbers form a volume. In 1930 are published the two 1929 issues.

965. †***Bibliographie météorologique.** Supplément à La Météorologie, revue mensuelle. Paris, Société météorologique de France; É. Chiron, 40 rue de Seine. 25 cm.

Seit 1853. Jährlich. Besprechende, internationale, systematisch geordnete Bibliographie mit Autorenregister. 1928 erschien die Bibliographie für 1926.

966. **Wiadomości meteorologiczne i hydrograficzne,** wydawane przez Państwowy Instytut Meteorologiczny, przy współpracy Centralnego Biura Hydrograficznego Ministerstwa Robót Publicznych. Bulletin météorologique et hydrographique publié par l'Institut météorologique de Pologne en collaboration avec le Bureau hydrographique central au Ministère des travaux publics. Rédacteur: R. Gumiński. Warszawa, Nowy Świat 72. 30,5 cm.

Depuis 1921. 13 fois par an. Donne une bibliographie-titres en ordre systématique des importantes publications étrangères sur la météorologie, rédigée par R. Gumiński.

[553 Technische Geologie

967. ***Annotated bibliography of economic geology.** Prepared under the auspices of the National Research Council. Editor: John M. Nickles. Lancaster, Pa., the Economic geology publishing co., Prince and Lemon Streets. 24 cm.

Since 1929 (covering 1928). Semi-annual. A bibliography with annotations of international literature relating to ore deposits, coal, petroleum and non-metallic products. Classified by subjects, with index.

968. **Foote-prints on the rare metals and unusual ores.** Edited and published by the Research laboratories of the Foote mineral company. Philadelphia, Pennsylvania, 16th and Summer Streets. 23,5 cm.

Since 1928. Quarterly. Each issue contains reviews and abstracts of technical periodicals, edited by Dr. Philip E. Browning. American and foreign publications.

[56 Paläontologie

969. †**Rivista italiana di paleontologia.** Redattore: P. Vinassa de Regny. Pavia, Rivista, R. Università. 24 cm.

Seit 1895. Vierteljährlich. Enthält Berichte über vorwiegend italienische Zeitschriftenaufsätze auf dem Gebiet der Paläontologie.

970. †Annuaire de la Société Paléontologique de Russie. **Ežegodnik Russkogo Paleontologičeskogo Obščestva.** Izdavaemyj pod redakcieju A. A. Borisjaka i A. N. Rjabinina. Leningrad. 24 cm.

Seit 1917. Jährlich. Enthält Sammelbesprechungen, Referate und eine Titelbibliographie von Neuerscheinungen (Bücher und Aufsätze).

— siehe auch: Nr. 871. 1034.

[571 Urgeschichte

971. **Jahresbericht der Schweizerischen Gesellschaft für Urgeschichte** (Société suisse de préhistoire). Frauenfeld, Huber. 24,5 cm.

Seit 1890. Jährlich. Gibt mit prähistorischen Funden auch die Literatur an, und zwar 1930 für das Jahr 1928.

972. ***Vorgeschichtliches Jahrbuch.** Für die Gesellschaft für Vorgeschichtliche Forschung herausgegeben von Max Ebert. Berlin, W. de Gruyter. 26 cm.

Seit 1926. Jährlich. Erstes Berichtsjahr: 1924. Bringt eine nach Ländern geordnete internationale Bibliographie der im Berichtsjahr erschienenen Bücher und Zeitschriftenaufsätze zur Vorgeschichte, teilweise mit erläuternden Notizen. 1930 erschien die Bibliographie des Jahres 1927.

973. **Ipek.** Jahrbuch für prähistorische und ethnographische Kunst. Herausgeber: Herbert Kuhn. Leipzig, Klinkhardt & Biermann. 32 cm.

Seit 1925. Jährlich. Am Schluß Rezensionen, eine Umschau über Zeitschriftenaufsätze und eine systematische Titelliste der Neuerscheinungen des In- und Auslandes.

— Archäologie siehe Nr. 1763—1779.

[572 Anthropologie, Ethnologie

974. **Human biology.** A record of research. Raymond Pearl, editor. Baltimore, Maryland, Warwick & York, 10 East Center Street. 24 cm.

Since 1929. Quarterly. Contains a department of "Recent literature useful in the study of human biology", a title bibliography classified as follows: I. Evolution and genetics; II. Group biology; III. Behavior; IV. Morphology; V. Physiology; VI. Pathology; VII. Methodology; VIII. Miscellaneous.

975. **Anthropologischer Anzeiger.** Bericht über die physisch-anthropologische Literatur. Mitteilungsblatt der Gesellschaft für Physische Anthropologie. Herausgegeben von Th. Mollison und W. Gieseler. Stuttgart, E. Schweizerbart. 25 cm.

Seit 1924. Vierteljährlich. Jedes Heft enthält eine aufzählende internationale Titelbibliographie von Neuerscheinungen in systematischer Anordnung mit Einschluß des Zeitschrifteninhalts; außerdem Referate und am Schluß Originalarbeiten.

976. **Anthropos.** Revue internationale d'ethnologie et de linguistique. Internationale Zeitschrift für Völker- und Sprachenkunde. Mit Unterstützung der Deutschen Görresgesellschaft und der Österreichischen Leo-Gesellschaft. Herausgegeben von W. Koppers. St. Gabriel-Mödling bei Wien, Verlag „Anthropos". 28 cm.

Seit 1906. Erscheint halbjährlich. Enthält die vollständige primäre und analytische Bibliographie der Werke und Zeitschriftenartikel über Ethnologie, und zwar in der Rubrik „Miscellanea" gekürzte Inhaltsangaben von Zeitschriftenartikeln, unter „Bibliographie" Buchrezensionen, unter „Avis" eine Titelliste von Neuerscheinungen und schließlich eine nach Zeitschriften geordnete „Zeitschriften-Schau" mit Angabe der ethnologischen Aufsätze.

977. ***Ethnologischer Anzeiger.** Jahresbibliographie und Bericht über die völkerkundliche Literatur. Herausgegeben von M. Heydrich. Stuttgart, Schweizerbart. 25,5 cm.

Seit 1928 (für die Jahre 1924/25). Erscheint zwanglos in Heften. Der 1. Teil jedes Heftes bringt internationale Titellisten, der 2. Referate. 1929—31 erschien die Bibliographie der Jahre 1926 und 1927.

978. **Mitteilungen der Anthropologischen Gesellschaft in Wien.** Schriftleiter: Leo Bouchal. Wien I., Verlag der Gesellschaft, Burgring 7. 27,5 cm.
Seit 1871. Erscheint alle zwei Monate. Gibt eine analytische Bibliographie neuer Bücher über Anthropologie. Vorwiegend deutschsprachige Werke werden besprochen.

979. **L'Anthropologie** (suite de: Revue d'ethnographie). Rédacteurs en chef: MM. Boule et Verneau. Paris, Masson, 120 boulevard Saint-Germain. 25 cm.
1ère année: 1890. Bimestriel. Comptes rendus analytiques et critiques d'ouvrages et d'articles français et étrangers, sous la rubrique «Mouvement scientifique».

980. **Archives suisses d'anthropologie générale.** Publiées par l'Institut suisse d'anthropologie générale. Genève, A. Kundig, 10 rue du Vieux-Collège. 25 cm.
Depuis 1914. Paraît irrégulièrement. Contient des notes bibliographiques sur des ouvrages et articles d'anthropologie suisse et générale.

981. †Société d'ethnographie de Paris. **L'Ethnographie.** Bulletin semestriel. Paris, Maisonneuve, 3 rue du Sabot. 28 cm.
Seit 1860. Halbjährlich. Enthält «Bibliographie et dépouillement des articles d'ethnographie parus dans les publications périodiques» von Joseph Nippgen, teilweise mit Besprechungen. International. 1929 erschien die Bibliographie für das Jahr 1928.

982. †**Rivista di antropologia.** Atti della Società romana di antropologia. Roma, via del Collegio Romano 26. 22,5 cm.
Seit 1893. Unregelmäßig (etwa alle 2 Jahre). Enthält eine von Sergio Sergi zusammengestellte Bibliographie der italienischen anthropologischen Veröffentlichungen, und zwar 1927 für das Jahr 1923.

983. Vseukraïnśka Akademija Nauk. Kabinet antropologiï im. F. Vovka. **Antropologija.** Ričnik kabinetu. Anthropologie. Annuaire du laboratoire. Kiïv. 27 cm.
Seit 1927. Jährlich. Mit bibliographischen Übersichten über die ukrainische anthropologische Literatur.

984. Vseukraïnśka Akademija Nauk. Etnografična komisija. **Etnografičnij visnik.** (Ethnographischer Anzeiger.) Za golovnim redaguvannjam Andrija Lobodi ta Viktora Petrova. Kiïv. 27 cm.
Seit 1925. Unregelmäßig. Enthält Rezensionen der Fachliteratur sowie eine besonders paginierte laufende Titelbibliographie.

985. **Anthropologie.** Publié par l'Institut d'Anthropologie de l'Université Charles. Prague I. 28,5 cm.

Depuis 1923. Trimestriel. Comptes rendus d'ouvrages tchèques et étrangers.

— siehe auch: Nr. 393. 865. 973.

[572.9 Rassenkunde

986. **Archiv für Rassen- und Gesellschafts-Biologie** einschließlich Rassen- und Gesellschafts-Hygiene. Wissenschaftliches Organ der Deutschen Gesellschaft für Rassenhygiene. Schriftleitung: Alfred Ploetz und Fritz Lenz. München, J. F. Lehmann. 26 cm.

Seit 1904. Vierteljährlich. Enthält am Schluß jedes Heftes kritische Besprechungen und Referate sowie eine Zeitschriftenschau. Nur deutsche Literatur.

987. **Zeitschrift für Rassenphysiologie.** Mitteilungen der Deutschen Gesellschaft für Blutgruppenforschung. Herausgeber: Otto Reche. München, J. F. Lehmann. 25 cm.

Seit 1928. In Bänden zu 4 Heften. Enthält eine jährliche Titelbibliographie deutscher Bücher und Aufsätze von Michael Hesch: „Deutsches Schrifttum über die Blutballung (Iso- und Heterohämagglutination)." 1930 erschien die Bibliographie für das Jahr 1929.

— siehe auch: Nr. 1121.

[575/577 Allgemeine Biologie

988. ***Biological abstracts.** A comprehensive abstracting and indexing journal of the world's literature in theoretical and applied biology, exclusive of clinical medicine. Published under the auspices of the Union of American Biological Societies with the cooperation of biologists generally. J. H. Schramm, editor-in-chief. Menasha, Wisconsin, 450 Ahnaip Street. 27 cm.

Since Dec. 1926. Monthly. Classified by subjects, with an author index. In its departments dealing with theoretical and applied bacteriology and botany the journal represents a continuation of Abstracts of bacteriology and Botanical abstracts.

989. **The quarterly review of biology.** Raymond Pearl, editor. Baltimore, Md., Williams & Wilkins. 25,5 cm.

Since 1926. Quarterly. Includes a section "New biological books" which consists of brief notices of books, classified by subject; and other bibliographies.

990. ***The Wistar Institute bibliographic service.** Issued by the Wistar Institute of Anatomy and Biology. Philadelphia, Pennsylvania. A card service.

Since 1917. Consists of abstract cards (having the size 7,5 × 12,5 cm) for each paper appearing in the following publications: Journal of morphology and physiology, The Journal of comparative neurology, The American journal of anatomy, The Anatomical record, The Journal of experimental zoölogy, American anatomical memoirs, American journal of physical anthropology, Stain technology, Folia anatomica Japonica, Physiological zoölogy. Beginning with 1925 they issue also a Laboratory service of Stain technology. (See No. 1006.)

991. ***The Wistar Institute bibliographic service** for the Journal of morphology and physiology etc. Abstracts edited and classification revised by Helen Dean King. Philadelphia, Pa., the Wistar Institute of Anatomy and Biology. 26,5 cm.

Since 1922. About every two years. Contains, in book form, the abstracts of the Card service (see No. 990). Complete author and subject indices. So far five volumes have appeared, the 1930 volume covering the abstracts published in 1928 and in 1929.

992. ***Berichte über die gesamte Biologie.** Abt. A: Berichte über die wissenschaftliche Biologie. Herausgegeben von M. Hartmann, F. v. Wettstein. Berlin, J. Springer. 25 cm.

Seit 1926. Erscheint zwanglos in etwa halbmonatlichen Heften. Enthält ausschließlich Referate über die biologischen Neuerscheinungen des In- und Auslandes unter Berücksichtigung der Zeitschriftenaufsätze. Systematische Anordnung. Abt. B siehe Nr. 1116.

993. ***Jahresbericht wissenschaftliche Biologie.** Bibliographisches Jahresregister der Berichte über die wissenschaftliche Biologie. Herausgegeben von Tibor Péterfi. Berlin, J. Springer. 25,5 cm.

Seit 1928. Jährlich. Systematisches internationales Titelverzeichnis, hauptsächlich von Zeitschriftenaufsätzen, mit Hinweisen auf Band und Seite in den Berichten über die wissenschaftliche Biologie, wo die Titel referiert wurden. Mit Autorenregister. 1930 erschien der Bericht über das Jahr 1928.

994. ***L'Année biologique.** Compte rendu des travaux de biologie générale. Publication de la Fédération des Sociétés de sciences naturelles. Paris, Presses Universitaires de France, 49 boulevard Saint-Michel. 24 cm.

1ère année: 1895. Paraît tous les deux mois par livraisons. Notices bibliographiques et comptes rendus critiques de travaux français et étrangers, classés méthodiquement. Une table analytique donne dans une même série alphabétique les auteurs et les sujets des dépouillements.

995. **Rivista di biologia.** Redatta da Osvaldo Polimanti. Milano, Istituto editoriale scientifico, viale Romagna 58. 25,5 cm.

Dal 1919. Bimestrale. Oltre alla solita rubrica di «Recensioni» che appare in ogni fascicolo e che prende in esame recenti lavori italiani e stranieri raggruppati sistematicamente, relativi alle varie scienze biologiche o attinenti in qualche modo alla biologia, pubblica di tanto in tanto delle interessanti bibliografie: negli anni 1927 e 1928 la parte botanica compilata da Cesare Sibilia dell' «Indice bibliografico dei più notevoli lavori di biologia pubblicati in Italia nel 1925» e «nel 1926»; nel 1929 la «Bibliografia italiana di morfologia dei vertebrati descrittiva e sperimentale per l'anno 1927», compilata da Luigi Castaldi. Tali bibliografie sono ordinate alfabeticamente per autore.

[575 Entwicklungsgeschichte

996. **Eugenical news.** Current record of human genetics and race hygiene. Organ of the Galton Society and of the International Federation of Eugenic Organizations. Published by the Eugenics Research Association. Lancaster, Pennsylvania, Lime and Green Streets. 22,5 cm.

Since 1916. Monthly. The "Bibliographia eugenica" appears since 1927 as a supplement to the March, June, September and December numbers, with separate pagination. In December, 1930 when sixteen numbers shall have appeared a volume index and title page will be furnished for this material to be bound as Volume I. This is a classified, annotated bibliography of the world's literature.

997. **Zeitschrift für induktive Abstammungs- und Vererbungslehre.** Herausgegeben von E. Baur, C. Correns, R. v. Wettstein. Leipzig, Gebr. Borntraeger. 26 cm.

Seit 1908. 4 Hefte bilden einen Band. In dem besonders paginierten Abschnitt „Neue Literatur" bringt jedes Heft eine internationale systematische Titelliste der Neuerscheinungen gegliedert in einen von H. Kuckuck, E. Oehler und R. Schick zusammengestellten recenten und einen paläontologischen Teil von E. Jaworski.

998. ***Resumptio genetica.** Onder hoofdredactie van J. P. Lotsy en W. A. Goddijn. 's Gravenhage, M. Nijhoff. 25 cm.

Seit 1926. Sechsmal im Jahr. Inhaltsangaben in- und ausländischer Bücher und Zeitschriftenartikel; dazu „Bibliographia nova" (nur Titel); beide Gruppen eingeteilt in: Opera generalia, materia humana, materia zoologica, materia botanica.

[576.3 Zellenlehre

999. **Zellstimulations-Forschungen.** Herausgegeben von M. Popoff und W. Gleisberg. Berlin SW 11, P. Parey. 25 cm.

Seit 1924. Erscheint in zwanglosen Heften, von denen 3—4 einen Band bilden. Enthält in jedem Heft einen „Literaturbericht" von Anneliese Niethammer, der Referate über in- und ausländische neue Bücher und Zeitschriftenaufsätze bringt.

[576.8 Bakteriologie

1000. ***Zentralblatt für Bakteriologie, Parasitenkunde und Infektionskrankheiten.** 1. Abt.: Medizinisch-hygienische Bakteriologie und tierische Parasitenkunde. (Abt.:) Referate. Herausgegeben von E. Gildemeister, A. Weber. Jena, G. Fischer. 23 cm.

Seit 1886. Erscheint zwanglos in Bänden zu je 26 Nummern. Enthält ausschließlich Referate über neue Bücher und Zeitschriftenaufsätze; nach Krankheiten geordnet. Daneben steht die Abteilung „Originale", in der Abhandlungen abgedruckt werden.

1001. **Zentralblatt für Bakteriologie, Parasitenkunde und Infektionskrankheiten.** 2. Abt.: Allgemeine, landwirtschaftliche, technische, Nahrungsmittel-Bakteriologie und Mykologie (einschließlich Gärungsphysiologie und Enzymologie), Protozoologie, Pflanzenkrankheiten und Pflanzenschutz sowie Tierkrankheiten (ausschließlich der in das Gebiet der Medizin gehörenden). Herausgegeben von Hugo Miehe. Jena, G. Fischer. 23,5 cm.

Seit 1886. Erscheint zwanglos in Bänden zu je 26 Nummern. Enthält Originalabhandlungen und systematisch geordnete Referate neuer Bücher und Zeitschriftenaufsätze. International.

1002. ***Bulletin de l'Institut Pasteur.** Revues et analyses des travaux de bactériologie et de médecine, biologie générale, physiologie, chimie biologique dans leurs rapports avec la microbiologie. Paris, Masson, 120 boulevard Saint-Germain. 24,5 cm.

1ère année: 1903. Paraît le 15 et à la fin de chaque mois. Comptes-rendus d'ouvrages et de périodiques français et étrangers classés par grands sujets: les «Revues» sont des feuilletons parfois «à suivre», les «analyses» sont plus brèves.

1003. †**Giornale di batteriologia e immunologia.** Bollettino clinico ed amministrativo dell'Ospedale Maria Vittoria. Torino, Ospedale Maria Vittoria, via Cibrario 72. 23,5 cm.

Seit 1926. Monatlich. Mit Zeitschriftenschau, nach den Zeitschriften geordnet.

— siehe auch: Nr. 1129.

[578 Mikroskopie

1004. **Journal of the Royal Microscopical Society.** Editor: G. M. Findlay. London W. C. 1, The Society, B. M. A. House, Tavistock Square. 25,5 cm.

Since 1878. Quarterly. Contains classified abstracts and reviews. Annual subject index.

1005. **Zeitschrift für wissenschaftliche Mikroskopie und für mikroskopische Technik.** Herausgegeben von Ernst Küster. Leipzig, S. Hirzel. 24 cm.

Seit 1884. Vierteljährlich. Jedes Heft enthält einen umfangreichen Referatenteil und ein systematisches Titelverzeichnis „Neue Literatur". International. Zeitschriftenaufsätze sind mitberücksichtigt.

1006. **Stain technology.** Published by the Commission on standardization of biological stains. Editor and business manager: H. J. Conn. Geneva, N. Y., Lock box 299. 23 cm.

Since 1926. Quarterly. Each issue contains "Laboratory hints from the literature" which consists of abstracts of the world's literature on the subject. This material also appears in the Bibliographic service of the Wistar Institute of Anatomy and Biology of Philadelphia. (See No. 990/991.)

— siehe auch: Nr. 1113.

[58 (28) + 59 (28) Hydrobiologie

1007. **Archiv für Hydrobiologie.** Organ der Internationalen Vereinigung für Theoretische und Angewandte Limnologie. Herausgegeben von Aug. Thienemann. Stuttgart, E. Schweizerbart. 25 cm.

Seit 1906. In Bänden zu vier Heften. Enthält seit 1925 „Literatur-Supplemente" in besonderen Bänden, und zwar erschienen bisher Supplement 1 und 2 mit dem Titel „Die limnologische Literatur", und zwar 1925 der Band für 1923, 1927 der Band für 1924 und 1925, beide herausgegeben von A. Thienemann. Literatur-Supplement 3 („Bericht über die Literatur der Binnengewässerkunde für die Jahre 1926 und 1927"), herausgegeben von G. Vereščagin, erschien 1931.

1008. **Internationale Revue der gesamten Hydrobiologie und Hydrographie.** Herausgegeben von R. Woltereck. Leipzig, Akademische Verlagsgesellschaft. 24 cm.

Seit 1908. Jährlich 3 Doppelhefte. Mit besonderem internationalen Referatenteil, der auch Sammelberichte umfaßt.

1009. **†Gidrobiologičeskij žurnal SSSR,** izd. pri Volžskoj biologičeskoj stancii, pod red. A. L. Beninga. Hydrobiologische Zeitschrift, herausgegeben an der Biologischen Wolga-Station. Saratov, Volžskaja Biologičeskaja Stancija, ul. Černyševskogo 152. 25 cm.

Seit 1922. Jährlich 5—6 Hefte. Bis 1929 mit dem Titel: „Russkij gidrobiologičeskij žurnal". Die Zeitschrift enthält ein systematisch geordnetes Titelverzeichnis mit dem Titel: Bibliographia hydrobiologica rossica. Im Jahre 1930 erschien die Bibliographie von 1928.

1010. **Archiwum hydrobiologji i rybactwa.** (Archives d'hydrobiologie et d'ichthyologie.) Édition de l'Institut M. Nencki. Rédacteur en chef: Alfred Lityński. Suwałki, Stacja Hydrobiologiczna na Wigrach. 24 cm.

Depuis 1926. Paraît irrégulièrement. Donne une bibliographie-titres courante alphabétique des travaux polonais concernant l'hydrobiologie et l'ichthyologie.

[58 Botanik

1011. **†Bulletin of the Torrey Botanical Club.** Editor: Tracy Elliot Hazen. Menasha, Wisconsin, George Banta Publ. Co. 24,5 cm.

Seit 1870. Monatlich, ausgenommen Juli, August und September. Enthält eine Titelliste "Index to American botanical literature". Die Titel sind auch in Form von Karten zu beziehen.

1012. **Berichte der Schweizerischen Botanischen Gesellschaft.** Bulletin de la Société botanique suisse. Redaktion: Walter Rytz. Bern, Büchler. 23 cm.

Depuis 1891. Annuel. Donne chaque année, sous la rubrique: „Bibliographie der allgemeinen Botanik", la liste des ouvrages et articles de botanique élaborés en Suisse ou concernant la flore suisse. Le chapitre „Bibliographie und Fortschritte in der Systematik, Floristik und Pflanzengeographie der Schweizerflora" donne des comptes-rendus arrangés méthodiquement. Plusieurs collaborateurs.

1013. **Botanische Jahrbücher für Systematik, Pflanzengeschichte und Pflanzengeographie.** Herausgegeben von A. Engler. Leipzig, M. Weg. 24 cm.

Seit 1880. In Bänden zu 5 Heften. Enthält in der jedem Heft beigefügten, besonders paginierten Beilage „Literaturbericht" Besprechungen der neuerschienenen botanischen Bücher und Zeitschriftenaufsätze des In- und Auslandes.

1014. ***Botanisches Centralblatt.** Referierendes Organ für das Gesamtgebiet der Botanik. Im Auftrage der Deutschen Botanischen Gesellschaft herausgegeben von F. Herrig. Jena, G. Fischer. 25,5 cm.

Seit 1880. In zwanglosen Heften. Zerfällt in zwei getrennt paginierte Abteilungen: 1. Referate. Möglichst vollständige Besprechung der botanischen Neuerscheinungen der Weltliteratur. 2. Literatur. Internationales systematisches Titelverzeichnis der botanischen Neuerscheinungen. Zeitschriftenaufsätze sind in beiden Abteilungen mit enthalten.

1015. ***Just's Botanischer Jahresbericht.** Systematisch geordnetes Repertorium der botanischen Literatur aller Länder. Herausgegeben von F. Fedde. Leipzig, Borntraeger. 25 cm.

Seit 1873. In zwanglosen Heften erscheinend. Internationale Bibliographie, die teilweise mit referierenden Notizen versehen ist. Es sind immer mehrere Jahrgänge gleichzeitig in Arbeit, augenblicklich die Jahrgänge 1920—1926.

1016. **Botanisk Tidsskrift.** Udgivet af Dansk Botanisk Forening. København, H. Hagerup. 25 cm.

Seit 1866. Erscheint nicht regelmäßig. Enthält eine Titelbibliographie der dänischen botanischen Literatur von H. Mølholm Hansen, und zwar 1929 für die Jahre 1924—1926. Alphabetisch nach den Verfassern.

1017. **Bulletin de la Société botanique de France.** Paris, 84 rue de Grenelle. 24 cm.

1ère année: 1854. Mensuel. La «Revue bibliographique» analyse les livres et articles parus en France et à l'étranger, méthodiquement classés. Table annuelle des auteurs et matières.

1018. †**Bulletin de la Société Royale de botanique de Belgique.** Bruxelles, Société Royale de botanique, Jardin botanique de l'État. 26,5 cm.

Seit 1862. Unregelmäßig. Enthält eine jährliche, von P. van Aerschot zusammengestellte alphabetische Titelbibliographie «Travaux botaniques publiés en Belgique ou par des botanistes belges». 1930 erschien als 13. Liste die Bibliographie für 1928 und 1929.

1019. *Società botanica italiana. **Bullettino bibliografico della botanica italiana.** Redatto per cura di Albina Messeri. Firenze. 25 cm.

Dal 1904. Annuale. Ogni fascicolo contiene la bibliografia per titoli delle pubblicazioni botaniche di una annata divise in classi e in ogni classe ordinate alfabeticamente. Registra opere o articoli di riviste prevalentemente italiani.

1020. †**Visnik prikladnoï botaniki.** Zeitschrift für angewandte Botanik. Wissenschaftliche Zweimonatsschrift des Ukrainischen Instituts für angewandte Botanik. Redaktionskollegium: V. Ljubimenko, A. Kuźmenko, N. Petrenko. Charkiv, vul. K. Libknechta 33. 24 cm.

Seit 1930. Zweimonatig. Mit Rezensionen und Titelbibliographie, je in 9 Gruppen systematisch angeordnet.

1021. **Botanikai közlemények.** (Contributions botaniques.) Réd. par Zoltán Szabó. Publ. par la Section biologique de la Société Royale hongroise des sciences naturelles. Budapest, Société. 24 cm.

Depuis 1901. Revue bimensuelle. Sous le titre de „Növénytani repertorium“ J. Béla Kümmerle y donne la bibliographie des ouvrages concernant la botanique, classée en trois groupes: 1. littérature de la Hongrie, 2. littérature des territoires détachés, 3. littérature étrangère.

1022. †National Research Council of Japan. Nippon-shokubutsu-gaku-shuho. **Japanese journal of botany.** Transactions and abstracts. Tokyo, National Research Council, Imperial Academy House, Ueno Park. 26 cm.

Seit 1922. Zwanglos. In englischer Sprache. Enthält etwa halbjährlich Auszüge aus den wichtigsten in Japan erscheinenden botanischen Zeitschriften-Aufsätzen.

— siehe auch: Nr. 988. 1449.

[581 Allgemeine Botanik

1023. †*Imperial Bureau of Plant Genetics (for crops other than herbage). **Plant breeding abstracts.** Cambridge, England, School of Agriculture. 25 cm.

Seit 1930. Zwanglos. Bisher 3 Hefte, die ersten beiden mit dem Titel "Papers on plant genetics". Internationale, nach der Dezimalklassifikation geordnete Bibliographie von Zeitschriftenaufsätzen mit erläuternden und kritischen Anmerkungen. Jedem Titel ist die genaue DK-Nummer hinzugefügt.

1024. **The journal of ecology.** Edited for the British Ecological Society by A. G. Tansley. London E. C. 4, Cambridge University Press, Fetter Lane. 25,5 cm.

Since 1913. Half-yearly. Contains a section of Reviews on recent important works of an ecological interest, current "Notices of publications on animal ecology" by Charles Elton, and a separately-paged supplement "British Empire vegetation abstracts" (titles and abstracts of publications on the vegetation and ecology of the Overseas Empire, the 1930 issues concluding the publications noticed for 1928).

— Pflanzenkrankheiten siehe Nr. 1453—1458.

[582/583 Kryptogamen

1025. **Hedwigia.** Organ für Kryptogamenkunde und Phytopathologie nebst Repertorium für Literatur. Schriftleitung: Robert Pilger. Dresden, C. Heinrich. 24 cm.

Seit 1852. Erscheint in Bänden zu 6 Heften. Das etwa halbjährlich erscheinende „Beiblatt zur Hedwigia für Referate und kritische Besprechungen, Repertorium der neuen Literatur und Notizen" enthält Buchreferate und ein von C. Schuster zusammengestelltes, vollständiges Verzeichnis der in- und ausländischen Kryptogamenliteratur.

[582. 6/7 Algen

1026. †**Revue algologique.** Directeurs: P. Allorge et Rob. Lami. Paris, Laboratoire de cryptogamie du Muséum National d'histoire naturelle, 63 rue de Buffon. 25,5 cm.

Seit 1924. Erscheint unregelmäßig, 4 Hefte bilden einen Band. Enthält in jedem Heft Auszüge aus neuen Zeitschriftenaufsätzen in systematischer Anordnung. International.

[582.8 Pilze

1027. ***The Review of applied mycology.** Issued by the Imperial Mycological Institute. Edited by E. J. Butler. Kew, Surrey, Imperial Mycological Institute. 25 cm.

Since 1922. Monthly. An international analytical bibliography. Annual author and subject indexes. Monthly number classified with author index.

1028. **Annales mycologici.** Editi in notitiam scientiae mycologicae universalis. Herausgegeben von H. Sydow. Berlin, R. Friedlaender. 25 cm.

Seit 1903. 3 Doppelhefte jährlich. Jedes Heft verzeichnet in dem Abschnitt „Neue Literatur" im In- und Ausland neuerschienene Zeitschriftenaufsätze in alphabetischer Anordnung ohne Erläuterungen.

[59 Zoologie

1029. †**Records of the Indian Museum.** A journal of Indian zoology. Calcutta, Zoological Survey of India. 26,5 cm.

Seit 1907. Vierteljährlich. Bringt als Appendix eine jährliche, systematische, in 14 Gruppen gegliederte Titelbibliographie "List of literature referring to Indian zoology". 1930 erschien die Bibliographie für 1929.

1030. ***The zoological record.** Being records of zoological literature. Edited by W. L. Sclater for the Zoological Society. London N. W. 8, Regent's Park. 21 cm.

Since 1863. Annually. A title bibliography alphabetically arranged by authors within the divisions. International; whole of zoology covered, and all periodicals indexed. In 1930 the bibliography of 1929 publications is issued.

1031. **Der Zoologische Garten.** Zeitschrift für die gesamte Tiergärtnerei. Organ der Zoologischen Gärten Mitteleuropas. Leipzig C 1, Akademische Verlagsgesellschaft, Schloßgasse 9. 23,5 cm.

Seit 1928. Monatlich, doch oft Doppelhefte. Bringt in jedem Heft einen ausgedehnten Referatenteil in systematischer Anordnung, der neue Zeitschriftenaufsätze, teilweise mit erläuternden Notizen, und einige Besprechungen von Neuerscheinungen aus dem Gebiet der Tiergärtnerei enthält. International.

1032. ***Zoologischer Bericht.** Im Auftrage der Deutschen Zoologischen Gesellschaft herausgegeben von C. Apstein. Jena, G. Fischer. 25,5 cm.

Seit 1922. Zwanglos in Bänden zu 16 Heften. Enthält ausschließlich Besprechungen der wichtigen zoologischen Bücher und Aufsätze der Weltliteratur in systematischer Anordnung, ohne Bindung an ein bestimmtes Erscheinungsjahr der rezensierten Literatur. Jeder Band ist in drei große Gruppen eingeteilt: A. Allgemeines, B. Invertebrata, C. Vertebrata; innerhalb derselben weitere Unterteilung. 1931 erschien ein General-Autorenregister für Band 1—25 (1922—1931).

1033. **Monitore zoologico italiano.** Pubblicazioni italiane di zoologia, anatomia, embriologia. Organo della Società italiana di anatomia diretto da G. Chiarugi e A. Senna. Firenze, Luigi Niccolai, via Faenza 52. 25 cm.

Dal 1890. Mensile. Pubblica una bibliografia zoologica e anatomica per soli titoli di lavori italiani, per la maggiore parte contenuti in articoli di periodici. È ordinata sistematicamente e compare a puntate quasi in ciascun fascicolo, in modo che ogni annata dovrebbe comprendere, a detta dell' indice, la bibliografia dell' annata in corso e la continuazione di quelle degli anni precedenti, ma in realtà contiene solo quella degli anni trascorsi.

1034. ***Bibliographia zoologica** (antea diario „Zoologischer Anzeiger" adnexa). Edidit Concilium Bibliographicum. Zürich, Hofstraße 49. 23 cm.

Depuis 1896. Paraît en volumes à intervalles irréguliers. Donne les titres des ouvrages et articles de zoologie, de paléontologie et de biologie du monde entier. Les titres sont accompagnés des chiffres du Système décimal de Bruxelles. Voir no. 871.

1035. †National Research Council of Japan. Nippon-dobutsugaku-shuho. **Japanese journal of zoology.** Transactions and abstracts. Tokyo, National Research Council, Imperial Academy House, Ueno Park. 26 cm.

Seit 1922. Zwanglos. Enthält in jedem Heft Auszüge aus neuen Zeitschriftenaufsätzen. International. Text englisch.

[591.4 Morphologie der Tiere

1036. †**Folia morphologica.** Organ Polskiego Towarzystwa anatomiczno-zoologicznego. Bulletin de la Société polonaise d'anatomie et de zoologie. Warszawa, Chałubińskiego 5. 24,5 cm.

Seit 1929. Vierteljährlich. Enthält eine jährliche systematische Titelliste: „Bibljografja polska". 1929 erschien die Bibliographie für 1928.

[594 Mollusken

1037. **Archiv für Molluskenkunde,** als Nachrichtsblatt der Deutschen Malakozoologischen Gesellschaft herausgegeben von F. Haas und W. Wenz. Frankfurt a. M., Deutsche Malakozoologische Gesellschaft, Viktoria-Allee 7. 23 cm.

Seit 1869. Sechsmal jährlich. Jedes Heft enthält seit 1928 einen nicht sehr umfangreichen, besonders paginierten „Literaturbericht", der Referate der im In- und Ausland neuerschienenen Bücher und Zeitschriftenaufsätze bringt.

1038. **Journal de conchyliologie,** comprenant l'étude des mollusques vivants et fossiles. Paris, Mme. H. Fischer, 51 boulevard Saint-Michel. 22,5 cm.

1ère année: 1850. Trimestriel. Analyses de volumes et d'articles français et étrangers dans la «Bibliographie». Table annuelle.

[595.7 Insekten

1039. ***Index to the literature of American economic entomology.** Compiled by Mabel Colcord. Edited by E. Porter Felt.

Melrose Highlands, Massachusetts, American Association of Economic Entomologists. 23,5 cm.

Since 1915. Five-year volumes: 1905/1914; 1915/1919; 1920/1924. A subject index arranged alphabetically.

1040. †***List of publications on Indian entomology.** Compiled by the Imperial Entomologist, Imperial Institute of Agricultural Research, Pusa. Calcutta, Government of India, Central Publication Branch. 25 cm.

Erscheint jährlich in der Serie: "Bulletins issued by the Agricultural Research Institute, Pusa." Alphabetische Titelliste (Bücher und Aufsätze). 1931 erschien die Liste für 1929.

1041. ***Novitates macrolepidopterologicae.** Katalog der Neubeschreibungen von palaearktischen Macrolepidopteren. Herausgegeben von Otto Bang-Haas. Dresden-Blasewitz, O. Staudinger & A. Bang-Haas. 23,5 cm.

Seit 1926. Von Band 3 an jährlich. Internationale systematische Titelliste, bearbeitet von Chr. Bollow. 1930 erschien die Bibliographie für 1929.

1042. ***Repertorium entomologicum.** (Fortsetzung der „Entomologischen Literaturblätter".) Herausgegeben von der Deutschen Entomologischen Gesellschaft e. V. Bearbeitet von H. Hedicke und N. Mallach. Berlin, R. Friedländer in Komm. 21,5 cm.

Seit 1924. Monatlich. Übersicht über den Inhalt der neuesten Hefte einer großen Zahl von entomologischen Zeitschriften und Sammelwerken und Titelverzeichnis von selbständigen entomologischen Neuerscheinungen.

1043. **Bollettino della Società entomologica italiana.** Direttore: Fabio Invrea. Genova, Società entomologica italiana, via Brigata Liguria 9. 25 cm.

Dal 1869. 10 numeri l'anno. Pubblica in ogni numero la «Rassegna delle pubblicazioni entomologiche riguardanti la fauna dell' Italia e delle colonie mediterranee» (titoli di lavori italiani e stranieri seguiti da poche parole esplicative del contenuto).

— siehe auch: Nr. 1458.

[598.2 Vögel

1044. **The Auk.** A quarterly journal of ornithology. Editor: Witmer Stone. Published by the American Ornithologists' Union. Lancaster, Pa., 8 West King Street. 25 cm.

Since 1884. Quarterly. Each number contains brief notices of recent literature, together with the contents of the principal ornithological journals, and ornithological articles in other journals.

1045. **The Ibis.** A quarterly journal of ornithology. Edited by William Lutley Sclater. London E. C. 4, Taylor & Francis, Red Lion Court, Fleet Street. 23 cm.

Since 1859. Quarterly. International in scope. Each number contains notices of recent ornithological publications, and summaries of periodicals.

1046. **Der Vogelzug.** Berichte über Vogelzugforschung und Vogelberingung. In Gemeinschaft mit der Deutschen Ornithologischen Gesellschaft herausgegeben von der Vogelwarte Helgoland und Vogelwarte Rossitten. Berlin N 26, R. Friedländer. 23 cm.

Seit 1930. Viermal im Jahr. Erscheint als Beiblatt zum Journal für Ornithologie. Jedes Heft enthält unter anderem Besprechungen und eine internationale aufzählende Bibliographie, die in die Abteilungen Allgemeines, Phänologie, Beringung, Invasion zerfällt. Zeitschriftenaufsätze sind berücksichtigt.

[599 Säugetiere

1047. **†Journal of mammalogy.** Published quarterly by the American Society of Mammalogists. Baltimore, Maryland, A. Brazier Howell, Department of Anatomy, Johns Hopkins Medical School. 25,5 cm.

Seit 1919. Vierteljährlich. Enthält in jedem Heft eine internationale Titelliste "Recent literature".

[6 Angewandte Wissenschaften

[61 Medizin

1048. **The American journal of the medical sciences.** E. B. Krumbhaar, editor. Philadelphia, Pennsylvania, Lea & Febiger. 23,5 cm.

Since 1820. Monthly. In the section "Progress of medical science" abstracts of American and foreign publications are classified under 13 headings, each section in charge of specialists.

1049. ***Ars medici.** The journal of the American Medical Association of Vienna. Wien IX, Max Ostermann, Spitalgasse 1a. 22,5 cm.

Seit 1922. Erscheint monatlich in englischer Sprache. Bespricht alle Neuerscheinungen der Medizin.

1050. ***Bibliography of the publications from the laboratories and clinics of the Peiping Union Medical College.** Peiping, the College. 27 cm.

Since 1926. Annual. Containing classified bibliographies. The 1926 issue embraced the period from 1915 to 1925 and was compiled by Ernest Carroll Faust.

1051. **The British medical journal.** The journal of the British Medical Association. London W. C. 1, Tavistock Square. 28,5 cm.

Since 1857. Weekly. Contains an "Epitome of current medical literature", a classified analytical bibliography of recent articles. Consolidated twice a year.

1052. **The Indian medical Gazette.** A record of medicine, surgery, public health and medical news, Indian and European. Editor: R. Knowles. Calcutta, Thacker, Spink & Co., P. O. Box 54. 29 cm.

Since 1865. Monthly. Contains critical reviews of current medical books and abstracts of the periodical literature.

1053. ***International medical digest.** A monthly abstract journal of current literature. Robert A. Strong, editor. Hagerstown, Maryland, W. F. Prior company. 25,5 cm.

Since 1920. Monthly; each volume contains six numbers. Broad classification, with semi-annual index of authors and subjects.

1054. **The Journal of the American Medical Association.** Edited by Morris Fishbein. Chicago, Illinois, 535 Dearborn Street. 29 cm.

Since 1883. Weekly. Contains book notices, and the section "Current medical literature" gives tables of contents of principal American and several foreign periodicals, with abstracts of the important articles.

1055. **The Medical annual.** Edited by Carey F. Coombs and A. Rendle Short. A yearbook of treatment and practitioner's index. Bristol, J. Wright. 22 cm.

Since 1883. Annual. Has about 500 pp. devoted to a methodical survey of the year's literature arranged alphabetically by subject and matter and a special section of British books published during the year. Subject index. International.

1056. ***Medical review.** A record of what is important to the practitioner in the medical periodicals of the world. London E. C. 2, 70 Finsbury Pavement.

Since 1898. Monthly. Full reviews. International.

1057. ***Quarterly cumulative index medicus.** Editorial staff: for the American Medical Association—Morris Fishbein, Marjorie Hutchins; for the Surgeon General's Library — Fielding H. Garrison, Albert Allemann. Chicago, Illinois, Chicago Medical Association, 535 North Dearborn Street. 25,5 cm.

Since 1927. Quarterly. Twice a year a cumulated bound volume. A combination of "Index medicus" and "Quarterly cumulative index of current medical literature". The medical literature of the world, author and subject index in one alphabet.

1058. ***Ars medici.** Das Organ des praktischen Arztes. Herausgeber: Max Ostermann. Wien IX, M. Ostermann, Spitalgasse 1a. 21 cm.

Seit 1911. Monatlich. Enthält kurze Inhaltswiedergaben der für die Praxis wichtigen Aufsätze aus allen Gebieten der Medizin.

1059. **Deutsche medizinische Wochenschrift.** Schriftleitung: R. von den Velden, P. Wolff. Leipzig, G. Thieme. 33 cm.

Seit 1875. Wöchentlich. Jede Nummer enthält reichhaltige „Literatur- und Verhandlungsberichte". Die Referate betreffen Bücher und Aufsätze und sind systematisch angeordnet.

1060. ***Fortschritte der Medizin.** Die Zeitschrift des praktischen Arztes. Schriftleitung: Arthur Keller, Friedrich Helmbold. Berlin SW 11, Hans Pusch, Stresemannstraße 13. 30,5 cm.

Seit 1882. Vierzehntägig. Enthält zahlreiche, unter praktischen Gesichtspunkten ausgewählte Referate in- und ausländischer Zeitschriftenaufsätze in systematischer Anordnung. Eine Übersicht über die Zeitschriften, nach Sprachen eingeteilt, geht voran.

1061. ***Jahreskurse für ärztliche Fortbildung** in 12 Monatsheften. Systematisch geordnete Lehrvorträge und Übersichten über den fortlaufenden Wissenszuwachs der gesamten Heilkunde. Schriftleiter: D. Sarason. München, J. F. Lehmann. 25,5 cm.

Seit 1910. Monatlich. Übersichtsreferate der wissenschaftlichen Ergebnisse. Auswahl des Stoffes unter praktischen Gesichtspunkten. Gliederung in 12 Gruppen und Verteilung dieser auf die 12 Monate des Jahres. Immer im gleichen Monat jedes Jahres eine Darstellung aus der gleichen Gruppe von bestimmten Referenten. Vorwiegend deutsche Literatur.

1062. ***Medizinische Novitäten.** Internationale Rundschau über alle Erscheinungen der medizinischen Wissenschaften. Nebst Referaten über wichtige und interessante Abhandlungen der Fachpresse. Leipzig, J. A. Barth. 22 cm.

Seit 1892. Monatliches systematisches Verzeichnis meist deutscher Bücher mit Angabe von Preisen.

1063. **Münchener medizinische Wochenschrift.** Schriftleitung: Hans Spatz. München, J. F. Lehmann. 32,5 cm.

Seit 1854. Wöchentlich. In jeder Nummer Buchbesprechungen und Inhaltsangabe neuer Zeitschriftenhefte; ausländische Literatur ist mit berücksichtigt.

1064. **Schweizerische medizinische Wochenschrift.** Basel, Schwabe & Co. 34 cm.

Seit 1920. Wöchentlich. Enthält in jeder Nummer Referate schweizerischer und ausländischer neuer Bücher und Zeitschriftenaufsätze und teilt in dem Abschnitt „Laufende Wochenschriftliteratur", den Inhalt medizinischer Wochenschriften mit.

1065. **Wiener klinische Wochenschrift.** Organ der Gesellschaft der Ärzte in Wien. Wien, J. Springer. 30 cm.

Seit 1888. Wöchentlich. Enthält die Bibliographie der Bücher betreffend allgemeine klinische Medizin und eine Übersicht über den Inhalt neuer Zeitschriftenhefte.

1066. **Zeitschrift für ärztliche Fortbildung.** Organ für praktische Medizin. Herausgegeben von dem Zentralkomitee für das ärztliche Fortbildungswesen in Preußen und den im Reichsausschuß zusammengeschlossenen Komitees und Vereinigungen. Redigiert von C. Adam. Jena, G. Fischer. 28 cm.

Seit 1904. Halbmonatlich. Enthält in jedem Heft in dem von E. Hayward redigierten Abschnitt „Aus Wissenschaft und Praxis" Sammelreferate einzelner Sondergebiete.

1067. ***Zentralblatt für die gesamte Medizin.** Leipzig, J. A. Barth. 23 cm.

Wöchentlich. Gesamtausgabe von: Zentralblatt für innere Medizin (s. Nr. 1178), Zentralblatt für Chirurgie (s. Nr. 1281) und Zentralblatt für Gynäkologie (s. Nr. 1308).

1068. **†Nederlandsch Tijdschrift voor geneeskunde.** Tevens orgaan van de Nederlandsche Maatschappij tot Bevordering der Geneeskunst. Haarlem, F. Bohn. 24 cm.

Seit 1863. Wöchentlich. Enthält in jeder Nummer eine Übersicht über den Inhalt neuer medizinischer Zeitschriftenhefte sowie Referate über besonders wichtige Arbeiten.

1069. **Acta medica latina.** Répertoire analytique et bibliographique des publications médicales latines. Publié sous le patronage de la Fédération de la «Presse médicale latine». Directeur: L. M. Pierra. Paris, 101 rue de Richelieu. 23,5 cm.

1ère année: 1928. Parait tous les 2 mois. Dans chaque numéro on trouve: 1) «Revue des livres» (comptes-rendus signés); 2) «Répertoire bibliographique des périodiques médicaux latins» (bibliographie-titres des articles arrangée sous les noms des périodiques).

1070. ***Bibliographie des livres français de médecine et de sciences.** Publiée par J.-B. Baillière, G. Doin, N. Maloine, Masson, Vigot. Paris, Hôtel du Cercle de la Librairie, 117 boulevard Saint-Germain. 20,5 cm.

1ère année: 1925 (pour les années 1912—25). La Bibliographie générale des ouvrages publiés de 1919/28 a paru en 1928. Le 1er supplément a paru en 1930 (pour les années 1928/30). Paraitra tous les 3 ans et sera complétée par des suppléments annuels. Courtes notices analytiques classées méthodiquement, sur les livres français publiés par les maisons mentionnées plus haut.

1071. **Revue critique de pathologie et de thérapeutique.** Directeur: Maurice Renaud. Paris, Librairie de France, 110 boulevard Saint-Germain. 24,5 cm.

1ère année: 1930. Mensuelle. Études classées méthodiquement à l'occasion des récentes publications (livres et revues) françaises et étrangères.

1072. **†Revue de médecine.** Mémoires originaux et bibliographie médicale. Rédacteur en chef: F. Trémolières. Paris, F. Alcan, 108 boulevard Saint-Germain. 24 cm.

Seit 1879. Monatlich. Mit jährlichen Literaturberichten über die einzelnen Zweige der Medizin; berücksichtigt ist jeweils die Literatur des Vorjahres.

1073. **†*Annuario bibliografico italiano delle scienze mediche ed affini.** A cura del Laboratorio bacteriologico della Direzione generale della sanità pubblica. Edito dall' Istituto sieroterapico milanese. Milano, via S. Damiano 16. 23 cm.

Seit 1916. Monatlich. Seit Jahrgang 9 (Berichtsjahr 1924) Beilage zur Zeitschrift „Terapia". Systematische Titelliste italienischer medizinischer Zeitschriftenaufsätze mit jährlichem Autorenregister.

1074. **†Minerva medica.** Gazzetta settimanale per il medico pratico. Torino, Minerva Medica, 15 via Martiri Fascisti. 29,5 cm.

Seit 1921. Wöchentlich. Mit reichhaltiger Zeitschriftenschau in jedem Heft; nach Zeitschriften geordnet.

1075. **Il Morgagni.** Rivista settimanale di medicina, chirurgia e scienze affini. Direttore: Giovanni Boeri. Milano, Napoli, Roma, Fr. Vallardi. 25 cm.

Dal 1858. Settimanale. Oltre a un' ampia „Rassegna della stampa" (recensioni di articoli di medicina italiani e stranieri) ogni numero contiene lo «Schedario bibliografico della letteratura medica» (elenco di titoli di recenti articoli italiani e stranieri raggruppati per materia).

1076. **†Il Policlinico.** Periodico di medicina, chirurgia e igiene. Roma, via Sistina 14. 26 cm.

Seit 1893. Zerfällt in 3 Abteilungen: 1. Sezione pratica (wöchentlich); 2. Sezione medica (monatlich); 3. Sezione chirurgica (monatlich). Nur die 1. Abteilung hat stark bibliographischen Charakter; sie enthält in jeder Nummer neben einigen Original-Arbeiten hauptsächlich Referate, Auszüge und kurze Hinweise aus der gesamten medizinischen Literatur.

1077. †**Rivista ospedaliera.** Giornale di medicina e chirurgia. Organo della Scuola medica ospedaliera di Roma. Red.: Nicola Sforza. Roma, via Ludovisi 16. 21 cm.
Seit 1910. Monatlich. Enthält zahlreiche ausführliche Referate über neue Zeitschriftenaufsätze. International.

1078. †**Clujul medical.** (Das medizinische Klausenburg.) Revista medicală lunară. Cluj, Clinica dermatologică. 30,5 cm.
Seit 1920. Monatlich. Jedes Heft bringt in dem Abschnitt: „Revista revistelor" Referate über neue Zeitschriftenaufsätze in systematischer Anordnung.

1079. †**Mişcarea medicală lunară.** (Monatliche medizinische Rundschau.) Publicaţie medico-chirurgicală. Revista analitică românească. Craiova, Scrisul Românesc. 24 cm.
Seit 1928. Monatlich. Enthält einen besonders paginierten analytischen Teil, der über den Inhalt rumänischer medizinischer Zeitschriften und über Vereine und Kongresse berichtet.

1080. †**Revista medico-chirurgicală din Iaşi.** (Medizinisch-chirurgische Zeitschrift von Iaşi.) Buletin al Soc. de medici şi naturalişti. Iaşi, Viaţa Romînească, str. I. C. Brătianu 127. 23 cm.
Seit 1890(?). Zweimonatig. Enthält in jedem Heft in dem Abschnitt „Revista revistelor" Auszüge aus neuen Zeitschriftenaufsätzen. International.

1081. †**Spitalul.** Revista medicală lunară. (Das Spital. Medizinische Monatsschrift.) Bucureşti, Societatea studenţilor în medicină, b-dul Schitu Măgureanu 2. 25,5 cm.
Seit 1881(?). Monatlich. Bringt in jedem Heft in den Abschnitten „Revista revistelor", „Revista tezelor" und „Cronica cărţilor" Auszüge aus neuen Zeitschriftenaufsätzen, Besprechungen von Dissertationen und Bücheranzeigen.

1082. †**Archivos de biología.** Revista mensal do Laboratorio Paulista de biología. Directores: A. Carini, Ernesto Bertarelli, Ulysses Paranhos. S. Paulo, Brasil, Rua Tymbiras 2. 28 cm.
Seit 1916. Monatlich. Enthält Referate über medizinische Zeitschriftenaufsätze. International.

1083. †**Clínica y laboratorio.** Revista mensual española de ciencias médicas. Publicada bajo la dirección de Ricardo Horno. Zaragoza, Paseo de María Augustín 5. 24,5 cm.
Seit 1904. Monatlich. Buchbesprechungen und Referate aus allen Gebieten der Medizin.

1084. †**La Medicina ibera.** Revista semanal de medicina y cirugía. Madrid, Lagasca 38. 27 cm.
Seit 1917. Wöchentlich. Bringt eine Übersicht über den Inhalt der wichtigeren medizinischen Zeitschriften. International.

1085. †**Los Progresos de la clínica.** Revista mensual ibero-americana de ciencias médicas. Redactor: J. Madinaveitia. Madrid, Larra 6. 30 cm.
Seit 1913. Monatlich. Mit zahlreichen ausführlichen Referaten aus allen Gebieten der Medizin.

1086. †***Index medicus Danicus.** Herausgeber: A. G. Drachmann. København, Universitetsbiblioteket, Fiolstraede 1.
Seit 1928. Zettelbibliographie der gesamten Medizin im Format 7,5 × 12,5 cm. *Erscheint 10mal im Jahr in Päckchen zu 170 Zetteln. Kurze Erläuterungen sind jedem Titel beigegeben. Von jeder Abhandlung wird eine Verfasserkarte und mindestens eine Schlagwortkarte hergestellt, die sich durch die am Kopf angegebenen Ordnungswörter unterscheiden.*

1087. ***Medicina Fennica.** Edidit Societas medicorum Fennica „Duodecim". Helsinki, Medicina Fennica, Dr. Gösta Becker. 24 cm.
Seit 1926. Jährlich. Systematisch geordnetes bibliographisches Verzeichnis nebst Referaten der medizinischen Schriften und Zeitschriftenaufsätze von finnländischen Autoren, und zwar 1931 für das Jahr 1930.

1088. ***Central'nyj medicinskij žurnal.** (Medizinisches Zentralblatt.) Redaktor: M. Ja. Serejskij. Moskva, Leningrad, Glavnoe Upravlenie Naučnymi Učreždenijami (Glavnauka). 22,5 cm.
Seit 1928. Monatlich. Referate russischer Aufsätze und Bücher aus allen Gebieten der Medizin. Mit systematischem Register zu jedem Band.

1089. **Ukraïnśki medični visti.** (Ukrainische medizinische Nachrichten.) Kiïv, Medizinisches Institut. 25 cm.
Seit 1925. Zweimonatig. Referate der ausländischen Fachliteratur.

1090. **Bŭlgarska klinika.** Clinica Bulgara. Redaktori: Beron B. i Mollov V. Sofija, M. Markov, Aleksandrovska bolnica. 23,5 cm.
Seit 1928. Monatlich, außer Juli und August. Enthält Buchbesprechungen und Referate über neue Zeitschriftenaufsätze.

1091. **Medicinsko spisanie.** (Medizinische Zeitschrift.) Herausgegeben von der Medizinischen Fakultät der Universität Sofija. Sofija. 23 cm.

Seit 1929. Monatlich. Enthält Referate über bulgarische und ausländische medizinische Veröffentlichungen.

1092. **Liječnički vjesnik.** (Courrier médical. Organe officiel de la Société yougoslave d'oto-neuro-ophtalmologie. Publié par la Société de médecine de Croatie, de Slavonie et de Medjumurje.) Réd.: Miroslav Čačković, Kamilo Farkaš, Vladimir Jelovšek. Zagreb. 27 cm.

Depuis 1878. Mensuel. Donne la bibliographie spéciale des ouvrages et des périodiques yougoslaves et étrangers (comptes-rendus et bibliographies-titres).

1093. **Medicinski pregled.** (Revue médicale.) Rédacteur en chef: Radivoje Pavlović. Belgrade. 30 cm.

Depuis 1926. Mensuelle. Analyses des livres et des articles de périodiques spéciaux yougoslaves et étrangers.

1094. **Srpski arhiv za celokupno lekarstvo.** (Archives serbes de médecine.) Organe de la Société serbe de médecine. Rédacteurs: Milan Petrović et V. Spužić. Belgrade, Vidinska ul. 31. 23 cm.

Depuis 1875. Mensuel. Donne la bibliographie de la littérature spéciale yougoslave et étrangère.

1095. **Nowiny lekarskie.** (Les nouvelles médicales.) Organe de la Section médicale de la Société des amis des sciences de Poznań et du syndicat médical de Poznań et de la Poméranie. Rédacteur: K. Jonscher. Poznań, rue Wrocławska 3. 29 cm.

Depuis 1889. Parait tous les deux semaines. Donne une bibliographie courante des articles de revues médicales polonaises, et une revue des revues étrangères.

1096. **Polska Gazeta lekarska.** (Gazette médicale de Pologne.) Organe des Sociétés médicales: de Cracovie, de Léopol, de la Petite Pologne, des médecins de province, des médecins polonais de Varsovie, des médecins polonais de Wilno etc. Éd. de la Société éditrice médicale de Lwów. Lwów, Gubrynowicz, ul. Rutkowskiego 9. 31 cm.

Depuis 1922. Hebdomadaire. Dépouillement des revues médicales polonaises. Revue des revues étrangères.

1097. ***Polska bibljografja lekarska** za rok .... (Bibliographie médicale polonaise de l'année ...) Publiée par Stanisław Konopka. Warszawa. 20 cm.

Depuis 1927. Annuaire. Bibliographie-titres des travaux médicaux polonais (livres et articles de revues). Arrangement méthodique. Les renseignements sont fournis dans le délai d'une année. Est publiée aussi comme 1ère partie du «Warszawski kalendarz lekarski» (Calendrier médical de Varsovie).

1098. ***Przegląd piśmiennictwa lekarskiego polskiego.** (Revue de la littérature médicale polonaise.) Publiée par la Société médicale de Varsovie. Rédigé par T. Borzęcki, W. Szumlański, Z. Gorecki. Warszawa, Société médicale de Varsovie. 21 cm.

Depuis 1877. Annuaire. La bibliographie comprend tous les articles des revues médicales polonaises. Bibliographie analytique. Classement systématique par matières. En 1929 a paru la bibliographie de l'année 1925 et celle de l'année 1926. Deux index alphabétiques: 1) des matières, 2) des auteurs. Les informations sont fournies dans un délai de quelques années.

1099. †**Warszawskie czasopismo lekarskie.** (Warschauer medizinische Zeitschrift.) Redaktor: Zygmunt Srebrny. Warszawa, Marszałkowska 71. 30,5 cm.

Seit 1923. Wöchentlich. Enthält Referate über Aufsätze und Bücher aus der gesamten Medizin.

1100. **Chung-hua-yi-hsüeh-tsa-chih.** (The National medical journal of China.) Peiping, Association, P. U. M. C. 24,5 cm.

Since 1914. Bi-monthly. Containing book-reviews and bibliographies. In Chinese and English.

1101. ***Igaku gencho sakuin.** (Index universalis dissertationum originalium artis medicinae Collegii medicinae Manjurici.) Mukden, Manchuria.

Monthly.

1102. **Iji-oyobi-zasshi sakuin.** (Medizinische Abhandlungen und Zeitschriftenregister.) Tokyo, Iji-oyobi-zasshi sakuinsha, 3 Dozaka-machi, Hongo-ku.

Monthly.

1103. †National Research Council of Japan. Nippon-igaku-shuho. **Japanese journal of medical sciences.** Tokyo, National Research Council, Imperial Academy House, Ueno Park. 26,5 cm.

Seit 1927. Zwanglos. Zerfällt in 13 einzeln erscheinende Abteilungen. (1. Anatomy, 2. Biochemistry, 3. Biophysics, 4. Pharmacology, 5. Pathology, 6. Bacteriology and parasitology, 7. Social medicine and hygiene, 8. Internal medicine, pediatry and psychiatry, 9. Surgery, orthopedy and odontology, 10. Ophthalmology, 11. Gynecology and tocology, 12. Oto-rhino-laryngology und 13. Dermatology and urology. Jede Abteilung enthält „Transactions" und „abstracts", Auszüge aus neuen medizinischen Zeitschriftenaufsätzen aller Kulturländer. Die Abhandlungen und Referate erscheinen auf deutsch oder englisch.

1104. **†Internacia medicina revuo.** Oficiala organo de Tutmonda Esperantista Kuracista Asocio. (T. E. K. A.) Bruxelles, 20 rue aux Laines. 24 cm.

Seit 1923. Monatlich. Mit Referaten, darunter vielen Autorreferaten, zur gesamten Medizin; den Titeln sind die Nummern der Dezimalklassifikation zugesetzt.

— siehe auch: Nr. 125 (Abt. B). 990.

[61 (09) Geschichte der Medizin

1105. ***Mitteilungen zur Geschichte der Medizin und der Naturwissenschaften.** Organ der Deutschen Gesellschaft für Geschichte der Medizin und der Naturwissenschaften. Herausgegeben von W. Haberling, H. Wieleitner und Rud. Zaunick. Leipzig, L. Voß. 23,5 cm.

Seit 1902. Jährlich 5 Hefte. Enthält ausschließlich Referate über die neuerschienenen Bücher und Zeitschriftenaufsätze auf dem Gebiet der Geschichte der Naturwissenschaften und der Medizin einschließlich der Mathematik und Geographie. In jeder Nummer systematische Anordnung.

1106. **†Rivista di storia delle scienze mediche e naturali.** Organo ufficiale della Società italiana di storia delle scienze mediche e naturali. Direttore: Andrea Corsini. Firenze, via dei Bardi 5. 24 cm.

Seit 1910. Zweimonatig. Mit Rezensionen, Zeitschriftenschau und Jahresbibliographie der italienischen Veröffentlichungen zur Geschichte der Medizin und Naturwissenschaften von Luigi Castaldi (1930 für 1929).

— siehe auch: Nr. 1.

[61:355 Medizin im Heerwesen

1107. Ministère de la Guerre. Direction du Service de Santé. **Archives de médecine et de pharmacie militaires.** Paris, C. Lavauzelle, 124 boulevard Saint-Germain. 25 cm.

1ère année: 1882. Mensuelles. Quelques analyses d'ouvrages et d'articles de revues françaises.

[61 (5/9) Kolonialmedizin

1108. ***Tropical diseases bulletin.** Edited by A. G. Bagshawe. London W. C. 1, Bureau of Hygiene and Tropical Diseases, Keppel Street, Gower Street. 25 cm.

Since 1912. Monthly. An analytical bibliography, classified and international in scope. Yearly author and subject index.

1109. **Annales de médecine et de pharmacie coloniales.** Publiées par le Ministère des Colonies. Paris, Imprimerie nationale. 23 cm.

1ère année: 1898. Trimestrielles. «Chronique analytique»: Comptes rendus critiques d'ouvrages et d'articles de revues de la France et de l'étranger; «Bibliographie analytique des travaux effectués par les médecins et pharmaciens du Service de Santé des Colonies» (annuelle).

— siehe auch: Nr. 1127.

[611 Anatomie

1110. **Anatomischer Anzeiger.** Zentralblatt für die gesamte wissenschaftliche Anatomie. Amtliches Organ der Anatomischen Gesellschaft. Herausgegeben von H. von Eggeling. Jena, G. Fischer. 23,5 cm.

Seit 1886. Erscheint zwanglos in Bänden zu je 24 Nummern. Jedes Heft enthält eine besonders paginierte, systematisch geordnete „Internationale Bibliographie der Anatomie des Menschen und der Wirbeltiere", bearbeitet von Heinz Ahlenstiel und Fritz Prinzhorn. Zeitschriftenaufsätze sind mit aufgeführt.

1111. ***Anatomischer Bericht.** Referierendes Organ für das Gesamtgebiet der Anatomie. Im Auftrage der Anatomischen Gesellschaft herausgegeben von H. von Eggeling. Jena, G. Fischer. 25,5 cm.

Seit 1923. Erscheint in zwanglosen Heften. Enthält ausschließlich systematisch geordnete Referate über neuerschienene Bücher und Aufsätze auf dem Gebiete der Anatomie. International.

1112. **Zeitschrift für Konstitutionslehre.** Herausgegeben von Julius Tandler. Berlin, J. Springer. 25,5 cm.

Seit 1913. Erscheint in zwanglosen Heften als Abteilung 2 der „Zeitschrift für die gesamte Anatomie". Enthält jährlich eine „Bibliographie auf dem Gebiete der Konstitutionslehre", zusammengestellt von Julius Bauer und Marianne Bauer-Jokl, eine systematische internationale Titelliste von Büchern und Zeitschriftenaufsätzen. 1930 erschien die Bibliographie des Jahres 1927.

1113. **†Bulletin d'histologie appliquée à la physiologie et à la pathologie et de technique microscopique.** Publié sous la direction de A. Policard. Lyon, Institut d'histologie de la Faculté de médecine de Lyon; Paris, Masson, 120 boulevard Saint-Germain. 24 cm.

Seit 1924. Monatlich. Enthält in jedem Heft einen einseitig bedruckten „Index bibliographique", eine internationale systematische Titelliste neuer Zeitschriftenaufsätze.

1114. **†Folia anatomica Universitatis Conimbergensis.** Redactores: Geraldino Brites, Maximino Correia. Publiées avec le concours de la «Junte d'éducation nationale». Coïmbre, G. Brites, Institut d'histologie et d'embryologie. 24,5 cm.

Seit 1926. Erscheint in zwanglosen Heften. Enthält eine jährliche kritische Bibliographie von Geraldino Brites: «La morphologie en Portugal». 1930 erschien die Bibliographie für 1929.

— siehe auch: Nr. 1179.

[612 Physiologie

1115. ***Physiological abstracts.** Issued by the Physiological Society (Great Britain and Ireland). Edited by J. Mellanby. London, H. K. Lewis, 136 Gower St. 24,5 cm.

Since 1916. Monthly. An international analytical bibliography arranged systematically. Monthly author index. Annual author and subject indexes.

1116. ***Berichte über die gesamte Physiologie und experimentelle Pharmakologie.** Unter Mitwirkung der Deutschen Physiologischen Gesellschaft und der Deutschen Pharmakologischen Gesellschaft herausgegeben von P. Rona. Berlin, J. Springer. 24,5 cm.

Seit 1920. Jährlich erscheinen 4—5 Bände zu 4—6 Heften. Bildet Abt. B der „Berichte über die gesamte Biologie" (Abt. A siehe Nr. 992). Enthält ausschließlich Referate über in- und ausländische neuerschienene Bücher und Aufsätze, die in jeder Nummer nach einem sich gleichbleibenden Plan zu Gruppen zusammengefaßt sind.

1117. ***Jahresbericht Physiologie und experimentelle Pharmakologie.** Bibliographisches Jahresregister der Berichte über die gesamte Physiologie und experimentelle Pharmakologie. Herausgegeben von P. Rona und K. Spiro. Berlin, J. Springer. 25,5 cm.

Seit 1920. Jährlich. Verzeichnet die in- und ausländischen neuen Bücher und Zeitschriftenaufsätze, T. 1 in Übersichtsreferaten, T. 2 in einer systematisch geordneten Titelliste mit Autorenregister. 1930 erschien die Bibliographie für 1928.

1118. **Journal de physiologie et de pathologie générale.** Dirigé par E. Gley, Ch. Richet, P.-J. Teissier. Paris, Masson, 120 boulevard Saint-Germain. 27 cm.

1ère année: 1899. Trimestriel. Bibliographie analytique de volumes et articles français et étrangers classés systématiquement.

1119. **Archives italiennes de biologie.** Revues, résumés, reproductions des travaux scientifiques italiens sous la direction de V. Aducco. Pise, Administration des Archives italiennes de biologie. 25 cm.

Dal 1882. Senza periodicità fissa. Pubblica oltre a riassunti di articoli vari, rassegne (per ordine alfabetico di autore) di lavori italiani di farmacologia, tossicologia e terapeutica, e di fisiologia. Di ogni lavoro vien dato un breve riassunto. Ogni rassegna comprende la materia di una o due annate e si riferisce a lavori usciti due o tre anni avanti. La rassegna dei lavori di fisiologia è normalmente compilata da G. Pupilli.

— siehe auch: Nr. 403. 871. 974.

[612.1 Blut und Blutkreislauf

1120. **†Le Sang.** Biologie et pathologie. Direction: P. Emile-Weil, Noël Fiessinger, J. Roskam. Rédacteur-en-chef: Paul Chevalier. Paris, G. Doin, 8 place de l'Odéon. 24,5 cm.

Seit 1927. Zweimonatig. Mit systematisch angeordnetem, internationalem Referatenteil, der die gesamte Hämatologie einschließlich der Nachbargebiete umfaßt.

1121. **Ukrainisches Zentralblatt für Blutgruppenforschung.** Bjuleteni Postijnoï Komisiï Vivčannja Krovjanich Ugrupovań pri medičnij sekciï Charkivśkogo Naukovogo Tovaristva. Verhandlungen der Ständigen Kommission für Blutgruppenforschung an der Medizinischen Sektion der Charkower Wissenschaftlichen Gesellschaft. Charkiv, Deržavne Vidavnictvo Ukraïni. 25 cm.

Seit 1927. Vierteljährlich. Enthält Referate und Bibliographien der russischen und ausländischen hämatologischen Literatur.

— siehe auch: Nr. 987. 1220. 1223.

[612.4 Innere Sekretion

1122. **Endocrinology**: the bulletin of the Association for the Study of Internal Secretions. Editors: R. G. Hoskins, M. O. Lee, H. Lisser. Los Angeles, Calif., the Association, Suite 1214, Wilshire Medical Building. 25 cm.

Since 1917. Bi-monthly. Abstracts of articles on the internal secretions, classified by glands.

1123. **The Medical Herald, physical therapist and endocrine survey.** Incorporating the Kansas City Medical Index-Lancet. Glendale, California, Medical Herald Press. 27 cm.

Since 1883. Monthly. Containing two bibliographical sections: 1) Endocrine survey, 2) Physical therapist; both containing abstracts of current medical literature.

1124. **Endokrinologie.** Zentralblatt für das Gebiet der inneren Sekretion und Konstitutionsforschung. Herausgegeben von Leon Asher und Artur Biedl. Leipzig, J. A. Barth. 25 cm.

Seit 1928. Zwanglos in ungefähr monatlichen Abständen. Jedes Heft enthält einen umfangreichen, systematisch geordneten Referatenteil, der auch Zeitschriftenaufsätze berücksichtigt. International.

1125. **†Revue française d'endocrinologie.** Publiée par Maurice Lucien, Jacques Parisot, Gabriel Richard. Paris, G. Doin, 8 place de l'Odéon. 24,5 cm.

Seit 1923. Zweimonatig. Enthält Referate und eine internationale systematische Titelliste neuer Zeitschriftenaufsätze über die Drüsen der inneren Sekretion.

1126. **†Revista sud-americana de endocrinología, immunología, quimioterapía.** Director: Silvio Dessy. Redactor-jefe: Victor Fossati. Buenos Aires, Rivadavía 1745. 26,5 cm.

Seit 1918. Monatlich. Enthält außer Aufsätzen systematisch geordnete Referate über innere Sekretion, Immunologie und Serumtherapie. International mit Bevorzugung der südamerikanischen Literatur.

[613 Hygiene

1127. ***Bulletin of hygiene.** Ed. by H. Harold Scott. London W. C. 1, Bureau of Hygiene and Tropical Diseases, Keppel Street, Gower Street. 24,5 cm.

Since 1926. Monthly. A classified analytical bibliography of international scope.

1128. **Zeitschrift für Gesundheitsverwaltung und Gesundheitsfürsorge.** Organ der Arbeitsgemeinschaft der Deutschen Fürsorgearztverbände, des Deutschen Medizinalbeamtenvereins [u. a.]. Berlin, J. Springer. 27 cm.

Seit 1930. Halbmonatlich. Jedes Heft enthält einen „Referatenteil", der in systematischer Anordnung Besprechungen in- und ausländischer neuer Bücher und Zeitschriftenaufsätze bringt; referiert wird über Arbeiten zur Hygiene, Gesundheitsfürsorge und Bekämpfung der Volksseuchen (Tuberkulose, Geschlechtskrankheiten).

1129. ***Zentralblatt für die gesamte Hygiene mit Einschluß der Bakteriologie und Immunitätslehre.** Organ der Berliner Gesellschaft für öffentliche Gesundheitspflege. Herausgegeben von Max Rubner und Bernhard Möllers. Berlin, J. Springer. 24,5 cm.

Seit 1922. Halbmonatlich. Enthält systematisch geordnete Referate in- und ausländischer neuer Bücher und Zeitschriftenaufsätze mit Autoren- und Schlagwortregister.

1130. Office international d'hygiène publique. **Bulletin mensuel.** Paris, Office international d'hygiène publique; Masson, 195 boulevard Saint-Germain. 24 cm.

1ère année: 1909. Mensuel. Articles français et étrangers. Quelques analyses. Tables annuelles des auteurs et des matières.

1131. **Revue d'hygiène et de médecine préventive.** Dirigée par A. Calmette, Léon Bernard, Léopold Nègre. Paris, Masson, 120 boulevard Saint-Germain. 23,5 cm.

1ère année: 1879. Mensuelle. «Analyses» de livres et d'articles français et étrangers.

1132. **†Népegészségügy.** Kiadja a magyar királyi népjóléti és munkaügyi ministerium. (Volksgesundheit. Herausgegeben vom Ungarischen Ministerium für Volkswohlfahrt und Arbeitswesen.) Főszerkesztő: Győry Tibor. Budapest, Athenaeum. 23,5 cm.

Seit 1920. 14tägig. Mit zahlreichen Besprechungen vorwiegend ungarischer Bücher.

[613.2 Hygiene der Ernährung

1133. **The Journal of the American Dietetic Association.** Mary Pascoe Huddleson, editor. Baltimore, Maryland, Mt. Royal and Guilford Avenues. 25 cm.

Since 1925. Quarterly. The department "Current literature" by Kathleen M. Lewis contains abstracts of the contents of principal American periodicals relating to the subject.

— siehe auch: Nr. 404.

[613.6 Gewerbehygiene

1134. **The Journal of industrial hygiene.** With abstract of the literature. Published by Harvard School of Public Health. Editors: David L. Edsall; Edgar L. Collis. Baltimore, Maryland, Mount Royal and Guilford Avenues. 25,5 cm.

Since 1919. Monthly. A section with the title: "Abstract of the literature of industrial hygiene" appears in each issue with separate pagination. Subject classification. American and foreign publications.

1135. **Zentralblatt für Gewerbehygiene und Unfallverhütung.** (Neue Folge.) Herausgegeben im Auftrage der Deutschen Gesellschaft für Gewerbehygiene. Berlin W 9, J. Springer. 29 cm.

Seit 1894. Monatlich. Enthält seit Mai 1925 in jedem Heft Referate neuer in- und ausländischer Zeitschriftenaufsätze in systematischer Anordnung.

1136. *Bureau international du travail. **Bibliographie d'hygiène industrielle.** Bibliography of industrial hygiene. Literatur der Gewerbehygiene. Genève, Bureau international du travail. 24 cm.

Depuis 1923. Trimestriel. Titres d'ouvrages et d'articles de toute provenance concernant l'hygiène industrielle, classés méthodiquement sous différentes rubriques et accompagnés d'une table alphabétique des noms d'auteurs et d'une table des matières.

[613.71 Gymnastik

1137. ***Bibliographie des . . . erschienenen Schrifttums über Sportmedizin und deren Grenzgebiete,** mit Berücksichtigung des ausländischen Schrifttums. Von Arno Arnold. Leipzig, G. Thieme. 22 cm.

Seit 1929 (für 1927). Nach rückwärts ergänzt durch eine ebenfalls von Arnold verfaßte Zusammenstellung der seit 1911 erschienenen Sportliteratur (erschienen 1927). Soll jährlich fortgesetzt werden.

1138. **Jahrbuch der Turnkunst.** Jahrbuch der Deutschen Turnerschaft. Herausgegeben von F. P. Wiedemann. Dresden, W. Limpert. 20 cm.

Seit 1907. Jährlich. Enthält eine systematische Titelbibliographie von Fritz Lickint: „Medizinisches Schrifttum über Leibesübungen".

1139. **Przegląd sportowo-lekarski.** (Revue médicale des sports.) Revue trimestrielle consacrée à l'étude de la physiologie, la pathologie et l'hygiène du sport, de l'éducation physique et du travail. Rédacteurs: G. Szulc, W. Missiuro. Warszawa, ul. Górnośląska 45. 24 cm.

Depuis 1930. Trimestriel. Bibliographie-titres des livres et des articles de revues polonaises et étrangères. Ordre alphabétique des auteurs.

— siehe auch: Nr. 1160. 1632—1635 (Turnen und Sport).

[613.8 Hygiene des Nervensystems

Vgl. Nr. 392.

[613.95 Kinderhygiene

1140. **Gesundheitsfürsorge für das Kindesalter.** Neue Folge der Zeitschrift für Säuglings- und Kleinkinderschutz. Berlin-Charlottenburg 5, Deutsche Vereinigung für Säuglings- und Kleinkinderschutz, Frankstraße 3. 23 cm.

Seit 1925. 6mal im Jahr. Enthält in jedem Heft Referate zur Kinderhygiene, eingeteilt in die Gruppen: „Aus der klinischen Literatur“ und „Aus der sozialhygienischen und fürsorgerischen Literatur“, bearbeitet von C. Frankenstein und S. Fleminger; außerdem eine Zeitschriftenschau (Auswahl einschlägiger Aufsätze aus deutschen Fachzeitschriften).

— siehe auch: Nr. 1212. 1213.

[614 Öffentliches Gesundheitswesen

1141. **Journal of social hygiene.** Ray H. Everett, managing editor. Albany, New York, The American Social Hygiene Association, 372—374 Broadway. 25,5 cm.

Since December 1914. Monthly (except July, August and September). Book reviews, notices and "Social hygiene bibliography" compiled by The National Health Library. Mary Casamajor, Librarian.

[614.31 Lebensmitteluntersuchung

1142. ***Jahresbericht über die Fortschritte in der Untersuchung der Nahrungs- und Genußmittel.** Bearbeitet von C. A. Rojahn unter Mitwirkung von S. M. v. Bruchhausen. Göttingen, Vandenhoeck & Ruprecht. 24,5 cm.

Seit 1891. Jährlich. Vermehrter Abdruck aus dem Jahresbericht der Pharmazie. 1930 erschien der Bericht für das Jahr 1929.

1143. **Zeitschrift für Untersuchung der Lebensmittel.** Organ des Vereins Deutscher Nahrungsmittelchemiker. Herausgegeben von A. Bömer, A. Juckenack, J. Tillmans. Berlin, J. Springer. 24,5 cm.

Seit 1898. Monatlich. Bis 1926 unter dem Titel: „Zeitschrift für Untersuchung der Nahrungs- und Genußmittel sowie der Gebrauchsgegenstände.“ Enthält außer Originalarbeiten systematisch geordnete Referate neuer in- und ausländischer Zeitschriftenaufsätze.

1144. **Annales des falsifications et des fraudes.** Recueil de travaux de chimie analytique, de législation et de jurisprudence internationales appliquées à l'expertise des marchandises. Organe officiel de la Société des experts-chimistes de France. Directeurs: F. Bordas et Eug. Roux. Paris, 42 bis rue de Bourgogne. 23,5 cm.

1ère année: 1908. Mensuel. Analyses d'ouvrages et d'articles français et étrangers.

[614.7 Hygiene der Luft, des Bodens und des Wassers

1145. ***Wasser und Abwasser.** Sammelblatt für Wasserversorgung, Abwässer- und Müllbeseitigung, Boden- und Lufthygiene. In Verbindung mit der Landesanstalt für Wasser-, Boden- und Lufthygiene zu Berlin-Dahlem herausgegeben von E. Groß und A. Schulze-Forster. Berlin W 8, C. Heymann. 25,5 cm.

Seit 1909. Erscheint etwa alle vier Wochen. Enthält ausschließlich Referate in- und ausländischer neuer Bücher und Zeitschriftenaufsätze in systematischer Anordnung. Behandelt sind Bodenhygiene im allgemeinen, Müll- und Abwasserbeseitigung, Wasserversorgung, Lufthygiene.

— siehe auch: Nr. 1400—1403.

[614.8 Unfallverhütung

1146. † **Securitas.** Rassegna della sicurezza e dell' igiene nell' industria e nell' agricoltura. Organo ufficiale dell' A. N. P. I. (Associazione nazionale per la prevenzione degli infortuni sul lavoro). Milano, via Marina 5. 30,5 cm.

Seit 1914. Monatlich. Enthält in dem Abschnitt «Indice bibliografico» Auszüge aus neuen Zeitschriftenaufsätzen.

— siehe auch: Nr. 1135.

[615 Pharmakologie und Therapie

1147. †**The Prescriber.** A review of the progress of medical science. Edinburgh W., 13 Glencairn Crescent. 24 cm.

Seit 1906. Monatlich. Bringt in der Rubrik "Therapeutic progress" Übersichten über neue Zeitschriftenaufsätze auf den Gebieten der Therapie und Pharmakologie in zusammenhängendem Text mit alphabetischem Verzeichnis der besprochenen Literatur am Schluß jedes Abschnittes. Ferner Buchbesprechungen und jährlich einmal eine systematische Titelliste mit dem Titel "Year-book of treatment", zuletzt 1931 für 1930 erschienen. Die anglo-amerikanische Literatur ist stark bevorzugt.

1148. **Quarterly journal of pharmacy and pharmacology,** incorporating the Year-Book of pharmacy. Published by direction of Council of the Pharmaceutical Society of Great Britain. London, The Pharmaceutical Press, 17 Bloomsbury Square. 21 cm.

Since 1928. Quarterly. Contains a classified bibliographical section, analytical and international, including "abstracts of papers published in other journals".

1149. **Year-Book of pharmacy.** Official information, scientific abstracts relating to pharmacy, materia medica, and chemistry, transactions of the British pharmaceutical conference. London, J. & A. Churchill. 21,5 cm.

Since 1865. Yearly. The abstracts are classified and within the main headings are arranged alphabetically by subject of article. International.

1150. ***E. Merck's Jahresbericht über Neuerungen auf den Gebieten der Pharmakotherapie und Pharmazie.** Darmstadt, E. Merck. 22 cm.

Seit 1887 (?). Jährlich. Bericht über die im Vorjahre erschienene Literatur über medizinische Präparate und Drogen. 1930 für 1929.

1151. ***Jahresbericht der Pharmazie.** Herausgegeben vom Deutschen Apothekerverein. Bearbeitet von C. A. Rojahn unter Mitwirkung von S. M. v. Bruchhausen. Göttingen, Vandenhoeck & Ruprecht. 24,5 cm.

Seit 1866. Jährlich. Systematisch geordnete Referate über in- und ausländische neue Bücher und Aufsätze zur Pharmazie. 1930 erschien die Bibliographie für 1929.

1152. **†Pharmazeutische Monatshefte.** Beiblatt der Wochenschrift „Pharmazeutische Post“, Organ der Österreichischen Pharmazeutischen Gesellschaft. Herausgegeben von Hans Heger. Wien, Hans Heger, Pestalozzigasse 6. 30,5 cm.

Seit 1920. Monatlich. Enthält Referate wichtiger Neuerscheinungen und eine alphabetische Liste von Zeitschriftenaufsätzen. International.

1153. **†Pharmazeutische Presse.** Wochenschrift für die wissenschaftlichen und wirtschaftlichen Interessen der Pharmazie. Offizielles Organ des Pharmazeutischen Reichsverbandes für Österreich. Mitteilungsblatt der Internationalen Union angestellter Apotheker. Wien, Reichsverband, Fuchsthallergasse 12. 31 cm.

Seit 1896. Wöchentlich. Bringt in der monatlichen Beilage „Wissenschaftlich-praktisches Heft" einen von F. Wratschko redigierten systematisch geordneten Referatenteil, der sich auf die deutschsprachige Literatur beschränkt. Dieses Heft liegt auch dem „Zentralblatt für Pharmazie" (s. Nr. 1154) bei.

1154. **Zentralblatt für Pharmazie.** Zeitschrift für die wirtschaftlichen und wissenschaftlichen Interessen der Pharmazie. Organ des Verbandes Deutscher Apotheker. Berlin-Zehlendorf, Schweizerhof, Verband Deutscher Apotheker. 31 cm.

Seit 1904. Wöchentlich. Bringt in der monatlichen Beilage „Wissenschaftlich-praktisches Heft" u. a. einen von F. Wratschko redigierten systematisch geordneten Referatenteil, der auch Zeitschriftenaufsätze berücksichtigt. Ausländische Literatur fehlt. Dieses Heft liegt auch der „Pharmazeutischen Presse" (s. Nr. 1153) bei.

1155. **Svensk farmaceutisk tidskrift.** Utg.: Elias Ekblom. Stockholm, Vallingatan 26. 24 cm.

Seit 1897. 36 Hefte jährlich. Enthält seit 1928 „Svensk farmaceutisk bibliografi 1908–1926" von Gustaf Drake. Alphabetisch geordnet. Der letzte Abschnitt endet mit 1924: J. und erschien im Jahrgang 1930, Heft 5. Fortsetzung von „Farmaceutisk bibliografi" in K. Ahlberg, Den svenska farmaciens historia. Stockholm 1908. S. 544–603 und den früheren Jahresbibliographien.

1156. **Bulletin des sciences pharmacologiques.** École de pharmacie. Rédacteurs en chef: Em. Perrot et A. Damiens. Paris, 4 avenue de l'Observatoire. 24 cm.

1ère année: 1899. Mensuel. «Bibliographie analytique»: 1° Livres. 2° revues et journaux français, Sociétés savantes françaises.

1157. **A Magyar gyógyszerésztudományi társaság értesitője.** Berichte der Ungarischen Pharmazeutischen Gesellschaft. Réd. par Pál Lipták. Budapest VIII, Üllői-út 26. 23 cm.

Depuis 1925. Revue bimensuelle. Donne 1° sous le titre de «Referátumok» la bibliographie analytique des plus importants articles des revues étrangères de pharmacologie, 2° sous le titre de «Irodalmi szemle» la bibliographie primaire des articles de revues ne figurant pas dans la bibliographie analytique.

1158. **Chiryo shimpo.** (Zeitschrift für Therapie.) Tokyo, Chiryo shimposha, 32 Tatsuoka-cho, Hongo-ku.
Monthly. With abstracts.

— siehe auch: Nr. 1119. 1126.

[615.8 Physikalische Therapie

1159. **Zeitschrift für die gesamte physikalische Therapie.** Fortsetzung der Zeitschrift für physikalische und diätetische Therapie einschließlich Balneologie und Klimatologie. Organ der Mittelrheinischen Studiengesellschaft für Klimatologie und Balneologie und der Gesellschaft zur Förderung der Klimaforschung im Nordseegebiet. Herausgegeben von A. Goldscheider, A. Strasser, W. Alexander. Berlin, J. Springer. 24 cm.
Seit 1923. Erscheint in zwanglosen Heften. Jedes Heft zerfällt in einen Originalienteil und einen besonders paginierten Referatenteil, der in systematischer Folge die Neuerscheinungen und Aufsätze des In- und Auslandes zur physikalischen Therapie bespricht.

— siehe auch: Nr. 1123.

[615.825 Heilgymnastik

1160. **Svenska gymnastiken i in- och utlandet.** Utg. av Svenska Sjukgymnastik Sällskapet Ling. Red.: D. Lindberg. Stockholm, Norrtullsgatan 27 B. 22,5 cm.
Seit 1905. Vierteljährlich. Enthält seit 1911 eine systematisch geordnete, internationale Titelbibliographie mit zahlreichen kurzgefaßten Referaten über Bücher und Zeitschriftenartikel gymnastischen Inhalts von Edgar F. Cyriax: „Litterär årsrapport“.

— siehe auch: Nr. 1137—1139 (Gymnastik). 1289. 1632—1635 (Turnen und Sport).

[615.84 Elektrotherapie und Strahlentherapie

1161. **†The American Journal of roentgenology and radium therapy.** Official organ, the American Roentgen Ray Society, the American Radium Society. Editor: Lawrence Reynolds. Springfield, Illinois, Charles C. Thomas. 26,5 cm.

Seit 1906. Monatlich. Enthält in dem Abschnitt "Abstracts of the roentgen and radium literature" Auszüge aus neuen Zeitschriftenaufsätzen in systematischer Anordnung. International.

1162. †**Radiology.** A monthly journal devoted to clinical radiology and allied sciences. Published by the Radiological Society of North America as its official journal. Managing editor: Maximilian John Hubeny. Saint Paul, Minnesota, 2429 University Avenue. 26,5 cm.

Seit 1923. Monatlich. Enthält einen ziemlich ausgedehnten, systematisch geordneten Referatenteil. "Author index" geht voran. Berücksichtigt ist die gesamte Strahlungstherapie.

1163. **Fortschritte auf dem Gebiete der Röntgenstrahlen.** Organ der Deutschen Röntgen-Gesellschaft und zahlreicher anderer deutscher Röntgengesellschaften. Herausgegeben von Rudolf Grashey. Leipzig, G. Thieme. 27 cm.

Seit 1897. Jährlich 2 Bände zu je 6 Heften. Jede Nummer enthält außer Aufsätzen Buchbesprechungen und Inhaltsangaben von Zeitschriften.

1164. ***Jahrbuch für Röntgenologen.** Unter redaktioneller Leitung von O. Rigler-Hufeland. Berlin und Leipzig, W. de Gruyter. 24 cm.

Seit 1930. Jährlich. Kurze wissenschaftliche Berichte über die neueste Literatur, soweit sie für den Praktiker wichtig ist. Systematische Anordnung. Nur Zeitschriftenaufsätze. Jeder Abschnitt ist gegliedert in fortlaufenden Text und bibliographische Fußnoten. Am Schluß befindet sich ein Verzeichnis neuerer Buchliteratur.

1165. ***Jahresbericht Radiologie.** Bibliographisches Jahresregister des Zentralblattes für die gesamte Radiologie. Herausgegeben von K. Frik. Berlin, J. Springer. 25,5 cm.

Seit 1929. Jährlich. Erstes Berichtsjahr: 1926. Internationale, systematische Jahresbibliographie. Zahlen am Schluß der Titelangaben bezeichnen Band und Seite des Zentralblattes für die gesamte Radiologie, wo über die Abhandlungen referiert wurde. Mit Autorenregister. 1931 erschien der Bericht über das Jahr 1929.

1166. ***Die Röntgen-Literatur.** Im Auftrag der Deutschen Röntgengesellschaft herausgegeben von Hermann Gocht. Stuttgart, F. Enke. 25,5 cm.

Seit 1911. Jetzt jährlich. Titelbibliographie. Autoren- und Sachverzeichnis der in- und ausländischen neuen Bücher und Zeit-

schriftenaufsätze auf dem Gebiete der Röntgentechnik und Röntgentherapie, außerdem Verzeichnis der Patentliteratur. 1930 erschien die Bibliographie für 1929.

1167. ***Zentralblatt für die gesamte Radiologie.** (Röntgen, Radium, Licht.) Referatenorgan der Deutschen Röntgen-Gesellschaft. Herausgegeben von K. Frik. Berlin, J. Springer. 24,5 cm.
Seit 1926. Vierzehntägig. Enthält ausschließlich systematisch angeordnete Referate über neuerschienene Bücher und Aufsätze des In- und Auslandes auf dem Gebiet der Strahlungstherapie, insbesondere der Röntgen- und Radiumtherapie.

1168. **Archives d'électricité médicale et de physiothérapie du cancer.** Directeur: J. Bergonié. Bordeaux, rue du Temple; Paris, J. Baillière, 19 rue Hautefeuille. 26,5 cm.
1ère année: 1893. 10 fascicules par an. «Revue de la presse» (française et étrangère); notices analytiques classées méthodiquement. Les renseignements fournis portent sur le mois en cours.

1169. **Journal de radiologie et d'électrologie.** Revue médicale mensuelle. Paris, Masson, 120 boulevard Saint-Germain. 29 cm.
1ère année: 1914. Mensuel. «Analyses» d'articles de revues, méthodiquement classées. «Bibliographie» de quelques ouvrages français et étrangers.

1170. **†L'Actinoterapia.** Rivista internazionale di terapia dei raggi, sostanze radioattive, Röntgen, fototerapia ed organo centrale per la terapia dei tumori. Direttore: Mameli Spinelli. Napoli, parco Margherita 104. 24 cm.
Seit 1915. Zweimonatig. Bringt in jedem Heft einen besonders paginierten Abschnitt "Riassunti", der Auszüge aus neuen Zeitschriftenaufsätzen enthält. International.

1171. **†La radiologia medica.** Rivista mensile. Organo ufficiale della Società italiana di radiologia medica. Diretta da Felice Perussia. Milano, E. Zerboni, via C. Poerio 13. 27,5 cm.
Seit 1914. Monatlich. Enthält in dem Abschnitt »Giornali e riviste« Besprechungen neuer Zeitschriftenaufsätze in systematischer Anordnung. International.

1172. **†Vestnik rentgenologii i radiologii.** (Zeitschrift für Röntgenologie und Radiologie.) Redaktor: M. T. Nemenov. Leningrad, Gosizdat, Pr. 25 Oktjabrja 28. 26 cm.
Seit 1923. Sechsmal jährlich. In jedem Heft Besprechungen

in- und ausländischer Neuerscheinungen auf dem Gebiete der Röntgenologie und der Radiologie. Jährlich eine Titelbibliographie der in russischen Zeitschriften erschienenen Aufsätze aus dem Gebiete der Röntgenologie und der Radiologie. 1930 erschien die Liste für 1929.

[615.851 Psychotherapie

1173. **Zentralblatt für Psychotherapie und ihre Grenzgebiete** einschließlich der medizinischen Psychologie und psychischen Hygiene. Organ der Allgemeinen Ärztlichen Gesellschaft für Psychotherapie. Herausgegeben von E. Kretschmer, R. Sommer. Leipzig, S. Hirzel. 24 cm.

Seit 1928. Monatlich. Die ersten beiden Jahrgänge noch mit dem Titel: „Allgemeine ärztliche Zeitschrift für Psychotherapie und psychische Hygiene". Jedes Heft enthält außer Originalien und einem Sammelbericht Referate über neue Bücher und Zeitschriftenaufsätze auf dem Gebiete der Psychotherapie in systematischer Anordnung. Meist deutsche Literatur.

[616 Pathologie

1174. ***Centralblatt für allgemeine Pathologie und pathologische Anatomie.** Amtliches Organ der Deutschen Pathologischen Gesellschaft. Herausgegeben von M. B. Schmidt und W. Berblinger. Jena, G. Fischer. 24,5 cm.

Seit 1890. Erscheint zwanglos; etwa 3—4 Hefte monatlich. Jedes Heft enthält Referate und ein besonders paginiertes Literaturverzeichnis von A. Schmincke, H. Wurm und H. Tesseraux. Die Titel sind systematisch angeordnet. International. Zeitschriftenaufsätze werden berücksichtigt.

1175. ***Jahresbericht innere Medizin.** Bibliographisches Jahresregister des Kongreßzentralblattes für die gesamte innere Medizin und ihre Grenzgebiete. Herausgegeben von der Schriftleitung des Kongreßzentralblattes. Bearbeitet von F. Dörbeck. Berlin, J. Springer. 25,5 cm.

Seit 1913. Jährlich. Bis 1923 unter dem Titel: „Bibliographie der gesamten inneren Medizin und ihrer Grenzgebiete." Von 1923 bis 1927 unter dem Titel: „Jahresbericht über die gesamte innere Medizin." Systematisches internationales Titelverzeichnis mit Hinweis auf die Referate im Kongreßzentralblatt für die gesamte innere Medizin, und zwar Angabe von Band und Seite. Mit Autorenregister. 1930 erschien der Bericht über das Jahr 1928.

1176. **Klinische Wochenschrift.** Organ der Gesellschaft Deutscher Naturforscher und Ärzte. Berlin, J. Springer; München, J. F. Bergmann. 30,5 cm.

Seit 1922. Wöchentlich. Enthält außer Originalmitteilungen einen wichtigen Referatenteil, der Besprechungen in- und ausländischer neuerschienener Bücher und Aufsätze in systematischer Anordnung bringt. Außer der inneren Medizin umfaßt er auch Nerven- und Geisteskrankheiten sowie Pharmakologie und Therapie.

1177. ***Kongreßzentralblatt für die gesamte innere Medizin und ihre Grenzgebiete.** Offizielles Organ der Deutschen Gesellschaft (früher Deutscher Kongreß) für innere Medizin. Berlin, J. Springer. 24,5 cm.

Seit 1912. Wöchentlich. Enthält ausschließlich Besprechungen neuerschienener Bücher und Zeitschriftenaufsätze des In- und Auslandes, die in jedem Heft nach einheitlichem Plan in Gruppen geordnet sind.

1178. ***Zentralblatt für innere Medizin.** Herausgegeben von Franz Volhard. Leipzig, J. A. Barth. 23 cm.

Seit 1880. Wöchentlich. Bringt Referate in- und ausländischer neuerschienener Bücher und Aufsätze. Gelegentlich Originalabhandlungen. Bildet zusammen mit dem Zentralblatt für Chirurgie und dem Zentralblatt für Gynäkologie das Zentralblatt für die gesamte Medizin.

1179. **†Annales d'anatomie pathologique et d'anatomie normale médico-chirurgicale.** Organe officiel de la Société anatomique de Paris. Paris, Masson, 120 boulevard Saint-Germain. 23,5 cm.

Seit 1924. 8 Hefte jährlich. Mit systematisch geordnetem Referatenteil.

1180. **†Archivio di patologia e clinica medica.** Diretto da Luigi Zoja, Giacinto Viola; redattore: Francesco Schiassi. Bologna, L. Cappelli. 27,5 cm.

Seit 1922. Erscheint in Bänden zu 6 Heften. Enthält eine jährliche systematische Titelliste der inneren Medizin mit dem Titel »Bibliografia italiana di medicina interna«. Zuletzt 1929 für 1928 erschienen. Keine ausländische Literatur.

1181. **†Pathologica.** Rivista mensile. Direttore: A. Cesaris Demel. Genova, via Alessandro Volta 6. 26,5 cm.

Seit 1908. Monatlich. Enthält systematisch geordnete Inhaltsauszüge neuer Zeitschriftenaufsätze. International.

1182. **Kliničeskaja medicina.** (Klinische Medizin.) Moskva, Glavnoe upravlenie naučnymi učreždenijami (Glavnauka); Gosizdat. 25 cm.

Seit 1920. Halbmonatlich. Mit besonders paginiertem Referatenteil, der in systematischer Gliederung Auszüge aus vorwiegend ausländischen Zeitschriftenaufsätzen veröffentlicht.

— siehe auch: Nr. 1118.

[616: 368.41 Unfallmedizin

1183. **Monatsschrift für Unfallheilkunde und Versicherungsmedizin.** Herausgegeben von Kühne, E. Joseph und M. zur Verth. Leipzig, F. C. W. Vogel. 24 cm.

Seit 1894. Monatlich. Mit Referaten meist medizinischen Inhalts in jedem Heft.

[616—002.5 Tuberkulose

1184. **The American review of tuberculosis.** Journal of the National Tuberculosis Association. Allen K. Krause, editor. New York City, 370 Seventh Avenue. 26 cm.

Since March 1917. Monthly. Contains "Abstracts of tuberculosis" published in each issue with separate pagination. Classified arrangement of American and foreign publications: Pathology; Symptoms and signs; Diagnosis. International.

1185. **Tubercle.** An international monthly journal devoted to all aspects of tuberculosis. Edited by S. R. Gloyne. London W. 1, J. Bale & Danielsson, 88—91 Great Titchfield Street. 25 cm.

Since 1919. Monthly. A section for classified abstracts and title list of articles under names of journals. International.

1186. ***Jahresbericht Tuberkuloseforschung.** Bibliographisches Jahresregister des Zentralblattes für die gesamte Tuberkuloseforschung. Herausgegeben von Gerhard Ballin. Berlin, J. Springer. 25 cm.

Seit 1921. Jährlich. Am Anfang jedes Bandes zahlreiche Übersichtsreferate. 1931 erschien die Bibliographie für 1929.

1187. **Zeitschrift für Tuberkulose.** Organ der Rheinisch-Westfälischen Tuberkulose-Vereinigung und der Südostdeutschen Tuberkulose-Gesellschaft. Leipzig, J. A. Barth. 28 cm.

Seit 1900. Erscheint zwanglos; 6 Hefte bilden einen Band. Jedes Heft enthält zahlreiche „Referate über Bücher und Aufsätze" auf dem Gebiete der Tuberkuloseforschung in allen Sprachen, eingeteilt in die Gruppen A. Lungentuberkulose, B. Tuberkulose anderer Organe (mit verschiedenen Unterabteilungen).

1188. ***Zentralblatt für die gesamte Tuberkuloseforschung.** Organ der Deutschen Tuberkulose-Gesellschaft, Vereinigung der Lungenheilanstaltsärzte, Gesellschaft Deutscher Tuberkulosefürsorgeärzte. Schriftleitung: G. Ballin. Berlin W 9, J. Springer. 25 cm.

Seit 1921. Erscheint etwa monatlich in zwanglosen Heften. Enthält Referate über Neuerscheinungen der Weltliteratur an Büchern und Zeitschriftenaufsätzen in systematischer Anordnung, daneben gelegentlich Sammelreferate.

1189. **Revue de la tuberculose.** Publiée par l',,Œuvre de la Tuberculose". Rédacteur en chef: A. Courcoux. Paris, Masson, 120 boulevard Saint-Germain. 23,5 cm.

1ère année: 1904. Paraît tous les mois, sauf août et septembre. Comptes rendus classés méthodiquement et notices non analytiques.

1190. **Tubercolosi.** Giornale di studi e di lotta antitubercolare. Direttori: N. Sforza, G. Ronzoni. Roma, via Ludovisi 16. 24 cm.

Dal 1908. Mensile. Una parte notevole di ogni numero è dedicata alle «Recensioni»; inoltre ogni fascicolo contiene un «Bollettino bibliografico» di titoli ordinati analiticamente destinato a fin d'anno a essere staccato per comporre uno schedario. Tanto le recensioni come il bollettino hanno per oggetto lavori italiani e stranieri sulla tubercolosi.

1191. **†Voprosy tuberkuleza.** (Fragen der Tuberkulose.) Žurnal posvjaščennyj patologii, klinike i social'noj gigiene tuberkuleza. Redaktor: E. Munblit. Moskva, Gosudarstvennoe Medicinskoe Izdatel'stvo, Malyj Čerkasskij per. 2/6. 25,5 cm.

Seit 1923. 12 Hefte im Jahr. Enthält Referate über Neuerscheinungen auf dem Gebiete der Tuberkulose in Gruppenanordnung.

1192. **Gruźlica.** (La Tuberculose.) Organe de la Société polonaise contre la tuberculose. Warszawa, Chocimska 24. 24 cm.

Depuis 1926. Tous les deux mois. Donne: 1. la bibliographie-titres des travaux polonais sur la tuberculose, dirigée par M. Konopka (paraît une fois par an et fournit des renseignements sur l'année précédente). Classement alphabétique par auteurs et par matières; 2. la bibliographie analytique des travaux polonais sur la tuberculose dirigée par M-me Kruszewska (paraît quelques fois par an et fournit des renseignements dans un délai de quelques mois); 3. dépouillement des revues étrangères.

[616—002.6 Syphilis

1193. **The American journal of syphilis.** A quarterly journal devoted to the study and prevention of syphilis. George Herrmann, editor. St. Louis, Missouri, C. V. Mosby co., 3523 Pine Boulevard. 25 cm.

Since 1884. Quarterly. Each issue contains „Abstract of current syphilis literature", prepared by Leon Bromberg. American and foreign publications classified by subject.

— siehe auch: „Haut- und Geschlechtskrankheiten" (Nr. 1247 bis 1257).

[616—002.77 Rheumatismus

1194. †**Acta rheumatologica.** Official journal of the Ligue internationale contre le rhumatisme, Amsterdam. Rotterdam, W. L. & J. Brusse, Walenburgerweg 72—74. 26,5 cm.

Seit 1929. Vierteljährlich. Enthält in jedem Heft am Schluß eine internationale nach Sprachen geordnete Titelliste neuer Bücher und Aufsätze über Rheumatismus.

[616—006.4 Tumoren, Krebs

1195. †**The American journal of cancer.** A continuation of "The journal of cancer research". Editor: Francis Carter Wood. The official organ of The American Association for Cancer Research and The American Society for the Control of Cancer. Lancaster, Pa., Prince and Lemon Streets. 26 cm.

Seit 1916. Vierteljährlich. Enthält in der 2. Hälfte jedes Heftes Auszüge aus neuen Zeitschriftenaufsätzen aller Länder.

1196. **Archives of clinical cancer research in affiliation with New York University.** Isaac Levin, editor. New York City, The Madison Hospital, 30 East 76th Street. 25,5 cm.

Since 1925. Quarterly. Each issue contains abstracts of current literature, American and foreign.

1197. ***The cancer review.** A journal of abstracts. Issued under the direction of the British Empire Cancer Campaign. Bristol, J. Wright; London, Simpkin Marshall. 24,5 cm.

Since 1926. 10 times a year and an index number. Abstracts arranged in 5 groups. International. Author index in every issue.

1198. **Zeitschrift für Krebsforschung.** Begründet vom Deutschen Zentralkomitee zur Erforschung und Bekämpfung der Krebskrankheit e. V. Redigiert von Friedrich Kraus und Ferdinand Blumenthal. Berlin, J. Springer. 24 cm.

Seit 1900. In zwanglosen Heften. Jedes Heft enthält seit 1927 einen besonders paginierten Referatenteil, der in systematischer Anordnung Besprechungen in- und ausländischer Neuerscheinungen bringt.

1199. ***Index analyticus cancerologiae** publié par la Ligue française contre le cancer. Paris, Masson, 120 boulevard Saint-Germain. 23,5 cm.

1ère année: 1927. Trimestriel. Analyses et notices classées méthodiquement: ouvrages et revues français et étrangers. Délai de 3 à 12 mois. Tables annuelles des matières et des auteurs.

1200. **†Les Néoplasmes.** Revue internationale exclusivement consacrée à la littérature, à l'étude et à la thérapeutique des tumeurs et des cancers. Paris, Vigot, 23 rue de l'École de Médecine. 24,5 cm.

Seit 1922. Zweimonatig. Enthält in jedem Heft in dem Abschnitt «Revue analytique» Auszüge aus neuen Zeitschriftenaufsätzen. International.

1201. **†Boletín del Instituto de medicina experimental para el estudio y tratamiento del cáncer.** Director: Ángel H. Roffo. Buenos Aires, Av. San Martín 3351. 26,5 cm.

Seit 1925. Erscheint zwanglos in Einzelheften, etwa vierteljährlich. Enthält in jedem Heft eine internationale systematische «Bibliografia sobre cáncer» mit kurzen Erläuterungen.

1202. **Nowotwory oraz Biuletyn Polskiego Komitetu do zwalczania raka.** (Les néoplasmes et le bulletin du Comité polonais pour la lutte contre le cancer.) Warszawa. 23,5 cm.

Depuis 1923. Paraît 4 fois par an. Donne une bibliographie-titres des travaux polonais sur les tumeurs et le cancer, rédigée par A. Czyżewicz. La bibliographie paraît une fois par an et concerne l'année précédente. La bibliographie paraît depuis 1929.

— siehe auch: Nr. 1168.

[616—053.2/3 Kinderkrankheiten

1203. **American journal of diseases of children.** Chicago, Illinois, American Medical Association, 535 North Dearborn Street. 26 cm.

Since 1911. Monthly. Contains "Abstracts from current literature" and book reviews. American and foreign publications.

1204. **The British journal of children's diseases.** London W. C., Adlard, 21 Hart Street. 24 cm.

Since 1904. Quarterly. A section given to an analytical bibliography, a different subject in each number. International in scope.

1205. **Archiv für Kinderheilkunde.** Monatshefte für Wissenschaft und Praxis. Stuttgart, Enke. 25 cm.
Seit 1879. Monatlich. Mit Angabe des Inhalts neuer Hefte von kinderärztlichen Fachzeitschriften.

1206. **Jahrbuch für Kinderheilkunde und physische Erziehung.** Berlin, S. Karger. 25,5 cm.
Seit 1857. Erscheint in Bänden zu 6 Heften. Enthält möglichst in jedem Heft einen von R. Hamburger erstatteten Literaturbericht, der in systematischer Anordnung Referate über in- und ausländische Zeitschriftenaufsätze bringt und besonders paginiert ist.

1207. ***Jahresbericht Kinderheilkunde.** Bibliographisches Jahresregister des Zentralblattes für die gesamte Kinderheilkunde. Herausgegeben von H. Putzig. Berlin, J. Springer. 26 cm.
Seit 1911. Jährlich. Systematisches Titelverzeichnis in- und ausländischer neuer Bücher und Aufsätze. Die im Zentralblatt für die gesamte Kinderheilkunde referierten Titel sind mit einem Sternchen versehen. Dazu Autorenregister. 1930 erschien die Bibliographie für 1928.

1208. **Monatsschrift für Kinderheilkunde.** Redigiert von Arthur Keller. Leipzig, F. C. W. Vogel. 23,5 cm.
Seit 1902. Monatlich. Enthält einen systematisch geordneten Referatenteil über neuerschienene Zeitschriftenaufsätze des In- und Auslandes.

1209. **Zeitschrift für Kinderforschung.** Organ der Gesellschaft für Heilpädagogik e. V. und des Deutschen Vereins zur Fürsorge für jugendliche Psychopathen e. V. Berlin, J. Springer. 24 cm.
Seit 1896. Erscheint in zwanglosen Heften, die zu Bänden von etwa 40 Bogen vereinigt werden. Der besonders paginierte „Referatenteil" bringt in systematischer Anordnung Einzel- und Sammelreferate verschiedener Mitarbeiter mit Bevorzugung der Physiologie und Pathologie des Kindes; die Literatur über erzieherische Probleme tritt demgegenüber zurück.

1210. ***Zentralblatt für die gesamte Kinderheilkunde.** Zugleich Referatenteil der Zeitschrift für Kinderheilkunde. Schriftleitung: H. Putzig. Berlin, J. Springer. 24,5 cm.

Seit 1912. 14tägig. Enthält ausschließlich Besprechungen und Inhaltsangaben neuer in- und ausländischer Bücher und Aufsätze in systematischer Anordnung.

1211. **Archives de médecine des enfants.** Directeur: J. Comby. Paris, Masson, 120 boulevard Saint-Germain. 23 cm.

1ère année: 1898. Mensuelles. «Analyses» de livres, thèses et revues. Tables alphabétiques annuelles des matières et des auteurs.

1212. **†Le Nourrisson.** Revue d'hygiène et de pathologie de la première enfance. Paris, J.-B. Baillière, 19 rue Hautefeuille. 22,5 cm.

Seit 1913. Zweimonatig. Mit internationalem Referatenteil.

1213. **†La Pediatria.** Rivista quindicinale di medicina e di chirurgia dell'infanzia. Diretta da R. Jemma. Napoli (57), S. Andrea delle Dame. 23,5 cm.

Seit 1883. Halbmonatlich. Mit systematisch geordnetem Referatenteil; international.

1214. **†Rivista di clinica pediatrica.** Direttore: C. Comba. Firenze, Clinica pediatrica, Ospedale Meyer. 24,5 cm.

Seit 1903. Monatlich. Enthält in jedem Heft in dem Abschnitt «Rassegna della stampa» Besprechungen neuer Zeitschriftenaufsätze, nach Zeitschriften geordnet. International.

1215. **Pediatrija.** (Pädiatrie.) Žurnal anatomii, fiziologii, patologii, kliniki detskogo vozrasta i ochrany zdorovja detej i podrostkov. Redaktory: V. I. Molčanov i E. P. Radin. Moskva, Gosud. Izdat. 22,5 cm.

Sechsmal im Jahr. Enthält eine laufende Titelliste der pädiatrischen Literatur von K. P. Sarylova.

1216. **Magyar gyógypedagogia.** (Pédagogie médicale hongroise.) Publication de la Société hongroise de pédagogie médicale. Réd. par Margit H. Révész, Ferenc Schreiner. Budapest. 23 cm.

Depuis 1909. 10 fascicules par an. Donne sous le titre de «Lapszemle» la bibliographie analytique des articles des revues hongroises et étrangères relatifs à la pédagogie médicale.

— siehe auch: Nr. 1140.

[616—089.5 Anästhesie und Narkose

1217. **†*The current index of anesthesia & analgesia.** Editor: F. H. McMechan. Ohio, International Anesthesia Research Society, Lake Shore Road, Avon Lake. 23 cm.

Seit 1922. Jährlich. Internationale systematische Titelliste neuer Zeitschriftenaufsätze. Zusammenfassung des bibliographischen Teils von "Current researches in anesthesia & analgesia» (siehe Nr. 1218).

1218. **†Current researches in anesthesia & analgesia.** F. H. McMechan, editor. Published by the International Anesthesia Research Society. Ohio, Lake Shore Road, Avon Lake. 23 cm.

Seit 1922. Zweimonatig. Enthält in jedem Heft außer Original-Aufsätzen eine systematische Titelliste und Auszüge aus neuen Zeitschriftenaufsätzen. Beschränkung auf die englische und amerikanische Literatur. Der bibliographische Teil erscheint auch besonders mit dem Titel: "The current index of anesthesia & analgesia" (siehe Nr. 1217).

1219. **Schmerz, Narkose, Anaesthesie.** Leipzig C 1, Fischers medicinische Buchhandlung. 24,5 cm.

Seit 1928. Monatlich. Jahrgang 1 erschien mit dem Titel: „Der Schmerz." In jedem Heft Referate über Zeitschriftenaufsätze und Buchbesprechungen.

[616.1 Krankheiten der Zirkulationsorgane

1220. **Folia haematologica.** Internationales Magazin für klinische und morphologische Blutforschung. Herausgegeben von O. Naegeli, Hans Hirschfeld und Hal Downey. Leipzig, Akademische Verlagsgesellschaft, Schloßgasse 9. 24,5 cm.

Seit 1904. Erscheint unregelmäßig. Bringt zweimal jährlich in dem Abschnitt „Französische Literatur" von Margarete Levy Referate aus französischen medizinischen Zeitschriften, ferner sonstige Sammelreferate und Einzelrezensionen zur Hämatologie.

1221. **Zeitschrift für Kreislaufforschung.** Zugleich Fortsetzung von „Zentralblatt für Herz- und Gefäßkrankheiten". Organ der Deutschen Gesellschaft für Kreislaufforschung. Herausgegeben von Ed. Stadler und Bruno Kisch. Dresden und Leipzig, Th. Steinkopff. 23,5 cm.

Seit 1908. Bis 1926 mit dem Titel: Zentralblatt für Herz- und Gefäßkrankheiten. Zweimal monatlich. Jedes Heft enthält einen umfangreichen internationalen, systematisch geordneten Referatenteil.

1222. **Archives des maladies du cœur, des vaisseaux et du sang.** Directeur: H. Vaquez. Paris, Baillière, 19 rue Hautefeuille. 23,5 cm.

1ère année: 1908. Mensuelles. «Revue analytique» (notices classées), et «Bulletin bibliographique» (notices non analytiques, mais classées) d'articles de revues françaises et étrangères.

1223. †**Haematologica.** Pavia, Casella postale 149. 25 cm.
Seit 1930. Monatlich. Enthält in der Abt. 2 («Recensioni»), dirigiert von Adolfo Ferrata und Di Guglielmo, Sammelreferate und Einzelbesprechungen in- und ausländischer neuer Bücher und Zeitschriftenaufsätze. International.

1224. †**Archivos de cardiología y hematología.** Directores: G. Pittaluga, L. Cahandre. Madrid, Castellana 30. 24,5 cm.
Seit 1920. Monatlich. Enthält in jedem Heft in dem Abschnitt «Notas bibliográficas» Berichte über neue Zeitschriftenaufsätze in systematischer Anordnung.

— siehe auch: Nr. 1120.

[616.2 Krankheiten der Atmungsorgane

1225. **Archives médico-chirurgicales de l'appareil respiratoire** (cage thoracique, trachée et bronches, poumons et plèvres, médiastin). Directeurs: Émile Sergent et Th. Tuffier. Paris, G. Doin, 8 place de l'Odéon. 24 cm.
1ère année: 1926. Paraissent 6 fois par an. 1⁰ «Analyses» de travaux français et étrangers classés méthodiquement. 2⁰ «Index bibliographique»: titres des volumes et articles intéressant la spécialité en France et à l'étranger.

[616.21 Hals-, Nasen- und Ohrenheilkunde

1226. **The Journal of laryngology and otology.** Edited by Walter Howarth. Edinburgh, Oliver & Boyd, Tweeddale Court. 23 cm.
Since 1887. Monthly. A bibliographical section of abstracts arranged by subjects. International.

1227. ***Folia oto-laryngologica.** Publikationsorgan der Otolaryngologischen Gesellschaft zu Berlin, Vereinigung westdeutscher Hals- und Ohrenärzte [u. a.]. 2. Teil: Referate. Internationales Zentralblatt für Ohrenheilkunde und Rhino-Laryngologie. Leipzig, C. Kabitzsch. 24 cm.
Seit 1908. In Bänden zu 12 Heften. Enthält Sammelreferate und systematisch geordnete Einzelreferate und Besprechungen von Neuerscheinungen. International.

1228. ***Jahresbericht Hals-, Nasen- und Ohrenheilkunde.** Bibliographisches Jahresregister des Zentralblattes für Hals-, Nasen- und Ohrenheilkunde sowie deren Grenzgebiete. Herausgegeben von Karl Ludolf Schaefer. Berlin, J. Springer. 25,5 cm.

Seit 1922. Jährlich. Titelverzeichnis der Neuerscheinungen der oto-rhino-laryngologischen Weltliteratur. Bei den im Zentralblatt für Hals-, Nasen- und Ohrenheilkunde besprochenen Arbeiten sind Band und Seite des Zentralblattes angegeben. Mit Autorenregister. 1930 erschien der Bericht über das Jahr 1928.

1229. ***Zentralblatt für Hals-, Nasen- und Ohrenheilkunde sowie deren Grenzgebiete.** Fortsetzung des Internationalen Centralblattes für Laryngologie, Rhinologie und verwandte Wissenschaften. Organ der Gesellschaft Deutscher Hals-, Nasen- und Ohrenärzte. Herausgegeben von Georg Finder und Alfred Güttich. Berlin W 9, J. Springer. 25 cm.

Seit 1922. Halbmonatlich. Enthält systematisch geordnete Referate in- und ausländischer neuer Bücher und Zeitschriftenaufsätze; auch einige Sammelreferate.

1230. **Les Annales d'oto-laryngologie.** Bulletin de la Société de laryngologie des hôpitaux de Paris. (Suite des: Annales des maladies de l'oreille, du larynx, du nez et du pharynx). Paris, Masson, 120 boulevard Saint-Germain. 23,5 cm.

1ère année: 1931. Mensuelles. «Analyses» critiques d'articles français et étrangers classés méthodiquement. «Fiches bibliographiques» classées.

1231. **Archives internationales de laryngologie, otologie, rhinologie et broncho-oesophagoscopie.** Directeur: F. Lemaître. Paris, Vigot, 23 rue de l'Ecole de médicine. 23,5 cm.

1ère année: 1887. Mensuel. «Revue analytique: ouvrages, thèses et articles.»

1232. **†Revue de laryngologie, d'otologie et de rhinologie.** Publiée par E. J. Moure, G. Liébault, Georges Portmann. Paris, G. Doin, 8 place de l'Odéon. 24 cm.

Seit 1879. Halbmonatlich. Enthält Auszüge aus neuen Zeitschriftenaufsätzen und besonders paginiert einen «Index bibliographique», eine einseitig bedruckte internationale Titelliste neuer Zeitschriftenaufsätze.

1233. **†Atti della Clinica oto-rino-laringoiatrica della R. Università di Roma.** Diretti da Guglielmo Bilancioni. Roma, Le Massime, via Gaetano Sacchi 11. 23,5 cm.

Seit 1902. Jährlich. In jedem Bande Titelbibliographie der italienischen Fachliteratur (Bücher und Aufsätze) von Raffaele Vitto-Massei. 1929 für das Jahr 1927.

1234. **†Revista española y americana de laringología, otología y rinología.** Director: A. G. Tapia. Madrid, Hermosilla 2. 24 cm.
Seit 1910. Monatlich. Gibt Referate über neue Zeitschriftenaufsätze aus dem Fachgebiet; international.

[616.3 Krankheiten der Verdauungsorgane

1235. **Archiv für Verdauungskrankheiten** mit Einschluß der Stoffwechselpathologie und der Diätetik. Redigiert von I. Boas. Berlin, S. Karger. 25,5 cm.
Seit 1895. Zweimonatig, jährlich 2 Bände. Jedes Heft enthält seit 1926 die von Erich Wolffenstein zusammengestellte Bibliographie „Gesamtliteratur des In- und Auslandes" in systematischer Anordnung mit kritischen Bemerkungen.

1236. **Archives des maladies de l'appareil digestif et des maladies de la nutrition.** Organe officiel de la Société de gastro-entérologie de Paris et de la Société belge de gastro-entérologie. Publiées par Pierre Duval, Marcel Labbé, Jean-Charles Roux. Paris, Masson, 120 boulevard Saint-Germain. 24 cm.
1ère année: 1907. Mensuel. «Analyses» de volumes et articles français et étrangers. «Bulletin bibliographique» (listes classées d'articles français et étrangers).

[616.31 Stomatologie und Zahnheilkunde

1237. ***Index of the periodical dental literature published in the English language** including publications in England, Canada, Australia, New Zealand and the United States. Compiled by Arthur D. Black. Buffalo, N. Y., Dental Index Bureau, 381 Linwood Avenue. 26,5 cm.
Since 1921 (concerning the literature published 1911—1915). The last period covered is 1923—1926. The volume published in 1930, is the ninth of the series to be published and covered the years 1896—1900, the previous volumes covered the literature from 1839—1895, and 1911—1926, leaving only the period 1901—1910 still to be published. It is a classified subject index on the plan of the Dewey decimal classification. Includes an alphabetical author list and a list of dental books reviewed during the same period.

1238. **Deutsche Monatsschrift für Zahnheilkunde.** Organ der Gesellschaft Deutscher Naturforscher und Ärzte. Schriftleitung: W. Adrion. Berlin, J. Springer. 24,5 cm.
Seit 1883. Halbmonatlich. Enthält in jeder Nummer einen Referatenteil über die gesamte Zahnheilkunde in systematischer Anordnung. International.

1239. **Deutsche zahnärztliche Wochenschrift.** Organ des Zentral-Vereins Deutscher Zahnärzte. Schriftleitung: Rebel. Berlin SW 11, H. Pusch, Stresemannstraße 13. 24,5 cm.

Seit 1898. Wöchentlich. Enthält in jedem Heft Zeitschriftenreferate über in- und ausländische neue Zeitschriftenaufsätze nach Zeitschriften geordnet.

1239 a. **Fortschritte der Orthodontik** in Theorie und Praxis. Internationale Zeitschrift für Kiefer- und Gesichtsorthopädie. Herausgegeben von G. Korkhaus. Berlin W 57, H. Meusser. 25 cm.

Seit 1931. Vierteljährlich. Mit Rezensionen und einer vierteljährlichen internationalen Titelbibliographie der orthodontischen Literatur, die mit Januar 1930 einsetzt.

1240. **Die Fortschritte der Zahnheilkunde nebst Literaturarchiv.** Herausgegeben von Julius Misch. Leipzig, G. Thieme. 25,5 cm.

Seit 1925. Monatlich. Das besonders paginierte Literaturarchiv enthält systematisch geordnete Referate über in- und ausländische Aufsätze aus dem Gebiete der Chirurgie im allgemeinen und der Mundchirurgie und der Zahnheilkunde im besonderen.

1241. **Zeitschrift für Stomatologie.** Organ für wissenschaftliche und praktische Zahnheilkunde. Geleitet von Emil Steinschneider und Hans Scherbel. Wien, Berlin, Urban & Schwarzenberg. 24 cm.

Seit 1903. Monatlich. Mit Bücherbesprechungen und Referaten. International.

1242. **†La Revue de stomatologie.** Paris, Masson, 120 boulevard Saint-Germain. 24 cm.

Seit 1894. Monatlich. Enthält eine «Revue critique des travaux français et étrangers» (Referate über in- und ausländische Bücher und Zeitschriftenaufsätze) und Rezensionen neuer Bücher.

1243. **†La Stomatologia.** Organo ufficiale della Federazione stomatologica italiana. Direttore: Arrigo Piperno. Roma, Piazza S. Bernardo 108. 24,5 cm.

Seit 1902. Monatlich. Mit Referatenteil. International.

1244. **Odontologija.** (Odontologie.) Organ des Volkskommissariats für Gesundheitswesen und der odontologischen Fakultät des Medizinischen Instituts. Charkiv. 25 cm.

Seit 1926. Zweimonatig. Enthält Referate über die ausländische Literatur.

1245. ***Stomatologia.** (Stomatologie.) Supplément à «Magyar fogorvosok lapja». Réd. par Jenő Bihari. Budapest. 23 cm.
Depuis 1928. Revue mensuelle. Bibliographie analytique 1° des ouvrages stomatologiques de l'étranger, 2° des articles de journaux de stomatologie de l'étranger.

1246. **Suomen hammaslääkäriseuran toimituksia.** Finska tandläkaresällskapets förhandlingar. Helsinki-Helsingfors. 25 cm.
Seit 1904. Erscheint jährlich in 1 bis 2 Lieferungen. Enthält eine laufende, verschiedene Zeitperioden umfassende, chronologisch geordnete Titelbibliographie, auf das Jahr 1900 zurückgehend: »Finlands odontologiska litteratur. Die odontologische Literatur in Finnland. Utarbetad av Pehr Gadd.»

[616.4 Krankheiten des lymphatischen Systems

Vgl. „Innere Sekretion" (Nr. 1122—1126).

[616.5/6+616—002.6 Haut- und Geschlechtskrankheiten

1247. **†Archives of dermatology and syphilology.** Chicago, American Medical Association, 535 North Dearborn Street. 26,5 cm.
Seit 1920. Monatlich. Enthält in jedem Heft Auszüge aus neuen Zeitschriftenaufsätzen und eine internationale Titelliste "Index to current literature".

1248. **The British Journal of dermatology and syphilis.** The official organ of the British Association of Dermatology and Syphilology. Edited by A. M. H. Gray. London, H. K. Lewis, 28 Gower Place. 24 cm.
Since 1888. Monthly. Two bibliographical sections, a) abstracts, b) titles, both classified. International.

1249. **The British journal of venereal diseases.** Edited by L. W. Harrison and E. R. T. Clarkson. London W. C. 2, Constable, 10 and 12 Orange Street. 25 cm.
Since 1925. Quarterly. Containing a bibliographical section classified, titles arranged alphabetically under each subject. International.

1250. †*U. S. Treasury Department. Public Health Service. **Venereal Disease Information.** Issued by the United States Public Health Service for use in its cooperative work with the State Health Departments. Washington, Government Printing Office. 24 cm.
Seit 1920. Monatlich. Enthält Auszüge aus neuen Zeitschriftenaufsätzen in systematischer Anordnung.

1251. **Dermatologische Wochenschrift.** Herausgegeben von J. H. Rille, E. Delbanco, F. Callomon, P. Unna. Leipzig, L. Voss. 23,5 cm.

Seit 1882. Wöchentlich. Bringt in dem Abschnitt „Fachzeitschriften" kurze Angaben über den Inhalt neuer Hefte, außerdem Buchbesprechungen und in dem Abschnitt „Mitteilungen aus der Literatur" Referate über wichtige Zeitschriftenaufsätze in systematischer Anordnung. International.

1252. **Dermatologische Zeitschrift.** Berichtsorgan der Berliner Dermatologischen Gesellschaft. Herausgegeben von Erich Hoffmann. Berlin, S. Karger. 25,5 cm.

Seit 1893. Monatlich. Enthält in jedem Heft einen von Arthur Alexander redigierten Referatenteil, der Zeitschriftenaufsätze aller Länder über Dermatologie und Syphilis analysiert.

1253. ***Jahresbericht Haut- und Geschlechtskrankheiten.** Bibliographisches Jahresregister des Zentralblattes für Haut- und Geschlechtskrankheiten sowie deren Grenzgebiete. Herausgegeben von O. Sprinz. Berlin, J. Springer. 25,5 cm.

Seit 1923 (für 1921). Jährlich. Jahrgang 1 mit dem Titel: „Bibliographie der Haut- und Geschlechtskrankheiten". Internationales Titelverzeichnis. Hinweise auf Band und Seite des Zentralblattes, wo die Arbeiten besprochen wurden. Mit Autorenregister. 1930 erschien der Bericht über das Jahr 1928.

1254. ***Zentralblatt für Haut- und Geschlechtskrankheiten sowie deren Grenzgebiete.** Kongreßorgan der Deutschen Dermatologischen Gesellschaft. Zugleich Referatenteil des Archivs für Dermatologie und Syphilis. Herausgegeben von J. Jadassohn, W. Pick, O. Sprinz. Berlin W 9, J. Springer. 25 cm.

Seit 1921. Erscheint halbmonatlich; 15 Hefte bilden einen Band. Enthält systematisch geordnete Rezensionen in- und ausländischer neuer Bücher und Zeitschriftenaufsätze, daneben Übersichtsreferate. Berücksichtigt auch die Krankheiten des Urogenitalapparats.

1255. †**Annales de dermatologie et de syphiligraphie.** Paris, Masson, 120 boulevard Saint-Germain. 23,5 cm.

Seit 1869. Monatlich. Enthält Referate neuer Zeitschriftenaufsätze und Besprechungen neuer Bücher. Außerdem auf den Umschlagblättern, einseitig bedruckt, «Sommaire des périodiques spéciaux» und «Table par matières des principaux travaux de dermatologie et de syphiligraphie». International.

1256. **Annales des maladies vénériennes.** Directeur: Prof. Gougerot. Paris, 154 boulevard Haussmann. 21 cm.

1ère année: 1906. Mensuel. «Analyses» de thèses et d'articles français et étrangers. Le délai de parution varie de 1 à 8 mois. «Fiches bibliographiques» (sur les feuilles de couverture).

1257. †**Giornale italiano di dermatologia e sifilologia.** Continuazione del Giornale italiano delle malattie veneree e della pelle. Pubblicato e redatto da Ambrogio Bertarelli, A. Pasini, A. Bellini. Milano, Clinica dermosifilopatica della R. Università di Milano, via Pace 9. 25,5 cm.

Seit 1866. Zweimonatig. Enthält in jedem Heft als besonders paginierte Beilage eine systematische Titelliste neuer Zeitschriftenaufsätze «Indicazioni bibliografiche», außerdem in dem Abschnitt «Rivista bibliografica» Rezensionen neuer Bücher und Aufsätze. International.

— siehe auch: Nr. 1193.

[616.6 Urologie

1258. **The British journal of urology.** Editors: Frank Kidd, H. P. Winsbury White. London W. C. 2, Constable, 10 & 12 Orange Street, Leicester Square. 24,5 cm.

Since 1929. Quarterly. Abstracts of contents of journals and a title list arranged under subjects. Two sections. International.

1259. ***Jahresbericht Urologie.** Bibliographisches Jahresregister der Zeitschrift für urologische Chirurgie. Herausgegeben von A. v. Lichtenberg und O. A. Schwarz. Berlin, J. Springer. 25,5 cm.

Seit 1922. Jährlich. Systematisches Titelverzeichnis der Neuerscheinungen des In- und Auslandes. Hinweise auf die Referate in der Zeitschrift für urologische Chirurgie, und zwar Angabe von Band und Seite. Dazu Autorenregister. Außerdem zum Teil Sammelreferate. 1930 erschien der Bericht über das Jahr 1928.

1260. **Zeitschrift für Urologie.** Organ der Deutschen Gesellschaft für Urologie und der Berliner Urologischen Gesellschaft. Leipzig, G. Thieme. 24,5 cm.

Seit 1907. Monatlich. Jedes Heft enthält einen „Literaturbericht", der Referate über in- und ausländische neue Zeitschriftenaufsätze in systematischer Anordnung bringt. Außerdem erscheinen jährliche, nach Ländern geschiedene Übersichtsreferate über die ausländische urologische Literatur; der Jahrgang 1930 enthält solche

Berichte über England und Amerika, Polen, Skandinavien und Ungarn, meist über Publikationen des Jahres 1928.

1261. **Zeitschrift für urologische Chirurgie.** Zugleich Fortsetzung der Folia urologica. Geleitet von A. v. Lichtenberg und F. Voelcker. Berlin, J. Springer. 24 cm.

Seit 1913. Erscheint zwanglos in Bänden zu 3—6 Heften. Enthält einen besonders paginierten internationalen systematischen „Referatenteil"; berücksichtigt sind darin Bücher und Aufsätze zur Pathologie und Therapie des Urogenitalapparates einschließlich der Nieren.

1262. **Journal d'urologie médicale et chirurgicale.** (Annales des maladies des organes génito-urinaires.) Paris, Masson, 120 boulevard Saint-Germain. 23,5 cm.

1ère année: 1902. Mensuel. «Analyses» et «Fiches bibliographiques» d'ouvrages et d'articles français et étrangers.

[616.8 Neurologie und Psychiatrie

1265. **Archives of neurology and psychiatry.** Published by American Medical Association. Chicago, Illinois, 535 North Dearborn Street. 27 cm.

Since 1919. Monthly. Contains abstracts from current literature and book reviews. American and foreign publications.

1264. **†The Journal of mental science.** Editors: J. R. Lord, Douglas McRae, Thomas Beaton. London, J. & A. Churchill, 40 Gloucester Place. 23 cm.

Seit 1856. Vierteljährlich. Enthält einige Buchbesprechungen und in der Rubrik "Epitome of current literature" systematisch geordnete Referate neuer Zeitschriftenaufsätze. International. Berücksichtigt sind Psychologie, Psychiatrie und Neurologie.

1265. **The Journal of nervous and mental disease.** An American journal of neuropsychiatry. Smith Ely Jelliffe, managing editor. New York, Smith Ely Jelliffe, 64 West 56th Street. 26 cm.

Since 1874. Monthly. Collected abstracts of current literature, and book reviews included in each issue. American and foreign publications.

1266. **The Journal of neurology and psychopathology.** Edited by S. A. Kinnier Wilson. London W. C. 1, British Medical Association, Tavistock Square. 24,5 cm.

Since 1920. Quarterly. Contains a classified bibliographical section of abstracts. International.

1267. **Allgemeine Zeitschrift für Psychiatrie und psychisch-gerichtliche Medizin.** Herausgegeben von Deutschlands Irrenärzten durch Georg Ilberg. Berlin, W. de Gruyter. 22,5 cm.

Seit 1844. Monatlich. Jährlich erscheint als besonders paginiertes Literaturheft ein „Bericht über die psychiatrische Literatur", redigiert von Helmut Müller. Systematische Titellisten mit darauffolgenden Sammelreferaten von verschiedenen Fachleuten. 1930 erschien die Bibliographie für 1927.

1268. ***Jahresbericht Neurologie und Psychiatrie.** Bibliographisches Jahresregister des Zentralblattes für die gesamte Neurologie und Psychiatrie. Herausgegeben von R. Hirschfeld. Berlin, J. Springer. 25,5 cm.

Seit 1911. Jährlich. Internationale systematische Jahresbibliographie mit Sammelreferaten und Autorenregister. Am Schluß der Titelangaben Hinweise auf die Referate im „Zentralblatt für die gesamte Neurologie und Psychiatrie". 1931 für 1929.

1269. ***Zentralblatt für die gesamte Neurologie und Psychiatrie.** Referatenteil der Zeitschrift für die gesamte Neurologie und Psychiatrie und Fortsetzung des von E. Mendel begründeten Neurologischen Centralblattes. Referatenblatt der Gesellschaft Deutscher Nervenärzte. Offizielles Organ der Berliner Gesellschaft für Psychiatrie und Nervenkrankheiten. Schriftleitung: R. Hirschfeld. Berlin W 9, J. Springer. 25 cm.

Seit 1921. Halbmonatlich. Enthält ausschließlich systematisch geordnete Referate neuer Bücher und Aufsätze des In- und Auslandes über allgemeine und spezielle Neurologie.

1270. **Journal de neurologie et de psychiatrie.** Bulletin officiel de la Société de médecine mentale de Belgique; de la Société de neurologie; du Groupement belge d'études oto-neuro-ophtalmologiques et neuro-chirurgicales. Uccle-Bruxelles, 10 avenue de la Ramée. 26,5 cm.

Depuis 1900. Mensuel. Analyses d'ouvrages et articles ressortissants au sujet de la Revue.

1271. **Revue neurologique.** Bulletin officiel de la Société de neurologie de Paris. Paris, Masson, 120 boulevard Saint-Germain. 24,5 cm.

1ère année: 1893. Mensuelle. «Analyses» de volumes et articles français et étrangers. «Sommaires» classés «des principaux périodiques intéressant le neurologiste» parus le mois précédent; avec une table des matières.

1272. †**Archivio generale di neurologia, psichiatria e psicoanalisi.** Diretto da M. Levi-Bianchini. Napoli, Giannini, via Cisterna dell'Olio 6. 27,5 cm.

Seit 1920. Vierteljährlich. Bringt in fast jedem Heft einen Besprechungsteil von M. Levi-Bianchini, der gesammelte Rezensionen von Neuerscheinungen aller Länder in Gruppenanordnung enthält.

1273. **Rocznik psychjatryczny.** (L'année psychiatrique.) Organe de la Société polonaise de psychiatrie. Rédacteur: Jan Nelken. Warszawa, Klinika Psychjatryczna Uniwersytetu Warszawskiego, ul. Konwiktorska 7. 24 cm.

Depuis 1923. Deux ou trois fascicules par an. Donne une bibliographie-titres des travaux polonais sur la psychiatrie, publiés: 1. dans les revues, 2. séparément. Classement: ad 1. systématique et dans chaque groupe alphabétique par auteurs, ad 2. alphabétique par auteurs. La bibliographie paraît une fois par an, dans le premier fascicule de l'année, et donne des renseignements sur l'année précédente.

1274. †**Revue v neurologii a psychiatrii.** (Zeitschrift für Neurologie und Psychiatrie.) Rediguje: L. Kaškovec. Praha III., Karmelitská ul. 6. 24 cm.

Seit 1904 (?). Monatlich. Referate über Zeitschriftenaufsätze des In- und Auslandes.

[616.9.36 Malaria

1275. †*Stazione sperimentale per la lotta antimalarica. **Indice bibliografico della malaria.** A cura di G. Tegoni. Supplemento alla Rivista di malariologia (siehe Nr. 1276). Roma, Via Germanico 136. 24 cm.

Seit 1928 (für 1926). Jährlich. Internationale systematische Titelbibliographie der im Berichtsjahr erschienenen Zeitschriftenaufsätze, mit Verfasser-Register. 1930 erschien die Bibliographie für 1928.

1276. †**Rivista di malariologia.** Diretta da G. Sanarelli. Organo ufficiale della Società per gli studi della malaria. (Continuazione del Bollettino malariologico.) Roma, via delle Finanze 14. 23,5 cm.

Seit 1922. Zweimonatig. Enthält systematisch geordnete Referate über neue Zeitschriftenaufsätze. Jährlich erscheint als Supplement „Indice bibliografico della malaria“ (siehe Nr. 1275).

[617 Chirurgie

1277. ***International abstract of surgery.** Supplementary to "Surgery, gynecology and obstetrics". Editors: Franklin H. Martin, Sumner L. Koch. Chicago, Illinois, 54 East Erie Street. 26 cm.

Since 1913. Monthly. Each issue contains also a Bibliography of current literature. Both Abstract and Bibliography are classified by subjects.

1278. ***International surgical digest.** A monthly abstract journal of current literature. Edited by Dean Lewis. Hagerstown, Maryland, W. F. Prior company. 25 cm.

Since 1926. Monthly. American and foreign publications.

1279. **Der Chirurg.** Zeitschrift für alle Gebiete der operativen Medizin. Herausgegeben von M. Kirchner, O. Kleinschmidt, O. Nordmann. Berlin W 9, J. Springer. 27 cm.

Seit 1929. Halbmonatlich. Jedes Heft enthält eine Rubrik „Kritische Besprechungen", die Referate über die praktisch wichtigen Arbeiten der Weltliteratur in systematischer Anordnung bringt.

1280. ***Jahresbericht Chirurgie.** Bibliographisches Jahresregister des Zentralorgans für die gesamte Chirurgie und ihre Grenzgebiete. Herausgegeben von Carl Franz. Berlin, J. Springer. 25 cm.

Seit 1895. Jährlich. Internationale, systematische Titelbibliographie. Bei jedem Titel Hinweis auf die Stelle im Zentralorgan, wo die Schrift rezensiert wurde. 1931 erschien der Jahrgang 1929.

1281. ***Zentralblatt für Chirurgie.** Leipzig, J. A. Barth. 23 cm.

Seit 1874. Wöchentlich. Bringt Referate in- und ausländischer neu erschienener Bücher und Aufsätze. Bildet zusammen mit dem Zentralblatt für innere Medizin und dem Zentralblatt für Gynäkologie das Zentralblatt für die gesamte Medizin.

1282. ***Zentralorgan für die gesamte Chirurgie und ihre Grenzgebiete.** Unter ständiger Aufsicht der Deutschen Gesellschaft für Chirurgie herausgegeben. Berlin W 9, J. Springer. 24,5 cm.

Seit 1913. Wöchentlich. Enthält ausschließlich Referate über chirurgische Neuerscheinungen (Bücher und Aufsätze) in systematischer Anordnung. International.

1283. **Journal de chirurgie.** Revue critique. Paris, Masson, 120 boulevard Saint-Germain. 23 cm.

1ère année: 1896. Mensuel. «Sommaires des principaux périodiques» français et étrangers. «Analyses» de livres français et étrangers classées méthodiquement.

1284. **Annali italiani di chirurgia.** Pubblicati da G. Pascale. Napoli (152), Clinica Chirurgica, Policlinico alla Sapienza. 24 cm.
Dal 1921. Mensile. Oltre i „Sunti della stampa" e i „Libri ricevuti" pubblica „Bollettino della stampa chirurgica italiana".

1285. **La Clinica chirurgica.** Direttore: Baldo Rossi. Milano, F. Vallardi. 25 cm.
Dal 1893. Mensile. Contiene di solito in ogni numero la «Rivista della stampa chirurgica» (riassunti di pubblicazioni italiane o straniere per lo più contenute in periodici) corredata a fin d'anno da un indice per autori e uno a soggetto e la «Rubrica bibliografica» a cura di Franco Rossi (elenco di titoli di pubblicazioni italiane e straniere raggruppate per materia).

1286. **La Pratica chirurgica e delle discipline affini.** Direttore: Giovanni Cocci. Arezzo, via Cavour 20. 26 cm.
Dal 1926. Insieme con ogni fascicolo distribuisce ai lettori un certo numero di schede, ciascuna delle quali riassume un lavoro italiano o straniero, di solito pubblicato in qualche rivista. Le schede portano in alto un numero progressivo e l'indicazione del soggetto trattato e possono formare un vero e proprio catalogo di pubblicazioni chirurgiche.

1287. **†*Bibliografija russkoj chirurgii i ee pograničnych oblastej.** (Bibliographie der russischen Chirurgie und ihrer Grenzgebiete.) Sostavlennaja po poručeniju Russkogo Chirurgičeskogo Obščestva Pirogova v Leningrade. Pod redakciej Ė. R. Gesse. Moskva, Moszdravotdel. 24,5 cm.
Seit 1926 (für 1914—24). Unregelmäßig. Enthält eine Titelbibliographie russischer Zeitschriftenaufsätze und Bücher. 1931 erschien die Bibliographie für 1927/28 und die für 1929.

[617.3 Orthopädie

1288. **The Journal of bone and joint surgery.** Published by the American Orthopaedic Association and the British Orthopaedic Association. Editor: E. G. Brackett. Boston, Massachusetts, 166 Newbury Street. 23,5 cm.
Since 1903. Quarterly. Containing abstracts of American and foreign publications (books and articles).

1289. **Zeitschrift für orthopädische Chirurgie einschließlich der Heilgymnastik und Massage.** Offizielles Organ der Deutschen Orthopädischen Gesellschaft. Herausgegeben von G. A. Wollenberg, Fritz Lange, Hans Spitzy. Stuttgart, F. Enke. 25 cm.

Seit 1891. Etwa 6 Hefte jährlich. Jedes Heft enthält einen Referatenabschnitt, der über das Gesamtgebiet der Orthopädie berichtet. International.

1290. **†Revue d'orthopédie et de chirurgie de l'appareil moteur.** Directeur: Albert Mouchet. Paris, Masson, 120 boulevard Saint-Germain. 24 cm.

Seit 1890. Zweimonatig. Enthält in dem Abschnitt „Analyses" zahlreiche systematisch geordnete Referate über neue Zeitschriftenaufsätze. International.

1291. **†*Bibliografia ortopedica.** Supplemento a «Chirurgia degli organi di movimento». Direttore: V. Putti. Bologna, L. Cappelli. 23,5 cm.

Seit 1920. Jährlich 6 Hefte. Systematisch geordnete Titelbibliographie neuer Zeitschriftenaufsätze.

[617.7 Ophthalmologie

1292. **American Journal of ophthalmology.** William A. Crisp, editor. Menasha, Wisconsin, the Ophthalmic Publishing Company, 450 Ahnaip Street; Saint Louis, Missouri, 508 Metropolitan Building. 25 cm.

Since 1884. Monthly. Besides notices of Society proceedings, book notes, etc., each issue contains an abstract department of the world literature classified under eighteen headings.

1293. **Archives of ophthalmology.** Continuing the publication founded by Herman Knapp, 1869. Published by American Medical Association. Chicago, Illinois, 535 North Dearborn Street. 27 cm.

Since 1869. Monthly. „Abstracts from current literature", edited by William Zentmayer. Classified by subjects.

1294. **The British journal of ophthalmology.** Editors: R. R. James, F. A. Williamson-Noble. London W. 1, G. Pulman, 24 Thayer Street, Marylebone. 24,5 cm.

Since 1917. Monthly. Each number contains an analytical bibliography arranged by subjects, and a title bibliography of journals listing their contents. International.

1295. ***Jahresbericht Ophthalmologie.** Bibliographisches Jahresregister des Zentralblattes für die gesamte Ophthalmologie und ihre Grenzgebiete. Herausgegeben von O. Napp und W. Rohrschneider. Berlin, J. Springer. 25,5 cm.

Seit 1872. Jährlich. Internationales systematisches Titelverzeichnis mit Autorenregister. Am Schluß der Titelangabe Hinweise auf Band und Seite des Zentralblattes, wo das Werk referiert wurde. 1931 erschien der Bericht für das Jahr 1929. Keine Übersichtsreferate.

1296. **Klinische Monatsblätter für Augenheilkunde und für augenärztliche Fortbildung.** Redigiert von Th. Axenfeld, A. von Szily und B. Kayser. Stuttgart, F. Enke. 25 cm.

Seit 1863. Monatlich. Bringt in jeder Nummer in der Rubrik „Sammelreferate und Bibliographie" Besprechungen in- und ausländischer neuer Bücher und Zeitschriftenaufsätze in systematischer Anordnung, bearbeitet von B. Kayser.

1297. **Zeitschrift für Augenheilkunde.** Geleitet von C. Behr und J. Meller. Berlin, S. Karger. 25,5 cm.

Seit 1899. Erscheint in Bänden zu 6 Heften, etwa monatlich ein Heft. Mit ophthalmologischen Einzelreferaten („Diagnose und Therapie", „Blindenwesen") und jährlichen bzw. halbjährlichen Sammelberichten über die ophthalmologische Literatur, nach Ländern geteilt und von verschiedenen Bearbeitern herrührend.

1298. ***Zentralblatt für die gesamte Ophthalmologie und ihre Grenzgebiete.** Zugleich Referatenteil zu Albrecht von Graefes Archiv für Ophthalmologie und Archiv für Augenheilkunde. Schriftleitung: O. Napp. Berlin W 9, J. Springer. 24,5 cm.

Seit 1914. Zweimal monatlich. Enthält in systematischer Anordnung Referate über die ophthalmologischen Neuerscheinungen der Weltliteratur. Zu jedem Band erscheint ein Autoren- und Sachregister.

1299. **Archives d'ophtalmologie.** Paris, Masson, 120 boulevard Saint-Germain. 23 cm.

1ère année: 1884. Mensuel. La «Revue bibliographique» analyse les publications françaises et étrangères, les communications à la Société française d'ophtalmologie; elle donne une liste des cours et conférences de la Faculté.

1300. **†Revue générale d'ophtalmologie.** Recueil mensuel bibliographique, analytique, critique. Genève, F. H. Allisson, 12 avenue de la Gare des Eaux-Vives. 25 cm.

Seit 1882. Monatlich. Mit systematisch geordneten Referaten über in- und ausländische Zeitschriftenaufsätze.

1301. †**Bollettino d'oculistica.** Firenze, C. Spinelli, via S. Reparata 89. 23 cm.
Seit 1922. Monatlich. Bringt Referate über Zeitschriftenaufsätze auf dem Gebiet der Ophthalmologie.

1302. **Ganka rinshō ihō.** (Zeitschrift für klinische Ophthalmologie.) Yodobashi-cho, near Tokyo, 743 Tsunohazu. 22 cm.
Since 1906. Monthly. Has abstracts.

— siehe auch: Nr. 908.

[618 **Frauenkrankheiten und Geburtshilfe**

1303. **The Journal of obstetrics and gynaecology of the British Empire.** Editor: Comyns Berkeley. Manchester, Sherratt & Hughes. 25 cm.
Since 1902. Quarterly. Contains an international bibliographical section noting the contents of current journals.

1304. ***Berichte über die gesamte Gynäkologie und Geburtshilfe sowie deren Grenzgebiete.** Unter dem Protektorat der Deutschen Gesellschaft für Gynäkologie herausgegeben von G. A. Wagner, M. Stickel, B. Zondek. Berlin W 9, J. Springer. 24,5 cm.
Seit 1923. Halbmonatlich. Enthält Referate neuer Bücher und Zeitschriftenaufsätze des In- und Auslandes. Eingeteilt in 3 Gruppen: Allgemeines, Gynäkologie, Geburtshilfe.

1305. ***Jahresbericht Gynäkologie und Geburtshilfe.** Bibliographisches Jahresregister der Berichte über die gesamte Gynäkologie und Geburtshilfe sowie deren Grenzgebiete. Herausgegeben von G. A. Wagner, M. Stickel, B. Zondek. Berlin W 9, J. Springer. 25,5 cm.
Seit 1887. Jährlich. Lückenlose systematische Zusammenstellung der internationalen gynäkologisch-geburtshilflichen Fachliteratur. Zahlen am Schluß der Titelangabe weisen auf das entsprechende Referat in den „Berichten über die gesamte Gynäkologie und Geburtshilfe“ hin. Mit Autorenregister. 1930 erschien der Bericht über das Jahr 1928.

1306. **Monatsschrift für Geburtshilfe und Gynäkologie.** Berlin, S. Karger. 24 cm.
Seit 1895. Monatlich. Enthält außer Originalarbeiten Sammelreferate über Einzelprobleme und jährliche oder halbjährliche Berichte über die ausländische gynäkologisch-geburtshilfliche Literatur, getrennt nach Ländern und von verschiedenen ständigen Bearbeitern.

1307. †Gynaecologia et obstetricia. **Praxis.** Schweizerische Rundschau für Medizin. Revue suisse de médecine. Bern, Hallwag A. G. 47,5 cm.

Seit 1909. Wöchentlich. Enthält internationale Referate aus Gynäkologie und Geburtshilfe. Systematisch.

1308. ***Zentralblatt für Gynäkologie.** Herausgegeben von Walter Stoeckel. Leipzig, J. A. Barth. 23 cm.

Seit 1877. Wöchentlich. Bringt Referate in- und ausländischer neu erschienener Bücher und Aufsätze. Einige Originalabhandlungen gehen voran. Bildet zusammen mit dem Zentralblatt für innere Medizin und dem Zentralblatt für Chirurgie das Zentralblatt für die gesamte Medizin.

1309. **Gynécologie et obstétrique.** Revue mensuelle. Paris, Masson, 120 boulevard Saint-Germain. 23,5 cm.

1ère année: 1919. Mensuelle. «Analyses» d'articles et d'ouvrages français et étrangers.

1310. **Ginekologja polska.** (Gynécologie polonaise.) Revue mensuelle consacrée aux maladies des femmes et à l'obstétrique. Organe des sociétés polonaises de gynécologie à Varsovie, Cracovie, Léopol, Łódz, Posnanie et Vilno. Rédacteurs: Henryk Beck et Leonard Lorentowicz. Warszawa, Marszałkowska 110. 24,5 cm.

Depuis 1922. Mensuelle. Donne une bibliographie courante des articles de revues médicales polonaises sur l'obstétrique et la gynécologie. Ordre systématique. Dépouillement des revues étrangères.

[619 Tierheilkunde

1311. †***The Veterinary Bulletin.** Published by Imperial Bureau of Animal Health. Weybridge, Surrey, England, Imperial Bureau of Animal Health, Veterinary Laboratory. 24,5 cm.

Seit April 1931. Zunächst vierteljährlich. Erweiterung des bis 1930 existierenden „Tropical veterinary bulletin."

1312. **Berliner tierärztliche Wochenschrift.** Berlin, R. Schoetz. 33 cm.

Seit 1885. Wöchentlich. Enthält in jeder Nummer einen von J. Schmidt redigierten Referatenteil über die Neuerscheinungen zur Veterinärmedizin in systematischer Anordnung. International.

1313. ***Fortschritte auf dem Gebiet der Veterinärmedizin.** Bearbeitet für den Gebrauch des praktischen Tierarztes von Kurt Linde. Tilsit, Engel. 23,5 cm.

Seit 1927. Jährlich. Kurze Referate über neue deutsche Zeitschriftenaufsätze aus der Veterinärmedizin, soweit sie für die Praxis von Bedeutung sind. Systematisch mit Schlagwortregister. 1930 erschien der Bericht über 1929, nach dem Tode Lindes vollendet von P. Janz.

1314. ***Jahresbericht Veterinär-Medizin.** Herausgegeben von K. Neumann-Kleinpaul und O. Zietzschmann. Berlin W 9, J. Springer. 27 cm.
Seit 1881. Jährlich. Zwei Hälften. Systematisch geordnete Referate über in- und ausländische neue Bücher und Aufsätze. 1930 erschien die Bibliographie für 1929.

1315. **Tierärztliche Rundschau.** Organ für praktizierende Tierärzte. Wittenberge, Bischoff. 31 cm.
Seit 1894. Wöchentlich. Enthält in jeder Nummer Referate über neue Zeitschriftenaufsätze nach Zeitschriften geordnet. International.

1316. **Wiener tierärztliche Monatsschrift.** Wien I, Urban & Schwarzenberg, Mahlerstraße 4. 24,5 cm.
Seit 1913. Halbmonatlich. Mit analytischer Zeitschriftenschau und Bücherbesprechungen.

1317. **Tijdschrift voor diergeneeskunde.** Uitgegeven door de Maatschappij voor Diergeneeskunde. Utrecht, J. van Boekhoven. 24,5 cm.
Seit 1873. Halbmonatlich. Enthält Referate über in- und ausländische Fachaufsätze.

1318. **†Recueil de médecine vétérinaire exotique.** Publié par le Corps enseignant de l'École d'Alfort. Administrateur-gérant: A. Coquot. Paris, Vigot, 23 rue de l'École-de-Médecine. 24 cm.
Seit 1928. Vierteljährlich. Enthält Besprechungen von neuen Zeitschriftenaufsätzen und Dissertationen in systematischer Anordnung. International.

1319. **†Revue générale de médecine vétérinaire.** Publiée par E. Leclainche. Toulouse, 22 rue Ingres. 25 cm.
Seit 1903. Monatlich. Enthält Auszüge aus neuen Zeitschriftenaufsätzen. International.

1320. **Revue vétérinaire et Journal de médecine vétérinaire & de zootechnie réunis.** Organe mensuel des Ecoles nationales vétérinaires de Lyon et de Toulouse. Rédacteur en chef: M. Martin. Toulouse, 2 rue Romiguières. 24 cm.

1ère année: 1910. Mensuelle. Quelques analyses de volumes et articles français et étrangers, classés méthodiquement dans la «Revue des publications».

[62+65/69 Technik im allgemeinen

1321. **†Cassier's Industrial management and mechanical handling.** A monthly journal devoted to management, production, and economy in all branches of industry. London, The Louis Cassier Co., 22 Henrietta Street. 30 cm.

Seit 1891. Monatlich. In jedem Heft systematisch geordnete Titel von Zeitschriftenaufsätzen über verschiedene technische Gebiete (Maschinenwesen, Krafttechnik, Schiffsbau, Eisenbahnen).

1322. ***The Industrial arts index.** Subject index to a selected list of engineering, trade and business periodicals, books and pamphlets, with a list of important technical societies. Edited by Marion E. Potter, Louise D. Teich, Leona T. Kohn. New York, H. W. Wilson, 950—972 University Avenue. 26 cm.

Since 1913. Monthly, with quarterly, annual and biennial cumulations.

1323. **†*New technical books.** A selected list on industrial arts and engineering added to the New York Public Library. New York, Public Library. 25,5 cm.

Seit 1915. Vierteljährlich. Alphabetisch nach Schlagworten geordnetes Verzeichnis mit kurzen Bemerkungen.

1324. ***Führer durch die technische Literatur.** Verzeichnis der wichtigsten Werke aller technischen Gebiete für Studium und Praxis, unter besonderer Berücksichtigung der neuesten Erscheinungen. Hannover, F. Weidemann. 18 cm.

Seit 1905. Jährlich. Systematisch geordnet.

1325. ***Neue technische Bücher.** Monatsbericht über die technischen Literaturgebiete. Hamburg, Boysen & Maasch. 29,5 cm.

Seit 1924. Monatlich. Systematische Bibliographie technischer Neuerscheinungen des deutsche Sprachgebiets, teilweise mit erläuternden Notizen. Am Schluß die Beilage „Gewerbliche Bücher“. Keine Zeitschriftenaufsätze.

1326. ***Technische Zeitschriftenschau** mit Bücherschau. Herausgegeben vom Verein Deutscher Ingenieure und vom Verband Deutscher Elektrotechniker. Schriftleiter: C. Matschoss, für Elektrotechnik: K. Strecker. Berlin NW 7, VDI-Verlag. 29,5 cm.

Seit 1916. Halbmonatlich. Internationale, systematische, mit kurzen Notizen versehene Bibliographie von Zeitschriftenaufsätzen, die sämtliche Gebiete der Technik berücksichtigt; die Gebiete „Bergbau“, „Eisenhüttenwesen“ und „Fernmeldetechnik“ werden nur knapp behandelt, da sie in den Zeitschriften „Glückauf“ (siehe Nr. 1385), „Stahl und Eisen“ (siehe Nr. 1553a) und der „Zeitschriftenschau des Reichspostzentralamts“ (siehe Nr. 1369) geschlossen berücksichtigt sind. Von 1931 an erfolgt unter Mitarbeit der Deutschen Gesellschaft für Metallkunde in einem besonderen Abschnitt ausführliche Berichterstattung über das metallkundliche Schrifttum.

1327. †***Repertorium technicum.** Bibliographie internationale bimestrielle de livres et d'articles de périodique sur des sujets industriels et matières connexes. Den Haag, Nederlandsch Instituut voor Documentatie en Registratuur, Carel van Bylandtlaan 30. 29,5 cm.
Seit 1931. Erscheint alle zwei Monate. Fortsetzung der „Mededeelingen van het Nederlandsch Instituut voor Documentatie en Registratuur“ (1926—1930). Titelbibliographie über alle Gebiete der Technik ohne Erläuterungen. Bücher und Zeitschriftenaufsätze. Jedem Titel ist die Nummer der Dezimalklassifikation zugesetzt. Maschinenschrift; einseitiger Druck. Am Schluß der Hefte Schlagwortregister. Jährliche Namen- und Sachregister geplant.

1328. †***Bibliographie des livres français sur l'industrie et la technologie.** Publiée par les maisons J.-B. Baillière, A. Colin, Ch. Béranger [u. a.]. Paris, Hôtel du Cercle de la librairie, 117 boulevard Saint-Germain. 21 cm.
Seit 1930. Erscheint alle 3 Jahre, jährlich durch ein Supplement ergänzt. 1930 erschien als erster zusammenfassender Band die Bibliographie für 1919—1930. Systematische Titelliste der von 14 Firmen verlegten Neuerscheinungen auf dem Gebiet der Technik.

1329. †***Documentation & bibliographie.** Revue des revues industrielles et techniques. Charleroi, Université du travail, 31 boulevard Solvay. 28 cm.
Erscheint etwa monatlich. Maschinenschriftlich vervielfältigte Titelzitate aus etwa 40—50 technischen und industriellen Zeitschriften. Den Titeln sind die Nummern der Dezimalklassifikation zugesetzt. Einseitig bedruckte Blätter.

1330. ***La Documentation technique.** Revue mensuelle de la presse technique mondiale. Directeur: A. Exlère. Paris, 2 square Desnouettes. 24 cm.

1ère année: 1930. Mensuelle. Notices non analytiques classées d'articles français et étrangers; avec une table alphabétique des périodiques cités, et une table des auteurs.

1331. †***Les Fiches documentaires.** Publiées par la Société de documentation industrielle. Strasbourg, 24 rue du 22 Novembre.

Zettelbibliographie auf Karton im Format 7,5 × 12,5 cm. Drei Abteilungen: 1. Mines et combustibles; 2. Électricité; 3. «Chauffage industriel». Wöchentlich. Die Titel sind französisch abgefaßt, etwaige Originaltitel sind in Klammern hinzugefügt. Zu jedem Artikel wird ein kurzer Inhaltsauszug gegeben. Die Karten der Abteilung «Électricité» sind mit den Ziffern der Brüsseler Dezimalklassifikation versehen.

1332. †**Science & industrie.** Revue technique des industries mécaniques et électriques. Ch.-J. Hendelot, administrateur-délégué. Paris, 22 avenue Montaigne. 31 cm.

Seit 1916. Monatlich. Enthält in jeder Nummer die Rubrik «Partie documentaire» mit Auszügen aus in- und ausländischen Zeitschriftenaufsätzen in systematischer Anordnung, seit April 1930 mit den Nummern der Brüsseler Dezimalklassifikation versehen.

1333. **La Technique moderne.** Revue universelle des sciences appliquées à l'industrie. Directeur: Georges Bourrey. Paris, Dunod, 92 rue Bonaparte. 31 cm.

1ère année: 1908. Parait le 1er et le 15 de chaque mois. «Documentation bibliographique»: titres des principaux ouvrages français et étrangers parus, avec un délai de quinze jours à 1 mois. «Analyse d'ouvrages récemment parus».

1334. ***Ežemesjačnyj bibliografičeskij ukazatel' techniko-ėkonomičeskoj literatury.** (Bibliographisches Monatsverzeichnis der technischen und ökonomischen Literatur.) Moskva, Central'nyj institut povyšenija kvalifikacii adm. i inž.-techn. personala VSNCh SSSR. 30 cm.

Seit 1928. Monatlich. Bibliographie mit Anmerkungen. Nach Schlagwörtern geordnet.

1335. ***Novosti techničeskoj literatury.** Ežemesjačnyj bibliografičeskij žurnal. (Neuigkeiten der technischen Literatur.) Moskva, Gosudarstvennoe techničeskoe izdatel'stvo. 25,5 cm.

Seit 1924. Monatlich. Systematische Titelbibliographie neuer russischer Bücher nach dem Brüsseler Dezimalsystem und nach Zeitschriften geordnete Auszüge aus dem Inhalt in- und ausländischer Zeitschriftenaufsätze.

1336. †**Naukovo-techničnij visnik.** Naučno-techničeskij vestnik. Wissenschaftlich-technische Mitteilungen. Charkiv, Karl Liebknechtstraße 13. 31 cm.

Seit 1926. Monatlich. Enthält in jedem Heft ein systematisches Titelverzeichnis der in der Ukraine neu erschienenen Bücher aus dem Gebiete der Technik.

1337. **Tehnički list.** (Journal de technique.) Organe de la Société des ingénieurs et des architectes yougoslaves. Rédacteur en chef: Rajko Kušević. Zagreb, Račkoga ul. 2. 31 cm.

Depuis 1920. Bimensuel. Donne la bibliographie spéciale yougoslave et étrangère.

1338. **Wiadomości Związku polskich zrzeszeń technicznych.** (Nouvelles de la Fédération des sociétés techniques de Pologne.) Revue rédigée par S. Rodowicz. Warszawa, Czackiego 5. 22 cm.

Depuis 1925. Mensuel. Donne la bibliographie analytique des périodiques polonais. Classification décimale. Bibliographie courante rédigée par la Commission bibliothécaire des sociétés techniques.

1339. †*Škodovy Závody. **Zprávy Literární Oddělení.** Seznam nově zakouponých knih a brožur. (Nachrichten des Literarischen Büros der Skoda-Werke.) Praha. 29 cm.

Seit 1930. Wöchentlich. Maschinenschriftlich autographierte Titel-Bibliographie der gesamten Technik auf einseitig bedruckten Blättern. Mit Hinzufügung der Brüsseler Dezimal-Nummern. Etwa 400 technische Zeitschriften werden laufend bearbeitet. Nur für den internen Gebrauch.

1340. **Zprávy veřejné služby technické.** Bulletin du Ministère des travaux publics. Praha, Šolc & Šimáček. 30 cm.

Depuis 1919. Paraît deux fois par mois. Contient: 1. la bibliographie et la table des matières des revues techniques tchécoslovaques et étrangères. Classement méthodique. Par Adolf Janoušek; 2. la liste des nouvelles acquisitions de la Bibliothèque.

1341. **Technika.** (La Technique.) Organe officiel de l'Association nationale des ingénieurs et des architectes hongrois et de l'Association "Hungaria" des ingénieurs hongrois. Budapest, École Polytechnique. 29 cm.

Depuis 1919 sous le titre de "A Technikus", depuis 1923 sous le titre de "Technika". Dix fois par an. Sa revue des revues ("Folyóiratszemle") donne la bibliographie analytique des articles des revues techniques de la Hongrie et de l'étranger.

— siehe auch: Nr. 125 (Abt. C).

[62 (09) + 65/69 (09) Geschichte der Technik

1342. **Beiträge zur Geschichte der Technik und Industrie.** Jahrbuch des Vereines Deutscher Ingenieure. Herausgegeben von Conrad Matschoss. Berlin NW 7, VDI-Verlag, Dorotheenstraße 40. 29,5 cm.

Seit 1909. Jährlich. Enthält eine Titelliste in- und ausländischer Bücher und Aufsätze, eingeteilt in die Gruppen: 1. Männer der Technik, 2. Werke der Technik.

[62 Ingenieurwesen

1343. †*World Power Conference. Japanese National Committee. **Bulletin of publications dealing with power and fuel.** Tokyo. 22,5 cm.

Seit 1931. Monatlich. Englische Referate über japanische Zeitschriftenaufsätze. Jedem Titel ist die Dezimalnummer zugesetzt. Einseitig bedruckt.

1344. ***Engineering Abstracts.** Edited by W. F. Spear. London S. W. 1, Institution of Civil Engineers, Great George Street. 21,5 cm.

Since 1919. Quarterly. Classified abstracts from current periodicals published outside the United Kingdom. Supersedes abstracts issued in the minutes of Proceedings of the Institution 1875—1916. 159 technical periodicals are indexed.

1345. ***The Engineering Index.** Published by the American Society of Mechanical Engineers. New York City, 29 West 39th Street. 26,5 cm.

Since 1884. Annual. Analytical bibliography of some 1800 periodicals, reports and other publications regularly received by the Engineering Societies Library, New York City. American, English and principal foreign countries. Alphabetical arrangement by subjects. Since 1928 an author index is added. 1929 published in 1930 (about 2300 pages). Continues currently in "Mechanical engineering", the monthly journal of the Society (see No. 1346). Also, the Engineering Index service furnishes to its subscribers a Weekly Card Index of references to the periodical literature of the world covering every phase of engineering activity, including Aeronautics, Chemical, Civil, Electrical, Management, Mechanical, Mining and Metallurgical, Naval and Marine, Railway, etc.

1346. †**Mechanical engineering.** The monthly journal published by the American Society of Mechanical Engineers. New York, 29 West 39th Street. 28,5 cm.

Seit 1906. Monatlich. Enthält Bücherbesprechungen und die Rubrik "Current mechanical engineering literature", die eine fortlaufende Ergänzung zum Engineering Index bildet. Erscheint auch wöchentlich in Zettelform (siehe Nr. 1345; russische Ausgabe auf Zetteln siehe Nr. 1354).

1347. **†*Power and fuel bulletin.** Issued by the British National Committee, World Power Conference. London, W. C. 2, 63 Lincoln's Inn Fields. 21,5 cm.

Seit Januar 1931. Monatlich. Erscheint, um das Zerschneiden und Aufkleben auf Kartons im Format 7,5 × 12,5 cm zu ermöglichen, auf einseitig bedruckten Blättern. Referate über die englische Zeitschriftenliteratur. Jedem Titel ist die Nummer der Dezimalklassifikation zugesetzt.

1348. **Proceedings of the American Society of Civil engineers.** New York City, 33 West 39th Street. 22,5 cm.

Since 1873. Monthly, except June and July. Includes a classified list of current engineering literature, American and foreign books and articles.

1349. **Transactions of the Newcomen Society for the study of the history of engineering and technology.** London S. W. 7, South Kensington. 25,5 cm.

Since 1920. Annual. Contains an "Analytical bibliography of engineering and applied science" arranged alphabetically by subjects.

1350. ***Energiebibliographie des Deutschen Nationalen Komitees der Weltkraftkonferenz.** Berlin NW 7, VDI-Buchhandlung. 30 cm.

Seit Mai 1931. Vierteljährliche Bibliographie der Kraft- und Brennstoffwirtschaft auf einseitig bedruckten Blättern. Der einseitige Druck und die Zeilenlänge ermöglichen Ausschneiden und Aufkleben auf Zetteln internationalen Formats. Nur deutsche Literatur (Bücher, Zeitschriftenaufsätze, Protokolle, Gutachten, Denkschriften). Gruppenanordnung. Jedem Titel ist eine kurze Inhaltsangabe und die Nummer der Brüsseler Dezimalklassifikation hinzugesetzt.

1351. **De Ingenieur.** Weekblad gewijd aan de techniek en de oeconomie van openbare werken en nijverheid. Orgaan van het Koninklijk Instituut van Ingenieurs en van de Vereeniging van Delftsche Ingenieurs. Hoofdredacteur: R. A. van Sandick. Utrecht, A. Oosthoek. 30 cm.

Seit 1885. Wöchentlich. Enthält einmal im Monat: „Nederlandsche technisch-wetenschappelijke literatuur", eine kurze Tittelliste von Zeitschriftenaufsätzen ohne Erläuterungen, geordnet nach den jedem Titel vorgesetzten Dezimal-Nummern. Diese Bibliographie wird zusammengestellt vom „Nederlandsch Instituut voor Documentatie en Registratuur“.

1352. **Le Génie civil.** Revue générale hebdomadaire des industries françaises et étrangères. Industrie, travaux publics, agriculture, architecture, hygiène, économie politique, sciences, arts. Directeur: A. Dumas. Paris, 5 rue Jules Lefebvre. 36,5 cm.

1ère année: 1880. Hebdomadaire. Revue des principales publications techniques. Analytique. Méthodique.

1353. **L'Ingénieur-constructeur.** L'Ingénieur-constructeur et le «Bulletin bibliographique des ingénieurs diplômés E. T. P.» réunis. Association amicale E. T. P. et Groupement des ingénieurs E. T. P. Paris, Eyrolles, 3 rue Thénard. 26,5 cm.

1ère année: 1901. Parait 6 fois par an. «Bibliographie»; Analyses d'ouvrages et d'articles français et étrangers classés méthodiquement selon le système décimal.

1354. ***Kartoteka annotirovannych žurnal'nych statej.** Associacija amerikanskich inženerov. (Zettelbibliographie annotierter Zeitschriftenartikel.) Moskva, Naučnaja biblioteka NTI VSNCh. 7,5 × 12,5 cm.

Seit 1929. Russische Ausgabe der von der "American Society of Mechanical Engineers" veranstalteten laufenden Bibliographie der internationalen technischen Literatur (siehe Nr. 1345). Zeitschriftenaufsätze mit kurzer Angabe des Inhalts. Erscheint etwa alle 10 Tage in einer Auflage von 50—200 Exemplaren.

1355. **Kung-ch'eng.** (Journal of the Chinese Engineering Society.) Shanghai, Society. 26 cm.

Since 1925. Quarterly. Containing abstracts. In Chinese.

1356. †*National Research Council of Japan. **Japanese journal of engineering.** [Section:] Abstracts. Tokyo. 26 cm.

Seit 1921. Zwanglos. Enthält systematisch geordnete Auszüge aus neuen Zeitschriftenaufsätzen aller Länder. Mit japanischem Nebentitel. Text englisch.

[620.11 Materialprüfung

1357. **Korrosion und Metallschutz** unter Einbeziehung des allgemeinen Materialschutzes. Organ des Reichsausschusses für Metallschutz, e. V. Herausgeber: Emil Maaß. Berlin, Verlag Chemie. 29 cm.

Seit 1925. Monatlich. Mit konzentrierter internationaler Zeitschriftenschau über Korrosion und Schutz von Metallen. Gelegentlich sind den Titeln kurze Inhaltshinweise hinzugefügt.

1358. **Die Meßtechnik.** Zeitschrift für zeitgemäße Betriebskontrolle und Werkstoffprüfung. Halle, W. Knapp. 29,5 cm.

Seit 1925. Monatlich. Enthält in jedem Heft eine laufende internationale Zeitschriftenschau mit kurzen erläuternden Notizen.

[621.1 Dampfmaschinen

1359. **Archiv für Wärmewirtschaft und Dampfkesselwesen.** Zeitschrift für Energiewirtschaft. Organ der Hauptstelle für Wärmewirtschaft. Herausgegeben vom Verein Deutscher Ingenieure. Berlin NW 7, VDI-Verlag. 29 cm.

Seit 1919. Monatlich. Enthält Besprechungen neuer Bücher und eine zum Ausschneiden eingerichtete wärmetechnische Zeitschriftenschau. Beschränkung auf die deutsche Literatur.

[621.3 Elektrotechnik

1360. ***Science abstracts.** Section B: Electrical engineering. Edited by the Institution of Electrical Engineers in association with the Physical Society of London. London S. W. 1, E. & F. Spon, 57 Haymarket; New York, Spon & Chamberlain, 120 Liberty Street. 24 cm.

Since 1898. Monthly. Classified abstracts with author index. Annual subject index. International. For Section A see No. 904.

1361. †Schweiz. elektrotechnischer Verein. **Bulletin.** Gemeinsames Publikationsorgan des Schweiz. Elektrotechnischen Vereins und des Verbandes Schweiz. Elektrizitätswerke. Zürich, Fachschriftenverlag, Stauffacherquai 36/38. 27 cm.

Seit 1910. Halbmonatlich. Enthält seit 1926 monatlich eine einseitig bedruckte internationale systematisch geordnete Bibliographie von Zeitschriftenaufsätzen und Büchern zur Elektrotechnik; den Titeln sind die Nummern der Brüsseler Dezimal-Klassifikation vorgesetzt.

1362. ETZ. **Elektrotechnische Zeitschrift.** (Zentralblatt für Elektrotechnik.) Organ des Elektrotechnischen Vereins und des Verbandes Deutscher Elektrotechniker. Schriftleitung: E. C. Zehme, F. Meißner, W. Kraska. Berlin W 9, J. Springer. 29,5 cm.

Seit 1880. Wöchentlich. Bringt in jedem Heft in dem Abschnitt „Rundschau" Auszüge aus neuen in- und ausländischen Zeitschriftenaufsätzen in systematischer Anordnung. Mit ausführlichen Halbjahrsregistern.

1363. **Revue générale de l'électricité.** Organe de l'Union des Syndicats de l'électricité et du Comité électrotechnique français. Directeur: J. Blondin. Paris, 12 place de Laborde. 27 cm.
1ère année: 1917. Hebdomadaire. Analyses d'articles français et étrangers d'électricité et d'électrotechnique. Classées méthodiquement et indexées décimalement sous la rubrique: «Documentation».

1364. †**L'Elettrotecnica.** Giornale ed atti dell' Associazione elettrotecnica italiana. Milano, Associazione elettrotecnica italiana, via Annunciata 4. 31 cm.
Seit 1914. Erscheint dreimal monatlich. In jedem Heft die Rubrik: «Sunti e sommari» (Auszüge aus neuen Zeitschriftenaufsätzen unter weiten Schlagworten).

1365. †**Elektrotechnický obzor.** Týdeník Elektrotechnického Svazu Československého. (Elektrotechnische Rundschau. Wochenschrift des Tschechischen Elektrotechnischen Vereins.) Praha XII, Vocelova 3. 29,5 cm.
Seit 1910. Wöchentlich. Enthält internationale Referate, denen die Dezimalnummer zugesetzt ist.

1366. †Denki-gakkwai-zasshi. **The Journal of the Institute of Electrical Engineers of Japan.** Published monthly by Denki-Gakkwai. Tokyo, 3,1-Chôme, Yûraku-chô, Kôjimachi-ku. 26 cm.
Monatlich. Enthält einen besonders paginierten internationalen Referatenteil.

[621.32 Elektrische Beleuchtung

1367. †**Transactions of the Illuminating Engineering Society.** New York, Illuminating Engineering Society, 29 West Thirty-ninth Street. 22 cm.
Seit 1906. Monatlich außer Juli und August. Enthält in fast jedem Heft die Rubrik „Illumination Index", eine nach Zeitschriften geordnete Titelliste von Büchern und Aufsätzen.

— siehe auch: Nr. 1531. 1535.

[621. 394/395 Telegraphie und Telephonie

1368. TFT. **Telegraphen- und Fernsprech-Technik.** Unter Mitwirkung des Reichspostministeriums herausgegeben von der Vereinigung der höheren Reichs-Post- und Telegraphenbeamten. Berlin, R. Dietze. 29,5 cm.
Seit 1912. Monatlich. Jedes Heft enthält in dem Abschnitt „Aus der Fachliteratur" Besprechungen von Büchern und eine Zeit-

schriftenschau, die in systematischer Anordnung Referate über neue Aufsätze in- und ausländischer Zeitschriften bringt.

1369. ***Zeitschriftenschau des Reichspostzentralamts** (TRA). Als Manuskript gedruckt. Berlin-Tempelhof. 30 cm.

Seit 1924. 36 Nummern jährlich. Enthält in einseitigen vervielfältigten Schreibmaschinenabzügen Inhaltsangaben und Titellisten neuer Zeitschriftenaufsätze auf dem Gebiete der Fernmeldetechnik in systematischer Anordnung. Bis 1927 unter dem Titel „Zeitschriftenschau des Telegraphentechnischen Reichsamts".

— siehe auch: Nr. 1494—1496 (Postwesen).

[621. 396 Drahtlose Telegraphie und Telephonie

1370. **Experimental wireless and the wireless engineer.** A journal of radio research and progress. Editor: Hugh S. Pocock. London E. C. 4, Iliffe, Dorset House. 25 cm.

Since 1923. Monthly. From June 1926, contains a full classified list of abstracts and references compiled by the Research Radio Board.

1371. **Proceedings of the Institute of Radio Engineers.** Published monthly by the Institute of Radio Engineers. Menasha, Wisc., 450—454 Ahnaip Street. 23,5 cm.

Since 1913. Monthly. Each issue contains "Monthly list of references to current radio literature" prepared by the Bureau of Standards, arranged by Decimal Classification. American and foreign publications.

1372. †Department of Commerce. **Radio Service bulletin.** Issued monthly by Radio Division. Washington, Government Printing Office. 23 cm.

Seit 1915. Monatlich. Am Schluß jedes Heftes die Rubrik "References to current radio literature", geordnet nach der vom Bureau of Standards herausgegebenen Erweiterung des Brüsseler Dezimalsystems für die Radioliteratur.

1373. ***Deutsches Rundfunkschrifttum.** Bearbeitet von der Deutschen Bücherei. Herausgegeben von der Reichs-Rundfunk-Gesellschaft. Berlin, Reichsverlagsamt. 21 cm.

Seit 1930. Monatlich. Systematisch. Enthält auch Zeitschriftenaufsätze. Der erste Jahrgang brachte 8951 Nachweise. Mit monatlichen und jährlichen Verfasser- und Schlagwortregistern.

1374. **Jahrbuch der drahtlosen Telegraphie und Telephonie.** Zeitschrift für Hochfrequenztechnik. Herausgegeben von J. Zenneck und E. Mauz. Leipzig, Akademische Verlagsgesellschaft. 29,5 cm.
Seit 1907. Monatlich. Mit vollständigem Referatenteil.

[621.56/59 Kältetechnik

1375. *Institut international du froid. **Bulletin international de renseignements frigorifiques.** Édition française. Paris, Institut, 9 rue Carnot. 23,5 cm.
1ère année: 1920. Paraît tous les 2 mois. Comptes rendus analytiques et critiques de livres, d'articles et de documents officiels, français et étrangers, classés méthodiquement.

[621.74 Gießerei

1376. **Transactions and bulletin of the American Foundrymen's Association.** Chicago, Illinois, 222 West Adams Street. 23,5 cm.
Since January 1930. Monthly. Each issue contains a specially prepared "Foundry Section" from the Engineering index service. Alphabetical arrangement by subjects. Literature of the world.

1377. **Die Gießerei.** Vereinigt mit Gießerei-Zeitung. Zeitschrift für das gesamte Gießereiwesen. Herausgegeben vom Verein Deutscher Eisengießereien und Verein Deutscher Gießereifachleute. Düsseldorf, Gießerei-Verlag. 29,5 cm.
Seit 1914. Wöchentlich. Enthält in jedem Heft in dem Abschnitt „Rundschau über das gesamte Gießereiwesen" systematisch geordnete Referate neuer Bücher und Zeitschriftenaufsätze.

[621.791 Schweißung

1378. **Journal of the American Welding Society.** W. Spraragen, editor. Published by the Society, 33 West 39th Street, New York City. 30,5 cm.
Since 1922. Monthly. Each issue contains a section "Current welding literature" of American and foreign publications. A few entries are annotated; usually titles only.

1379. †**Revue de la soudure autogène.** Directeurs: R. Granjon et Pierre Rosemberg. Paris, 104 boulevard de Clichy. 27,5 cm.
Seit 1908. Monatlich. Enthält in jedem Heft in dem Abschnitt «À travers la presse: revue bibliographique» Besprechungen neuer Zeitschriftenaufsätze. International.

[621.9 Werkzeugmaschinen

Vgl. Nr. 1450.

[622 Bergbau

1380. **Bulletin of the Institution of Mining and Metallurgy.** London E. C. 1, The Institution, 225 City Road. 21 cm.

Since 1904. Monthly. Contains "Index of recent papers", annotated entries mainly from sources in the English language arranged alphabetically by subject. Alphabetical list of titles of recent books.

1381. **Colliery engineering.** London S. W. 1, 33 Tothill Street. 29,5 cm.

Since 1924. Monthly. Contains notes from the foreign colliery press. Long abstracts.

1382. **The Colliery guardian and journal of the coal and iron trades.** London E. C. 4, 30 Furnival Street. 30 cm.

Since 1858. Weekly. Monthly title list of recent coal literature, classified.

1383. **†Year book on coal mine mechanization.** Washington, The American Mining Congress. 23 cm.

Seit 1929 (für das Jahr 1928). Jährlich. Jeder Band enthält eine Bibliographie. Erschien zuletzt 1930 für das Jahr 1929.

1384. **Berg- und hüttenmännisches Jahrbuch der Montanistischen Hochschule in Leoben.** Wien, Verlag für Fachliteratur, I., Eschenbachgasse 9. 29 cm.

Seit 1851. Vierteljährlich. Referiert über Bücher betreffend Montanistik.

1385. **Glückauf.** Berg- und hüttenmännische Zeitschrift. Organ folgender Vereine: Verein für die bergbaulichen Interessen in Essen, Verein zur Überwachung der Kraftwirtschaft der Ruhrzechen in Essen [u. a.]. Essen, Verlag Glückauf. 29,5 cm.

Seit 1865. Wöchentlich. Enthält in jeder Nummer eine „Zeitschriftenschau", die in systematischer Anordnung eine mit kurzen Anmerkungen versehene Zusammenstellung neuer Aufsätze über Bergbau und Hüttenkunde in Zeitschriften des In- und Auslandes enthält.

1386. **Zeitschrift für das Berg-, Hütten- und Salinenwesen im Preußischen Staate.** Herausgegeben im Ministerium für Handel und Gewerbe. Berlin, W. Ernst. 29,5 cm

Seit 1853. Jährlich 10—12 Hefte. Enthält als besondere Abteilung C eine vierteljährliche, systematische Übersicht des Inhalts der

technischen Zeitschriften, soweit er sich auf Bergbau und Hüttenkunde bezieht. 77 Zeitschriften werden laufend ausgezogen.

1387. **Jernkontorets annaler.** Tidskrift för svenska bergshanteringen. Huvudred.: Arvid Johansson. Stockholm, Kungsträdgårdsgatan 6. 24,5 cm.

Seit 1817. Monatlich. Enthält seit 1919 in jedem Heft systematisch geordnete, internationale, kritische Referate über Eisen- und Hüttenwesen. Nur Aufsätze in Fachzeitschriften werden verzeichnet. Dieser Referatenteil kann auch einseitig bedruckt bezogen werden zum Aufschneiden und Aufkleben der Titel.

1388. **Revue de l'industrie minérale.** Publiée par la Société de l'industrie minérale avec le concours du Comité central des houillères de France et de la Chambre syndicale française des mines métalliques. St. Etienne, 19 rue du Grand Moulin. 26 cm.

1ère année: 1920. Parait le 1er et le 15 de chaque mois. «Fiches bibliographiques»: dépouillement non analytique de revues françaises et étrangères. «Comptes rendus des publications périodiques» françaises et étrangères.

1389. **†Revue universelle des mines, de la métallurgie, des travaux publics, des sciences et des arts appliqués à l'industrie.** Organe de l'Association des ingénieurs sortis de l'École de Liége. Liége, 16 quai des États-Unis. 30 cm.

Seit 1858. Halbmonatlich. Enthält systematisch geordnete Referate neuer Zeitschriftenaufsätze. International.

1390. **Ugol'.** Ugol' i železo. (Steinkohle und Eisen.) Organ des Südlichen Steinkohlen- und Eisentrusts. Charkiv. 28 cm.

Seit 1925. Monatlich. Gibt laufend Referate über ausländische Neuerscheinungen über Kohle (monatlich) und Metalle (mehrere Monate umfassend).

[623 Kriegstechnik

1391. **Royal Engineers Journal.** Chatham, Institution of Royal Engineers.

Since 1905. Quarterly. Contains abstracts of contents of chief military periodicals.

1392. **Przegląd wojskowo-techniczny.** Miesięcznik naukowo-informacyjny wojsk technicznych. (Revue du génie militaire. Revue mensuelle d'informations scientifiques intéressant le génie militaire.) Édition de l'Institut des recherches du génie. Rédacteur en chef: W. Szwykowski. Warszawa, Nowowiejska 1. 24 cm.

Depuis 1927. Donne une bibliographie-titres incomplète des publications polonaises et étrangères concernant le génie militaire.

— siehe auch: Nr. 680-698.

[623.8 Marineingenieurwesen

1393. **Transactions of the Institute of Marine Engineers.** London E. C. 3, Institute of Marine Engineers, 85 Minories. 28 cm.
Since 1889. Monthly. Has abstracts under subject-headings.

— siehe auch: Nr. 700. 701. 1493.

[624/628 Bauingenieurwesen

Vgl. Nr. 1577—1580.

[624/625 Brücken-, Eisenbahn- und Straßenbau

1394. **Annales des ponts et chaussées.** Paris, École des ponts et chaussées, 28 rue des Saints Pères. 25,5 cm.
1ère année: 1831. Paraissant tous les deux mois. Deux parties, administrative et technique. Dans la «Partie technique»: «Comptes rendus des périodiques français et étrangers» et «Bulletin bibliographique» des livres.

1395. **L'Industrie des voies ferrées et des transports automobiles.** Suite de: L'Industrie des tramways, chemins de fer et transports publics automobiles. Président: André Mariage. Paris, 29 rue de Mogador. 31,5 cm.
Depuis 1907. Mensuelle. L'«Index de documentation technique» analyse les revues françaises et étrangères. Il utilise le classement décimal.

1396. **†Rivista tecnica delle ferrovie italiane.** Pubblicata a cura del Collegio nazionale degli ingegneri ferroviari italiani con concorso dell'Amministrazione delle ferrovie dello Stato. Roma, Collegio nazionale degli ingegneri ferroviari italiani, via delle Coppelle 35. 31 cm.
Seit 1910. Monatlich. Enthält eine nach Sprachen, innerhalb der Sprachen nach Zeitschriften geordnete Titelliste neuer Bücher und Zeitschriftenaufsätze. Den Titeln sind die Nummern der Brüsseler Dezimalklassifikation vorangesetzt.

— Eisenbahntransportwesen siehe Nr. 1489—1492.

[626/627 Kanal- und Wasserbau

1397. **Water and water engineering.** Water supply and severage, docks, canals, pumps, filters, hydraulic machinery, etc.

The recognized official journal of the Institution of Water Engineers. Joint editors: J. V. Elsden, Hubert Greenwell. London E. C. 4, 30 and 31 Furnival Street. 29 cm.

Since 1899. Monthly. Contains a review of current literature arranged alphabetically by subject.

1398. **Annales de l'énergie et les Alpes industrielles réunies.** Revue générale des applications des forces naturelles. Organe de liaison et d'étude des offices d'énergie. Directeur: Paul Robley. Lyon, 87 rue de Trion. 30,5 cm.

Depuis 1921. Tous les 2 mois. Dans la «Partie documentaire»: analyses détaillées d'articles français et étrangers. Comptes rendus de quelques ouvrages ainsi que des publications des sociétés savantes.

1399. **Technika.** (Technik.) Kaunas, Vytauto Didžiojo Universiteto technikos fakultetas. 26 cm.

Seit 1925. Jährlich. Mit systematischer Bibliographie der Hydraulik, Hydrologie und Hydrotechnik. Verlag der Technischen Fakultät der Universität Kaunas.

[628 Gesundheitstechnik

1400. **Journal of the American Water Works Association.** Abel Wolman, editor. Baltimore, Maryland, Mount Royal and Guilford Avenues. 23,5 cm.

Since 1914. Monthly. Each issue contains "Abstracts of water works literature" of American and foreign publications.

1401. ***Public health engineering abstracts.** Bureau of the Public Health Service, Treasury Dept. Washington, D. C., the Bureau. 26,5 cm.

Since 1921. Weekly. Mimeographed. Abstracts of articles on public health and sanitary engineering (in over 300 periodicals and annual reports). Arranged in broad classes.

1402. ***Summary of current literature.** Issued by the Water Pollution Research Board, Department of Scientific and Industrial Research. London, H. M. Stationery Office. 24,5 cm.

Since 1927. Monthly. Classified abstracts. International. Contains the current scientific and technical literature dealing with water supply, river pollution and relevant subjects.

1403. **Wasser und Gas.** Vereinigte Fachzeitschriften. Unabhängiges Organ für die Gas-, Wasser- und Installationstechnik. Berlin-Friedenau, Deutscher Kommunal-Verlag. 29,5 cm.

Seit 1910. Zweimal monatlich. Enthält etwa jeden Monat eine alphabetische Titelbibliographie von Büchern und Aufsätzen über Gas, Wasser und Elektrizität, bearbeitet von Käte Naumann; eine systematische Übersicht geht voran. In besonderer, von L. W. Haase geleiteter Rubrik werden ausländische Werke besprochen.

— siehe auch: Nr. 1145.

[629.113 Automobilbau

1404. ***Automotive abstracts from the current publications of the world.** John Younger, editor. Cleveland, Ohio, The Penton Publishing Co., Penton Bldg. 30,5 cm.

Since 1922. Monthly. Classified into sections dealing with all phases of the automotive industry.

1405. **Jahrbuch des Reichsverbandes der Automobilindustrie.** Herausgegeben von Wilhelm Scholz und Ernst Valentin. Berlin-Friedenau, E. Valentin, Sponholzstraße 7. 25 cm.

Seit 1925. Jährlich. Mit systematischer, die Titel durch kurze Bemerkungen erläuternder Bibliographie des Automobilwesens (Bücher und Zeitschriftenaufsätze) von Wernekke. International.

[629.13 Luftfahrzeuge

1406. **Aero digest;** the magazine of the air. George F. McLaughlin, editor. New York City, Aeronautical digest publishing corporation, 220 West 42d Street. 2°.

Since 1921. Monthly. Each issue contains "Digest of foreign technical articles," by Elsa Gardner.

1407. **Airway age.** East Stroudsburg, Pennsylvania, Simmons-Boardman Publishing Company, 34 North Crystal Street; New York City, 30 Church Street. 30 cm.

Since 1919. Monthly. Recent publications (title lists of books, pamphlets, and periodical articles) by Clara J. Widger.

1408. ***Bibliography of aeronautics.** National Advisory Committee for Aeronautics. Compiled by Paul Brockett. Washington, United States Government Printing Office. 27 cm.

Since 1909. Annual. 1928 and 1929 published in 1930. Publications of all nations. The arrangement is in dictionary form with author and subject entry.

1409. **The journal of the Royal Aeronautical Society.** A monthly illustrated magazine devoted to all subjects connected with the navigation of the air. Edited by J. Laurence Pritchard.

London W. 1, Royal Aeronautical Society, 7 Albemarle Street. 25 cm.

Since 1897. Monthly. At intervals classified "Abstracts and notices from the scientific and technical press".

1410. **L'Aéronautique.** Revue mensuelle illustrée. Directeur: Henri Bouché. Paris, Gauthier-Villars, 55 quai des Grands Augustins. 31 cm.

1ère année: 1918. Mensuelle. Revue des livres et revue des revues: ouvrages et périodiques français et étrangers.

1411. **Le Document aéronautique.** Revue analytique des publications françaises et étrangères. Publiée par les soins du Comité français de propagande aéronautique. Paris, 40 quai des Célestins. 23,5 cm.

Depuis 1926. Parait le 15 de chaque mois. «Les journaux, les revues» analysent par sujets (classés alphabétiquement) les articles de périodiques français et étrangers.

1412. ***Les Fiches aéronautiques.** (Suite du: Bulletin du Centre de documentation aéronautique internationale.) Aéro Club de France, Centre de Documentation aéronautique internationale. Paris, 35 rue François Ier. 27 cm.

Depuis 1929. Bi-mensuel. Notices analytiques des articles de revues françaises et étrangères spécialisées reçues par le Centre. Classement méthodique. Le texte permet le découpage et le collage des notices sur des fiches de format international. Les renseignements fournis portent sur le mois précédent.

1413. **Chronika vozdušnogo dela.** (Chronik des Flugwesens.) Moskva, Central'nyj aèro-chim. muzej im. M. V. Frunze. 24,5 cm.

Seit 1927. Monatlich. Enthält Bibliographien in- und ausländischer Zeitschriftenaufsätze sowie Listen neuerschienener Bücher. Die bibliographischen Notizen werden auch in einer ebenfalls monatlich erscheinenden Zettelausgabe veröffentlicht.

[63 Landwirtschaft

1414. **†*Abstracts of papers on agricultural research in Great Britain and North Ireland.** London, His Majesty's Stationery Office.

Seit 1928. Jährlich. Bericht über Bücher und Aufsätze, die von landwirtschaftlichen Lehr- und Forschungsanstalten Großbritanniens und ihren Beamten veröffentlicht werden.

1415. ***Agricultural economics literature.** Prepared by the staff of the Library of the Bureau of Agricultural Economics, United

States Department of Agriculture. Mary G. Lacy, librarian. Washington. 27 cm.

Since 1927. Monthly. Mimeographed. Besides signed reviews, descriptive notes and abstracts, contains list of new bibliographies, new publications of the U. S. Department of Agriculture, U. S. Federal Farm Board publications, State publications, and a classified list of periodical articles, American and foreign.

1416. ***Agricultural index.** A cumulative subject index to a selected list of agricultural periodicals, books and bulletins. New York, The H. W. Wilson company, 950—972 University Avenue. 26 cm.

Since 1916. Monthly, with quarterly, annual and tri-annual cumulations. Covers American and several foreign publications. 124 periodicals are indexed. The last three-year cumulation covers the period from January 1st, 1928 until December 31, 1930.

1417. ***Agricultural library notes.** Issued monthly by the United States Department of Agriculture Library with the cooperation of the land grant college and state agricultural experiment station libraries. Washington, D. C. 27 cm.

Since 1926. Monthly. Mimeographed. Contains lists of American, English, French, and German books relating to agricultural subjects, as well as new bibliographies, notes relating to periodicals, and mimeographed publications of the United States Department of Agriculture.

1418. ***Agricultural Research.** London, J. Murray. 22 cm.

Since 1926. Annual. A review of progress and the results of research with references to the literary sources, issued by the Royal Agricultural Society.

1419. *United States Department of Agriculture. Office of Experiment Stations. **Experiment Station Record.** Editor: Howard Lawton Knight. Washington, U. S. Government Printing Office. 25 cm.

Since 1889. Monthly. Digests of periodicals and publications of all countries relating to the agricultural industry; including the publications of all American agricultural experiment stations. Classified by subjects. Three general indexes have been issued covering the years 1889—1919.

1420. **Welsh Journal of agriculture.** The journal of the Welsh Agricultural Education Conference. Cardiff, University of Wales Press Board. 24,5 cm.

Since 1925. Annual. "Abstracts, reviews, and bibliographical notes," arranged in classes, and list of agricultural books.

1421. **Berichte über Landwirtschaft.** Zeitschrift für Agrarpolitik und internationale Landwirtschaft. Herausgegeben im Reichsministerium für Ernährung und Landwirtschaft. Neue Folge. Berlin, P. Parey. 26 cm.

Seit 1923. Erscheint in Bänden zu 4 Heften. Jedes Heft bringt in dem Abschnitt „Bücherschau" einige ausführliche Kritiken über Neuerscheinungen und in der „Zeitschriftenschau" Aufsätze nach Zeitschriften geordnet. Das Ausland ist wenig berücksichtigt.

1422. ***Deutsche landwirtschaftliche Rundschau.** Herausgegeben unter ständiger Mitwirkung des Reichsbundes akademisch gebildeter Landwirte. Hauptschriftleitung: Brouwer. Neudamm, J. Neumann. 25 cm.

Seit 1927. Monatlich. Bringt in systematischer Anordnung jährlich etwa 3000 Referate über neue Bücher und Aufsätze von wissenschaftlichem Wert. Dazu erscheint halbjährlich ein Autoren- und Sachregister. International, doch mit Bevorzugung der deutschen Literatur.

1423. **Fortschritte der Landwirtschaft.** Zeitschrift und Zentralblatt für die gesamte Landwirtschaft. In ständiger Verbindung mit dem Reichsbund akademisch gebildeter Landwirte in Berlin herausgegeben von E. Tamm und B. Husfeld. Berlin und Wien, J. Springer. 30,5 cm.

Seit 1926. Halbmonatlich. Enthält in jedem Heft außer Aufsätzen Referate über in- und ausländische neue Aufsätze und Bücher zur Landwirtschaft und zu ihren Hilfswissenschaften.

1424. †Internationales Landwirtschafts-Institut. **Internationale landwirtschaftliche Rundschau.** Rom, Internationales Landwirtschafts-Institut; Kommissionsverlag für alle Länder: Bestetti & Tumminelli, Rom, via Michelangelo Caetani 32. 24 cm.

Seit 1910. Erscheint monatlich in 3 Teilen: 1. Agrikulturwissenschaftliche Monatschrift, 2. Agrarökonomische Monatschrift, 3. Monatliche Nachrichten zur Landwirtschaftsstatistik. Nur der erste Teil, die Agrikulturwissenschaftliche Monatsschrift, ist bibliographisch. Er besteht vorwiegend aus Quellennachweisen, d. h. Besprechungen der vom internationalen Standpunkt aus wichtigsten Bücher und Aufsätze, gegliedert in folgende Abschnitte: Acker- und Pflanzenbau, Landwirtschaft warmer Länder, Technik im Landbau, Tierzucht,

Landwirtschaftliche Nebengewerbe und Forstwirtschaft. Einige nichtbibliographische Aufsätze sind eingestreut. Französische Ausgabe erscheint unter dem Titel: Revue internationale de renseignements agricoles; italienische Ausgabe siehe Nr. 1432.

1425. ***Literaturnachweis der Landwirtschaft und verwandter Gebiete.** Herausgegeben vom Reichsbund akademisch gebildeter Landwirte, Berlin. Berlin. 4⁰.

Seit 1925. Monatlich. Umfaßt die gesamte deutsche landwirtschaftliche Literatur in systematischer Anordnung. Auch einzelne fremdländische Titel. Erscheint in perforierten Bogen mit je 8 Titeldrucken. Für Karteizwecke.

1426. **†*Bulletin-catalogus van de Bibliotheek der Landbouwhoogeschool Wageningen.** Wageningen. 21 cm.

Unregelmäßig. Systematisches Zugangsverzeichnis der Bibliothek der Landwirtschaftlichen Hochschule zu Wageningen. Wird später zu dem in mehrjährigen Abständen erscheinenden „Catalogus van de Bibliotheek der Landbouwhoogeschool" zusammengefaßt (letzter Band: 9, 1925—27).

1427. **Landbouwkundig Tijdschrift.** Uitgegeven van het Nederlandsch Genootschap voor Landbouwwetenschap. Wageningen, Genootschap. 24 cm.

Seit 1924. Monatlich. Fortsetzung der Zeitschrift „Cultura". Enthält Referate über neue Zeitschriftenartikel in systematischer Anordnung, ferner einige Buchbesprechungen und eine Liste neuerschienener Bücher.

1428. **Handlingar till Lantbruksveckan.** Utg. av Lantbruksveckans styrelse. Stockholm, Nordiska bokhandeln. 24 cm.

Seit 1911. Jährlich. Enthält seit 1916 eine nationale Titelbibliographie über landwirtschaftliche Literatur, und zwar 1929 für das Jahr 1928.

1429. **Nordisk Jordbrugsforskning.** Organ for Nordiske Jordbrugsforskeres Forening. Red.: E. Lunding. København V, Gl. Kongevej 1 E. 25 cm.

Seit 1919. 8 Hefte im Jahre. Enthält als besondere Beilage eine jährliche Titelbibliographie der nordischen Literatur über Ackerbauforschung, ausgearbeitet von E. Lunding. Systematische Anordnung mit alphabetischem Verfasserregister. 1930 erschien die Bibliographie für das Jahr 1929.

1430. **Annales de la science agronomique française et étrangère.** Publiées sous les auspices du Ministère de l'agriculture. Organe officiel de l'Institut des recherches agronomiques. Rédacteur en chef: A. Demolon. Paris, Berger-Levrault, 5 rue Auguste-Comte. 24 cm.

1ère année: 1884. Paraît 6 fois par an. La «Documentation», la «Bibliographie» et le «Sommaire des périodiques» font dans chaque numéro le tour de la production française et étrangère des livres et des périodiques spécialisés. Notices analytiques et critiques. Chaque titre des rubriques «Documentation» et «Bibliographie» est pourvu du chiffre de la Classification décimale. Tables annuelles: méthodique et alphabétique.

1431. **Bulletin de l'Union des agriculteurs d'Égypte.** L'Égypte agricole. Le Caire, 25 rue Cheikh Abou El-Sebaa.

Publie des comptes rendus de publications égyptiennes et étrangères, et des notes bibliographiques comprenant une revue de la presse locale et étrangère.

1432. **Rivista internazionale d'agricoltura.** Roma, Istituto internazionale d'agricoltura. 24 cm.

Dal 1911. Mensile. Soprattutto ricca di indicazioni bibliografiche è la parte intitolata «Bollettino mensile di informazioni tecniche» che contiene per le varie branche dell' agricoltura e della zootecnia la bibliografia dei lavori recenti italiani e stranieri (titoli con breve cenno del contenuto). Edizione tedesca vedi No. 1424.

1433. †República Argentina. **Boletín del Ministerio de agricultura de la Nación.** Dirección: Biblioteca del Ministerio de agricultura. Buenos Aires, Ministerio, Paseo Colón 974. 26,5 cm.

Seit 1902. Vierteljährlich. Enthält ein systematisches Zugangsverzeichnis der Bibliothek.

1434. ***Agrarnaja literatura SSSR.** Index bibliographique de la question agraire. Moskva, Meždunarodnyj agrarnyj institut. 25 cm.

Seit 1929. Zweimonatsschrift. Verzeichnis der landwirtschaftlichen Literatur der Union der Sozialistischen Sowjetrepubliken. Zeitschriften und Bücher.

1435. ***Ežegodnik agrarnoj literatury SSSR.** Annuaire de la littérature agraire de l'U.R.S.S. Moskva, Meždunarodnyj agrarnyj institut. 25 cm.

Seit 1929 (für 1926). Jährliche Bibliographie der Bücher- und Zeitschriftenliteratur; thematische Anordnung. Soll jährlich 5 Bände umfassen; von Jahrgang 1926 und 1927 sind 1929 und 1930 mehrere Teile erschienen.

1436. *Institut agraire international. **Index bibliographique de la question agraire** (articles de revues). Ukazatel' agrarnoj literatury (statej i recenzij). Moskva, Institut. 26 cm.
Seit 1928 (für 1927). Jährlich 6 Nummern. Verzeichnis der internationalen Zeitschriftenliteratur in Auswahl. Über 250 Zeitschriften sind ausgezogen.

1437. †**Na agrarnom fronte.** (An der Agrarfront.) Organ Agrarnogo Instituta Kommunističeskoj Akademii i Vsesojuznogo Obščestva agrarnikov-marksistov. Ežemesjačnyj žurnal. Moskva, Izdatel'stvo Kommunističeskoj Akademii. 25 cm.
Seit 1925. Monatlich. Enthält eine früher halbjährliche, jetzt jährliche Titelbibliographie von Büchern und Broschüren, die in der Sowjetunion über landwirtschaftliche Fragen erschienen sind, zuletzt 1930 für das Jahr 1929.

1438. **Sel'skochozjajstvennaja kniga.** Ežemesjačnyj bjulleteń Gosudarstvennogo sel'skochozjajstvennogo izdatel'stva RSFSR. (Das landwirtschaftliche Buch.) Moskva, Sel'chozgiz. 25 cm.
Seit 1929. Monatlich. Mit bibliographischen Übersichten über die landwirtschaftliche Literatur, insbesondere über die Veröffentlichungen des Landwirtschaftlichen Staatsverlags.

1439. ***Spravočno-bibliografičeskij listok.** Narkomzem R. S. F. S. R. Central'naja sel'skochozjajstvennaja biblioteka. (Bibliographisches Nachschlageblatt der zentralen landwirtschaftlichen Bibliothek des Volkskommissariats für Landwirtschaft.) Moskva, Gosudarstvennoe sel'skochozjajstvennoe izdatel'stvo. 24 cm.
Seit 1929. Unregelmäßig. Systematisches Verzeichnis der russischen und fremdsprachigen Neuerwerbungen der Bibliothek des Volkskommissariats für Landwirtschaft.

1440. *Bjuro Sel'sko-Chozjajstvennoj Bibliografii Fundamental'noj Biblioteki Vsesojuznoj Akademii Sel'sko-chozjajstvennych Nauk im. V. I. Lenina. **Ukazatel' knig po sel'skomu chozjajstvu.** Catalogue of agricultural books. Po materialam A. D. Pedašenko i N. A. Obnorskogo. Pod obščej redakciej N. A. Ėngel'gardta. Leningrad, Fundamental'naja Biblioteka, ul. Gercena 42. 25 cm.

Seit 1927 (für 1918—22). Umfassende systematische Titelliste der russischen landwirtschaftlichen Literatur. Bisher erschienen: für 1918—22 (von Pedašenko, 1927); für 1923—25 (von Pedašenko und Obnorskij, 1928—30). In Vorbereitung die Bände für 1912 und 1926—1930. Keine Erläuterungen zu den Titeln.

1441. **Visnik silško-gospodarškoï nauki ta dosvidnoï spravi.** (Anzeiger für Landwirtschaftswissenschaft und landwirtschaftliches Versuchswesen.) Charkiv. 26 cm.

Seit 1929. Monatlich. Bibliographische Berichte, vorwiegend über ukrainisch und russisch geschriebene Literatur.

1442. ***Piśmiennictwo rolnicze.** Miesięcznik poświęcony bibljografji rolniczej polskiej i obcej oraz wszelkim sprawom, dotyczącym czasopism i książek z zakresu rolnictwa, leśnictwa i ogrodnictwa, wydawany przy współudziale Muzeum Przemysłu i Rolnictwa. (Bibliographie agricole. Revue mensuelle consacrée à la bibliographie agricole polonaise et étrangère et aux questions concernant les périodiques et les ouvrages sur l'agriculture, l'horticulture et la science forestière, publiée en collaboration avec le Musée de l'industrie et de l'agriculture.) Publication de la Société de l'instruction agricole. Rédigée par W. Sawicki. Warszawa, Nowy Świat 35. 24,5 cm.

Depuis 1926. Mensuel. Bibliographie courante polonaise et étrangère. Bibliographie-titres; ordre systématique (bibliographie du contenu des périodiques) et ordre alphabétique des auteurs (bibliographie des ouvrages).

1443. **Zemědelský archiv.** Les Archives agricoles. Organe de l'École supérieure d'agriculture et de silviculture rattachée à l'École polytechnique de Prague. Directeur: Vl. Brdlík. Praha II, Jindřišská 20. 25,5 cm.

Depuis 1910. 5 fois par an. Donne, dans la rubrique «Rozhledy», la bibliographie critique des livres, articles et périodiques nouveaux. Publications tchèques et étrangères.

1444. **Žemės Ūkio Akademijos metraštis.** (Jahrbuch der Landwirtschaftlichen Akademie in Dotnuva.) Kaunas, Žemės Ūkio Akademija. 27 cm.

Seit 1925. Jährlich. Mit systematischer Bibliographie der Land- und Forstwirtschaft einschließlich Jagd und Fischerei sowie der Zoologie.

— siehe auch: Nr. 125 (Abt. D). 1001.

[63: 54 Agrikulturchemie

1445. ***Biedermann's Zentralblatt** für Agrikulturchemie und rationellen Landwirtschaftsbetrieb. Abteilung A: Allgemeiner und referierender Teil. Herausgegeben von F. Honcamp. Leipzig, Akademische Verlagsgesellschaft. 23 cm.

Seit 1871. Monatlich. Enthält ausschließlich Referate über in- und ausländische neue Zeitschriftenaufsätze zur Agrikulturchemie (Boden, Düngung, Pflanzen- und Tierernährung).

1446. ***Jahresbericht für Agrikultur-Chemie.** Herausgegeben von F. Mach. Berlin, P. Parey. 23,5 cm.

Seit 1858. Jährlich. Systematisch geordnete referierende Bibliographie der Neuerscheinungen (Bücher und Aufsätze) zur Agrikulturchemie, gegliedert in die 4 Gruppen: 1. Pflanzenproduktion, 2. Tierproduktion, 3. Landwirtschaftliche Nebengewerbe, Gärungserscheinungen, 4. Untersuchungsmethoden. International. 1930 erschien die Bibliographie für 1927.

— siehe auch: Nr. 1508.

[63 (5) Kolonlale Landwirtschaft

1447. **Bulletin of the Imperial Institute.** A record of progress relating to agricultural, mineral and other industries, with special reference to the utilisation of the raw materials of the Dominions, Colonies and India. London, J. Murray, Albemarle Street. 24,5 cm.

Since 1903. Quarterly. Abstracts classified by products. International. Includes a title bibliography on plant and animal products. Annual subject index.

1448. **†*Catalogue en fiches de la bibliographie technique et agricole tropicale.** Marseille, Institut colonial.

Seit 1927. Unregelmäßig. Titelbibliographie der internationalen Literatur über tropische Landwirtschaft in Kartenform. Format der Zettel: 7,5 × 12,5 cm. Ohne System-Signaturen.

1449. **Revue de botanique appliquée et d'agriculture coloniale.** Organe de documentation scientifique pour l'agriculture et les recherches forestières. Contenant les actes et comptes rendus de l'Association "Colonies-Sciences". Directeur: Auguste Chevalier. Paris, Laboratoire d'agronomie coloniale, 57 rue Cuvier. 24 cm.

1ère année: 1921. Mensuelle. Les ouvrages, brochures, articles et tirages à part adressés à la revue sont signalés et analysés dans la «Bibliographie» (production française et étrangère).

[631.3 Maschinen und Geräte

1450. ***Archiv des Landmaschinenwesens.** Technische Schriftenschau. Im Auftrage des Reichskuratoriums für Technik in der Landwirtschaft herausgegeben von G. Fischer. Schriftleiter: H. Schwanecke. Berlin, Selbstverlag des Herausgebers. 30 cm.

Seit 1926. Monatlich. Erscheint als Anhang der Zeitschrift „Technik in der Landwirtschaft“ in einseitigem Druck. Neben der Heftausgabe auch auf Karten 10,5 × 14,8 cm zu beziehen. Monatlich etwa 60 Referate deutscher und ausländischer Literatur. Bücher und Aufsätze.

[631. 4/8 Boden und Bodenbearbeitung

1451. ***Jahrbuch der Moorkunde.** Bericht über die Fortschritte auf allen Gebieten der Moorkultur und Torfverwertung. Herausgegeben von Br. Tacke und Fr. Brüne. Hannover, M. & H. Schaper. 24,5 cm.

Seit 1912. Jährlich. Enthält Besprechungen in- und ausländischer neuer Bücher und Aufsätze über Geologie, Flora und Fauna der Moore sowie die landwirtschaftliche Moorkultur und technische Torfverwertung. 1930 erschien der Jahrgang 1929.

1452. **Zeitschrift für Pflanzenernährung, Düngung und Bodenkunde.** Herausgegeben von O. Lemmermann. Berlin, Verlag Chemie. 23 cm.

Seit 1922. Erscheint in 2 Reihen: A. Wissenschaftlicher Teil. B. Wirtschaftlich-praktischer Teil. Abt. A erscheint zwanglos in Bänden zu 6 Heften, Abt. B monatlich. Jedes Heft beider Abteilungen enthält am Schluß Referate über in- und ausländische neue Zeitschriftenaufsätze.

— siehe auch: Nr. 1429. 1445. 1446.

[632 Pflanzenschutz

1453. *Biologische Reichsanstalt für Land- und Forstwirtschaft in Berlin-Dahlem. **Bibliographie der Pflanzenschutzliteratur.** Bearbeitet von H. Morstatt. Berlin, P. Parey; J. Springer. 28 cm.

Seit 1914. Jährlich. Vollständiges systematisches Titelverzeichnis der in- und ausländischen Literatur über Pflanzenkrankheiten und Pflanzenschutz. Zeitschriftenaufsätze sind mit enthalten. Am Schluß Autorenverzeichnis. Ohne Referate. 1931 erschien die Bibliographie für 1930.

1454. †Internationales Landwirtschafts-Institut. **Internationaler Anzeiger für Pflanzenschutz.** Monatsschrift. Rom, Internationales Landwirtschafts-Institut. 24 cm.

Seit 1927. Monatlich. Erscheint auch in einer italienischen, französischen, englischen und spanischen Ausgabe. Enthält eine besondere laufende bibliographische Rubrik (internationale Titelliste der Pflanzenschutzliteratur).

1455. ***Neuheiten auf dem Gebiete des Pflanzenschutzes.** Herausgegeben von der Bundesanstalt für Pflanzenschutz. Redigiert von Gustav Köck. Wien II, Bundesanstalt für Pflanzenschutz, Trunnerstraße 1. 23 cm.

Seit 1908. 6 Hefte jährlich. Besteht aus systematisch geordneten Rezensionen der einschlägigen Fachliteratur (Bücher und Aufsätze); international.

1456. **Zeitschrift für Pflanzenkrankheiten (Pflanzenpathologie) und Pflanzenschutz,** mit besonderer Berücksichtigung der Krankheiten von landwirtschaftlichen, forstlichen und gärtnerischen Kulturpflanzen. Herausgegeben von Carl Freiherr von Tubeuf. Stuttgart, E. Ulmer. 24,5 cm.

Seit 1890. Monatlich. Enthält zum größeren Teil Referate über die in- und ausländischen Neuerscheinungen auf dem Gebiet der Pflanzenkrankheiten in systematischer Anordnung. Zeitschriftenaufsätze sind mit enthalten.

1457. **Rivista di patologia vegetale.** Diretta da Luigi Montemartini. Pavia, Tipografia cooperativa, via Lanfranco. 23 cm.

Dal 1905. Mensile. La parte sostanziale e più voluminosa del periodico è costituita dalla rubrica intitolata «Rivista» che contiene riassunti di articoli e più raramente di opere, gli uni e le altre sia italiani che stranieri. L'annata è corredata da quattro indici.

— siehe auch: Nr. 867.

[632.2 Gallen

1457 a. **Marcellia.** Rivista internazionale di cecidologia. Redattore: A. Trotter. Portici (Napoli), R. Istituto Superiore Agrario. 25 cm.

Dal 1903. Bimestrale. Pubblica in appendice numerata a parte «Bibliografia e recensioni» della letteratura cecidologica italiana ed estera.

[632.7 Schädliche Insekten

1458. ***The review of applied entomology.** Issued by the Imperial Institute of Entomology. Series A: Agricultural. Series B: Medical and veterinary. Edited by S. A. Neave. London S. W. 7, Institute, 41 Queen's Gate. 24 cm.

Since 1913. Each series monthly. Containing an international analytical bibliography. Annual author and subject indexes.

— siehe auch: Nr. 1039. 1040.

[633/635 Pflanzenkultur

1459. †***Agronomy.** Current literature. Compiled by the staff of the Bureau of Plant Industry Library from publications received in the U. S. Department of Agriculture Library. Washington, D. C.
Seit 1926. Halbmonatlich. Enthält eine Titelliste von Zeitschriftenartikeln über Pflanzenbau, alphabetisch nach den Titeln der Zeitschriften geordnet. International. Maschinenschriftlich.

1460. ***Index to the literature of food investigation.** Compiled by A. E. Glennie. Issued by the Department of Scientific and Industrial Research. London, His Majesty's Stationery Office.
Since 1929. Twice a year. Classified abstracts of articles in journals, patents and notices of books. International.

1461. **Zeitschrift für Züchtung.** Reihe A: Pflanzenzüchtung. Unter Mitwirkung des Kaiser-Wilhelm-Instituts für Züchtungsforschung in Müncheberg herausgegeben von E. Baur. Berlin, P. Parey. 25 cm.
Seit 1913. Erschien bis 1929 selbständig als „Zeitschrift für Pflanzenzüchtung". Zwanglos. 3—4 Hefte bilden einen Band. Enthält Referate über in- und ausländische neue Bücher, Zeitschriftenaufsätze und Dissertationen. Reihe B siehe Nr. 1473.

1462. **Tidsskrift for Planteavl.** Organ for Statens Forsøgsvirksomhed i Plantekultur. Udg. af Statens Planteavlsudvalg. Redig. af H. C. Larsen. København, Gyldendal. 25 cm.
Seit 1895. 5 Hefte im Jahre. Enthält eine jährliche internationale Titelbibliographie der ausländischen Literatur über Ackerbau und Pflanzenkultur, und zwar 1929 für das Jahr 1927. Ausgearbeitet von Th. Larsen und A. Pedersen. Systematische Anordnung.

1463. **Jahrbuch über neuere Erfahrungen auf dem Gebiete der Weidewirtschaft und des Futterbaues.** Herausgegeben von Friedrich Falke und Richard Geith. Hannover, M. & H. Schaper. 24 cm.
Seit 1913. Jährlich. Bringt im 3. Teil „Auszüge und Hinweise" eine systematische Zusammenstellung neuer Zeitschriftenaufsätze mit besprechenden Notizen. Nur deutsche Literatur.

1464. **Svenska betes- och vallföreningens årsskrift.** Red.: Anders Elofson. Ultuna. 23,5 cm.
Seit 1919. Jährlich. Enthält: „Litteraturförteckning. Förteckning över nordisk litteratur rörande betes- och vallodling m. m." von Gunnar Giöbel, und zwar 1929 für das Jahr 1928.

— siehe auch: Nr. 1023. 1449.

[634.9 Forstwirtschaft

1465. ***Forstliche Rundschau.** Berichte über die gesamte forstliche Literatur des In- und Auslandes. Herausgegeben von Heinrich Weber. Neudamm, J. Neumann. 25 cm.
Seit 1928. Vierteljährlich. Enthält ausschließlich systematisch geordnete Referate über die gesamte forstliche Literatur des In- und Auslandes von verschiedenen Berichterstattern.

1466. **Svenska skogsvårdsföreningens tidskrift.** Journal of the Swedish Forestry Society. Red.: Henrik Hesselman. Stockholm, Regeringsgatan 18. 24,5 cm.
Seit 1903. Ab 1928 vierteljährlich. Enthält seit 1919: „Meddelanden från Skogsbiblioteket. Ur bokförvärvet till Skogsbiblioteket" (systematisch geordnetes Zuwachsverzeichnis über schwedische und ausländische Bücher).

1467. **Revue des eaux et forêts.** Revue mensuelle. Paris, Berger-Levrault, 5 rue Auguste-Comte. 24 cm.
1ère année: 1842. Mensuelle. «Revue des revues» analytique et méthodique des publications françaises et étrangères. «Les livres»: comptes rendus étendus de quelques ouvrages.

1468. **Šumarski list.** (Revue forestière pour les affaires forestières de l'industrie et du commerce des bois.) Rédacteur en chef: Ant. Levaković. Publié par l'Union des forestiers de la Yougoslavie. Zagreb, Rue Vukotinović 2. 27,5 cm.
Depuis 1878. Mensuelle. Donne des résumés et comptes rendus d'ouvrages et articles de périodiques; international.

— siehe auch: Nr. 590. 1597.

[635 Gemüse- und Gartenbau

1469. **Die Gartenbauwissenschaft.** Unter Mitwirkung des Reichsverbandes des deutschen Gartenbaues e. V., Berlin, und der Österreichischen Gartenbaugesellschaft in Wien herausgegeben. Berlin und Wien, J. Springer. 24 cm.

Seit 1928. Erscheint in zwanglosen, etwa monatlichen Heften. Jedes Heft enthält einen besonders paginierten Referatenteil, der systematisch geordnete Besprechungen in- und ausländischer neuer Bücher und Zeitschriftenaufsätze über die Gebiete Allgemeiner Pflanzenbau, Spezieller Pflanzenbau, Pflanzenzüchtung und Pflanzenpathologie u. a. enthält.

1470. **Jahrbuch der Arbeitsgemeinschaft für deutsche Gartenkultur.** Berlin, Arbeitsgemeinschaft für deutsche Gartenkultur. 24,5 cm.

Seit 1930. Jährlich. Mit Bücherschau und systematischem Verzeichnis von Zeitschriftenaufsätzen zur Gartenbauwissenschaft.

— siehe auch: Nr. 1597.

[636 Tierzucht

1471. ***Jahrbuch für wissenschaftliche und praktische Tierzucht einschließlich der Züchtungsbiologie.** Herausgegeben von der Deutschen Gesellschaft für Züchtungskunde. Hannover, M. & H. Schaper. 24 cm.

Seit 1906. Jährlich 2 Teile. Teil 1: „Allgemeine Tierzucht, Fütterungslehre, Hygiene, Grünland und Großtierzucht"; Teil 2: „Kleintierzucht". Enthält Sammelreferate über Neuerscheinungen zur landwirtschaftlichen Tierzucht. Vorwiegend deutschsprachige Literatur.

1472. **Tierernährung.** Zeitschrift für die gesamte Fütterungslehre und Futtermittelkunde. Herausgegeben von A. Scheunert. (= Biedermanns Zentralblatt für Agrikulturchemie und rationellen Landwirtschaftsbetrieb Abt. B.) Leipzig, Akademische Verlagsgesellschaft. 24 cm.

Seit 1929. Erscheint in zwanglosen Heften. Enthält Referate über neue Bücher und Zeitschriftenaufsätze des In- und Auslandes.

— siehe auch: Nr. 1463. 1464.

1473. **Zeitschrift für Züchtung.** Reihe B: Tierzüchtung und Züchtungsbiologie einschließlich Tierernährung. Herausgegeben von C. Kronacher. Berlin, P. Parey. 25,5 cm.

Seit 1924. Erschien bis 1930 selbständig als „Zeitschrift für Tierzüchtung und Züchtungsbiologie". Zwanglos in Bänden zu 3—4 Heften. Mehrere Bände jährlich. Enthält ausführliche Referate über in- und ausländische Zeitschriftenaufsätze, eine systematische Titelliste neuer Bücher und Aufsätze sowie ein Verzeichnis neuer Dissertationen.

1474. **Züchtungskunde.** Herausgegeben von der Deutschen Gesellschaft für Züchtungskunde. Göttingen, Nikolausberger Weg 9. 24 cm.

Seit 1926. Monatlich. Enthält Referate über in- und ausländische Neuerscheinungen auf dem Gebiete der landwirtschaftlichen Tierzucht und in dem besonders paginierten Abschnitt „Neue Literatur" eine internationale Bibliographie neuer Bücher und Aufsätze.

1475. **Archiv für Geflügelkunde.** Monatsschrift zur Förderung der Zusammenarbeit von Wissenschaft und Praxis. Mit Unterstützung des Preußischen Ministeriums für Landwirtschaft, Domänen und Forsten herausgegeben von Otto Bartsch. Berlin, Pfenningstorff. 24 cm.

Seit 1927. Monatlich. Enthält in jedem Heft Referate über in- und ausländische neue Zeitschriftenaufsätze und eine alphabetische Titelliste der im laufenden Jahr erschienenen Literatur zur Geflügelkunde.

[637.1/3 Milchwirtschaft

1476. **Journal of dairy research.** Edited by R. S. Williams for the Empire Marketing Board. London, Cambridge University Press. 25,5 cm.

Since 1929. Twice a year. Contains classified abstracts and reviews of journal literature and patents. International.

1477. **Jahrbuch der Milchwirtschaft.** Neueste Erfahrungen auf dem Gebiete der Gewinnung, Verarbeitung und Verwertung der Milch. Herausgegeben von Kurt Teichert. Hannover, M. & H. Schaper. 24 cm.

Seit 1919. Erscheint unregelmäßig in Bänden. Mit Sammelreferaten bestimmter Mitarbeiter über die einzelnen Zweige der Milchforschung und Milchwirtschaft.

1478. **Milchwirtschaftliche Forschungen.** Zeitschrift für Milchkunde und Milchwirtschaft einschließlich des gesamten Molkereiwesens. Im Auftrage des Reichskuratoriums für milchwirtschaftliche Forschungsanstalten herausgegeben von W. Grimmer. Berlin, J. Springer. 24 cm.

Seit 1924. Erscheint in zwanglosen Heften. Enthält in einem besonders paginierten Referatenteil systematisch geordnete Besprechungen in- und ausländischer neuer Bücher und Zeitschriftenaufsätze zur Milchgewinnung und Milchwirtschaft.

1479. ***Milchwirtschaftlicher Literaturbericht.** Herausgegeben vom Kollegium der Preußischen Versuchs- und Forschungsanstalt für Milchwirtschaft in Kiel. Hildesheim, Kommissions-Verlag der Molkerei-Zeitung. 22 cm.

Seit 1927. Monatlich. Enthält systematisch geordnete Besprechungen von in- und ausländischen neuen Büchern und Aufsätzen auf dem Gebiet der gesamten Milchwirtschaft.

1480. **Jaarboek voor de zuivelbereiding,** uitgegeven door de Vereeniging van oud-leerlingen der Rijkszuivelschool te Bolsward. Zutphen, Spruijt, Waterstraat 21. 19,5 cm.

Seit 1927. Jährlich. Enthält: „Nederlandsche en buitenlandsche zuivelliteratuur" (systematisch eingeteilt).

1481. **Nederlandsch weekblad voor zuivelbereiding en -handel.** Doetinchem, C. Misset. 38 cm.

Seit 1895. Wöchentlich. Enthält jährlich seit 1920 (für 1919) eine Titelliste neuer niederländischer und ausländischer Bücher und Zeitschriftenartikel über Molkereiwesen in systematischer Anordnung. Zusammengestellt vom Milchwirtschaftlichen Laboratorium der Landwirtschaftlichen Hochschule Wageningen.

1482. **†Le Lait.** Lyon.

Seit 1921. Monatlich. In jedem Heft ein Referaten-Anhang in systematischer Anordnung. Auswahl der internationalen Literatur.

1483. **†*Obzor novoj literatury v oblasti moločnogo chozjajstva.** (Übersicht über neue Literatur auf dem Gebiete der Milchwirtschaft.) Vologda, Vologodskij moločno-chozjajstvennyj Institut. 20 cm.

Seit 1929 (für 1928). Jährlich 4—5 Hefte im Umfange von je 2—3 Bogen.

[639.2/3 Fischzucht

1484. **Jahresbericht über die deutsche Fischerei.** Herausgegeben vom Reichsministerium für Ernährung und Landwirtschaft. Berlin, Gebr. Mann. 28,5 cm.

Seit 1925. Jährlich. Bringt am Schluß ein Titelverzeichnis der wichtigsten deutschen Fischereiliteratur des letzten Jahres, auch Zeitschriften und Zeitschriftenaufsätze; 3 Gruppen: A. Seefischerei, B. Binnenfischerei, C. Fischhandel, Fischindustrie, Verwertung. Bearbeitet von E. Fischer und Röhler.

— siehe auch: Nr. 1010.

[64 Hauswirtschaft

1485. **Journal of home economics.** Helen W. Atwater, editor. Official organ of the American Home Economics Association. Baltimore, Maryland, 101 East 20th Street. 23 cm.

Since 1909. Monthly. Contains classified abstracts of books and periodical articles.

[65 **Handels- und Verkehrstechnik**

1486. **Sparwirtschaft.** Zeitschrift für wirtschaftlichen Betrieb. Organ von: AWB (Ausschuß für wirtschaftliche Betriebsführung), GW (Gesellschaft für Wärmewirtschaft), ÖNIG (Österreichischer Normenausschuß für Industrie und Gewerbe). Schriftleiter: J. Tomaïdes. Wien, R. Spies. 29,5 cm.

Seit 1924. Monatlich. Enthält eine internationale systematische Zeitschriftenschau und Buchbesprechungen von Werken industriellen, technischen und wirtschaftsgeschichtlichen Inhalts.

[655 **Buchgewerbe**

1487. **Schweizerisches Gutenbergmuseum.** Musée Gutenberg suisse. Zeitschrift für Buchdruck, Bibliophilie und Pressegeschichte. Revue d'histoire de l'imprimerie, de la bibliophilie et de la presse. Schriftleitung: Karl J. Lüthi. Bern, Schweizerisches Gutenbergmuseum, Büchler & Co. 23 cm.

Seit 1915. Früher Gutenbergstube, dann: Gutenbergmuseum, seit 1925 jetziger Titel. Vierteljährlich. Bringt seit 1922 jährlich die „Bibliographie zur Geschichte des Buchdrucks und der Presse in der Schweiz" von Fritz Blaser (Titelbibliographie, 1930 für das Jahr 1929). Außerdem werden in jedem Heft die Eingänge des Gutenbergmuseums (vor allem Buchdruck und Pressewesen betreffend) registriert.

1488. **Klimschs Jahrbuch.** Technische Abhandlungen und Berichte über die Neuerungen auf dem Gesamtgebiet der graphischen Künste. Frankfurt a. M., Klimsch. 27,5 cm.

Seit 1900. Jährlich. Enthält eine „Graphische Bibliographie" (internationale, systematische Titelliste für Geschichte der Buchdruckerkunst, Drucktechnik, Buchkunst und Verwandtes).

— siehe auch: Buchwesen im allgemeinen (Nr. 5—13) und Nr. 296. 297. 300. 302. 1576.

[656.2 **Eisenbahnverkehr**

1489. **Monthly bulletin of the International Railway Congress Association.** Brussels, 74 rue du Progrès. 24 cm.

Since 1896. Monthly. Contains at irregulars intervals a bibliography of railways, arranged according to periodicals and countries.

1490. **Archiv für Eisenbahnwesen.** Herausgegeben in der Hauptverwaltung der Deutschen Reichsbahn-Gesellschaft. Berlin, J. Springer. 24,5 cm.

Seit 1878. Zweimonatig. Jedes Heft enthält Rezensionen, ein Verzeichnis der wichtigsten neu erschienenen Werke über Eisenbahnwesen und eine Zeitschriftenschau. International.

1491. ***Bibliographie mensuelle des chemins de fer.** Publiée sous la direction de P. Ghilain, secrétaire général de la Commission permanente de l'Association internationale du Congrès des chemins de fer. Bruxelles, M. Weissenbruch. 24,5 cm.

Depuis 1888. Mensuel. Paraît relié à la suite du «Bulletin de l'Association internationale du Congrès des chemins de fer» (fondé en 1919). Titres accompagnés des indices de la Classification Décimale. Il en existe une édition anglaise (voir No. 1489).

1492. **Revue générale des chemins de fer.** Directeur: Godfernaux. Paris, Dunod, 92 rue Bonaparte. 30 cm.

1ère année: 1882. Mensuelle. Comptes rendus de livres et articles français et étrangers dans la «Bibliographie».

[656.6 Wasserverkehr

1493. **La Revue maritime.** Études historiques et scientifiques, maritimes et militaires, questions économiques, sociales. Publiée avec le concours du Service historique de l'État-major de la marine. Paris, Société d'éditions géographiques, maritimes et coloniales, 184 boulevard Saint-Germain. 24,5 cm.

1ère année: 1843. Mensuelle. «Bibliographie française et étrangère: I. Analyses et comptes rendus critiques. II. Mémento bibliographique (livres). III. Articles de périodiques» (classés). Dans chaque numéro.

— Marine siehe Nr. 700. 701. 1393.

[656.8 Postwesen

1494. **Archiv für Post und Telegraphie.** Berlin, Reichsdruckerei. 30 cm.

Seit 1907. Monatlich. Enthält Rezensionen und eine vierteljährliche Bibliographie neuer Zeitschriftenaufsätze über das Post-, Telegraphen- und Fernsprechwesen.

1495. **†Annales des postes, télégraphes et téléphones.** Revue mensuelle publiée par les soins d'une Commission nommée par M. le Ministre des postes et des télégraphes. Paris, Librairie de l'enseignement technique, 3 rue Thénard. 23,5 cm.

Seit 1911. Monatlich. Jedes Heft enthält einen besonders paginierten, zum Zerschneiden eingerichteten Abschnitt „Documentation" mit kurzen Auszügen aus in- und ausländischen Zeitschriftenaufsätzen.

Zur Erleichterung der Ordnung wird jedem Titel eine zweistellige Dezimalnummer vorgesetzt; dieses Dezimalsystem ist aber mit dem Brüsseler nicht identisch.

1496. ***Feuille de documentation bibliographique des postes, des télégraphes et des téléphones.** Publiée par le Secrétariat général des postes, des télégraphes et des téléphones. Service central, Documentation. Paris. 23 cm.

1ère année: 1926. Mensuellement en principe. 3 à 5 numéros par an. Dépouillement non analytique d'articles de revues françaises et étrangères classés méthodiquement.

[657 Buchhaltung

1497. **†*Accountants' index.** A bibliography of accounting literature. New York, American Institute of Accountants. 23,5 cm.

Unregelmäßig. Das Hauptwerk erschien 1921 (1578 S.). Fortgesetzt durch Supplemente, bisher zwei: für 1921—1923 und 1923 bis 1927, erschienen 1923 bzw. 1928.

1498. **The Journal of accountancy.** Official organ of the American Institute of Accountants. A. P. Richardson, editor. Manhattan, New York City, 135 Cedar Street. 24 cm.

Since 1905. Monthly. Each issue since May, 1921 contains "Current literature" compiled in the Library of the American Institute of Accountants. This material supplements the Accountants' Index (see Nr. 1497). Subject classification. Mostly material in the English language.

1499. **Maandblad voor accountancy en bedrijfshuishoudkunde.** Purmerend, J. Muusses. 32 cm.

Seit 1923. Monatlich. Enthält: "Repertorium van tijdschriftenlitteratuur op het gebied van accountancy en bidrijfshuishoudkunde". Systematisch; niederländische und fremdsprachige Zeitschriften sind verarbeitet.

[658 Organisation von Handel und Industrie

1500. **The Management review.** Edith King Donald, editor. New York City, American Management Association, 20 Vesey Street. 23,5 cm.

Since 1926. Monthly. Each number contains "The Management index" which consists of abstracts and descriptive notes of company activities including financial management, office management, production management, marketing management. American publications only.

1501. **Annalen der Betriebswirtschaft und Arbeitsforschung.** Internationale Quartalschrift. Berlin, Leipzig, Wien, L. Weiss. 22 cm.

Seit 1927. Vierteljährlich. Mit Sammel- und Einzelbesprechungen von Büchern und Aufsätzen. Es ist vorwiegend das deutsche Schrifttum verarbeitet.

1502. **Der Betriebswirt.** Zeitschrift des Verbandes Deutscher Diplom-Kaufleute e. V. Berlin W 35, Potsdamer Straße 108. 24 cm.

Seit 1921. Monatlich. Bis 1929 unter dem Titel „Zeitschrift des Verbandes Deutscher Diplom-Kaufleute", 1930 unter dem Titel „Der Diplom-Kaufmann". Enthält seit 1926 in jeder Nummer eine von Kurt Schmaltz bearbeitete Titelliste deutscher Neuerscheinungen zur allgemeinen und speziellen Betriebswirtschaft einschließlich der Zeitschriftenaufsätze.

1503. **Die Betriebswirtschaft.** Zeitschrift für Handelswissenschaft und Handelspraxis. Stuttgart, C. E. Poeschel. 29,5 cm.

Seit 1908. Monatlich. Erschien bis 1929 unter dem Titel: „Zeitschrift für Handelswissenschaft und Handelspraxis." Enthält Besprechungen und eine systematische Titelliste vorwiegend deutscher neuer Literatur zur Betriebswirtschaft.

1504. **The Personnel journal.** Edited by Walter Van Dyke Bingham. Official publication of Personnel Research Foundation. Baltimore, Maryland, Williams & Wilkins, Mount Royal and Guilford Avenues. 25,5 cm.

Since 1922. Bimonthly. Includes bibliographies and section New books and current periodicals classified. English publications only.

— Rationalisierung und Normung siehe Nr. 752. 753. 1486.

[66/69 Industrie, Handwerk und Gewerbe

1505. **Arts et métiers.** Revue technique mensuelle de la Société des anciens élèves des Écoles nationales d'arts et métiers. Rédacteur en chef: J. Allais. Paris, 9 bis avenue d'Iéna. 27 cm.

1ère année: 1846. Mensuelle. «Bibliographie et documentation»: Sommaires et extraits des livres et articles français et étrangers arrangés alphabétiquement par mots-souches.

1506. ***Bibliographie des sciences et de l'industrie.** Revue de librairie et d'information. Paris, Dunod, 92 rue Bonaparte. 26 cm.

1ère année: 1903. Parait 8 fois par an. 1⁰ «Livres français et étrangers»; titres et prix classés méthodiquement. 2⁰ «Revues françaises»: sommaires classés méthodiquement. Les renseignements portent sur le mois ou les 2 mois précédents.

1507. **Le Monde industriel.** Bulletin mensuel. Organe officiel de la Société industrielle du Nord de la France. Lille, 116 rue de l'Hôpital militaire. 24 cm.
1ère année: 1873. Mensuel. «Revue des publications périodiques» françaises reçues par la Société. Notices non analytiques classées.

[66 Chemische Industrie

1508. ***British chemical abstracts.** Issued by the Bureau of Chemical Abstracts. Editor: T. F. Burton. B: Applied chemistry. Supplement to "Journal of the Society of Chemical Industry. Chemistry & industry". London E. C. 2, 46 Finsbury Square. 28 cm.
Since 1926. Fortnightly. Contains classified abstracts with author index. A combined annual author and subject index is published. Section A (Pure chemistry) see No. 913.

1509. ***Reports of the progress of applied chemistry.** Editor: T. F. Burton. London E. C. 2, Society of Chemical Industry, 46 Finsbury Square. 21 cm.
Since 1916. Annual. Methodical review of year's work arranged by subject. Author and subject index. 1929 is published in 1930.

1510. **Chemiker-Zeitung.** Fach- und Handelsblatt für Chemiker, Hüttenleute, Ingenieure, Fabrikanten, Apotheker, Großhändler. Köthen, Verlag der Chemiker-Zeitung. 33,5 cm.
Seit 1876. Halbwöchentlich. Enthält eine wöchentliche Beilage „Chemisch-technische Übersicht. Berichte über das Gesamtgebiet der reinen und angewandten Chemie", die reichhaltig und mit Verzicht auf bibliographische Genauigkeit über neue Bücher und Aufsätze auch des Auslandes referierend berichtet. Systematisch angeordnet.

1511. ***Jahresbericht über die Leistungen der chemischen Technologie.** Bearbeitet von B. Rassow und A. Loesche. Leipzig, J. A. Barth. 23 cm.
Seit 1855. Jährlich. 1931 für das Jahr 1930. Zwei selbständige Abteilungen: Unorganischer und Organischer Teil. Systematisch geordnet mit Namen- und Sachregister sowie Patentverzeichnis.

1512. **Chimie & industrie.** Organe mensuel de la Société de chimie industrielle. Rédacteur: Camille Matignon. Paris, 49 rue des Mathurins. 27 cm.

1ère année: 1908. Mensuel. Analyses de brevets et d'articles. La «Documentation» (française et étrangère) donne des analyses détaillées et souvent illustrées d'ouvrages et d'articles de chimie pure et appliquée, analyses classées méthodiquement. Les titres sont accompagnés des chiffres de la Classification décimale.

1513. †**L'Industrie chimique.** Revue mensuelle universelle des produits chimiques et des industries annexes. Administrateur-Directeur: H. Mounier. Paris, 8 rue de Miromesnil. 32 cm.

Seit 1914. Monatlich. Enthält in jedem Heft in dem Abschnitt «Revue technique documentaire» Auszüge aus neuen Zeitschriftenaufsätzen und Patentbeschreibungen in systematischer Anordnung. International.

1514. **Giornale di chimica industriale ed applicata.** Pubblicato dalla Associazione italiana di chimica. Direttore: Angelo Coppadoro. Milano, via S. Paolo 10. 29 cm.

Dal 1919. Mensile. Nella parte intitolata „Rubriche" dà ampi reseconti di articoli di riviste italiane e straniere, di lezioni, di conferenze, classificati per materie. Ha poi altre due rubriche di soli titoli, pure classificati per materie e ricavati quasi esclusivamente da periodici: «Bibliografia chimica italiana» e «Rivista delle riviste estere».

1515. **L'Industria chimica.** Il notiziario chimico industriale. Organo ufficiale della Federazione nazionale fascista industrie chimiche ed affini. Rivista internazionale di chimica. Roma, via delle Muratte 43. 29 cm.

Dal 1926. Mensile. Oltre alle rubriche «Recensioni», «Indice bibliografico» (titolo e breve riassunto di lavori pubblicati per lo più in periodici italiani e stranieri) e «Bibliografia di riviste italiane ed estere» (spoglio di alcuni periodici), ogni fascicolo passando in rassegna un gran numero di argomenti chimico-industriali divisi in gruppi, dà anche la bibliografia relativa con indicazione e riassunto di lavori recenti italiani e stranieri intorno a quel dato argomento.

1516. **The Journal of the Society of Chemical Industry, Japan.** Kōgyō kagaku zasshi. Published by the Society of Chemical Industry, Japan. Tokyo, Hongo, 76 Morikawa-cho. 25 cm.

Monthly. Has a main issue in Japanese and a supplementary European issue containing translations. Both issues contain original papers, reviews, and abstracts.

— siehe auch: Nr. 916.

1517. **The Manufacturing Chemist** & pharmaceutical, cosmetic & photographic trade journal. London W. C. 2, L. Hill, Thanet House, 231 Strand. 30,5 cm.

Since 1930. Monthly. Containing "Abstracts from current literature" classified. English and few foreign papers.

1518. **Superphosphate.** London, International Superphosphate Manufacturers' Association. 30,5 cm.

Since 1928. Monthly. Contains reports in English, French and German, abstracted from journals. Annual subject index.

1519. ***Pine Institute of America abstracts.** Chemical section. Prepared by W. B. Burnett and H. K. Salzberg, Mellon Institute of Industrial Research, Pittsburgh, Pennsylvania. Jacksonville, Florida, Pine Institute of America, Barnett National Bank Building. 27,5 cm.

Since 1927. Monthly. Mimeographed. Classified by subjects. Covers the literature of the world. Annual index.

1520. **Cellulose, derivatives, products.** G. J. Esselen, editorial director. Published by the Cellulose publishing company, Washington, New Jersey. New York City, 114 East 32d Street. 2°

Since 1930. Monthly. Contains Technical abstract section, a review of literature and patents, American and foreign.

1521. **Cellulosechemie.** Zeitschrift für Gerüst-, Inkrustations- und andere Begleitstoffe der Cellulose. Herausgegeben von Hans Pringsheim. Berlin, O. Elsner. 29 cm.

Seit 1920. Monatlich. Enthält in jedem Heft in dem Abschnitt „Zeitschriftenschau" Referate über neue in- und ausländische Zeitschriftenaufsätze.

1522. **Zellstoff und Papier.** Chemisch-technische Monatsschrift für die Zellstoff herstellenden und verarbeitenden Industrien. Organ des Vereins der Zellstoff- und Papierchemiker und -Ingenieure. Schriftleiter: Siegmund Ferenczi. Berlin SW 11, C. Hofmann, Dessauer Straße 2. 29,5 cm.

Seit 1921. Monatlich. Enthält in jedem Heft einen Abschnitt „Auszüge aus der Literatur der Zellstoff- und Papierfabrikation" in systematischer Anordnung. Der chemische Teil bringt Referate nach dem Chemischen Zentralblatt, der mechanische Teil wird von A. Drössel und O. Merlau bearbeitet.

— siehe auch: Nr. 1566.

[662.6/9 Heizung, Brennstoffe

1523. **Fuel in science and practice.** London E. C. 4, The Colliery Guardian Co., 30 Furnival Street. 28 cm.

Since 1922. Monthly. Contains abstracts of selected articles and title bibliography (compiled by S. V. Payton and A. H. Raine) on the economic and scientific use of fuels. Classified.

1524. ***Iron, steel, & industrial fuel:** Survey of current literature. London S. W. 1, Iron and Steel Institute, 28 Victoria Street. 22 cm.

Since 1928. Monthly. Contains abstracts relating to fuel technology and iron and steel manufacture. Annual author and subject index.

1525. **Feuerungstechnik.** Zeitschrift für den Bau und Betrieb feuerungstechnischer Anlagen. Herausgegeben von P. Wangemann. Leipzig, O. Spamer. 31 cm.

Seit 1912. Halbmonatlich. Enthält in jeder Nummer Bücherbesprechungen und eine internationale Zeitschriftenschau mit kurzen erläuternden Notizen.

— siehe auch: Nr. 1343. 1347. 1350. 1544.

[663.4 Bier, Brauerei

1526. **Journal of the Institute of Brewing.** Ed.: J. H. Baker. London, Harrison. 25 cm.

Since 1887. Monthly. About 120 pp. annually of abstracts arranged in classes. Journal literature and patents included in annual subject and author indexes.

1527. Gesellschaft für die Geschichte und Bibliographie des Brauwesens E. V. **Jahrbuch.** Berlin, Gesellschaft für die Geschichte und Bibliographie des Brauwesens E. V. 22 cm.

Seit 1928. Jährlich. Enthält seit 1929 eine Bibliographie des Brauwesens, zur Weiterführung von F. Schoellhorn, „Bibliographie des Brauwesens" (1928). Gegliedert in drei Teile: A. Ergänzungen, B. Berichtigungen, C. Neuerscheinungen.

[664 Herstellung und Konservierung fester Nahrungsmittel

1528. ***Abstracts of canning technology.** National Canners Association Research Laboratory. Editor: W. D. Bigelow. Washington, D. C., The Association, 1739 H Street N. W. 23 cm.

Since 1923. Quarterly. Abstracts of articles in periodicals of a technological, chemical or bacteriological nature, related to canning or of interest to canners, and articles on other subjects in the canning trade papers. Classified in 10 groups. Intended only for members of the National Canners Association.

1529. **The international sugar journal.** Ed.: J. P. Ogilvie. London E. C. 3, 2 St. Dunstan's Hill. 24,5 cm.

Since 1869. Monthly. From April 1908 has "Review of current technical literature" and patent abstracts. Separate annual patent indexes.

1530. **Zeitschrift des Vereins der Deutschen Zucker-Industrie.** Herausgegeben vom Vereins-Direktorium. Schriftleitung: Oskar Spengler. Berlin W 62, Vereins-Direktorium, Kleiststraße 32; in Kommission R. Friedländer. 23,5 cm.

Seit 1851. Monatlich. Enthält seit 1925 eine vierteljährliche Titelbibliographie der in russischen Zuckerzeitschriften veröffentlichten Arbeiten, zusammengestellt von N. Friz.

— siehe auch: Nr. 1142—1144.

[665 Öle, Fette und Gase

1531. †***A Bibliography on illumination.** Compiled by the Committee on illumination of the technology group, Special Libraries Association. Providence, R. I., 11 Nisbet Street. 25 cm.

Seit 1926 (für 1924—25). Jährlich. Erscheint als Information Bulletin der Special Libraries Association. Internationale, systematische Titelliste. 1929 erschien die Bibliographie für 1928/29.

1532. ***Bibliography of petroleum and allied substances.** Compiled by H. Britton. Published by the United States Bureau of Mines, Department of Commerce. Washington, D. C., United States Government Printing Office. 23 cm.

Since 1918. 1922—1923 published July, 1929. Classified by subjects and by countries and regions, with author and subject indexes. Covers both American and foreign publications, and includes United States patents.

1533. **Journal of the Institution of Petroleum Technologists** and record of transactions. London W. C. 2, Institute of Petroleum Technologists, Aldine House, Bedfort Street. 21,5 cm.

Since 1914. Monthly. Classified abstracts of current literature and patents, with subject index.

1534. **Journal of the Oil and Colour Chemists Association.** London W. C. 1, 30 Russell Square. 22 cm.

Since 1918. Monthly. Contains a classified title bibliography. International.

1535. ***Library bulletin.** Consolidated Gas Company of New York and affiliated gas and electric companies. Josephine I. Greenwood, librarian. New York City, Sixteenth floor, 4 Irving Place. 23 cm.

Since 1924. Half-monthly. Consists of abstracts of articles from current periodicals, technical society publications and pamphlets containing material relating to the gas and electric industries.

1536. *Department of Commerce. United States Bureau of Mines. **Recent articles on petroleum and allied substances.** Compiled by U. S. Bureau of Mines in cooperation with the American Petroleum Institute and the Special Libraries Association. Melissa Speer, bibliographer. San Francisco, Cal., Petroleum Field Office, Bureau of Mines, 506 Custom House. 27 cm.

Since 1919. Monthly. Abstracts of articles, arranged in 9 classes. Mimeographed with printed cover. Continues the "Bibliography of petroleum and allied substances" (see Nr. 1532).

1537. **Report of the Joint Benzole Research Committee of the National Benzole Association and the University of Leeds.** London S. W. 1, National Benzole Association, Washington House. 22,5 cm.

Since 1924. Annual. Includes bibliography (classified titles) of papers and patents of interest to the benzole industry.

1538. **Transactions of the Institution of Gas Engineers.** London, Spon. 22 cm.

Since 1864. Annual. From 1903, contains classified "Abstracts of papers relating to gas manufacture", that have appeared from July to June.

1539. Amerikano-techničeskij kružok pri Groznefti. **Bjulleteń.** (Der amerikanische technische Verein an der Grosneft. Bulletin.) Groznyj. 36 cm.

Seit 1928. Referate ausländischer Zeitschriftenartikel.

— siehe auch: Nr. 1367. 1403.

[666 Glasfabrikation, Keramik

1540. **Journal of the Society of Glass Technology.** Editor: W. E. S. Turner. Sheffield, Society of Glass Technology, Darnall Road. 21 cm.

Since 1917. Quarterly. Contains a separate section of abstracts and reviews of periodical literature and patents. Classified.

1541. **Glastechnische Berichte.** Herausgegeben von der Deutschen Glastechnischen Gesellschaft. Frankfurt a. M., Deutsche Glastechnische Gesellschaft. 29,5 cm.

Seit 1923. Monatlich. Enthält in jedem Heft systematisch geordnete Referate über in- und ausländische neue Zeitschriftenaufsätze auf dem Gebiete der Glastechnik.

1542. **Journal of the American Ceramic Society.** Easton, Pennsylvania, 20th & Northampton Streets. 24 cm.

Since 1918. Monthly. Contains, since 1922, a separate section "Ceramic abstracts" of the world's literature devoted to the arts and sciences related to the silicate industries. Ross C. Purdy, editor. Classified by subjects with an author index.

1543. **Transactions of the Ceramic Society.** Including the Refractory Materials Section and the Building Materials Section. Stoke-on-Trent, The Society, Sandon House, Regent Street. 21 cm.

Since 1900. Monthly. Contains classified abstracts of literature and patents.

1544. **Berichte der Deutschen Keramischen Gesellschaft.** Schriftleitung: R. Rieke. Berlin NW 87, Deutsche Keramische Gesellschaft, Wegelystraße 1. 23,5 cm.

Seit 1920. Monatlich. Enthält in jedem Heft als besonders paginierte Beilage ein internationales, systematisches Titelverzeichnis von Büchern, Aufsätzen und Rezensionen zur allgemeinen Keramik, Feuerungstechnik und speziellen Keramik (Steingut, Porzellan, Glas, Emaille, Zement und Gips).

[666.9 Mörtel, Zement

1545. ***Abstracts of the current literature of cement and concrete.** Prepared under the direction of the American Concrete Institute, Committee on abstracts. Dwight F. Jennings, editor. Supplement to Journal of the American Concrete Institute. Detroit, Michigan, 2970 West Grand Boulevard. 23,5 cm.

Since January 1930. Monthly (except July and August). Separate pagination. Classified by subjects. American and foreign publications. These abstracts take the place of the "References to papers and reports on researches" published in the Proceedings.

1546. **Concrete year book.** A handbook, directory and catalogue of concrete. Edited by Oscar Faber and H. L. Childe. London

S. W. 1, Concrete Publications Ltd., 20 Dartmouth Street, Westminster. 22 cm.

Since 1924. Annually. Contains class list of titles of books printed in the English language dealing with concrete and reinforced concrete, cement etc.

[667 Farbenfabrikation

1547. **The Journal of the Society of Dyers and Colourists.** Edited by W. M. Gardner. Bradford, Society of Dyers and Colourists, Pearl Assurance Buildings, Market Street. 27 cm.

Since 1884. Monthly. Contains abstracts from British and foreign journals and patents. Annual subject index.

1548. *Research Association of British Paint, Colour, and Varnish Manufacturers. **Review of current literature relating to the paint, colour, and varnish industries.** Teddington, Middlesex, Paint Research Station, Waldegrave Road. 21,5 cm.

Since 1928. Six times a year. Abstracts of literature and patents relating to paint, colour and varnish. Annual subject index.

— siehe auch: Nr. 1534.

[669 Metallurgie

1549. **The Journal of the Institute of Metals.** Edited by G. Shaw Scott. London S. W. 1, The Institute, Victoria Street. 21,5 cm.

Since 1909. Twice a year. Contains classified abstracts of papers relating to the non-ferrous metals and kindred industries; also alphabetical author bibliography and book reviews.

1550. **Zeitschrift für Metallkunde.** Herausgegeben von der Deutschen Gesellschaft für Metallkunde im Verein Deutscher Ingenieure. Berlin NW 7, VDI-Verlag. 29,5 cm.

Seit 1909. Monatlich. Enthält in der besonders paginierten Rubrik „Metallkunde" Referate über neue Zeitschriftenaufsätze aus der Metallkunde in systematischer Anordnung; international.

1551. **Revue de métallurgie.** Directeur: Léon Guillet. Paris, 5 Cité Pigalle. 27 cm.

1ère année: 1904. Mensuelle. «Extraits» des périodiques étrangers classés méthodiquement.

1552. **Journal of the Iron and Steel Institute.** Edited by George C. Lloyd. London S. W. 1, The Institute, 28 Victoria Street. 22 cm.

Since 1880. 2 volumes a year. Each volume contains (1) "Bibliography of recent publications relating to ores, fuels, and metallurgy" and (2) "Notes to the progress of the home and foreign iron and steel industry" (about 200 pp. of classed abstracts).

1553. **Transactions of the American Society for Steel Treating.** Published by the Society. Editor: Ray T. Bayless. Cleveland, Ohio, 7016 Euclid Avenue. 23 cm.

Since October 1920. Monthly. Each issue contains that part of the "Engineering Index" which deals particularly with steel treating and related subjects.

— siehe auch: Nr. 1524.

1553a. **Stahl und Eisen.** Zeitschrift für das deutsche Eisenhüttenwesen. Herausgegeben vom Verein Deutscher Eisenhüttenleute. Geleitet von O. Petersen. Düsseldorf, Verlag Stahleisen. 30 cm.

Seit 1881. Wöchentlich. Mit monatlicher systematischer Bibliographie des Eisenhüttenwesens. Ein Teil der Titel hat erklärende Zusätze. Auch ausländische Literatur. Insgesamt werden 88 deutsche und 83 ausländische Zeitschriften laufend ausgezogen. Die Bibliographie erscheint auch einseitig bedruckt mit dem Titel „Centralblatt der Hütten und Walzwerke".

1554. **Bulletin of the British Non-Ferrous Metals Research Association.** Director: R. S. Hutton. Birmingham, 71 Temple Row. 25 cm.

Since 1921. Three times a year. Contains selections from current literature and annotated list of additions to the library. Classified. International.

1555. **†*Literature and patent references to platinum group metals.** Compiled by J. S. Negru. New York, International Nickel Company, 67 Wall Street. 28 cm.

Seit 1930. Vierteljährlich. Internationale Referate, systematisch geordnet.

1556. ***Literature and patent references to nickel.** Compiled by J. S. Negru. New York City, International Nickel Company, 67 Wall Street. 28 cm.

Since August, 1929. Monthly. International abstracts. Subject classification.

— siehe auch: Nr. 930. 931. 968.

[675 Lederindustrie

1557. **The Journal of the American Leather Chemists Association.** Published monthly by the American Leather Chemists Association. W. K. Alsop, editor. Easton, Pennsylvania, The Chemical Publishing Co. 26 cm.

Since 1906. Monthly. Book notices and abstracts of American and foreign publications.

1558. **Journal of the International Society of Leather Trades Chemists.** Journal de la Société internationale des chimistes des industries du cuir. Editor: A. Harvey. London S. E. 1, International Society of Leather Trades Chemists, 17 Market Street. 24,5 cm.

Since 1917. Monthly. Contains classified abstracts of journal literature and patents. Annual author and subject index.

1559. **The Journal of the Technical Association of the Fur Industry.** Brooklyn, New York, 330 Morgan Avenue. 25 cm.

Since January 1930. Quarterly. Contains abstracts of American and foreign material relating to the fur industry.

1560. **Collegium.** Zeitschrift des Internationalen Vereins der Leder-Industrie-Chemiker. Fachblatt der Deutschen Sektion des I. V. L. I. C. Ober-Ramstadt bei Darmstadt, R. Würtenberger. 24 cm.

Seit 1902. Monatlich. Enthält systematisch geordnete Referate von Zeitschriftenaufsätzen. International.

[676 Papierfabrikation

1561. *Technical Section of the Paper Makers' Association of Great Britain & Ireland. **Bibliography of periodical publications on papermaking and allied subjects.** London E. C. 4, Paper Makers' Association, 26 Farringdon Street. 21,5 cm.

Since 1921. Annual. International title bibliography. Arranged alphabetically under subject headings.

1562. **Paper makers' monthly journal.** London, Marchant, Singer, St. Mary Avenue. 27,5 cm.

Since 1862. Monthly. From 1912 contains bibliography of current paper trade literature. Classified title list; international.

1563. **Paper trade journal.** The international weekly of the paper and pulp industry and the pioneer publication in its field. Henry J. Berger, editor. New York, N. Y., Lockwood Trade Journal Co., 10 East 39th Street. 29,5 cm.

Since 1872. Weekly. Contains a section devoted to the Technical association of the pulp and paper industry, including since 1922, in about 3 issues each month, "Current paper trade literature; abstracts of articles and notes of papermaking inventions" (arranged in broad classes), and since 1921 an annual "Bibliography of papermaking" (titles under alphabetical subject headings), both by Clarence J. West; bibliography of 1930 published February, 1931.

1564. ***Technical abstracts.** Issued by the Technical Section of the Paper Makers' Association. London E. C. 4, 26 Farringdon Street.

Since 1923. Monthly. Long abstracts of selected papers, with annual index of titles.

1565. **Technical Association papers.** Papers and addresses presented before the Technical Association of the pulp and paper industry. New York, N. Y., the Association, 370 Lexington Avenue. 29,5 cm.

Since 1918. Annual. Includes the annual "Bibliography of papermaking", by Clarence J. West, reprinted from Paper trade journal (see No. 1563), since 1921.

1566. ***Auszüge aus der Literatur der Zellstoff- und Papierfabrikation.** Herausgegeben vom Verein der Zellstoff- und Papier-Chemiker und -Ingenieure. Berlin, O. Elsner. 21,5 cm.

Seit 1911 (?). Jährlich. 1929 für das Jahr 1928. In 3 Teilen: 1. Chemischer Teil, 2. Mechanischer Teil, 3. Patente.

1567. **†Le Papier.** Revue technique des industries du papier et du livre. Organe de l'Association des anciens élèves de l'École française de papeterie. Direction: Édouard Hery. Grenoble, 5 rue du Lycée. 27,5 cm.

Seit 1898. Monatlich. In jedem Heft findet sich eine zum Ausschneiden eingerichtete Rubrik „Fiches documentaires", die Referate über neue Bücher und Aufsätze bringt. International. Jedem Titel ist die Nummer der Brüsseler Dezimalklassifikation hinzugefügt.

— siehe auch: Nr. 5. 1487. 1488. 1519—1522.

[677 Textilindustrie

1568. **Journal of the Textile Institute.** Edited by H. L. Robinson. Manchester, The Institute, 16 St. Mary's Parsonage. 25 cm.

Since 1910. Monthly. A separately paginated section of classified abstracts with annual author and subject index.

1569. *The British Cotton Industry Research Association. **Summary of current literature.** Edited by J. C. Withers. Manchester, Association, Shirley Institute, Didsbury. 25,5 cm.

Since 1921. Twice a month. Classified abstracts of journals and patents, with annual name and subject index.

1570. **Melliand Textilberichte.** Herausgeber: Marcel Melliand. Wissenschaftlich-technische Fachzeitschrift für Baumwoll-, Flachs-, Jute-, Woll-, Seide- und Kunstseide-Industrie. Heidelberg, Melliand Textilberichte A.-G. 30 cm.

Seit 1920. Monatlich. Enthält in jedem Heft eine „Weltzeitschriftenschau", die kurze Referate über neue in- und ausländische Zeitschriftenaufsätze zur Textilindustrie enthält.

1571. **Textile Forschung.** Arbeiten des Deutschen Forschungsinstitutes für Textilindustrie in Dresden. Dresden, Forschungsinstitut, Wiener Straße 6. 22 cm.

Seit 1919. 3 Hefte jährlich. Bringt in jedem Heft in dem Abschnitt „Textil-Übersicht" systematisch geordnete Referate deutscher textiltechnischer Aufsätze.

[678 Gummiindustrie

1572. **Rubber chemistry and technology.** C. C. Davis, editor; H. L. Fisher, associate editor. Published under the auspices of the rubber division of the American Chemical Society. Easton, Pennsylvania, 20th and Northampton Streets. 23,5 cm.

Since 1928. Quarterly. At the beginning of each issue with separate pagination is to be found abstracts of new books and other publications, and a survey of recent literature on the chemistry of rubber, which consists of the abstracts of articles published in the various academic, engineering, industrial and trade journals throughout the world. This material is taken from the issues of "Chemical abstracts".

1573. *The Research Association of British Rubber Manufacturers. Information Bureau. **Summary of current literature.** Croydon, 105 Lansdowne Road. 25 cm.

Since 1923. Monthly. Classified abstracts of journals, patents and books.

[681 Feinmechanik

1574. **Instruments, industrial — scientific:** devoted to measurement and control problems. Richard Rimbach, M. F. Béhar, editors. Pittsburgh, Pa., Instruments publishing co., 3619 Forbes Street. 22 cm.

Since 1928. Monthly. Book reviews, annotated list of new instrument catalogues, and classified abstracts of articles in periodicals, in each issue.

1575. **The review of scientific instruments.** Published monthly by the Optical Society of America. Paul D. Foote and F. K. Richtmyer, editors. Menasha, Wisconsin, G. Banta, 450—454 Ahnaip Street. 24 cm.

Since 1930. (1922–29, formed part of Journal of the Optical Society of America and review of scientific instruments.) Monthly. Book reviews and abstracts of articles relating to new instruments and methods. Nov. and Dec. 1930 journals abstracted in Feb. 1931 number.

— siehe auch: Nr. 1358.

[686.1 Buchbindergewerbe

1576. **Jahrbuch der Einbandkunst.** Herausgegeben von Hans Loubier und Erhard Klette. Leipzig, Verlag für Einbandkunst. 30,5 cm.

Seit 1927. Jährlich. Enthält eine von Hermann Herbst zusammengestellte, kritisch-referierende Übersicht über die Bucheinbandliteratur. 1931 erschien die Literaturschau für 1929.

— siehe auch: Nr. 5. 1487. 1488.

[69 Bautechnik

1577. *Department of Scientific and Industrial Research. **Building science abstracts.** London, H. M. Stationery Office. 24,5 cm.

Since 1926. Monthly. Classified abstracts. Annual name and subject index with the December issue.

1578. **Der Bauingenieur.** Zeitschrift für das gesamte Bauwesen. Organ des Deutschen Stahlbau-Verbandes und des Deutschen Beton-Vereins. Organ der Deutschen Gesellschaft für Bauingenieurwesen. Berlin, J. Springer. 32 cm.

Seit 1920. Wöchentlich. Enthält alle 14 Tage eine zum Ausschneiden eingerichtete systematisch angelegte „Literaturschau" von G. Ehnert mit erläuternden Notizen, die die deutsche bautechnische Zeitschriftenliteratur verarbeitet.

1579. **Die Bautechnik.** Fachschrift für das gesamte Bauingenieurwesen. Berlin W 8, W. Ernst. 35 cm.

Seit 1923. Wöchentlich. Enthält alle 14 Tage auf den Umschlagblättern eine internationale Zeitschriftenschau des Bauingenieur-

wesens, die zum Ausschneiden dienen kann, da auf der Rückseite Annoncen stehen. Teilweise kurze erläuternde Notizen. Die Bibliographie erscheint auch als selbständige Monatsbeilage unter dem Titel „Zeitschriften-Schau für das gesamte Bauingenieurwesen" (siehe Nr. 1580).

1580. ***Zeitschriftenschau für das gesamte Bauingenieurwesen.** Herausgegeben vom Verlag der Zeitschrift „Die Bautechnik". (Zugleich Beilage zur Zeitschrift „Beton und Eisen".) Berlin, W. Ernst. 35,5 cm.

Seit 1924. Monatlich. Erscheint einseitig bedruckt als Beilage zu den Zeitschriften „Die Bautechnik" und „Beton und Eisen". Internationale Titelbibliographie neuer Zeitschriftenaufsätze zur Bautechnik.

— siehe auch: Nr. 1542—1546. 1599. 1600.

[7 Kunst

[70 Allgemeines

1581. ***The Art index.** A cumulative subject and author index to fine arts. New York City, H. W. Wilson, 950—972 University Avenue. 25,5 cm.

Since November 1929. Monthly, except July and August, cumulated at intervals, with annual cumulation. An alphabetical subject and author index to fine arts periodicals, books and museum bulletins covering archeology, architecture, ceramics, decoration and ornament, engraving, graphic arts, painting and sculpture. American and foreign. About 111 periodicals are indexed. First annual cumulation: July, 1929 to September, 1930.

1582. **Jahrbuch für Kunst und Kunstpflege in der Schweiz.** Annuaire des beaux-arts en Suisse. Publ. par Paul Ganz. Bâle, E. Birkhäuser. 26 cm.

Depuis 1914. Paraît à intervalles irréguliers; embrasse plusieurs années; dernière édition concernant les années 1928 et 1929 parue 1930. Donne la bibliographie-titres des ouvrages et articles de revues relatifs aux beaux-arts et aux musées en Suisse et la liste des œuvres, tant originales que reproduites, gravées par des artistes suisses, ainsi que des livres illustrés par eux; mentionne aussi les catalogues d'expositions, de ventes, etc.

1583. **Jahrbuch für Kunstwissenschaft.** Herausgegeben von Ernst Gall. Leipzig, Klinkhardt & Biermann. 31,5 cm.

Seit 1908. Vierteljährlich. Bringt alle zwei Jahre eine systematische internationale Titelbibiographie zur gesamten Kunstwissenschaft; 1929 erschien die Bibliographie für 1927 und 1928.

1584. ***Kritische Berichte zur kunstgeschichtlichen Literatur.** Herausgeber: Rudolf Kautzsch, Wilhelm Pinder, Georg Swarzenski, Karl M. Swoboda. Leipzig, Poeschel & Trepte. 25,5 cm.

Seit 1927. Erscheint unregelmäßig. Enthält einige wenige ausführliche Besprechungen von Neuerscheinungen, bei denen die sachliche Meinungsäußerung, nicht das Bibliographisch-Referierende die Hauptsache ist.

1585. **Kunstwissenschaftliches Jahrbuch der Görresgesellschaft.** Herausgegeben von Jos. Sauer. Augsburg, B. Filser. 28 cm.

Seit 1928. Bisher nur ein Band, der nach Ländern abgegrenzte Literaturberichte verschiedener Verfasser für die Jahre 1925 oder 1926 enthält.

1586. **De kunst der Nederlanden.** Maandblad voor oude en nieuwe beeldende kunst. Amsterdam, „Kosmos"; Brussel, Standaard Boekhandel. 32 cm.

Seit 1930. Monatlich. Enthält in den meisten Heften eine Titelbibliographie von Büchern und Zeitschriftenartikeln des In- und Auslandes.

1587. †**Oud-Holland.** Tweemaandelijksch tijdschrift voor Nederlandsche kunstgeschiedenis. Amsterdam, J. H. de Bussy, Rokin 60—62. 28,5 cm.

Seit 1883. Zweimonatig. Enthält laufend „Overzicht der litteratuur betreffende Nederlandsche kunst". Nach Ländern getrennte Literaturberichte von verschiedenen Bearbeitern: Hans Kauffmann (Deutschland), Clotilde Brière-Misme (Belgien und Frankreich), M. D. Henkel (Niederlande, Belgien und England) und F. W. Hudig (Niederlande).

1588. **Gazette des beaux arts.** Directeur: Georges Wildenstein. Paris, 106 boulevard Saint-Germain. 28 cm.

1ère année: 1859. Mensuelle. «Bibliographie des ouvrages publiés en France et à l'étranger sur les beaux arts et la curiosité» par Charles Du Bus. Notices sans analyses classées méthodiquement. La bibliographie est semestrielle, la dernière a paru en 1928.

1589. *Bibliothèque d'art et d'archéologie de l'Université de Paris. **Répertoire d'art et d'archéologie.** Directeur: Marcel Aubert. Paris, A. Morancé, 5 quai Malaquais. 26,5 cm.

1ère année: 1910. Annuel. Livres, périodiques, catalogues de ventes français et étrangers sont dépouillés et classés méthodiquement: par pays, et à l'intérieur par titres de périodiques. 1928 a paru en 1929. Index d'auteurs et de matières en une série.

1590. **L'Arte.** Rivista bimestrale di storia dell' arte medioevale e moderna. Direttori: Adolfo e Lionello Venturi. Torino, Messaggerie italiane, via dei Mille 24. 28 cm.

Dal 1898. Bimestrale. Pubblica la «Bibliografia dell'arte italiana», nella quale Anna Maria Brizio recensisce tutti i più importanti libri ed articoli recenti italiani e stranieri relativi all'arte italiana. Le recensioni in ogni fascicolo sono suddivise sistematicamente e portano una numerazione progressiva che continua da un fascicolo all' altro.

1591. **El Año artístico argentino.** Buenos Aires, J. Roldán. 22 cm.
Since 1926. Annual.

1592. †**Zbornik za umetnostno zgodovino.** Izdaja Umetnostno-zgodovinsko društvo v Ljubljani. (Archives d'histoire de l'art.) Rédacteur: Izidor Cankar. Ljubljana, Université. 25,5 cm.
Seit 1921. Vierteljährlich. Mit jährlicher Titelbibliographie von M. Marolt.

1593. **Przegląd historji sztuki.** Czasopismo poświęcone historji i teorji sztuki. (Revue d'histoire de l'art.) Publiée par l'Académie polonaise des sciences et des lettres. Rédacteur en chef: Wojsław Molé. Kraków, Sławkowska 17. 32 cm.
Depuis 1929. Revue trimestrielle. Donne la bibliographie-titres à partir du Nro 4, rédigée par H. Lipska. En 1930 a publié la bibliographie de 1919–1924.

— siehe auch: Nr. 973. 1668. 1774; Archäologie siehe Nr. 1763–1779.

[7 (5) Orientalische Kunst

1594. †**Eastern Art.** A quarterly. Edited by Hamilton Bell, Langdon Warner, Horace H. F. Jayne. Philadelphia, Memorial Hall, Fairmount Park. 30,5 cm.
Seit 1928. Vierteljährlich. Enthält unter anderem in jedem Heft Buchbesprechungen und ein systematisch geordnetes besprechendes Verzeichnis neuer Zeitschriftenaufsätze zur orientalischen Kunst.

1595. **Ostasiatische Zeitschrift.** Im Auftrage der Gesellschaft für Ostasiatische Kunst herausgegeben von Otto Kümmel, William Cohn, Ferdinand Lessing. Berlin, W. de Gruyter. 28,5 cm.
Seit 1912. Erscheint alle 2 Monate. Enthält in jedem Heft einige Bücherbesprechungen und eine nach geographischen Gesichtspunkten geordnete internationale Titelbibliographie neuer Bücher und Aufsätze zur ostasiatischen Kultur und Kunst, zusammengestellt von William Cohn.

— siehe auch: Nr. 1764.

[7.01 Ästhetik

1596. **Zeitschrift für Ästhetik und allgemeine Kunstwissenschaft.** Organ der Gesellschaft für Ästhetik und allgemeine Kunstwissenschaft. Herausgegeben von Max Dessoir. Stuttgart, F. Enke. 26,5 cm.

Seit 1906. In Bänden zu 4 Heften. Enthält ausführliche Besprechungen von Neuerscheinungen und eine internationale, aufzählende Jahresbibliographie neuer Bücher und Zeitschriftenaufsätze. 1930 erschien die Bibliographie für 1929. International.

— Museumskunde siehe Nr. 358—360.

[71 Gartenkunst, Naturschutz

1597. **Lustgården.** Årsskrift för dendrologi och parkvård. Utg.: Nils Sylvén. Stockholm, Vanadisvägen 43. 24,5 cm.

Seit 1920. Jährlich. Enthält: »Förteckning över utkommen litteratur rörande dendrologi och parkvård«, eine systematisch geordnete, internationale Titelbibliographie, ab 1924 von Hellen Améen-Malmström. 1929 für das Jahr 1928.

1598. **Sveriges natur.** Svenska naturskyddsföreningens årsskrift. Red. och utg.: Thor Högdahl. Stockholm, Wahlström & Widstrand. 22 cm.

Seit 1910. Jährlich. Enthält seit 1914 eine jährliche, nationale Titelbibliographie: »Naturskyddslitteratur tryckt i Sverige«, von Frederik E. Åhlander, und zwar 1930 für das Jahr 1929.

[72 Baukunst

1599. **The Architectural Forum.** Parker Morse Hooper, editor. New York, the Building Division, National Trade Journals, 521 Fifth Avenue. 34,5 cm.

Since 1892. Monthly in two parts: (1) architectural design; (2) architectural engineering and business. The second part contains a classified "Selected list of manufacturers' publications for the service of architects, engineers, decorators and contractors".

1600. **City planning.** Official organ of the American City Planning Institute, and the National Conference on City Planning. Henry V. Hubbard, editor. Boston, Massachusetts, 9 Park Street. 25 cm.

Since 1925. Quarterly. Contains book reviews and book lists.

— Bautechnik siehe Nr. 1577—1580.

[737 Numismatik

1601. **Numismatische Zeitschrift.** Herausgegeben von der Numismatischen Gesellschaft in Wien. Wien I, Selbstverlag der Numismatischen Gesellschaft, Josefsplatz 1. 29 cm.

Seit 1870. Jährlich. Enthält einen vollständigen Besprechungsteil mit systematisch geordneten Rezensionen numismatischer Werke.

1602. ***Numismatisches Literatur-Blatt.** Herausgegeben von Max von Bahrfeldt. Halle, A. Riechmann. 23 cm.
Seit 1880. Zwanglos in Heften. Enthält Zeitschriftenschau, Buchbesprechungen und eine Liste von Rezensionen numismatischer Werke.

1603. **Rassegna numismatica,** finanziaria e tecnico-monetaria, fondata e diretta da Furio Lenzi. Roma, Casella postale 444. 25 cm.
Dal 1904. Mensile. La rubrica «Rassegna bibliografica» che si trova in ogni numero comprende le «Recensioni» di opere recenti italiane e straniere e la «Bibliografia sistematica» in cui vengono dati i titoli seguiti talora da una breve esposizione del contenuto di opere, di articoli, e anche di periodici italiani e stranieri raggruppati a seconda dell' argomento.

1604. **Wiadomości numizmatyczno-archeologiczne.** (Les Nouvelles numismatiques et archéologiques.) Bulletin de la Société numismatique de Cracovie. Rédacteur en chef: Marjan Gumowski. Cracovie, Gebethner & Wolff. 24 cm.
Depuis 1889. Annuaire. Donne tous les deux ou trois ans, à partir de l'année 1925, une bibliographie-titres des publications polonaises (livres et articles) sur la numismatique, rédigée par Adam Solecki et arrangée méthodiquement.

— siehe auch: Nr. 1776.

[77 Photographie

1605. **British Journal photographic almanac.** Editor: G. E. Brown. London, H. G. Wood, Wellington Street, Strand. 18,5 cm.
Since 1860. Annual. Contains "Epitome of progress" (mainly from British sources); a classified list of text books on photography and of trade publications and an international list of photographic periodicals.

1606. ***Monthly abstract bulletin, issued by the Kodak Research Laboratories.** Rochester, New York, the Eastman Kodak Company. 25 cm.
Since 1915. Monthly. Besides the general abstracts relating to (1) Photography, arranged by decimal classification, includes abstracts of related material to (2) Physics; (3) Chemistry; (4) Technology. Includes also recent books added to the library.

1607. ***Photographic abstracts.** London W. C. 1, Royal Photographic Society of Great Britain, 35 Russell Square. 25 cm.

Since 1921. Quarterly. Contains abstracts of articles in journals and of patents arranged according to the Brussels classification, with author index.

1608. **Science et industrie photographiques.** Mémoires originaux, traductions, résumés de la presse technique, de la presse scientifique et des brevets d'invention (photographie et cinématographie). Informations cinématographiques et photographiques. Directeur: Paul Montel. Paris, 189 rue St. Jacques. 26 cm.

Depuis 1921. Mensuel. Analyses d'ouvrages et d'articles français et étrangers.

— siehe auch: Nr. 1517.

[778.5 Kinematographie

1609. **Journal of the Society of Motion Picture Engineers.** Sylvan Harris, editor. Easton, Pennsylvania, 20th and Northampton Streets. 23 cm.

Since 1915. Monthly. The journal is a continuation of the Transactions. Each issue contains abstracts of American and foreign publications of interest to the members of the association.

[78 Musik

1610. **Music & letters.** A quarterly publication. Edited by A. H. Fox Strangways. London W. C. 2, 14 Burleigh Street, Strand. 24,5 cm.

Since 1919. Quarterly. Contains a classified register of books on music, in alphabetical order of subject. International. Also section of reviews.

1611. **†The musical quarterly.** Carl Engel, editor. New York, Schirmer. 24,5 cm.

Seit 1915. Vierteljährlich. Bringt in dem Abschnitt "Quarterly book-list" eine internationale, nach Sprachen getrennte Titelliste neuer Musikliteratur.

1612. **Der Führer.** Fachzeitschrift des Kapellmeisters. Wien, Josef Weinberger, Mahlerstraße 11. 30,5 cm.

Seit 1927. Monatlich. Mit Rezensionen von Büchern, Zeitschriften und Noten auf musikalischem Gebiete; nach Verlagen geordnet.

1613. **Händel-Jahrbuch.** Im Auftrage der Händel-Gesellschaft herausgegeben von R. Steglich. Leipzig, Breitkopf & Härtel. 22 cm.

Seit 1928. Jährlich. Erscheint als selbständige Publikation der „Veröffentlichungen der Händel-Gesellschaft". Jahrgang 3, 1930 enthält eine „Übersicht über die Händel-Literatur in Zeitschriften" von A. Landau für die Zeit von Januar 1929 bis Juni 1930.

1614. ***Hofmeisters Handbuch der Musikliteratur.** Verzeichnis sämtlicher Musikalien, Musikbücher, Zeitschriften, Abbildungen und plastischen Darstellungen, die in Deutschland und in den deutschsprachigen Ländern erschienen sind. Leipzig, Hofmeister. 29 cm.

Seit 1844. Faßt die musikalische Produktion von 5 Jahren zusammen, zuletzt für die Jahre 1924—28. Erscheint lieferungsweise in 2 Bänden. Der erste, alphabetische Teil enthält die Musikalien, nach Komponisten geordnet, sodann selbständige Bücher über Musik und am Schluß die laufenden Musikzeitschriften. Der 2. Band bringt ein systematisches Register sowie ein Titel- und Textregister (Schlagwortregister).

1615. ***Hofmeisters Jahresverzeichnis.** Verzeichnis sämtlicher Musikalien, Musikbücher, Zeitschriften, Abbildungen und plastischen Darstellungen, die in Deutschland und in den deutschsprachigen Ländern erschienen sind. Leipzig, Hofmeister. 29 cm.

Seit 1852. Jährlich. Bis 1929 mit dem Titel: Verzeichnis der im Jahre ... im Deutschen Reiche ... erschienenen Musikalien. Hauptteil alphabetisch in 3 Abschnitten (Musikalien geordnet nach dem Komponisten, Bücher nach dem Verfasser, Zeitschriften nach dem Titel). Systematisches und Schlag- bzw. Stichwortregister sind angehängt. 1931 erschien der Jahrgang 1930.

1616. ***Hofmeisters musikalisch-literarischer Monatsbericht.** Verzeichnis sämtlicher Musikalien, Musikbücher, Zeitschriften, Abbildungen und plastischen Darstellungen, die in Deutschland und in den deutschsprachigen Ländern erschienen sind. Leipzig, Hofmeister. 27,5 cm.

Seit 1829. Monatlich. Ein alphabetischer Teil (Musikalien, Bücher, Zeitschriften) und ein systematischer Teil. Werke aus fremdsprachigen Ländern sind insoweit berücksichtigt, als sie für den Vertrieb im Deutschen Reiche wichtig sind.

1617. **Jahrbuch der Musikbibliothek Peters.** Herausgegeben von Kurt Taut. Leipzig, C. F. Peters. 26 cm.

Seit 1895. Jährlich. Enthält außer Aufsätzen ein systematisches Verzeichnis der in allen Kulturländern neuerschienenen Bücher und Schriften über Musik, bearbeitet von Kurt Taut. 1931 erschien die Bibliographie für 1930.

1618. **Die Musik.** Monatschrift. Herausgegeben von Bernhard Schuster. Berlin, Max Hesse. 27 cm.

Seit 1901. Monatlich. Enthält Besprechungen wichtiger neuer Bücher und Musikalien, dazu in fast jedem Heft eine Titelbibliographie wichtiger neuer Musikalien und Bücher über Musik von Wilhelm Altmann.

1619. ***Der schweizerische Musikverlag.** Mitteilungen über alle in der Schweiz erschienenen Musikalien. Herausgegeben vom Verband der Schweizerischen Musikhändler. L'Édition musicale suisse. Bulletin des œuvres musicales publiées en Suisse, édité par l'Association des marchands de musique suisses. Bern. 22,5 cm.

Depuis 1917. Paraît irrégulièrement et n'est pas dans le commerce; le dernier fascicule paru est celui de 1930.]

1620. **Zeitschrift für Musikwissenschaft.** Herausgegeben von der Deutschen Musikgesellschaft. Schriftleitung: Alfred Einstein. Leipzig, Breitkopf & Härtel. 27 cm.

Seit 1918. Monatlich, teilweise in Doppelheften. Enthält in jedem Heft Besprechungen in- und ausländischer Neuerscheinungen und einmal jährlich eine internationale, nach Schlagworten geordnete Bibliographie von Zeitschriftenaufsätzen, zuletzt bearbeitet von Annemarie Floeter.

1621. ***Svensk musikförteckning.** Alfabetisk förteckning över nyheter i bok- och musikhandeln. Utg. av: Svenska Bokhandlareföreningen. Under red. av: John Lindqvist. Eslöv, K. Kindvall. 20,5 cm.

Seit 1920. Vierteljährlich. Alphabetisch geordnete, nationale Titelbibliographie.

1622. Svenska Samfundet för Musikforskning. **Svensk tidskrift för musikforskning.** Utg. av Gunnar Jeanson. Stockholm, Svenska samfundet för musikforskning, Musikaliska Akademien. 24,5 cm.

Seit 1919. Jährlich. Enthält seit 1927 eine jährliche, nationale Titelbibliographie des Vorjahres, «Svensk musikhistorisk bibliografi», zuletzt von Nils Afzelius, und zwar 1930 für das Jahr 1929.

1623. ***Uppslagsbok för svenska musikhandeln.** Utg. av John Lindqvist. Linköping, John Lindqvist. 26 cm.

Vor 1896 erschien nur ein Band, 1889, mit Supplement 1892; ab 1891/1895 jedes fünfte Jahr, und zwar 1926 für die Periode 1921/1925. Alphabetisch angeordnete nationale Titelbibliographie.

1624. **Musique & instruments.** Instruments, éditions, machines parlantes, radio. Publication de l'Office général de la musique. Paris, 15 rue de Madrid. 32 cm.

1ère année: 1910. Mensuel. En annexe: «Bulletin de la musique». «Bibliographie musicale française» (liste complète et classée des nouvelles publications).

1625. **Revue de musicologie.** Publiée par la Société française de musicologie. Paris, Fischbacher, 33 rue de Seine. 25,5 cm.

1ère année: 1917. Trimestrielle. La «Bibliographie» comprend des comptes rendus d'ouvrages français et étrangers ainsi que de la musique récemment parue; elle comprend en outre un dépouillement des revues classées par pays.

1626. **Bollettino bibliografico musicale.** Milano, via Brera 5. 19 cm.

Dal 1926. Mensile. Oltre a rassegne e notizie interessanti la produzione musicale contiene la «Bibliografia musicale» (titoli di musiche pubblicate recentemente sia in Italia che all' estero) e la rubrica «Libri d'interesse musicale» (titoli di opere sia italiane che straniere relative a musiche e a musicisti) e inoltre «Recensioni» sia di musiche che di libri.

1627. **†Musica d'oggi.** Rassegna di vita e di coltura musicale. Milano, Ricordi, via Berchet 2. 24 cm.

Seit 1919. Monatlich. Enthält in jeder Nummer Rezensionen neuer Musikalien und Musikliteratur. International.

1628. **Rivista musicale italiana.** Direttore: Giuseppe Bocca. Torino, Fratelli Bocca. 24,5 cm.

Dal 1894. Trimestrale. Contiene in ogni numero: 1°) numerose «Recensioni» sia di composizioni musicali, sia di lavori italiani e stranieri di argomento musicale, 2°) uno «Spoglio dei periodici» in cui vengono riassunti molti importanti articoli di riviste italiane e straniere, 3°) una rubrica «Elenco di libri» (titoli di libri recenti divisi per paesi).

— siehe auch: Nr. 59. 94. 126. 175. 177. 180. 182. 210. 754.

[792 Theater

1629. †**Jahrbuch der Gesellschaft für Schweizerische Theaterkultur.** Herausgegeben von Oskar Eberle. Basel, J. & F. Heß. 22,5 cm.

Seit 1928. Jährlich. Enthält eine internationale systematische Titelliste von Oskar Eberle: „Bibliographie der schweizerischen Theatergeschichte.“ 1930 erschien die Bibliographie für 1929.

1630. **Thespis.** Das Theaterbuch. Herausgegeben von Rudolf Roeßler. Berlin, Bühnenvolksbundverlag. 25 cm.

Seit 1930. Jährlich. Enthält eine internationale systematische Titelbibliographie der Theatergeschichte und des modernen Theaterwesens aller Länder von Ignaz Gentges. Berücksichtigt vorwiegend die in Deutschland erschienene Literatur. Jahrgang 1930 bringt die Bibliographie für 1924—29 und schließt an die von Gentges bearbeitete, in dem Jahrbuch „Das deutsche Theater“ 1922 und 1924 erschienene Theaterbibliographie für 1916—23 an.

1631. **Anuario teatral argentino.** Buenos Aires. 25 cm.

Since 1925. Annual. List of plays presented, authors and actors.

[796/799 Turnen und Sport

1632. **American physical education review.** James Huff McCurdy, editor. Springfield, Massachusetts, American Physical Education Association. 24,5 cm.

Since 1893. Monthly (except July and August). A classified "Selected bibliography of physical training and hygiene" appears two or three times a year. This list is later reprinted as a separate.

1633. **Jahrbuch der Leibesübungen.** Jahrbuch für Volks- und Jugendspiele. Im Auftrage des Deutschen Reichsausschusses für Leibesübungen herausgegeben von Carl Diem. Berlin SW 68, Weidmann. 22 cm.

Seit 1892. Jährlich. Enthält seit 1924 eine laufende Titelbibliographie der deutschen Turn- und Sportbücher, zuletzt 1931 von Gertraut Walter für das Jahr 1930.

1634. **Praca strzelecka.** Miesięcznik poświęcony teorji i praktyce wychowania obywatelskiego przysposobienia wojskowego, strzelectwa i wychowania fizycznego. (L'œuvre des tireurs. Revue mensuelle consacrée à la théorie et pratique de l'éducation civique, de la préparation militaire, de l'organisation des tireurs et de l'éducation physique.) Rédacteur: J. Korpała. Varsovie, Długa 50. 24,5 cm.

Depuis 1930. Revue mensuelle. Donne une bibliographie-titres courante des publications polonaises (livres et articles classés méthodiquement) concernant l'éducation civique, le sport, l'éducation physique, l'organisation des tireurs et la préparation militaire. L'auteur de la bibliographie: Fr. Kalicińska.

1635. **Zrąb.** Kwartalnik poświęcony zagadnieniom wychowania obywatelskiego. (La Charpente. Revue trimestrielle consacrée aux questions de l'instruction civique.) Éditeur: J. Posseltówna. Warszawa, Chmielna 33. 24 cm.

Depuis 1930. Donne la bibliographie des articles de périodiques polonais et étrangers concernant l'instruction civique. Classement par pays. Contient les publications de l'année précédente.

— siehe auch: Nr. 1137—1139. 1160. 1206.

[8 Literatur

[80 Allgemeines

1636. **Revue de littérature comparée.** Dirigée par F. Baldensperger et P. Hazard. Paris, H. Champion, 5 quai Malaquais. 24 cm.

1ère année: 1921. Trimestrielle. «Bibliographie des livres et périodiques» classée méthodiquement; «Comptes-rendus critiques». France et étranger.

1637. **La Rassegna.** Diretta da Achille Pellizzari. Genova, Società anonima editrice Dante Alighieri, via Assarotti 15. 25 cm.

Dal 1893. Bimestrale. Nella «Rassegna bibliografica» (recensioni), nel «Notiziario» (rassegna di recenti importanti pubblicazioni prevalentemente italiane raggruppate per materia) redatto da A. Pellizzari, negli «Spogli bibliografici» di molte importanti riviste italiane e straniere, redatti da Fr. L. Mannucci e nel «Repertorio» (bibliografia per titoli di recenti opere italiane e straniere) redatto da P. Muttini, presenta ai lettori il più e il meglio della produzione di storia letteraria in ispecie e di cultura storica, letteraria, filosofica in genere.

1638. **Ruch literacki.** (Le mouvement littéraire.) Pod redakcją Bronisława Gubrynowicza. Warszawa, Gebethner & Wolff. 23 cm.

Depuis 1926. Paraît dix fois par an, les mois de juillet et d'août exceptés. Contient (1) la bibliographie-titres mensuelle et complète des livres et articles concernant la littérature polonaise, et (2) la bibliographie de la littérature comparée en choix sans périodicité définie, toutes les deux rédigées par Piotr Grzegorczyk. Tirage à part sous le nom de l'auteur paraît annuellement avec index des auteurs.

— siehe auch: Nr. 767—770. 776. 777. 780—784. 786. 788. 1697.

[8—93 Kinderliteratur

1639. **Kniga detjam.** (Das Kinderbuch.) Moskva, Gosudarstvennoe izdatel'stvo. 25 cm.

Seit 1928. Zweimonatig. Mit Titelbibliographie der Kinderliteraturfragen.

1640. **Kniga molodeži.** (Das Jugendbuch.) Rukovodjaščij, instruktivno-bibliografičeskij ežemesjačnyj žurnal. Moskva, Molodaja Gvardija. 25 cm.

Seit 1930. Bibliographische Monatsschrift des Zentralkomitees der Kommunistischen Jugendverbände.

— siehe auch: Nr. 161.

[82 **Englische und amerikanische Literatur**

1641. **American literature.** A journal of literary history, criticism, and bibliography. Published with the coöperation of the American literature group of the Modern Language Association of America. Jay B. Hubbell, chairman of board of editors. Durham, N. C., Duke University Press. 24 cm.

Since March, 1929. Quarterly. Besides signed book reviews, lists of dissertations in progress, etc., practically each issue since November 1929, contains "Articles on American literature appearing in current periodicals". About 150 American and foreign periodicals are indexed.

1642. †**Philological quarterly.** A journal devoted to scholarly investigation in the classical and modern languages and literatures. Editor: Baldwin Maxwell. Iowa City, University of Iowa. 23 cm.

Seit 1922. Vierteljährlich. Enthält eine jährliche Bibliographie der englischen Literaturgeschichte der Zeit von 1660—1800, zusammengestellt von Ronald S. Crane. Den Titeln sind oft Erläuterungen beigegeben. 1930 erschien die Bibliographie für 1929.

1643. †**The Review of English studies.** A quarterly journal of English literature and the English language. Edited by R. B. McKerrow. London W. C. 1, Sidgwick & Jackson, 44 Museum Street. 24 cm.

Seit 1925. Vierteljährlich. Zahlreiche Rezensionen. Im Abschnitt "Summary of periodical literature" Listen anglistischer Zeitschriftenaufsätze von H. Winifred Husbands.

1644. †**Studies in philology.** Edited by Norman Foerster. Chapel Hill, University of North Carolina Press. 25 cm.

Seit 1906. Vierteljährlich. Enthält eine internationale systematisch geordnete jährliche Titelbibliographie von Hardin Craig: "Recent literature of the English Renaissance".

1645. †***Who's who in literature.** (Literary year books group.) A continuance of the bibliographical section of the Literary Year

Book. Edited by Mark Meredith. Liverpool, Literary Year Books Press, 67 Dale Street. 22 cm.

Seit 1924. Jährlich. Englisches Schriftstellerlexikon mit Angabe der Werke.

1646. **Revue anglo-américaine.** Directeurs: L. Cazamian et C. Cestre. Paris, Presses universitaires, 49 boulevard Saint-Michel. 24 cm.

1ère année: 1923. Parait tous les deux mois. «Livres», comptes rendus d'ouvrages en anglais ou se rapportant à la littérature en langue anglaise. «Revues» donne, classés par pays, le dépouillement d'articles intéressant la spécialité.

1647. **The Shakespeare Association Bulletin.** Published by the Shakespeare Association of America. Paul Kaufman, editor. New York City, 15 Gramercy Park. 25 cm.

Since 1926. Quarterly. The January issue contains an annual classified bibliography of Shakespeariana, by Samuel A. Tannenbaum. That for 1930 appears in January 1931 issue. Besides books and pamphlets it includes references from over 130 American and foreign periodicals.

1648. **Shakespeare-Jahrbuch.** Herausgegeben im Auftrage der Deutschen Shakespeare-Gesellschaft von Wolfgang Keller. Leipzig, Tauchnitz. 23,5 cm.

Seit 1865. Jährlich. Enthält in jedem Bande: 1. eine internationale aufzählende „Shakespeare-Bibliographie" von Eduard Hartl; 1930 erschien die Bibliographie für 1928—29; 2. „Bücherschau; Sammelreferat" von Wolfgang Keller; 3. „Zeitschriftenschau" von Bernhard Beckmann und Hubert Pollert.

— siehe auch: Nr. 293. 355. 790—794.

[83 Deutsche Literatur

1649. ***Jahresbericht über die wissenschaftlichen Erscheinungen auf dem Gebiete der neueren deutschen Literatur.** Herausgegeben von der Literaturarchiv-Gesellschaft in Berlin. (Redaktion: Fritz Behrend.) Berlin, W. de Gruyter. 23 cm.

Seit 1924. Jährlich. Fortsetzung der mit dem Berichtsjahr 1915 aufhörenden „Jahresberichte für neuere deutsche Literaturgeschichte". Systematisches Verzeichnis von im Berichtsjahr neuerschienenen Einzelwerken, Dissertationen und Zeitschriftenaufsätzen des In- und Auslandes; zum Teil erläuternde Bemerkungen. Erstes Berichtsjahr: 1921. 1931 erschien die Bibliographie für 1928.

1650. ***Kürschners Deutscher Literatur-Kalender.** Herausgegeben von Gerhard Lüdtke. Berlin, W. de Gruyter. 20,5 cm.

Seit 1879. Jährlich. Verzeichnet deutsche Schriftsteller mit knappen biographischen Notizen und chronologischer Aufzählung ihrer Werke. Seit 1925 auf die belletristischen Schriftsteller und Literarhistoriker beschränkt. Zuletzt 1930 erschienen.

1651. **Die Literatur.** Monatschrift für Literaturfreunde. Herausgegeben von Ernst Heilborn. Stuttgart, Deutsche Verlags-Anstalt. 27,5 cm.

Seit 1898. Monatlich. Enthält umsichtige Übersichten über Zeitungs- und Zeitschriftenaufsätze sowie Bücherbesprechungen aus dem Gebiet der modernen deutschen Literatur.

1652. **Die neue Literatur.** Herausgeber: Will Vesper. Leipzig, E. Avenarius. 23,5 cm.

Seit 1899. Monatlich. Bis 1930 mit dem Titel: „Die schöne Literatur." Bespricht die deutschen literarischen und literaturwissenschaftlichen Neuerscheinungen und verzeichnet in zwei besonderen Rubriken die Zeitschriftenaufsätze über die zeitgenössische deutsche Dichtung sowie die neuerschienenen Bücher zur Belletristik und Literaturgeschichte.

1653. **Revue germanique.** Allemagne, Autriche, Pays-Bas, Scandinavie. Revue trimestrielle. Directeurs: F. Piquet et Léon Mis. Paris, J. Tallandier, 75 rue Dareau. 25 cm.

1ère année: 1909. Trimestrielle. Livres et articles. «Comptes rendus critiques.» «Revue des revues» allemandes, américaines, anglaises, françaises, hollandaises, scandinaves. «Chronique»: Notices et comptes rendus analytiques. «Bibliographie» (bibliographie-titres de la langue et littérature allemandes, établie par L. Mis). «Revue annuelle» (comptes rendus annuels des belles-lettres allemandes: la poésie par Camille Schneider, le roman par A. Fournier, le théâtre par J. Denis).

1654. **Jahrbuch der Goethe-Gesellschaft.** Im Auftrage des Vorstandes herausgegeben von Max Hecker. Weimar, Verlag der Goethe-Gesellschaft. 22,5 cm.

Seit 1914. Jährlich. Enthält seit 1927 eine von Wilhelm Frels zusammengestellte systematische Bibliographie des deutschsprachigen Goethe-Schrifttums, die auch die Zeitschriftenaufsätze verzeichnet. Teilweise sind Referate angefügt. Zeitungsaufsätze sind nur aus-

nahmsweise aufgenommen. 1930 erschien der Bericht über die Zeit von Februar 1929 bis Februar 1930.

— siehe auch: Nr. 62—64. 79. 795—798. 1629. 1630.

[839.71 Schwedische Literatur

1655. **Samlaren.** Tidskrift för svensk litteraturhistorisk forskning. Uppsala, Svenska litteratursällskapet. 26,5 cm.

Seit 1920. Jährlich. Enthält eine nationale Titelbibliographie: »Svensk litteraturhistorisk bibliografi«, ab 1921 von Nils Afzelius, und zwar 1931 für das Jahr 1928. Folgende Hilfswissenschaften werden berücksichtigt: Bibliographie, Universitäten und gelehrte Schulen, Metrik und Stilistik sowie Theater- und Musikgeschichte.

[84/86 Romanische Literaturen

Vgl. Nr. 803. 804. 807.

[84 Französische Literatur

1656. **Chronique des lettres françaises.** Directeur: Joseph Place. Paris, Aux Horizons de France, 39 rue du général Foy. 20,5 cm.

1ère année: 1923. Parait tous les 2 mois. 3 rubriques: «A travers revues et journaux», «Chronique des revues», «Chronique des livres», analysent et critiquent toute la production française de qualité littéraire.

1657. ***La Fiche bibliographique française.** Rédigée et établie par Hector Talvart. Paris, Henry Goulet, 5 rue Lemercier. 20 cm.

1ère année: 1913. Périodicité irrégulière. Chaque auteur est l'objet d'une ou plusieurs fiches où l'on trouve une courte biographie et une liste alphabétique de ses œuvres disposée en tableau avec dates, éditeurs, formats, prix.

1658. **Les Marges.** Revue littéraire. Directeur: Eugène Montfort. Paris, Librairie Valois, 7 place du Panthéon. 19,5 cm.

1ère année: 1903. Paraissent 4 fois par an. En 1929 (n° 8): «L'année littéraire 1929.» Chronique des livres: choix d'ouvrages littéraires de premier plan.

1659. **Revue d'histoire littéraire de la France.** Publiée par la Société d'histoire littéraire de la France. Paris, A. Colin, 103 boulevard Saint-Michel. 25 cm.

1ère année: 1894. Trimestrielle. «Comptes rendus» critiques d'ouvrages surtout français. «Chronique»: notices classées des livres et des articles nouvellement parus en France et à l'étranger; dépouillement de catalogues d'autographes.

1660. **La Vie littéraire.** Revue mensuelle d'information litteraire et artistique. Directeurs: Jean Jacques Brousson et Raymond Escholier. Paris, Firmin-Didot, 56 rue Jacob. 24 cm.

1ère année: 1931. Mensuelle. Etudes et notices critiques des ouvrages récents parus en France, des disques, des tableaux, du cinéma.

1661. **Annales de la Société Jean-Jacques Rousseau.** Genève, A. Jullien. 22 cm.

Depuis 1905. Annuel, années 1927/28 parues en 1930. Donne la bibliographie analytique de tous les ouvrages et articles relatifs à Rousseau et à ses œuvres.

— siehe auch: Nr. 121.

[85 Italienische Literatur

1662. **Giornale storico della letteratura italiana.** Diretto da Vittorio Cian. Torino, G. Chiantore. 24 cm.

Dal 1883. Trimestrale. Le rubriche «Rassegna bibliografica» e «Bollettino bibliografico» contengono recensioni (nella prima più ampie e di intonazione più particolarmente critica) di opere italiane e straniere relative alla storia letteraria italiana o ad argomenti affini. La «Cronaca» poi oltre a notizie di ogni genere sopra libri pubblicati o in preparazione contiene lo spoglio degli articoli di argomento letterario italiano contenuti in numerose riviste italiane e straniere.

1663. **Rivista italiana di letteratura dialettale.** Diretta da Filippo Fichera. Milano, viale Zara 160. 24 cm.

Dal 1929. Trimestrale. Oltre ad alcune recensioni di pubblicazioni dialettali o folkloristiche ogni numero dà l'elenco delle pubblicazioni che via via la direzione della rivista raccoglie per costituirne l' «Archivio della letteratura dialettale» che dovrebbe comprendere tutto cio che si stampa nei vari dialetti italiani e sulla letteratura dialettale.

1664. **Deutsches Dante-Jahrbuch.** Herausgegeben von Friedrich Schneider. Weimar, H. Böhlau. 24 cm.

Seit 1867 (zwischen 1877 und 1920 nicht erschienen). Jährlich. Enthält eine auswählende Übersicht über neue Dante-Literatur in zusammenhängendem Text mit bibliographischen Fußnoten. Verfasser: Friedrich Schneider. Die ausländische Literatur ist mitberücksichtigt.

1665. **†Studi danteschi.** Diretti da Michele Barbi. Firenze, G. C. Sansoni. 23 cm.

Seit 1920. Zwanglos. Enthält zahlreiche Besprechungen und

in der Rubrik «Annunzi bibliografici» eine vollständige erläuternde oder kritische Dante-Bibliographie.

— siehe auch: Nr. 1637. 1725.

[859 Rumänische Literatur

1666. ***Contribuţiune la bibliografia românească.** De Gh. Adamescu. Istoria literaturii române. Din publicaţiile Casei şcoalelor. Bucureşti. 8°.

Depuis 1921. Annuaire. Bibliographie primaire. D'abord les publications générales sur la littérature roumaine; puis la liste des auteurs dans l'ordre chronologique mentionnant leurs œuvres et ce qu'on a écrit sur eux (volumes et articles).

— siehe auch: Nr. 811.

[87/88 Literatur der altklassischen Sprachen

Siehe unter „Klassische Philologie" (Nr. 814—832).

[889.8 Byzantinische Literatur

1667. **Byzantinoslavica.** Recueil pour l'étude des relations byzantino-slaves. Publié par La Commission byzantinologique de l'Institut slave. Praha, Orbis, Tochova 62. 25,5 cm.

Depuis 1929. Paraît deux fois par an. Donne la bibliographie critique de nombreuses publications byzantino-slaves.

— siehe auch: Nr. 1742—1746.

[891.7/8 Slavische Literaturen

Siehe unter „Slavische Philologie" (Nr. 839—850).

[891.7 Russische Literatur

1668. Kommunističeskaja Akademija. Sekcija literatury, iskusstv i jazyka. **Ežegodnik literatury i iskusstva.** (Jahrbuch für Literatur und Kunst.) Moskva, Kommunističeskaja Akademija, Volchonka 14. 17,5 cm.

Seit 1929. Jährlich. Enthält eine ausführliche Titelbibliographie über Literatur, Kritik und Kunst von N. Čencov und eine von S. Urban verfaßte Liste von Übersetzungen russischer Belletristik. Der Jahrgang 1929 enthält die Bibliographien für 1928.

[891.79 Ukrainische Literatur

1669. †***Bibliografija ukraïnskoï literaturi ta literaturoznavstva.** (Bibliographie der ukrainischen Literatur und der Literaturwissenschaft.) Vira Špilevič. Charkiv, Deržavne Vidavnictvo Ukraïni, vul. K. Libknechta 31. 15 cm.

Jährlich. Erscheint in der Serie „Trudi Institutu Knigoznavstva". Systematisch. 1930 für das Jahr 1928.

1670. **Kritika.** (Die Kritik.) Žurnal-misjačnik marksistśkoï kritiki ta bibliografiï. Charkiv, Deržavne Vidavnictvo Ukraïni. 20 cm.

Seit 1928. Monatlich. Rezensionen der Neuerscheinungen der ukrainischen schönen Literatur.

1671. **Žittja j revoljucija.** (Das Leben und die Revolution.) Kiïv, Deržavne Vidavnictvo Ukraïni, vul. K. Marksa 2. 22 cm.

Seit 1925. Monatlich. Enthält eine jährliche Titelbibliographie der ukrainischen schönen Literatur und Literaturwissenschaft von Vira Špilevič; 1930 erschien die Bibliographie für 1929.

[891.81 Bulgarische Literatur

1672. †**Bŭlgarska misŭl.** (Der bulgarische Gedanke.) Organ na Vŭrchovnija čitališten sŭjuz v Bŭlgarija. Redaktor: M. Arnaudov. Sofija, Fakel, ul. Vitoša 1. 23 cm.

Seit 1926. Erscheint zehnmal im Jahr. Enthält eine Titelbibliographie von Neuerscheinungen der schönen Literatur Bulgariens.

1673. **Chiperion.** (Hyperion.) Sofija, bulv. Car-Osvoboditel 7. 24 cm.

Seit 1922. Monatlich. Enthält Rezensionen über Neuerscheinungen auf dem Gebiete der bulgarischen schönen Literatur.

— siehe auch: Nr. 842.

[891.85 Polnische Literatur

1674. †**Wiadomości literackie.** (Literarische Nachrichten.) Tygodnik. Redaktor: Mieczysław Grydzewski. Warszawa, Sienkiewicza 1. 49,5 cm.

Seit 1924. Wöchentlich. Mit Titelliste neuer Bücher („Nowości rynku wydawniczego") und Besprechungen („Tydzień bibljograficzny") in jeder Nummer.

— siehe auch: Nr. 1638.

[891.86 Tschechische Literatur

1675. **Rozpravy Aventina.** (Bulletin de l'Aventinum.) Praha, O. Storch-Marien. 47,5 cm.

Depuis 1925. Parait chaque semaine. Contient une bibliographie des articles de tous les genres littéraires parus dans les revues et journaux tchécoslovaques. Classement par noms d'auteurs.

894.511 Ungarische Literatur

1676. **Irodalomtörténet.** (Histoire de la littérature.) Réd. par Jenő Pintér. Budapest I, Société hongroise de l'histoire de la littérature, Attila-utca 1. 22,5 cm.

Depuis 1912. 8 fascicules par an. Sa revue des revues („Folyóiratok szemléje") donne la bibliographie analytique d'articles de revues et de journaux hongrois. Donne encore sous le titre de „Uj könyvek" la bibliographie des ouvrages récemment parus.

1677. **Irodalomtörténeti közlemények.** (Contributions à l'histoire de la littérature.) Réd. par Elemér Császár. Budapest, Académie hongroise des sciences. 24 cm.

Depuis 1891. Revue trimestrielle. Sous le titre de „Irodalomtörténeti repertorium" Sándor Kozocsa y donne une bibliographie semestrielle des ouvrages et des articles littéraires en deux parties. La partie générale („Általános rész") donne les titres des ouvrages et des articles généraux, la deuxième partie („Egyes irók") donne la bibliographie des écrivains par ordre alphabétique; la bibliographie de l'année 1929 a paru en 1930.

[895.1 Chinesische Literatur

1678. **Hsien-tai-wen-hsüeh.** (Modern literature.) Shanghai, Pei Hsin Book company. 20,5 cm.

Since 1930. Monthly. Giving bibliographies and book reviews. In Chinese.

[9 Geschichte und Geographie

(9(∞) Allgemeine Geschichte

1679. **The American historical review.** Henry E. Bourne, managing editor. Published for the American Historical Association by the Macmillan company, Prince and Lemon Streets, Lancaster, Pa., or 60 Fifth Avenue, New York City. 26,5 cm.

Since 1895. Quarterly. Contains signed reviews of books relating to ancient, medieval and modern European history, and American history. The section "Historical news" contains references to other books and periodical articles in the same broad field.

1680. ***Annual bulletin of historical literature.** Edited by J. H. Baxter for the Historical Association. London, G. Bell. 22 cm.

Since 1911. Annual. Short notices of works of importance. International.

1681. **Bulletin of the Institute of Historical Research.** Edited by C. G. Parsloe. London, Longmans, Green & Co. 25 cm.

Since 1923. Published three times a year with annual list in February number of theses accepted in the United Kingdom during the previous session. Continuation of similar lists published in "History" from 1920—29. In November, 1930 a "Supplement Number" is published, containing the first supplement (1929) to the "Guide to the historical publications of the societies of England and Wales".

1682. **The English historical review.** Edited by C. W. Previté-Orton. London E. C. 4, Longmans, Green & Co. 24,5 cm.

Since 1886. Quarterly. Bibliographical section 1895—1905 and from 1924: "Notices of periodical publications" annually in July number. International; listed under countries; short notes on contents of journals; "Reviews of books" in each number.

1683. **History.** The quarterly journal of the Historical Association. Edited by E. Jeffries Davis. London, Macmillan. 24 cm.

Since 1916. Quarterly. Reviews and lists of titles of new books classified chronologically according to subject.

1684. ***International bibliography of historical sciences.** Internationale Bibliographie der Geschichtswissenschaften. Bibliografía internacional de ciencias históricas. Bibliographie internationale des sciences historiques. Bibliografia internazionale delle scienze storiche. Edited by the International Committee of Historical Sciences. Washington, D. C.; Berlin, W. de Gruyter; London, H. Milford; Paris, A. Colin; Roma, P. Maglione. 25 cm.
Seit 1930 (für 1926). Jährliche systematisch geordnete Titelbibliographie der bedeutsamsten Publikationen aller Länder. 78 Mitarbeiter aus 25 Staaten. Leitung der Arbeiten durch Robert Holtzmann-Berlin, den Vorsitzenden der Bibliographischen Kommission der Internationalen Historischen Vereinigung. Bisher nur ein Band (4908 Nummern mit Personen- und geographischem Register).

1685. **Historische Vierteljahrschrift.** Herausgegeben von Erich Brandenburg. Neue Folge der Deutschen Zeitschrift für Geschichtswissenschaft. Dresden, Buchdruckerei der Wilhelm und Bertha v. Baensch Stiftung. 23 cm.
Seit 1889. Vierteljährlich. Enthält neben Aufsätzen ausführliche Kritiken über Neuerscheinungen und eine Zeitschriftenschau.

1686. **Historische Zeitschrift.** Herausgegeben von Friedrich Meinecke und Albert Brackmann. München und Berlin, Oldenbourg. 23 cm.
Seit 1859. Jährlich 6 Hefte. Bringt in der Rubrik „Literaturbericht" systematisch gruppierte Besprechungen von selbständig erschienenen Werken aus der gesamten Geschichtswissenschaft, und in der ebenfalls bibliographischen Rubrik „Notizen und Nachrichten" zwanglose Referate und Hinweise, die auch auf Zeitschriftenaufsätze eingehen und gleichfalls systematisch gruppiert sind. Den Schluß jedes Heftes bildet ein systematisches Titelverzeichnis selbständiger Neuerscheinungen, bearbeitet von Wolf v. Both. International.

1687. **Historisches Jahrbuch.** Im Auftrage der Görres-Gesellschaft herausgegeben von Philipp Funk. München, Herder. 23 cm.
Seit 1880. Vierteljährlich. Enthält in der Rubrik „Buchanzeigen" eine systematische Bibliographie der gesamten Geschichte, die die Zeitschriftenaufsätze mitberücksichtigt. In die Bibliographie eingeschoben sind kritische Referate der wichtigsten Bücher; ein besonderer Rezensionenteil fehlt daher.

1688. ***Mitteilungen aus der historischen Literatur.** Im Auftrage und unter Mitwirkung der Historischen Gesellschaft zu Berlin herausgegeben von Erich Bleich. Berlin SW 68, Weidmann. 23,5 cm.

Seit 1873. Vierteljährlich. Enthält Rezensionen über meist deutsche Neuerscheinungen der letzten Jahre aus dem Gesamtgebiet der Geschichte.

1689. **Vergangenheit und Gegenwart.** Zeitschrift für den Geschichtsunterricht und staatsbürgerliche Erziehung in allen Schulgattungen. Herausgegeben von Fritz Friedrich. Leipzig, B. G. Teubner. 23,5 cm.

Seit 1911. 10 Hefte im Jahr. Bringt in jedem Heft im Abschnitt „Literaturbericht" ausführliche Sammelreferate in zusammenhängender Darstellung, außerdem eine „Zeitschriftenschau" und Einzelbesprechungen zur Geschichte. 1931 erschien ein Gesamtregister für 1911—30 von Fr. Friedrich.

1690. **Historisch Tijdschrift.** Tilburg, H. Bergmans, Langestraat 35. 25 cm.

Seit 1921. Vierteljährlich. Enthält eine vierteljährliche Bibliographie mit dem Titel: „Historiografie. Een keus uit de voornaamste historische literatuur" von Tiddo Folmer, die sich auf Buchveröffentlichungen beschränkt und systematisch geordnet ist; ferner Angabe von Zeitschriftenartikeln in alphabetischer Ordnung der Zeitschriften und Rezensionen.

1691. **†Tijdschrift voor geschiedenis.** Red.: J. G. van Dillen. Groningen, P. Noordhoff. 24,5 cm.

Seit 1886. Vierteljährlich. Bringt ausführliche systematisch geordnete Buchbesprechungen und eine Zeitschriftenübersicht. International. 1931 erschien ein Gesamtregister für 1920—29.

1692. **Historisk Tidsskrift.** Udg. af den Danske Historiske Forening. Redig. af Ellen Jørgensen. København, H. Hagerup. 24 cm.

Seit 1840. Halbjährlich. Enthält (in einem besonderen „Literaturheft") eine jährliche Titelbibliographie der dänischen historischen Literatur nebst fremdsprachiger Literatur über die Geschichte Dänemarks, und zwar 1930 für das Jahr 1928. Ausgearbeitet bisher von V. Hermanson, 1930 erstmalig von H. Bruun. Systematische Anordnung.

1693. **Bulletin d'information des sciences historiques en Europe Orientale.** Publié par la Fédération des sociétés historiques de l'Europe Orientale. Rédacteur en chef: M. Handelsman. Varsovie, F. Hoesick. 24 cm.

Depuis 1928. Paraît tous les trois mois. Comprend les comptes rendus synthétiques des publications historiques publiées depuis 1921 dans l'Europe Orientale, ainsi que des publications slavistiques publiées en Europe et en Amérique. En 1929 a publié les comptes rendus des années 1927 et 1928.

1694. **Revue historique.** Directeurs: Charles Bémont et Louis Eisenmann. Paris, F. Alcan, 108 boulevard Saint-Germain. 25,5 cm.

1ère année: 1876. Bimestriel. «Bulletin historique» par pays ou sujets. «Comptes rendus critiques. Notes bibliographiques. Recueils périodiques et sociétés savantes» (par pays). «Bibliographie (non analytique) des comptes rendus.» Tables par volumes de quatre mois.

1695. **Revue des questions historiques.** Directeur: Jean Guiraud. Paris, Plon, 8 rue Garancière. 25 cm.

1ère année: 1866. Trimestrielle. «Comptes rendus critiques». «Revue des périodiques français» par Albert Isnard (analyses classées par époques). «Notes bibliographiques» (ouvrages français et étrangers y sont commentés; ils sont classés par époques). Tables: pour les années 1866—1876; 1877—1886; 1907—1924 (la publication a été suspendue de 1915 à juillet 1922).

1696. **Revue de synthèse historique.** Appendice: Bulletin du Centre international de synthèse. Directeur: Henry Berr. Paris, La Renaissance du livre, 78 boulevard Saint-Michel. 25 cm.

1ère année: 1900. Semestrielle. Comptes rendus critiques abondants d'ouvrages français et étrangers: «Revues critiques». «Notes, questions et discussions».

1697. **Aevum.** Rassegna di scienze storiche, linguistiche e filologiche. Pubblicata per cura della Facoltà di lettere dell' Università cattolica del Sacro Cuore. Milano (108), via S. Agnese 2. 25 cm.

Dal 1927. Trimestrale. Fa larghissima parte alla bibliografia pubblicando dei 'Bollettini bibliografici' che sono rassegne della produzione libraria relativa a un dato argomento delle scienze storiche e filologiche (specialmente della filologia indiana) in un certo periodo di anni, e numerose 'Recensioni'.

1698. **†Boletín de la Real Academia de la historia.** Madrid, Compañía Ibero-Americana de Publicaciones, librería „Fernando Fé", puerta del Sol 15. 25,5 cm.

Seit 1877. Vierteljährlich. Enthält eine besonders paginierte Abteilung «Inventario de los libros que han tenido ingreso en la Secre-

taría de la Real Academia de la Historia», eingeteilt in 10 Fachgruppen. 1930 erschien die Bibliographie für 1928.

1699. **Kwartalnik historyczny.** Organ Polskiego Towarzystwa Historycznego. Założony przez Xawerego Liskego. (Revue trimestrielle historique publiée par la Société polonaise de l'histoire.) Lwów, Marszałkowska 1. 23,5 cm.

Depuis 1887. Trimestriel. Comptes rendus. „Bibljografja historji powszechnej" par K. Maleczyński (bibliographie annuelle des publications concernant l'histoire générale; en 1928 publiée pour l'année 1927). Stefan Przeworski, „Bibljografja historji starożytnego Wschodu" (bibliographie annuelle de l'histoire de l'Orient antique; 1928 publiée en 1929). En annexe, paginée séparément: „Bibljografja historji polskiej, opracowała Marja Mazankówna-Friedbergowa" (bibliographie-titres annuelle de l'histoire polonaise en ordre systématique; 1929 publiée en 1930).

1700. †**Przegląd historyczny.** (Historische Rundschau.) Pod red. Marcelego Handelsmana i Stan. Kętrzyńskiego. Warszawa, Towarzystwo miłośników historji, Rynek Starego Miasta 31. 24 cm.

Seit 1905. Halbjährlich. Enthält Sammelreferate über einzelne Gebiete der Geschichtswissenschaft von verschiedenen Verfassern.

1701. **Český časopis historický.** (Revue tchèque d'histoire.) Publiée par Historický Klub. Réd.: Josef Pekař. Praha, Historický Klub, Smetanovo 55. 24,5 cm.

Depuis 1895. Trimestriel. Contient une bibliographie critique de nombreuses publications historiques. Quant à l' annexe voir No. 1718.

1702. **Századok.** (Les Siècles.) Réd. par Sándor Domanovszky. Publ. par la Société hongroise d'histoire. Budapest. 24 cm.

Depuis 1867. 10 fascicules par an. Donne sous le titre de «Folyóiratszemle» la bibliographie analytique des articles relatifs à l'histoire et parus dans les revues scientifiques de la Hongrie et de l'étranger de même que dans les journaux hongrois.

1703. †**Történeti szemle.** (Historische Rundschau.) Szerkeszti Áldásy Antal. Budapest, A magyar tudományos Akadémia. 24 cm.

Seit 1912. Vierteljährlich. Bringt Besprechungen historischer Werke, eine Zeitschriftenrundschau sowie eine von J. Horváth ‚zusammengestellte historische Mehrjahrsbibliographie, zuletzt im Jahre 1928 für die Jahre 1925—1928.

— siehe auch: Nr. 31. 769. 1731.

[9„—" Alte Geschichte

1704. **Revue des études anciennes.** Section Ière des Annales de la Faculté des Lettres de Bordeaux et des Universités du Midi. Bordeaux, Feret, 9 rue de Grassi. 25 cm.

1ère année: 1879. Trimestrielle. «Chronique gallo-romaine», par Camille Jullian. «Bibliographie» et «Chronique des études anciennes»: Comptes rendus critiques d'ouvrages français et étrangers.

1705. **Historia.** Studi storici per l'antichità classica. Pubblicazione trimestrale a cura del "Popolo d'Italia". Milano, via Lovanio 10. 28 cm.

Dal 1927. Trimestrale. Contiene (non però in tutti i fascicoli) varie rubriche bibliografiche: 'Recensioni', 'Spoglio di periodici', 'Notiziario bibliografico', 'Rassegna di numismatica' da Serafino Ricci, 'Rassegna di epigrafia romana' da Aldo Neppi Modona, ma soprattutto interessante la parte bibliografica della 'Rassegna di etruscologia' compilata dal stesso Neppi Modona: bibliografia di titoli (qualche volta corredati da brevi cenni illustrativi) di opere e articoli recenti italiani e stranieri.

— siehe auch: Nr. 814 ff., besonders Nr. 822. 826. 827.

[9„04:15" Mittelalterliche Geschichte

1706. **†Progress of medieval studies of the United States of America.** Bulletin. Published annually by the Mediaeval Academy of America and the University of Colorado. Ed.: James F. Willard. Boulder, Colorado, University of Colorado. 23,5 cm.

Seit 1923. Jährlich. Enthält in jedem Heft "List of medievalists and their publications" von J. F. Willard und "List of doctoral dissertations in progress or completed", beide alphabetisch.

1707. **Bibliothèque de l'École des chartes.** Revue d'érudition consacrée spécialement à l'étude du Moyen-Âge. Paris, A. Picard, 82 rue Bonaparte. 24,5 cm.

1ère année: 1839. 6 fois par an. «Bibliographie»: comptes rendus critiques de livres et articles nouveaux français et étrangers; listes alphabétiques précédées de sommaires méthodiques: des matières, et géographique.

1708. **Le Moyen Age.** Revue trimestrielle d'histoire et de philologie. Directeurs: Léon Levillain et Maurice Wilmotte. Paris, Champion, 5 quai Malaquais. 25 cm.

1ère année: 1888. Trimestriel. Chronique d'ouvrages français et étrangers. Listes classées de livres nouveaux. «Bulletin de bibliographie critique» dans l'annexe.

1709. **†Studi medievali.** Torino, Chiantore. 25,5 cm.
Seit 1904. Halbjährlich. Enthält in jedem Heft in dem Abschnitt «Bullettino bibliografico» Besprechungen über zahlreiche in- und ausländische neue Bücher und Zeitschriftenaufsätze zur mittelalterlichen Geschichte und Kultur.

[9„15—" Moderne Geschichte

1710. **The Journal of modern history.** Bernadotte E. Schmitt, managing editor; Louis R. Gottschalk, associate editor. Chicago, Ill., University of Chicago Press, 5750 Ellis Avenue. 24 cm.
Since 1929. Quarterly. Includes in each issue a bibliography of new books classified by countries.

1711. **A háborús felelősség.** Die Kriegsschuld. La responsabilité de la guerre. Revue diplomatique et historique. Réd. par Jenő Horváth. Budapest IV, Pfeifer F., Kossuth Lajos utca 5. 24 cm.
Depuis 1929. Revue trimestrielle. Contient sous le titre de „Könyvismertetések és lapszemlék" une bibliographie analytique courante des ouvrages et des articles des revues et des journaux de la Hongrie et de l'étranger; en outre, les bibliographies suivantes: „A legujabb kor történetének irodalma" (La littérature de l'histoire contemporaine; bibliographie annuelle; jusqu'ici pour les années 1927 et 1928) et „Nemzetközi szerződések bibliografiája" (Bibliographie des traités internationaux).

[9„1914—1918" Weltkrieg 1914—1918

1712. ***Berichte der Weltkriegsbücherei.** Stuttgart-Berg, Schloß Rosenstein, Weltkriegsbücherei. 22 cm.
Seit 1924. Monatlich. Bringt in systematischer Anordnung die Neuerwerbungen der Bibliothek. Kann zugleich als internationale Bibliographie der neuen Literatur über den Weltkrieg angesehen werden.

1713. ***Revue belge des livres, documents et archives de la guerre 1914—1918.** Revue publiée avec le concours de la Fondation universitaire. Bruxelles, Falk, rue des Paroissiens 22; Paris, De Nobele, rue Saint-Sulpice 28. 25 cm.
Depuis 1924. Trimestrielle. Analyses d'ouvrages. Sommaires de périodiques.

1714. **Revue d'histoire de la guerre mondiale.** Publication de la Société de l'histoire de la guerre. Directeur: Camille Bloch. Paris, Alfred Costes, 8 rue Monsieur-le-Prince. 25 cm.

1ère année: 1923. Parait tous les 3 mois. «Bibliographie»: comptes rendus de livres, bibliographie-titres classée d'articles d'environ 70 périodiques. «Principales acquisitions de la Bibliothèque du Musée de la Guerre», classées méthodiquement.

[9(43) Deutsche Geschichte

1715. ***Jahresberichte für deutsche Geschichte.** Unter redaktioneller Mitarbeit von Victor Loewe herausgegeben von Albert Brackmann und Fritz Hartung. Leipzig, K. F. Koehler. 23,5 cm.

Seit 1927 (für 1925). Jährlich. Enthält im ersten Teil eine systematisch geordnete Titelbibliographie der im Berichtsjahr erschienenen Bücher, Zeitschriftenaufsätze und Dissertationen zur deutschen Geschichte unter Ausschluß der lokalen historischen Literatur; der zweite Teil bringt mit Namen gezeichnete Forschungsberichte unter Benutzung der Titel des ersten Teils. Ein besonderer Abschnitt ist dem Auslanddeutschtum gewidmet. Am Schluß Autorenregister. 1930 erschien die Bibliographie für 1928.

1716. **Neues Archiv der Gesellschaft für ältere deutsche Geschichtskunde** zur Beförderung einer Gesamtausgabe der Quellenschriften deutscher Geschichten des Mittelalters. Berlin SW 68, Weidmann. 23,5 cm.

Seit 1880. Erscheint unregelmäßig in Heften, von denen mehrere einen Band bilden. Enthält jährliche Literaturbesprechungen, verfaßt größtenteils von den Mitgliedern der Monumenta Germaniae historica: 1. Nachrichten aus der deutschen historischen Literatur, 2. Nachrichten aus der historischen Literatur des Auslandes.

1717. **Revue d'Allemagne et des pays de langue allemande.** Directeur: Maurice Boucher. Paris, Éditions Montaigne, 13 quai Conti. 21,5 cm.

1ère année: 1927. Parait le 15 de chaque mois. «Revue des revues» et «Chronique des livres» analysent les journaux et les ouvrages français et étrangers.

— siehe auch: Nr. 1813—1839.

[9(437) Tschechische Geschichte

1718. ***Bibliografie české historie.** (Bibliographie de l'histoire tchèque.) Réd. par Josef Kazimour. Praha I, Historický Klub. 24 cm.

Depuis 1904. Irrégulier. Classement méthodique. Index par noms d'auteurs. En 1929 fut publiée la bibliographie des années 1925 et 1926. Forme annexe au "Český časopis historický" (voir No. 1701).

— siehe auch: Nr. 1841.

[9(438) Polnische Geschichte

1719. **Strażnica zachodnia.** Kwartalnik poświęcony sprawom kresów zachodnich. (Le Donjon de l'Ouest. Revue trimestrielle consacrée aux questions des confins polonais de l'Ouest.) Poznań, Société de défense des confins de l'Ouest, ul. Fredry 7. 21,5 cm.

Depuis 1922. Comptes-rendus, dépouillement des périodiques et des journaux au point de vue des relations polono-allemandes. Donne irrégulièrement la bibliographie-titres des nouvelles publications allemandes concernant les relations polono-allemandes.

— siehe auch: Nr. 1699. 1842—1849.

[9(439) Ungarische Geschichte

1720. **Ungarische Jahrbücher.** Herausgegeben von Julius von Farkas. Berlin, W. de Gruyter. 25,5 cm.

Seit 1921. Vierteljährlich. Jedes Heft enthält eine „Bücherschau", die in systematischer Anordnung Besprechungen von Neuerscheinungen und Zeitschriftenaufsätzen über die gesamten Kulturverhältnisse Ungarns bringt.

1721. **Revue des études hongroises.** Sous les auspices de l'Académie hongroise des sciences. Dirigée par Zoltán Baranyai, Alexandre Eckhardt. Paris, Champion, 5 quai Malaquais. 23,5 cm.

1ère année: 1923. Trimestrielle. Bulletin bibliographique. "Comptes rendus critiques." "Bibliographie française (annuelle) de la Hongrie" (bibliographie-titres par Zoltán Baranyai, 1930 pour l'année 1928).

[9(44) Französische Geschichte

1722. **Annuaire-bulletin de la Société de l'histoire de France.** Paris, H. Champion, 5 quai Malaquais. 24 cm.

1ère année: 1835. Paraît 2 fois par an. La «Bibliographie» donne une liste alphabétique des ouvrages français parus au cours du semestre précédent et se rapportant à l'histoire de la France jusqu' à nos jours.

1723. ***Répertoire bibliographique de l'histoire de France.** Par Pierre Caron et Henri Stein. Publication de la Société française de bibliographie. Paris, A. Picard; Rieder, 7 place Saint-Sulpice. 24,5 cm.

1ère année: 1923, pour les années 1920—1921; annuel. T. 3 (1924 et 1925) paru en 1930. Méthodique avec des tables d'auteurs, de personnes et de lieux. Dépouillement d'ouvrages et de périodiques français et étrangers se rapportant à l'histoire de la France des origines à la période contemporaine.

1724. **Revue des études historiques.** Directeur: B. Combes de Patris. Paris, Auguste Picard, 82 rue Bonaparte. 25 cm.

1ère année: 1841. Trimestrielle. «Comptes rendus critiques» d'ouvrages surtout français. «Dépouillement chronologique et méthodique des revues générales et locales» (françaises). «Livres nouveaux» (français) classés méthodiquement.

— siehe auch: Nr. 1850—1858.

[9(45) **Italienische Geschichte**

1725. **Italy America Society Bulletin.** New York City, Italy America Society, Casa Italiana of Columbia University. 21,5 cm.

Since 1927. Monthly. Each number contains a bibliography of "all literary material appearing in either book form or magazine articles in the English language, relating to Italian life and letters".

1726. Istituto fascista di coltura di Torino. **Rivista storica italiana.** Torino, G. B. Paravia, Corso Vittorio Emanuele II, 199. 25 cm.

Dal 1884. Trimestrale. Una parte notevole di ogni fascicolo è consacrata alle «Recensioni» di lavori recenti italiani e stranieri e alle «Notizie» (più brevi cenni analitici di opere e di articoli italiani e stranieri disposti in ordine alfabetico di autori) cosicchè il più e il meglio di quanto si pubblica sulla storia d'Italia viene esaminato nelle due rubriche alle quali segue una «Rassegna delle pubblicazioni periodiche» italiane ed estere (spoglio degli articoli storici di un certo numero di riviste).

— siehe auch: Nr. 1859—1861.

[9(47)+9(495/498) **Osteuropäische Geschichte**

1727. †**The Slavonic (and East European) review.** A survey of the peoples of Eastern Europe, their history, economics, philology and literature. Editors: Bernard Pares, R. W. Seton-Watson. London, E. C. 4, Eyre & Spottiswoode, 6 Great New Street. 24,5 cm.

Seit 1922. Dreimal jährlich. Enthält ausführliche Besprechungen von Neuerscheinungen aller Länder zur Slavistik.

1728. Osteuropa-Institut in Breslau. **Jahrbücher für Kultur und Geschichte der Slaven.** Schriftleitung: Erdmann Hanisch. Breslau und Oppeln, Priebatsch. 24 cm.

Seit 1925. Vierteljährlich. Fortsetzung der nur in einem Bande 1924 erschienenen „Jahresberichte für Kultur und Geschichte der Slaven". Enthält in jedem Heft zahlreiche Bücherbesprechungen und eine nach Ländern geordnete Zeitschriftenschau. Gelegentlich zusammenfassende Literatur-Berichte einzelner Teilgebiete.

1729. **Osteuropa.** Zeitschrift für die gesamten Fragen des europäischen Ostens. Im Auftrage der Deutschen Gesellschaft zum Studium Osteuropas herausgegeben von Otto Hoetzsch. Berlin W 35, Osteuropa-Verlag. 24 cm.

Seit 1925. Monatlich. Enthält Buchbesprechungen und eine systematisch geordnete Zeitschriftenschau. International.

1730. **Zeitschrift für osteuropäische Geschichte.** Herausgegeben von Otto Hoetzsch. Berlin W 35, Osteuropa-Verlag. 23,5 cm.

Seit 1910. Von 1914 bis 1930 nicht erschienen. Vierteljährlich. Enthält Kritiken, eine Zeitschriftenschau und eine systematisch geordnete Bibliographie, bearbeitet von Irene Grüning.

[9(471) Finnische Geschichte

1731. **Arctos.** Acta historica philologica philosophica Fennica. Rédacteur en chef: Edwin Linkomies. Helsinki, Vironkatu 9. 24,5 cm.

Seit 1930. Vierteljährlich. Bringt jährlich eine von Aarno Malin verfaßte systematische Titelbibliographie der von finnländischen Verfassern veröffentlichten Schriften über finnische Geschichte, allgemeine Geschichte, Philologie und Philosophie, und zwar 1930 für die Jahre 1928 und 1929.

— siehe auch: Nr. 1863.

[9(475) Litauische Geschichte

1732. **Praeitis.** (Vergangenheit.) Kaunas, Lietuvos Istorijos Draugija. 24 cm.

Seit 1930. Jahrbuch der Litauischen Historischen Gesellschaft. Enthält eine systematische Bibliographie der litauischen Geschichte.

[9(477.1) Ukrainische Geschichte

1733. Institut istoriï partiï ta žovtnevoï revoljuciï na Ukraïni (Istpart). **Litopis revoljuciï.** Žurnal istoriï KP(b)U ta žovtnevoï revoljuciï na Ukraïni. (Annalen der Revolution. Zeitschrift für die Geschichte der Kommunistischen Partei der Ukraine und der Oktober-Revolution in der Ukraine.) Charkiv, Deržavne Vidavnictvo Ukraïni. 23 cm.

Seit 1922. Erscheint sechsmal jährlich und enthält in jedem Heft ein systematisches Titelverzeichnis neuer Literatur über die Geschichte der revolutionären Bewegung der Ukraine und Besprechungen von Büchern und Aufsätzen aus diesem Gebiet.

— siehe auch: Nr. 1865.

[9(481) Norwegische Geschichte

1734. **Historisk tidsskrift.** Utgitt av den Norske historiske forening. Oslo, Grøndahl, Tollbodgatan 27. 22 cm.

Fondation 1871. En livraisons irrégulières. Contient une bibliographie primaire de l'histoire norvégienne, classée en 10 groupes et dressée par Reidar Omang. La bibliographie de l'année 1927 a paru en 1930.

[9(485) Schwedische Geschichte

1735. **Historisk tidskrift.** Utgiven av Svenska historiska föreningen genom Sven Tunberg och Yngve Lorents. Stockholm, C. E. Fritze. 22,5 cm.

Seit 1881. Vierteljährlich. Enthält, außer Übersichten von Zeitschriften und anderen periodischen Publikationen in jeder Nummer als besonders paginiertes Supplement eine nationale Titelbibliographie: »Svensk historisk bibliografi«, ab 1890 von Kristian Setterwall, und zwar 1930 für das Jahr 1929. Nach Setterwalls Tod wird die Bibliographie von Percy Elfstrand fortgeführt werden. Systematische Anordnung, alphabetisches Register in jedem Jahrgang. Folgende Hilfswissenschaften werden berücksichtigt: Biographie und Genealogie, Heraldik, Numismatik und Sphragistik, Kriegsgeschichte, Literatur- und Kunstgeschichte, Rechts- und Staatswissenschaften, Topographie, Kulturgeschichte und Kirchengeschichte. Die Bibliographie erscheint auch einzeln für sich.

1736. **Svenska stadsförbundets tidskrift.** Organ för Sveriges städer, köpingar & municipalsamhällen. Redaktör: Henning Karlson. Stockholm, Gustav Adolfs torg 14. 27,5 cm.

Seit 1909. 8 Hefte jährlich. Enthält seit 1920/1921 »Stadshistorisk revy«, ab 1927/1928 von Nils Ahnlund (kritische Referate der schwedischen städtegeschichtlichen Literatur), und zwar 1929 für die Zeit 1927—1928. Auch internationale Zeitschriftenübersichten.

[9(489) Dänische Geschichte

1737. **Fortid og Nutid.** Tidsskrift for Kulturhistorie og Lokalhistorie. Udg. af Dansk Historisk Fællesforening ved R. L. Balslev. København, H. Hagerup. 21 cm.

Seit 1914. Erscheint nicht regelmäßig. Bringt einmal jährlich kurze Referate im Zusammenhang über die neue Literatur betreffend dänische Biographie (von H. Hjorth-Nielsen), Volkskunde (von Aug. F. Schmidt) und Topographie (von Otto Smith).

— siehe auch: Nr. 1692. 1866.

[9(492) Niederländische Geschichte

1738. **Bijdragen voor vaderlandsche geschiedenis en oudheidkunde.** Verzameld en uitgegeven door N. Japikse. 's Gravenhage, M. Nijhoff. 25 cm.

Seit 1837. Erscheint etwa viermal jährlich. Enthält in fast jedem Heft einen Literaturbericht über neue Schriften zur niederländischen Geschichte von N. Japikse.

— siehe auch: Nr. 1867.

[9(494) Schweizerische Geschichte

1739. **Zeitschrift für schweizerische Geschichte.** Revue d'histoire suisse. Rivista storica svizzera. Herausgegeben von der Allgemeinen Geschichtsforschenden Gesellschaft der Schweiz. Zürich 2, Leemann. 23 cm.

Depuis 1921. Trimestriel. Analyse les ouvrages importants de son domaine. Publie chaque année la bibliographie-titres de tous les ouvrages et articles relatifs à l'histoire suisse. Cette bibliographie publiée par Wilhelm Joseph Meyer paraît aussi à part sous le titre »Bibliographie der Schweizergeschichte« (Zürich, Leemann). En 1930 a paru la bibliographie de l'année 1928.

— siehe auch: Nr. 1868—1871.

[9(495/498) Geschichte Südosteuropas

1740. **Revue historique du Sud-Est européen.** Suite de: Bulletin de l'Institut pour l'étude de l'Europe sud-orientale. Directeur: N. Iorga. Paris, J. Gamber, 7 rue Danton. 24,5 cm.

Depuis 1924. Trimestrielle. «Comptes rendus d'ouvrages français et étrangers.»

1741. **Slavjanski glas.** (Die slavische Stimme.) Herausgegeben vom Bulgarischen Slavenverein. Sofija. 24,5 cm.

Seit 1902. Vierteljährlich. Enthält Besprechungen von Neuerscheinungen aus dem Gebiete der Slavophilie und der Geschichte der Balkanslaven.

— siehe auch: Nr. 1727—1730.

[9 (495) „04 : 15" Byzantinische Geschichte

1742. **Byzantina chronika.** Vizantijskij vremennik. Herausgeber: Akademija Nauk Sojuza Sovetskich Socialističeskich Respublik (= Akademie der Wissenschaften), Russko-vizantijskaja istoriko-slovarnaja Komissija (= Russisch-byzantinische historisch-lexikographische Kommission). Redakteur: F. I. Uspenskij. Leningrad. 26,5 cm.

Seit 1894. Jährlich. Mit Rezensionen und Angabe des Inhalts von byzantinistischen Fachzeitschriften.

1743. **Byzantina kai neoellenika chronika.** Byzantinisch-neugriechische Jahrbücher. Internationales wissenschaftliches Organ. Herausgegeben von Nikos A. Bees. Athen, P. D. Sakellarios, Lykurgos-Str. 8. 25,5 cm.

Seit 1920. Vierteljährlich, aber oft Doppelhefte und stark verzögert. Enthält in der zweiten Abteilung Rezensionen und in der dritten bibliographische Notizen und Nachrichten über Geschichte, Sprache und Literatur des byzantinischen Kulturkreises.

1744. **Byzantinische Zeitschrift.** Herausgegeben von Aug. Heisenberg und Franz Dölger. Leipzig, Berlin, B. G. Teubner. 24,5 cm.

Seit 1892. 2 Doppelhefte im Jahr. Bringt außer Abhandlungen und Besprechungen am Schluß jedes Heftes einen wertvollen, von einem ausgedehnten internationalen Mitarbeiterstab zusammengestellten bibliographischen Abschnitt „Bibliographische Notizen und kleinere Mitteilungen". Berücksichtigt sind Literatur, Sprache, Geschichte und Kunst des byzantinischen Kulturkreises. Zum Teil referierende und kritische Anmerkungen zu den Titeln.

1745. †**Byzantion.** Revue internationale des études byzantines. Publiée par Paul Graindor et Henri Grégoire. Paris, Champion, quai Malaquais; Bruxelles, 13 rue de Berlaimont. 25 cm.

Seit 1924. Halbjährlich. Enthält einmal jährlich ein „Bulletin de sigillographie byzantine" von V. Laurent und ein „Bulletin papyrologique" von M. Hombert. Außerdem Rezensionen und Übersicht der für die Byzantinistik wichtigen Zeitschriftenaufsätze. International.

1746. **Epeteris hetaireias byzantinon spudon.** (Jahrbuch der Gesellschaft für byzantinische Studien.) Herausgeber: Phaidon Kukules und K. Dyovuniotis. Athen, Bibliothek der Kammer der Abgeordneten. 25 cm.

Seit 1924. Jährlich. Enthält eine jährliche systematische Titelbibliographie griechischer Bücher zur Byzantinistik und neugriechischen Philologie.

[9(496) Geschichte der Türkei

1747. **Türk tarih encümeni mecmuası.** (Revue historique publiée par l'Institut de l'Histoire turque.) Stamboul. 24 cm.

Depuis 1911. Trimestrielle. Publie des comptes rendus des ouvrages concernant l'histoire de la Turquie.

[9(497.1) Geschichte Jugoslaviens

1748. **Glasnik Istorijskog Društva u Novom Sadu.** (Bulletin de la Société d'histoire à Novi Sad.) Directeur: Stanoje Stanojević. Rédacteur: Dušan Popović. Novi Sad. 23 cm.

Depuis 1928. Trois fois par an. Donne la bibliographie analytique et critique des livres et des articles sur l'histoire yougoslave en générale et surtout sur celle des Serbes en Voïvodina.

[9(497.2) Bulgarische Geschichte

1749. †**Izvestija na Bŭlgarskija archeologičeski Institut.** Bulletin de l'Institut archéologique bulgare. Sofija, Bŭlgarskija Archeologičeski Institut, ul. Rakovska 139. 25,5 cm.

Seit 1921. Erscheint unregelmäßig in Bänden. Am Schluß jedes Bandes eine alphabetische internationale Titelbibliographie zur Vorgeschichte und ältesten Geschichte Bulgariens.

1750. **Makedonski pregled.** (Mazedonische Rundschau.) Herausgegeben von dem Mazedonischen Wissenschaftlichen Institut. Sofija. 24,5 cm.

Seit 1924. Vierteljährlich. Enthält Rezensionen und ausführliche Besprechungen der Neuerscheinungen über bulgarische Geschichte und die mazedonische Frage.

[9(498) Geschichte Rumäniens

1751. **Anuarul Institutului de istorie naţională.** Publicat de Alex. Lapedatu şi Ioan Lupaş. Cluj, Universitatea. 24 cm.

Depuis 1921. Annuaire. Comptes rendus de travaux relatifs à l'histoire des Roumains.

— siehe auch: Nr. 1872.

[9(5) Geschichte Asiens

1752. **Der Islam.** Zeitschrift für Geschichte und Kultur des islamischen Orients. Herausgegeben von C. H. Becker und R. Strothmann. Berlin W 10, W. de Gruyter. 26 cm.

Seit 1910. Etwa vierteljährlich. Enthält in dem Abschnitt „Kritische Bibliographie“ eine systematische, internationale Titelliste neuer Bücher und Aufsätze zur Geschichte des islamischen Orients; teilweise kurze Erläuterungen zu den Titeln.

1753. **The Indian historical quarterly.** Edited by Narendra Nath Law. Calcutta, The Calcutta Oriental Press, 107 Mechnabazar Street. 24 cm.

Since 1925. Quarterly. Contains book reviews and the section "Select contents of Oriental journals".

1754. **Journal of Indian history.** Editor: S. Krishnaswami Aiyangar. Madras, Diocesan Press, Vepery. 25 cm.

Since 1921. Publ. three times a year. Contains critical reviews of current books on Indian history and select contents of Oriental journals.

1755. **Pacific affairs:** Journal of the Institute of Pacific Relations. Elizabeth Green, editor. Honolulu, Hawaii, P. O. Box 1561. 26 cm.

Since 1928. Monthly. Reviews of recent books and pamphlets, and classified references to magazine articles. Magazines published in the Orient are for English language publications only.

— siehe auch: Nr. 852—860. 1873—1889.

[9(6) Geschichte Afrikas

1756. **Revue africaine.** Publiée par la Société historique algérienne. Secrétaire général: M. Esquer. Alger, Bibliothèque Nationale, 12 rue Emile Maupas. 24 cm.

Depuis 1856. Semestrielle. «Compte-rendus» critiques d'ouvrages français. «Dépouillement des périodiques» français.

— siehe auch: Nr. 1890. 1891.

[9(71) Kanadische Geschichte

1757. **The Canadian historical review.** New series of Review of historical publications relating to Canada (founded 1896). Toronto, University of Toronto Press. 25,5 cm.

Since 1920. Quarterly. Contains "Reviews of books" which is mainly devoted to books relating to Canada, North America, and international affairs. In each issue, it has also a section "Recent publications relating to Canada" which covers magazine articles, local societies' reports and records, and books, with a short sentence of explanation and evaluation after each title.

[9(73) Geschichte der Vereinigten Staaten

1758. ***Writings on American history.** Compiled by Grace Gardner Griffin. Supplement to "Annual report of the American Historical Association." Published by the American Historical Association. Washington, United States Government Printing Office. 24,5 cm.

Since 1906. Annual. Analytical bibliography classified by countries and subjects. American and foreign publications. 1927 published in 1930.

— siehe auch: Nr. 1894. 1895.

[9(8) Geschichte Südamerikas

1759. **The Hispanic American historical review.** Durham, North Carolina (College Station), Duke University Press. 26 cm.

Since 1918. Quarterly. Each issue has a Bibliographical section which contains papers relating to documents, manuscripts, etc. relating to Hispanic America, including notes of new publications and contents of periodicals containing articles relating to the same subject. C. K. Jones, bibliographer.

1760. †Facultad de filosofía y letras. **Boletín del Instituto de investigaciones históricas.** Buenos Aires, Imprenta de la Universidad. 26,5 cm.

Seit 1922. Vierteljährlich. Jedes Heft enthält eine sehr reichhaltige Abteilung: „Noticias bibliográficas", die Referate über Neuerscheinungen und Zeitschriftenaufsätze zur Geschichte, insbesondere derjenigen Südamerikas, enthält; international.

— siehe auch: Nr. 1896. 1897.

[902 Historische Hilfswissenschaften

1761. **Archeion.** Czasopismo naukowe poświęcone sprawom archiwalnym. (Archeion. Revue des études consacrées aux questions des archives.) Publiée par l'Administration générale des Archives d'État. Rédacteur en chef: Stanysław Ptaszycki. Warszawa, Gebethner & Wolff. 23 cm.

Depuis 1927. Parait deux fois par an. Donne irrégulièrement la bibliographie-titres et la bibliographie critique des publications sur les archives de Pologne. En 1927 (vol. 3) a publié la liste des principales publications et travaux concernant les archives d'État en Pologne; dans vol. 4 (1927) il y a une revue des travaux concernant les archives de la Pologne restaurée 1918—1926 (rédigée par K. Kaczmarczyk).

1762. **Mitteilungen des Österreichischen Instituts für Geschichtsforschung.** Redigiert von Wilhelm Bauer. Innsbruck, Wagner, Innrain 33. 24,5 cm.

Seit 1880. 4 Hefte jährlich. Enthält zahlreiche Buchbesprechungen auf dem Gebiet der Geschichtswissenschaft und seit 1929 ein laufendes Sammelreferat von H. Zatschek über Urkundenlehre, erstmalig für die Zeit von 1925 bis 1927, 1930 für 1928—1929.

— siehe auch: Nr. 29. 775.

[902.6 Archäologie

1763. **American journal of archaeology.** The journal of the Archaeological Institute of America. Concord, New Hampshire, The Rumford press. 24,5 cm.

Since 1885. Quarterly. Twice a year the department "Archaeological discussions: Summaries of original articles chiefly in current publications". The April—June issue (no. 2) contains the "Bibliography of archaeological books" for the previous year, classified by subjects. Edward H. Heffner, editor-in-charge.

1764. †*Kern Institute, Leyden. **Annual bibliography of Indian archeology.** Published with the aid of the Government of Netherlands India. (Preface by I. Ph. Vogel.) Leyden, E. J. Brill. 30,5 cm.

Seit 1928 (für 1926). Jährlich. Ausführliche Titelbibliographie zur Archäologie und Kunst des indischen Kulturkreises einschließlich China und Japan. Zuletzt 1929 für 1927 erschienen (721 Nummern).

1765. **The Antiquaries' Journal.** Being the journal of the Society of Antiquaries of London. London, Oxford University Press. 25,5 cm.

Since 1921. Quarterly. Contains a bibliography, an analysis of periodical literature, and reviews. International.

1766. **The Journal of Egyptian archaeology.** Edited by T. E. Peet. London W. C. 1, Egypt Exploration Society, 13 Tavistock Square. 28,5 cm.

Since 1914. Quarterly. Containing classified bibliography (in the 1930 issue respecting to 1927 or 1928 publications) in 4 groups: 1) Ancient Egypt by Jean Capart; 2) Christian Egypt by De Lacy O'Leary; 3) Graeco-Roman Egypt: A. Papyri; 4) Graeco-Roman Egypt: B. Greek inscriptions; 5) Greek inscriptions by Marcus N. Tod.

1767. ***Bibliographie zum Jahrbuch des Deutschen Archäologischen Instituts.** Berlin, W. de Gruyter. 28 cm.
Seit 1886. Jährlich. Internationale systematische Titelbibliographie von Büchern und Zeitschriftenaufsätzen der orientalischen, griechischen und römischen Archäologie. Auch Rezensionen werden notiert. 1931 erschien die Bibliographie für 1930.

1768. **Germania.** Korrespondenzblatt der Römisch-Germanischen Kommission des Deutschen Archäologischen Instituts. Bamberg, C. C. Buchner. 26 cm.
Seit 1917. Vierteljährlich. Bringt Besprechungen und eine Titelliste in- und ausländischer neuer Bücher und Aufsätze.

1769. **Nachrichtenblatt für deutsche Vorzeit.** Mit Unterstützung des Preußischen Ministeriums für Wissenschaft, Kunst und Volksbildung herausgegeben von Martin Jahn. Leipzig, C. Kabitzsch. 24 cm.
Seit 1925. Monatlich. Am Schluß jedes Heftes befindet sich ein Titelverzeichnis neuer Schriften, nach Landschaften geordnet. International. Auch Zeitschriftenaufsätze werden berücksichtigt.

1770. **Römische Quartalschrift für christliche Altertumskunde und für Kirchengeschichte.** Herausgegeben von Johann Peter Kirsch, Emil Göller und Emmerich David. Freiburg i. Br., Herder. 25 cm.
Seit 1887. Vierteljährlich. Bringt jährlich einen von J. P. Kirsch verfaßten „Anzeiger für christliche Archäologie" unter Heranziehung der einschlägigen Buch- und Zeitschriftenliteratur (Referate und Titellisten).

1771. **Årsberetning for Foreningen til norske fortidsminnesmerkers bevaring.** Oslo, Grøndahl. 24 cm.
Fondation 1845. Annuel. Contient chaque année une bibliographie-titres des antiquités norvégiennes, rédigée par W. P. Sommerfeldt. Arrangement alphabétique par noms d'auteurs et sujets.

1772. **Bulletin monumental.** Publié sous les auspices de la Société française d'archéologie. Paris, Picard, 82 rue Bonaparte. 23 cm.
1ère année: 1855. Trois fois par an. Comptes rendus critiques d'ouvrages et d'articles français et étrangers dans la «Bibliographie».

1773. **Revue archéologique.** Directeur: E. Pottier et S. Reinach. Paris, Leroux, 28 rue Bonaparte. 25 cm.

1ère année: 1844. Trimestrielle. Comptes rendus critiques d'ouvrages français et étrangers dans la «Bibliographie». «Revue des publications épigraphiques relatives à l'antiquité romaine» pour l'année en cours par R. Cagnat et M. Besnier, paraissant en fin d'année.

1774. **Bollettino del Reale Istituto di archeologia e storia dell'arte.** Direttore: Valerio Mariani. Roma, Istituto, piazza Venezia 3. 24 cm.

Dal 1922. 6 fascicoli l'anno. Pubblica bibliografie speciali degli scritti su singoli artisti o su singoli argomenti archeologici o di storia dell'arte.

1775. †**Rivista di archeologia cristiana.** Pubblicata per cura della Pont. Commissione di archeologia sacra del Pontificio Istituto di archeologia cristiana. Roma, Pontificio Istituto di archeologia cristiana, 1 via Napoleone III. 26,5 cm.

Seit 1924. Vier Hefte im Jahr. Enthält seit 1929 in jedem Heft eine systematisch geordnete internationale Bibliographie neuer Bücher und Zeitschriftenaufsätze, teilweise mit Besprechungen.

1776. **Przegląd archeologiczny.** Czasopismo poświęcone archeologji przedhistorycznej i numizmatyce średniowiecznej. Organ Polskiego Towarzystwa Prehistorycznego. (Revue archéologique. Consacrée à l'archéologie préhistorique et à la numismatique du moyen-âge. Publiée par la Société préhistorique polonaise.) Réd.: Józef Kostrzewski. Poznań, Mickiewicza 34. 31,5 cm.

Depuis 1919. Sans périodicité fixe. Donne une bibliographie-titres alphabétique de la préhistoire polonaise. En 1929 a publié la bibliographie de 1928.

1777. †**Památky archeologické.** Orgán archeologické komise při České Akademii věd a umění a archeologického sboru Národního Musea. Monuments archéologiques. Revue pour l'archéologie préhistorique et pour l'histoire des beaux-arts en Tchécoslovaquie. Hlavní redaktor: Antonín Podlaha. Praha, archeolog. kom. při České Akademii věd a umění. 30,5 cm.

Seit 1855. Erscheint unregelmäßig. Enthält Rezensionen von Neuerscheinungen auf dem Gebiete der Altertumskunde.

1778. **Suomen museo.** Finskt museum. Toimitus: Aarne Europaeus, T. I. Itkonen. Helsinki, Suomen muinaismuistoyhdistys (Finska fornminnesföreningen). 24 cm.

Seit 1894. Jährlich. Enthält eine laufende, mehrere Jahre um-

fassende, alphabetische und systematische Titelbibliographie: »Bibliografi över Finlands arkeologiska litteratur«, bearbeitet von Nils Cleve. 1926 erschien die Bibliographie für 1918–1925.

1779. **Kokogaku zasshi.** (The archaeological journal including the proceedings of the Archaeological Society.) Tokyo, Kokogakkai (the Archaeological Society), 32, Tatsuoka-cho, Hongo-ku.
Monthly. With book reviews.

– siehe auch: Nr. 31. 774. 1749. 1892; Urgeschichte siehe Nr. 971–973.

[91 Geographie

1780. †**Geography.** Formerly "The geographical Teacher". The quarterly journal of the Geographical Association. London E. C. 4, G. Philip, 32 Fleet Street. 25 cm.
Seit 1901. Vierteljährlich. Zahlreiche Rezensionen und eine Zeitschriftenschau von Trevor Thomas in jedem Heft.

1781. **The Scottish geographical magazine.** Published by the Royal Scottish Geographical Society. Editors: John Gunn, Marion J. Newbigin. Edinburgh, Royal Scottish Geographical Society, Castle Terrace. 24,5 cm.
Since 1885. Bi-monthly. International in scope. Contains a list of books received, arranged according to the localities of which they treat, and a section of reviews on geographical works and kindred topics.

1782. **Geographische Zeitschrift.** Herausgegeben von Alfred Hettner. Leipzig C 1, B. G. Teubner. 23,5 cm.
Seit 1895. 10 Hefte im Jahr. In jeder Nummer ist ein bibliographischer Teil vorhanden, der sich aus den Abteilungen „Bücherbesprechungen", „Neue Bücher und Karten" und „Zeitschriftenschau" zusammensetzt. International.

1783. **Geographischer Anzeiger.** Blätter für den geographischen Unterricht. Vereinigt mit der Zeitschrift für Schulgeographie. Herausgegeben von Hermann Haack. Gotha, J. Perthes. 27,5 cm.
Seit 1900. Monatlich. Der in jedem Heft enthaltene Literaturbericht von Hermann Haack bringt systematisch geordnete Besprechungen von Neuerscheinungen.

1784. ***Geographisches Jahrbuch.** Herausgegeben von Ludwig Mecking. Gotha, J. Perthes. 23 cm.

Seit 1866. Jährlich. Enthält wissenschaftliche Berichte über die neu erschienene Literatur mit dem Ziel der Vollständigkeit. Bücherlisten mit verbindendem Text. Der Stoff ist auf eine Reihe von Mitarbeitern verteilt, die in ihren Berichten stets eine Reihe von Jahren umfassen. Jeder Band begreift somit Literatur aus verschiedenen Jahren in sich.

1785. **Mitteilungen der Geographischen Gesellschaft.** Redaktion: Hermann Leiter. Wien VIII, Geographische Gesellschaft, Friedrich-Schmidt-Platz 3. 24 cm.

Seit 1857. 12 Hefte jährlich. Enthält Referate über die neu erschienenen Bücher zur allgemeinen Erdkunde.

1786. **Mitteilungen des Sächsisch-Thüringischen Vereins für Erdkunde zu Halle a. S.** Herausgegeben von Otto Schlüter. Halle, M. Niemeyer. 26 cm.

Seit 1891. Erscheint unregelmäßig. Enthält in jedem Bande einen laufenden, auf verschiedene Referenten verteilten Literaturbericht zur gesamten Geographie.

1787. **Dr. A. Petermanns Mitteilungen aus Justus Perthes' Geographischer Anstalt.** Herausgegeben von Paul Langhans. Gotha, J. Perthes. 27 cm.

Seit 1855. Jährlich 6 Doppelhefte. In jeder Nummer findet sich ein „Geographischer Literaturbericht“, in zwei Abteilungen zerfallend: 1. Besprechungen, systematisch geordnet, 2. Neuerscheinungen. Unter Neuerscheinungen werden a) Bücher und Aufsätze, b) Karten nach Ländern geordnet verzeichnet. International. Die Liste der Karten wird von Hermann Haack zusammengestellt.

1788. *Association de géographes français. **Bibliographie géographique.** Publiée sous la direction de Elicio Colin. Paris, A. Colin, 103 boulevard Saint-Michel. 24 cm.

1ère année: 1891. Annuelle. Recensement classé d'ouvrages et d'articles français et étrangers portant le millésime de l'année précédente avec indication des comptes rendus dont les ouvrages ont été l'objet. Comptes rendus critiques.

1789. **Bulletin de la Société de géographie et d'études coloniales de Marseille.** Marseille, Société de géographie, Faculté des sciences, 40 allée Gambetta. 23,5 cm.

1ère année: 1877. Annuel. «Bibliographie» classée mais non critique des ouvrages français et étrangers récemment entrés à la Bibliothèque de la Société. Rédigée par Jacques Léotard.

1790. **La Géographie.** Revue mensuelle publiée par la Société de Géographie sous la dir. de G. Grandidier. Paris, 10 avenue d'Iéna. 25,5 cm.

1ère année: 1878. Mensuelle. Bibliographie dirigée par S. Reizler. Ouvrages et périodiques (comptes rendus critiques signés par nombreux savants), atlas, cartes et plans, documents photographiques (France et étranger) sont classés à leur sujet dans une seule série méthodique en 2 parties: 1° générale, 2° régionale. Renseignements paraissant après un délai de 1 à 6 mois.

1791. **L'Universo.** Pubblicazione dell' Istituto geografico militare. Direttore: Camillo Basevi. Firenze, Istituto geografico militare. 24 cm.

Dal 1920. Mensile. Ogni fascicolo contiene una parte dedicata alla bibliografia divisa in cinque sezioni: 1° «Recensioni» (divise per classi, di opere o articoli italiani o stranieri); 2° «Sommario di articoli astronomici, geografici ecc.» (spoglio per soli titoli di riviste italiane o straniere interessanti direttamente o indirettamente la geografia); 3° «Elenco delle più recenti pubblicazioni d'indole geografica, astronomica ecc.» (titoli di opere italiane o straniere); 4° «Sommario di articoli vari» (titoli di articoli che hanno qualche attinenza anche lontana con la geografia contenuti in periodici vari); 5° «Pubblicazioni ricevute in omaggio».

1792. **Zemlevedenie.** Geografičeskij žurnal imeni D. N. Anučina izdavaemyj pri učastii geografičeskogo otdelenija Obščestva ljubitelej estestvoznanija, antropologii i ėtnografii. Moskva, Glavnauka, Gosizdat. 25 cm.

Seit 1899 (?). Mit laufender bibliographischer Rubrik.

1793. **Geografski vestnik.** (Messager géographique.) Bulletin de la Société de géographie de Ljubljana. Rédacteurs: Valter Bohinec, Roman Savnik, Ivo Rubić. Publié par la Société de géographie. Ljubljana, Vrhovceva ul. 14. 25 cm.

Depuis 1925. Trimestriel. Bibliographie des publications et des revues géographiques yougoslaves et étrangères.

1794. **Glasnik geografskog društva.** (Bulletin de la Société de géographie de Belgrade.) Rédacteur: Borivoje Ž. Milojević. Publié par la Société de géographie. Belgrade, Université. 29 cm.

Depuis 1912. Annuel. Donne la bibliographie analytique spéciale.

1795. **Wiadomości geograficzne.** Miesięcznik poświęcony przeglądowi spraw geograficznych w Polsce i zagranica. Wydawnictwo Krakowskiego Oddziału Polskiego Towarzystwa Geograficznego. Revue mensuelle de géographie consacrée aux questions géographiques polonaises et étrangères, publiée par la Section de Cracovie de la Société polonaise de géographie. Rédacteur en chef: Wiktor Ormicki. Kraków, Grodzka 64. 23,5 cm.

Depuis 1923. Mensuel. Contient en annexe paginée séparément la bibliographie-titres complète des publications géographiques concernant la Pologne (ouvrages, articles de revues et de journaux, atlas, cartes, plans), et la bibliographie géographique polonaise touchant les pays étrangers.

1796. **Sborník Československé Společnosti zeměpisné.** (Revue de la Société des géographes tchécoslovaques.) Praha II, Albertov 6. 27,5 cm.

Depuis 1895. Bimestriel. Donne annuellement la bibliographie des ouvrages géographiques tchécoslovaques par Jaroslav Wizek. Arrangement par noms d'auteurs.

← siehe auch: Nr.955; Physische Geographie siehe Nr. 956—966.

[91(45) Geographie Italiens

1797. †*Comitato nazionale per la geografia. **Bibliografia geografica dell' Italia.** (Curata da) Elio Migliorini, R. Riccardi. Firenze, Istituto geografico militare. 23,5 cm.

Seit 1927. Jährlich. Erstes Berichtsjahr: 1925. Systematisch geordneter kritischer Literaturbericht in fortlaufender Darstellung mit bibliographischen Fußnoten. Alphabetisches Autorenregister. 1930 erschien die Bibliographie für 1929.

1798. **Bollettino della R. Società geografica italiana.** Direttore e redattore: Elio Migliorini. Roma, Villa Celimontana, Piazza della Navicella 4. 23 cm.

Dal 1868. Mensile. Oltre alle due rubriche seguenti: «Recensioni e annunzi bibliografici» e «Sommario e spoglio di periodici» che appaiono di regola in ciascun fascicolo e si riferiscono a pubblicazioni italiane e straniere, pubblica anche di tanto in tanto un «Catalogo sistematico delle nuove accessioni alla biblioteca» e di maggior importanza dal 1925 la «Bibliografia geografica dell'Italia» (vedi n°. 1797).

[91(485) Geographie Schwedens

1799. **Svensk geografisk årsbok.** Utg. av Sydsvenska geografiska sällskapet. Lund, Gleerup. 24,5 cm.

Seit 1925. 1925—1926 mit dem Titel: »Sydsvenska geografiska sällskapets i Lund årsbok«. Enthält: »Svensk geografisk bibliografi« von Herman Richter, eine systematisch geordnete, nationale Titelbibliographie, und zwar 1930 für das Jahr 1929. Sonderdrucke erscheinen in der Serie: Meddelanden från Lunds universitets geografiska institution, Ser. C.

[91(491) Geographie der Niederlande

1800. **Tijdschrift van het Koninklijk Nederlandsch Aardrijkskundig Genootschap.** Leiden, E. J. Brill. 24,5 cm.

Seit 1876. Zweimonatig. Enthält in jedem Heft Rezensionen und eine von J. N. J. Jensen und W. C. Muller bearbeitete „Bibliografisch Overzicht", d. h. eine Titelbibliographie über Bücher und Zeitschriftenaufsätze, die die Geographie der Niederlande und ihrer Kolonien betreffen; international.

[91(494) Geographie der Schweiz

1801. **Mitteilungen der Geographisch-Ethnographischen Gesellschaft Zürich.** Zürich 1, Beer & Cie., Peterhofstatt 10. 22,5 cm.

Seit 1899. Jährlich. Enthält seit 1919 die meist mehrere Jahre zusammenfassende „Geographische Bibliographie der Schweiz" von Aug. Aeppli (Titelbibliographie von Büchern, Aufsätzen und Karten). Die 1930 erschienene Bibliographie behandelt die Neuerscheinungen des Jahres 1929 (mit Nachträgen zu 1928) in folgender Anordnung: 1. Karten und Kartographie; 2. Allgemeines; 3. Physische Geographie; 4. Pflanzen- und Tiergeographie; 5. Anthropogeographie.

[91(494:23) Geographie der Alpen

1802. **Revue de géographie alpine.** Publiée par l'Institut de géographie alpine (Université de Grenoble) sous la direction de Raoul Blanchard. Grenoble, 26 Cours Jean-Jaurès. 25 cm.

1ère année: 1913. Trimestrielle. «Comptes rendus critiques» de cartes et d'ouvrages français et étrangers. Une fois par an: «Bulletin bibliographique des Alpes françaises» (bibliographie-titres alphabétique accompagnée de quelques notes; celle de l'année 1929 a été publiée en 1930).

[91(498) Geographie Rumäniens

1803. **Buletinul Societăţii Regale Române de geografie.** Bucureşti. 8°.

Depuis 1876. Annuaire. Analyse des ouvrages nouveaux, tant roumains qu'étrangers, relatifs à la géographie roumaine.

[91(6) Geographie von Afrika

1804. **Bulletin de la Société Royale de géographie d'Égypte.** Imprimé par l'Imprimerie de l'Institut français d'archéologie orientale du Caire pour la Société Royale de géographie d'Égypte. Le Caire, 45 rue Cheikh Youssef. 25 cm.

Depuis 1876. Sans périodicité fixe. Chaque numéro comprend ordinairement des notices analytiques de publications géographiques égyptiennes et étrangères, et un bulletin bibliographique des publications géographiques, concernant plus spécialement l'Égypte et l'Afrique (dressé par H. Gauthier).

1805. Gouvernement général de l'Afrique occidentale française. **Bulletin du Comité d'études historiques et scientifiques de l'Afrique occidentale française.** Paris, Larose, 11 rue Victor Cousin. 25 cm.

1ère année: 1918. Trimestriel. «Bibliographie»: Notices et comptes rendus d'ouvrages et articles français et étrangers de géographie, cartographie, agronomie, médecine, ethnographie; classés méthodiquement.

912 Karten und Atlanten

1806. **Kartographische Mitteilungen.** Herausgegeben von Max Freißler. Wien I, Stephansplatz 5. 23,5 cm.

Seit 1930. Monatlich. Mit Besprechung neu erscheinender Karten und wichtiger geographischer Novitäten.

1807. †**Globen.** Meddelanden utgivna av Generalstabens Litografiska Anstalt. Stockholm 8, Postfack. 26 cm.

Seit 1922. Erscheint in unregelmäßigen Heften. In jedem Heft ein Verzeichnis neuer schwedischer Karten.

1808. **Polski przegląd kartograficzny.** La Revue cartographique polonaise. Rédacteur en chef: E. Romer. Lwów, Książnica-Atlas, Czarnieckiego 12. 24 cm.

Depuis 1923. Revue trimestrielle. Donne la bibliographie courante et critique des cartes de la Pologne et des États voisins à la Pologne.

— siehe auch: Nr. 898—902.

929 Genealogie und Heraldik

1809. ***Familiengeschichtliche Bibliographie.** Herausgegeben unter dem Schutze der Arbeitsgemeinschaft der deutschen familien- und wappenkundlichen Vereine von der Zentralstelle für Deutsche Personen- und Familiengeschichte. Bearbeitet von Johannes Hohlfeld. Leipzig, Zentralstelle für Deutsche Personen- und Familiengeschichte. 25,5 cm.

Seit 1925. Erscheint jährlich als besonderes Heft in der Reihe der „Mitteilungen der Zentralstelle für Deutsche Personen- und Fa-

miliengeschichte". Systematische Titelbibliographie aller in deutscher Sprache über deutsche Familien erschienenen Arbeiten. Erstes Berichtsjahr: 1921. 1931 erschien die Bibliographie für 1930.

1810. ***Literarische Rundschau für den Familienforscher.** Halbmonatsberichte über Neuerscheinungen des genealogischen Schrifttums und verwandter Gebiete. Beilage zu den Familiengeschichtlichen Quellen. Schriftleiter: Friedrich Wecken. Leipzig, Degener. 23 cm.

Seit 1927. Monatlich. Bücherbesprechungen und Zeitschriftenschau.

1811. **Personalhistorisk Tidsskrift.** Udg. af Samfundet for Dansk Genealogi og Personalhistorie ved H. Hjorth-Nielsen. København, J. H. Schultz. 24 cm.

Seit 1880. Vierteljährlich. Enthält eine jährliche Titelbibliographie der dänischen genealogischen Literatur, alphabetisch nach den Namen der betreffenden Familien.

1812. **Rocznik Polskiego Towarzystwa heraldycznego.** (Annuaire de la Société héraldique polonaise.) Rédacteur en chef: Władysław Semkowicz. Kraków, Studencka 15. 28 cm.

Depuis 1908. Biennal. Donne irrégulièrement la bibliographie héraldique et généalogique des publications polonaises. En 1930 a publié la bibliographie de 1925—1928, rédigée par Zygmunt Wdowiszewski; bibliographie-titres en ordre systématique.

[016(...) Regionale Bibliographien

[016(43) Deutschland

1813. **Der Auslanddeutsche.** Halbmonatsschrift für Auslanddeutschtum und Auslandkunde. Mitteilungen des Deutschen Ausland-Instituts Stuttgart. Stuttgart, Verlag des Deutschen Ausland-Instituts. 28 cm.

Seit 1918. Halbmonatlich. Enthält monatlich eine internationale „Bibliographie der Neuerscheinungen über Auslanddeutschtum und Auslandkunde", teilweise mit kurzen erläuternden Notizen. Eine systematische und eine regionale Übersicht gehen voran.

1814. Historische Kommission für ost- und westpreußische Landesforschung. **Altpreußische Forschungen.** Königsberg, Gräfe & Unzer. 23,5 cm.

Seit 1924. 2 Hefte jährlich. Enthält eine jährliche „Altpreußische Bibliographie" von Ernst Wermke. Systematisches Titelverzeichnis.

International. Zeitschriftenaufsätze werden berücksichtigt. 1930 erschien die Bibliographie für 1929.

1815. ***Bibliographie zur schleswig-holsteinischen Geschichte und Landeskunde.** Von Volquart Pauls. Neumünster i. Holst., K. Wachholtz. 23 cm.

Seit 1930. Jährlich. Erscheint als Ergänzungsband der Zeitschrift der Gesellschaft für Schleswig-Holsteinische Geschichte, in der bis 1929 die Bibliographie enthalten war. Die Bibliographie ist ein systematisches internationales Titelverzeichnis. Zeitschriftenaufsätze sind mit verzeichnet. Außer Geschichte und Landeskunde sind auch Volkskunde, Kirchengeschichte, Bildungswesen, Recht und Volkswirtschaft Schleswig-Holsteins berücksichtigt. 1930 erschien die Bibliographie für 1928/29.

1816. **Deutsche Hefte für Volks- und Kulturbodenforschung.** Herausgeber: Wilhelm Volz und Hans Schwalm. Stiftung für deutsche Volks- und Kulturbodenforschung in Leipzig. Langensalza, Berlin, Leipzig, J. Beltz. 24 cm.

Seit 1930. Zweimonatig. Enthält eine besonders paginierte, systematisch geordnete Bibliographie neuer deutscher Zeitschriftenaufsätze und Bücher über das Grenz- und Auslanddeutschtum, teilweise mit erläuternden Notizen. 1930/31 erscheint die Bibliographie für das Jahr 1928.

1817. **Forschungen zur brandenburgischen und preußischen Geschichte.** Herausgegeben von Melle Klinkenborg und Joh. Schultze. München und Berlin, Oldenbourg. 23 cm.

Seit 1888. Zweimal im Jahr. Der 2. Teil jedes Heftes („Neue Erscheinungen") bringt in systematischer Anordnung Besprechungen aller wissenschaftlich wichtigen Neuerscheinungen zur brandenburgischen und preußischen Geschichte.

1818. **Fränkische Monatshefte.** Für Heimatkunde, Kultur und Kunst. Herausgegeben von Hermann Dollinger. Nürnberg, Spindler. 25,5 cm.

Seit 1922. Monatlich. Enthält seit Februar 1931 eine laufende, zum Ausschneiden eingerichtete „Fränkische Bibliographie" von Rudolf Kummer.

1819. **Hansische Geschichtsblätter.** Herausgegeben vom Hansischen Geschichtsverein. Lübeck, Hansischer Geschichtsverein, Königstraße 21. 23,5 cm.

Seit 1871. Jährlich. Enthält Buchbesprechungen und in dem Abschnitt „Hansische Umschau" eine bibliographische Chronik von Hans-Gerd von Rundstedt und Walther Vogel über Neuerscheinungen zur Hansischen Geschichte. 1931 erschien die Bibliographie für die Zeit von Herbst 1929 bis Herbst 1930.

1820. **Jahrbuch des Kölnischen Geschichtsvereins E. V.** Köln, Verlag des Kölnischen Geschichtsvereins, Creutzer & Co. in Komm. 25,5 cm.

Seit 1912. Jährlich. Enthält eine systematische Titelbibliographie neuer Bücher und Zeitschriftenaufsätze zur Geschichte Kölns. Zusammengestellt von Josef Gotzen. 1930 erschien die Bibliographie für 1929.

1821. **Jahrbücher des Vereins für mecklenburgische Geschichte und Altertumskunde.** Herausgegeben von F. Stuhr. Schwerin, Bärensprungsche Hofbuchdruckerei. 21 cm.

Seit 1836. Jährlich. Enthält eine systematische Titelbibliographie: „Die geschichtliche und landeskundliche Literatur Mecklenburgs", seit 1927 von Werner Strecker verfaßt. 1930 erschien die Bibliographie für 1929/1930.

1822. ***Literatur zur schlesischen Geschichte.** Herausgegeben von der Historischen Kommission für Schlesien und vom Verein für Geschichte Schlesiens. Breslau, Trewendt & Granier. 22 cm.

Seit 1924 (für 1920—22). Für die Jahre 1920—25 von H. Bellée, dann von H. Jessen bearbeitet. Systematische Titelbibliographie mit Personenregister. 1928 erschien die Bibliographie für 1926 und 1927.

1823. **Mansfelder Blätter.** Mitteilungen des Vereins für Geschichte und Altertümer der Grafschaft Mansfeld in Eisleben. Herausgegeben von Kurt Hoell. Eisleben, Selbstverlag des Vereins. 23 cm.

Seit 1887. Jährlich. Enthält eine systematische Titelbibliographie von Büchern und Aufsätzen zur Mansfelder Heimatkunde und Geschichte von Kurt Hoell. 1930 erschien die Bibliographie für 1925.

1824. **Nassauische Annalen.** Jahrbuch des Vereins für Nassauische Altertumskunde und Geschichtsforschung. Wiesbaden, Verein für Nassauische Altertumskunde und Geschichtsforschung. 26,5 cm.

Seit 1827. Jährlich. Enthält alle 2 Jahre eine Titelbibliographie von Wilhelm Hofmann: „Literatur zur nassauischen Geschichte, Volkskunde und Heimatpflege". 1930 erschien die Bibliographie für 1928 und 1929.

1825. **Neues Archiv für sächsische Geschichte und Altertumskunde.** Herausgegeben von Woldemar Lippert. Dresden, v. Baensch Stiftung. 21,5 cm.

Seit 1879. Halbjährlich. Enthält seit 1930 eine alphabetische Titelbibliographie der wichtigsten Schriften und Aufsätze zur sächsischen Geschichte und Altertumskunde von Jakob Jatzwauk. 1930 erschien die Bibliographie für 1929. Diese ist Fortsetzung der bis 1922 ebendort erschienenen Bibliographie von Rudolf Bemmann.

1826. **Niederlausitzer Mitteilungen.** Zeitschrift der Niederlausitzer Gesellschaft für Geschichte und Altertumskunde. Herausgegeben von Karl Gander. Guben. 20 cm.

Seit 1890. Jährlich. Mit Titelbibliographie neuer Bücher und Aufsätze über die Niederlausitz, in Abständen von mehreren Jahren erscheinend.

1827. **Pfälzisches Museum.** Pfälzische Heimatkunde. Zeitschrift des Vereins: Historisches Museum der Pfalz e. V., des Verbandes Pfälzischer Geschichts- und Altertumsvereine, der Pfälzischen Gesellschaft zur Förderung der Wissenschaften und der Pfälzischen Landesbibliothek. Schriftleitung: Daniel Häberle und Albert Pfeiffer. Speyer, Historisches Museum. 29 cm.

Seit 1884. 6 Doppelhefte jährlich. Enthält eine Titelliste neuer heimatkundlicher Literatur, die auch Zeitschriftenaufsätze berücksichtigt.

1828. **Pommersche Jahrbücher.** Herausgegeben vom Rügisch-Pommerschen Geschichtsverein zu Greifswald und Stralsund. Greifswald, Abel. 24,5 cm.

Seit 1900. Jährlich. Enthält eine Titelbibliographie der geschichtlichen und landeskundlichen Literatur Pommerns in systematischer Anordnung, bearbeitet von Hans Ziegler. 1931 erschien die Bibliographie für 1929—1930.

1829. **Sachsen und Anhalt.** Jahrbuch der Historischen Kommission für die Provinz Sachsen und für Anhalt. Herausgegeben von R. Holtzmann und W. Möllenberg. Magdeburg, Historische Kommission, Auslieferung durch Ernst Holtermann. 25,5 cm.

Seit 1925. Jährlich. Bringt die die Provinz Sachsen und Anhalt betreffende neuerschienene Literatur, und zwar in der von Möllenberg und Holtzmann zusammengestellten „Zeitschriftenschau" wichtige Zeitschriftenaufsätze, daran anschließend „Anzeigen und Besprechungen" selbständiger Werke. Außerdem erscheint alle zwei Jahre eine Titelliste der auf die Provinz Sachsen und den Freistaat Anhalt bezüglichen Universitätsschriften von Adolf Diestelkamp (zuletzt 1929 für die Jahre 1927 und 1928).

1830. **Thüringisch-sächsische Zeitschrift für Geschichte und Kunst.** Im Namen des Thüringisch-Sächsischen Geschichtsvereins herausgegeben von Theo Sommerlad. Halle a. S., Gebauer-Schwetschke. 25 cm.

Seit 1911. Jährlich 2 Hefte. In jedem Heft am Schluß findet sich eine systematische Titelliste von Neuerscheinungen zur Geschichte der Provinz Sachsen von Max Laue, die jeweils die neuesten Bücher und Aufsätze berücksichtigt.

1831. **Verhandlungen des Historischen Vereins von Oberpfalz und Regensburg.** Regensburg, J. Habbel. 21,5 cm.

Seit 1831. Jährlich. Enthält eine von Freytag und Krieg zusammengestellte Titelliste „Neuerscheinungen zur Geschichte Regensburgs und der Oberpfalz". 1930 erschien die Bibliographie für 1929.

1832. ***Westfälische Bibliographie.** Bearbeitet von der Stadtbibliothek und dem Westfälisch-Niederrheinischen Institut für Zeitungsforschung zu Dortmund. Beilage zu „Die westfälische Heimat". Dortmund, Heimatverlag. 28,5 cm.

Seit 1931. Monatlich. Systematisch geordnete Titelbibliographie; rund 250 Zeitschriften werden laufend ausgezogen.

1833. **Württembergische Vierteljahrshefte für Landesgeschichte.** Herausgegeben von der Württembergischen Kommission für Landesgeschichte. Stuttgart, W. Kohlhammer. 24 cm.

Seit 1878. Jährlich 4 Hefte. Mit einer jährlichen, alphabetisch nach Schlagworten geordneten Titelbibliographie der württembergischen Geschichtsliteratur, zuletzt bearbeitet von Franz Hammer. 1930 erschien die Bibliographie für 1928.

1834. **Zeitschrift für bayerische Landesgeschichte.** Herausgegeben von der Kommission für bayerische Landesgeschichte bei der Bayerischen Akademie der Wissenschaften in Verbindung mit der Gesellschaft für Fränkische Geschichte. Schriftleitung: Otto Riedner. München, Verlag der Kommission, Ludwigstraße 23. 23 cm.

Seit 1928. 3 Hefte jährlich. Enthält eine „Literarische Jahresrundschau“ in Form eines internationalen systematischen Titelverzeichnisses, zusammengestellt von Wilhelm Krag. 1930 erschien die Bibliographie für 1929.

1835. **Zeitschrift für Geschichte und Kulturgeschichte Schlesiens.** Herausgegeben im Auftrage des Ausschusses des städtischen Museums in Troppau von Edmund Wilhelm Braun. Troppau, Zeitschrift-Ausschuß des Städtischen Museums; A. Kresta in Komm. 28 cm.

Seit 1905. Früher jährlich, jetzt seltener erscheinend. Enthält eine „Literatur-Übersicht zur schlesischen Geschichte“, eine von Karl Winter bearbeitete Titelliste der im Berichtsjahr erschienenen Bücher und Zeitschriftenaufsätze. Jahrgang 19, 1926/29 (erschienen 1930) enthält die Bibliographie für 1926—28.

1836. **Zeitschrift für die Geschichte des Oberrheins.** Herausgegeben von der Badischen Historischen Kommission. Karlsruhe, G. Braun. 23,5 cm.

Seit 1851. In Bänden zu 4 Heften. Jedes Heft enthält eine Zeitschriftenschau von Fr. Lautenschlager.

1837. **Zeitschrift des Vereins für Hessische Geschichte und Landeskunde.** Kassel; Eschwege, J. Braun in Komm. 20,5 cm.

Seit 1837. Jährlich. Enthält eine von F. Israel zusammengestellte „Bücher- und Zeitschriftenumschau“ für Hessen, zuletzt 1929 erschienen.

1838. **Zeitschrift des Vereins für Thüringische Geschichte und Altertumskunde.** Herausgegeben von Otto Dobenecker. Jena, G. Fischer. 22 cm.

Seit 1852. 2—3 Hefte jährlich. Mit einer ausführlichen Titelbibliographie neuerschienener Bücher und Aufsätze zur thüringischen Geschichte und Altertumskunde von Wilhelm Schmitz; diese erschien zuletzt 1930 für die Zeit von Juli 1927 bis Juni 1929.

1839. **Česko-lužický Věstník.** Éd. par Českolužický spolek „Adolf Černý“. Modřany, Barákova 190. 30 cm.

Depuis 1920. Mensuel. Donne des analyses de publications nouvelles concernant les Serbes de Lusace.

[016(436) Österreich

1840. **Burgenland.** Vierteljahreshefte für Landeskunde, Heimatschutz und Denkmalpflege. Nachrichten des Landesarchivs, der

Landesbibliothek, des Landesmuseums und der Landesvolksbildungsstelle. Eisenstadt, Burgenländisches Landesmuseum. 24 cm.

Seit 1927. Enthält eine systematisch geordnete Titelbibliographie der Burgenländischen Landesbibliothek in Sauerbrunn in Fortsetzungen.

[016(437) Tschechoslowakei

1841. †**Časopis Matice Moravské.** (Zeitschrift des Vereins für mährische Landeskunde.) Redaktoré: B. Navrátil a St. Souček. V Brne, Matica Moravska, Zemska Knihovna. 24,5 cm.

Seit 1869. Vierteljährlich. Zahlreiche Buchbesprechungen.

[016(438) Polen

1842. †**Deutsche wissenschaftliche Zeitschrift für Polen.** Herausgegeben von Alfred Lattermann. Posen, Historische Gesellschaft für Posen, ul. Zwierzyniecka 1. 24 cm.

Seit 1923. Etwa 3 Hefte jährlich. Enthält Besprechungen und Inhaltsangaben neuer Werke über Polen mit besonderer Berücksichtigung der deutschen Interessen.

1843. **Ateneum wileńskie.** Czasopismo naukowe, poświęcone badaniom przeszłości ziem Wielkiego X. Litewskiego. (Athenée de Wilna. Revue consacrée aux recherches de l'histoire du Grand Duché de Lithuanie.) Rédacteur en chef: Teofil Emil Modelski. Wilno, Lelewela 8. 25 cm.

Depuis 1924. Revue trimestrielle. Donne une bibliographie-titres annuelle des travaux relatifs à l'Université de Wilno, rédigée par Michał Ambros, et celle des publications relatives à l'histoire du Grand-Duché de Lithuanie par Stefan Burhardt, toutes les deux arrangées méthodiquement.

1844. **Rocznik krakowski.** (Annuaire de Cracovie. Publié par la Société des amis de l'histoire et de l'archéologie de Cracovie.) Réd.: J. Muczkowski. Kraków, Sienna 16. 27,5 cm.

Depuis 1898. Donne une bibliographie-titres en ordre alphabétique des auteurs, rédigée par H. Lipska et concernant l'histoire, la vie économique, sociale, artistique etc. de Cracovie. A publié en 1926 et 1929 la bibliographie des années 1914—1918.

1845. **Rocznik łódzki** poświęcony historji Łodzi i okolicy. (Annuaire de Łódź consacré à l'histoire de la ville de Łódź et de ses environs.) Édition des Archives de la ville de Łódź. Rédacteur en chef: Jozef Raciborski. Łódź, Plac Wolności 1. 28,5 cm.

Depuis 1928. Annuel. Donne une bibliographie-titres alphabétique des publications de l'année précédente touchant la ville de Łódź.

1846. **Regjon lubelski.** Organ Komisji regjonalistycznej Towarzystwa Przyjaciół Nauk w Lublinie. (Région de Lublin. Bulletin de la Commission régionale de la Société des amis des sciences de Lublin.) Rédacteur en chef: F. Araszkiewicz. Lublin, Niecała 11. 25 cm.

Depuis 1928. Paraît irrégulièrement. Publie la bibliographie (rédigée par Wiktor Hahn) des publications concernant la voïévodie de Lublin. Classement par arrondissements. Nro 2 de l'année 1929 a publié la bibliographie de l'année 1927.

1847. **Rocznik oddziału łódzkiego Polskiego Towarzystwa historycznego.** (L'Annuaire de la Section de Łódź de la Société polonaise d'histoire.) Łódź, Sienkiewicza 46. 24 cm.

Depuis 1928. Annuel. Donne la bibliographie des travaux et des articles historiques dirigée par J. Krasicka, G. Missalowa, C. Świderkówna; elle concerne seulement la voïévodie de Łódź. Bibliographie-titres dans l'ordre des lieux.

1848. **Roczniki Towarzystwa Przyjaciół Nauk na Śląsku.** (Annuaires de la Société des amis des sciences de la Silésie.) Katowice. 22 cm.

Depuis 1929. Donne la bibliographie critique régionale des publications historiques concernant la Silésie. L'annuaire de 1929 a publié la bibliographie de 1922—1928, rédigée par Roman Lutman.

1848 a. **Wierchy.** Rocznik poświęcony górom i góralszczyźnie. Organ Polskiego Towarzystwa Tatrzańskiego. (Les Cimes. Annuaire consacré aux montagnes et aux questions intéressant les montagnards publié par la Société polonaise de Tatra.) Rédacteur en chef: J. G. Pawlikowski. Kraków, Gebethner. 25 cm.

Dépuis 1923. Annuel. Donne la revue des travaux scientifiques de l'année précédente concernant les montagnes polonaises et les montagnards.

1849. **Ziemia kaliska.** Miesięcznik regjonalny. (La terre de Kalisz. Revue mensuelle publiée par la Société des amis du livre à Kalisz et rédigée par le Comité.) Kalisz, Warszawska 14. 26 cm.

Depuis 1930. Revue mensuelle. Donne la «Bibliographie régionale de Kalisz» contenant les imprimés publiés à Kalisz depuis 1927, dans l'ordre des imprimeries, et la littérature (livres et articles) sur la ville de Kalisz et ses environs.

[016(44) Frankreich

1850. **Elsaß-Lothringisches Jahrbuch.** Herausgegeben vom Wissenschaftlichen Institut der Elsaß-Lothringer im Reich an der Universität Frankfurt a. M. Frankfurt a. M., Elsaß-Lothringen-Institut. 25 cm.

Seit 1922. Jährlich. Enthält eine systematische Titelliste „Elsaß-Lothringische Bibliographie" von Wilhelm Poewe. 1930 erschien die Bibliographie für 1928.

1851. **Annales de Bretagne.** Revue publiée par la Faculté des lettres de Rennes. Rennes, Plihon; Paris: H. Champion, 5 quai Malaquais. 25 cm.

1ère année: 1886. Trimestrielles. Comptes rendus d'ouvrages sur la Bretagne: «Chronique d'histoire, de géographie et de littérature de la Bretagne.» Table annuelle.

1852. **Les Annales de l'Est,** de la Faculté des lettres de l'Université de Nancy. Paris, Berger-Levrault, 5 rue des Beaux-Arts. 25,5 cm.

1ère année: 1887. Tous les deux ans, les Annales font paraître la «Bibliographie lorraine, revue du mouvement intellectuel, artistique, économique et scientifique de la région lorraine». Volumes et périodiques (histoire littéraire, archéologie, mouvement économique: Lorraine et Alsace). Bibliographie analytique, classée méthodiquement (géographie, histoire, littérature, archéologie). En 1930 a paru la bibliographie concernant les années 1926 et 1927.

1853. **Annales du midi.** Revue de la France méridionale. Président du Comité de rédaction: A. Jeanroy. Toulouse, Privat, 14 rue des Arts; Paris, H. Didier, 6 rue de la Sorbonne. 25 cm.

1ère année: 1889. Trimestrielles. «Comptes rendus critiques»: ouvrages et revues étrangères. «Revue des périodiques» français, méridionaux et non méridionaux en 2 chapitres.

1854. †***Bibliographie alsacienne.** Revue critique des publications concernant l'Alsace. L'histoire, les lettres et les arts, la vie économique et sociale. Paris, Les Belles Lettres, 95 boulevard Raspail. 23,5 cm.

Seit 1922 (für 1918—21). Unregelmäßig in Bänden. Erscheint ohne Zählung in der Serie «Publications de la Faculté des Lettres de l'Université de Strasbourg». Systematisch geordnet. Teilweise Besprechungen und Erläuterungen zu den Titeln. Zuletzt 1928 für die Jahre 1925—1927 erschienen.

1855. **Les Études rhodaniennes.** Revue de géographie et de documentation. Publiée à l'Institut des études rhodaniennes de l'Université de Lyon sous la direction de M. André Allix. Lyon, 3 rue Davout. 24,5 cm.

1ère année: 1925. Trimestrielle. «Comptes rendus» d'ouvrages et d'articles français. «Bibliographie rhodanienne» annuelle (1928 paru en 1929).

1856. **Normannia.** Revue bibliographique et critique d'histoire de Normandie. Rédacteur en chef: P. Le Cacheux. Caen, L. Jouan & R. Bigot, 98 rue Saint-Pierre. 25,5 cm.

1ère année: 1928. De périodicité irrégulière (2 à 3 fois par an). Le «Bulletin bibliographique et critique d'histoire de Normandie» (dans chaque numéro) donne les titres des ouvrages et dépouille les revues et les journaux de Normandie. Les «Comptes rendus» analysent et commentent les livres importants.

1857. **Revue du Nord** (Région du nord de la France, Belgique, Pays-Bas). Revue historique trimestrielle, publiée sous les auspices de l'Université de Lille. Lille, Tallandier, 11—13 rue Faidherbe. 25 cm.

1ère année: 1910. Trimestrielle. Suite des Annales de l'Est et du Nord. «Comptes rendus critiques», «Recueils périodiques et sociétés savantes», «Bibliographie» classée non analytique.

1858. **Revue des provinces de France.** Organe de synthèse du régionalisme intellectuel dans l'unité nationale. Directeurs: Marius Baumelle, André Jaulme, Albert Vieilledent. Paris, 161 rue Saint-Jacques. 25 cm.

Depuis 1927. Parait tous les 2 mois. «Bibliographie des revues» et Bulletins des Sociétés savantes. Comptes rendus critiques par provinces.

[016(45) Italien

1859. **Archivio storico lombardo.** Giornale della Società storica lombarda. Milano, Bocca, Corso Vittorio Emanuele 21. 24 cm.

Dal 1874. Trimestrale. Oltre ad alcune recensioni che compaiono in ogni numero sotto la rubrica «Bibliografia» pubblica ogni anno il «Bollettino di bibliografia storico-lombarda» corredato da un sommario delle materie e da un sommario geografico. Questo bollettino dà il titolo delle pubblicazioni dell' annata in corso o dell' annata precedente.

1860. †**Giornale storico & letterario della Liguria.** Nuova serie diretta da Arturo Codignola e Ubaldo Formentini. Genova, Palazzo Rosso, via Garibaldi 18. 25 cm.

Seit 1900. Vierteljährlich. Enthält in jedem Heft eine mit kurzen Anmerkungen versehene laufende Bibliographie: «Appunti per una bibliografia Mazziniana».

1861. †**Roma.** Rivista di studi e di vita romana. Organo ufficiale dell' Istituto di studi romani. Diretta da Carlo Galassi Paluzzi. Roma, Palombi, via dei Gracchi 185. 25 cm.

Seit 1923. Monatlich. Enthält ungefähr in jeder zweiten Nummer eine «Bibliografia romana. Spoglio delle riviste e dei giornali» (alphabetische Titelbibliographie).

[016(46) Spanien

1862. †Ayuntamiento de Madrid. **Revista de la Biblioteca, Archivo y Museo.** Director: Manuel Machado. Redactor jefe: A. A. Millares Carlo. Madrid, Biblioteca Municipal, plaza del Dos de Mayo 2. 24,5 cm.

Seit 1924. Vierteljährlich. Enthält in jedem Heft eine laufende «Bibliografía madrileña» (systematische Titelbibliographie von Schriften über Madrid).

[016(471) Finnland

1863. **Åland.** Bidrag till kännedom av hembygden utgivna av föreningen Ålands vänner. Helsingfors. 24,5 cm.

Seit 1910. Erscheint zwanglos in Bänden. Enthält eine systematisch geordnete Titelbibliographie von Reinh. Hausen: «Bibliografi över Åland» (zuletzt 1930 für 1927—1929 erschienen).

[016(476) Weißrußland

1864. **Naš kraj.** (Unser Land.) Štomesjačnik cėntraľnaga bjuro krajaznaŭstva pry Belaruskaj akadėmii navuk. Mensk, vydańne Belaruskae akadėmii navuk. 26,5 cm.

Seit 1925. Monatlich. Bringt fast in jedem Heft ein Titelverzeichnis von Büchern und Aufsätzen über weißrussische Landeskunde und Rezensionen von Büchern über Weißrußland.

[016(477.1) Ukraine

1865. **Knigoljub.** (Bücherfreund. Herausgegeben von der Ukrainischen Gesellschaft der Bibliophilen.) Red.: S. Siropolko. Praga, Ukraïnśke Tovaristvo prichiľnikiv knigi. Praha VIII, č. 1315. 26,5 cm.

Seit 1927. Erscheint vierteljährlich und bringt unter „Ucrainica"

Titellisten von Büchern und Aufsätzen über die Ukraine bzw. in ukrainischer Sprache, die außerhalb der Sowjet-Ukraine erschienen sind; Ordnung nach Sprachen.

— siehe auch: Nr. 168.

[016(48) Skandinavien

1866. **Nordische Rundschau.** Vierteljahrsschrift. Herausgegeben von den Auslandsinstituten der Universität Greifswald. Schriftleitung: Gustav Braun, Leopold Magon. Braunschweig, Berlin, Hamburg, G. Westermann. 25 cm.

Seit 1928. Vierteljährlich. Am Schluß jedes Heftes findet sich eine von Johannes Paul, zuletzt von Alfred Büscher zusammengestellte Bibliographie „Aus dem nordischen Schrifttum des letzten Vierteljahres". Außerdem „Deutschsprachliche Veröffentlichungen über Skandinavien" von Fritz Meyen und „Aus dem Schrifttum über Finnland" von Hans Grellmann (systematische Titelverzeichnisse).

[016(492) Niederlande

1867. Gelre, Vereeniging tot Beoefening van Geldersche Geschiedenis, Oudheidkunde en Recht. **Bijdragen en mededeelingen.** Arnhem, S. Gouda Quint. 24,5 cm.

Seit 1898. Jährlich. Enthält in jedem Bande eine laufende Bibliographie über Geldern von S. Gouda Quint, die an sein Werk „Grondslagen voor de bibliographie van Gelderland" (1910) und dessen Supplement (1927) anschließt.

[016(494) Schweiz

1868. **Basler Jahrbuch.** Herausgegeben von August Huber und Ernst Jenny. Basel, Helbing & Lichtenhahn. 21 cm.

Seit 1882. Jährlich. Enthält jedes Jahr die „Basler Bibliographie", ein Titelverzeichnis von Fritz Heusler †, in systematischer Anordnung. Zuletzt 1930 für das Jahr 1929.

1869. **†Jahrbuch für solothurnische Geschichte.** Herausgegeben vom Historischen Verein des Kantons Solothurn. Neue Folge der „Mitteilungen des Historischen Vereins". Solothurn, Gaßmann. 23,5 cm.

Seit 1928. Jährlich. Enthält eine Titel-Bibliographie der solothurnischen Geschichtsliteratur, die auch Zeitschriftenaufsätze berücksichtigt. 1929 erschien die Bibliographie für 1928.

1870. **Neues Berner Taschenbuch.** Herausgegeben von Heinrich Türler. Bern, K. J. Wyß. 18 cm.

Seit 1896. Jährlich. Enthält jedes Jahr die „Bibliographie zur Geschichte und Volkskunde des Kantons Bern“, ein von Bernhard Schmid zusammengestelltes Titelverzeichnis; 1930 erschien die Liste für die Zeit von November 1929 bis Oktober 1930.

1871. **Zürcher Taschenbuch.** Herausgegeben mit Unterstützung der Antiquarischen Gesellschaft von einer Gesellschaft zürcherischer Geschichtsfreunde. Zürich, A. Bopp. 20 cm.
Seit 1858. Jährlich. Enthält die jährliche „Bibliographie der Geschichte, Landes- und Volkskunde von Stadt und Kanton Zürich“ (systematisches Titelverzeichnis von Emil Stauber). 1930 erschien das Verzeichnis für September 1929 bis August 1930.

[016(498) Rumänien

1872. †**Vierteljahrs-Schrift, früher Korrespondenzblatt, des Vereins für Siebenbürgische Landeskunde.** Herausgeber: Karl Kurt Klein. Hermannstadt, Krafft & Drotleff, Reispergasse 10. 23 cm.
Seit 1878. Vierteljährlich. Bringt Referate und eine Bücher- und Zeitschriftenschau über die Literatur zur siebenbürgischen Landeskunde.

[016(5) Asien

1873. **Échos d'Orient.** Revue trimestrielle publiée par l'École pratique des hautes études des Augustins de l'Assomption à Kadi Keui, Constantinople. Constantinople; Paris, Maison de la Bonne Presse, 5 rue Bayard. 25 cm.
1ère année: 1898. Trimestriels. Comptes rendus critiques dans la «Bibliographie» (ouvrages français et étrangers).

1874. †**Le Monde oriental.** Archives pour l'histoire et l'ethnographie, les langues et littératures, religions et traditions de l'Europe Orientale et de l'Asie. Tidskrift för Öst-Europas och Asiens historia och etnografi, språk och litteraturer, religioner och folkdiktning. Publié par H. S. Nyberg. Uppsala, Lundequist; Leipzig, O. Harrassowitz; Paris, Le Soudier; London, Williams & Norgate. 26,5 cm.
Seit 1905. Jährlich. Mit zahlreichen eingehenden Referaten über die gesamte Orientalistik (Ägyptologie, Semitistik, Indologie).

1875. †**Oriente moderno.** Rivista mensile d'informazioni e di studi per la diffusione della conoscenza dell' Oriente, sopra tutto musulmano, pubblicata a cura dell' Istituto per l'Oriente. Roma, Istituto per l'Oriente, via Lucrezio Caro 67. 27 cm.

Seit 1921. Monatlich. Die in jedem Heft vorkommende Rubrik «Notizie varie» enthält Auszüge aus Aufsätzen und Nachrichten über den heutigen Orient mit Angabe der Fundstelle.

1876. ***Bibliografija vostoka.** Moskva, Naučnaja Associacija vostokovedenija SSSR. 26 cm.
Seit 1928 (für 1917—1925). Erscheint unregelmäßig in Bänden; enthält ein systematisches Verzeichnis russischer Bücher und Zeitschriftenartikel über den Orient. Bisher zwei Bände; der zweite enthält die im Jahre 1926 und in der ersten Hälfte des Jahres 1927 erschienene Literatur.

1877. †**Al-Mašriq.** (Der Orient.) Al-Machriq. Revue catholique orientale mensuelle. Sous la direction des pères de l'Université St.-Joseph. Beyrouth (Liban), Imprimerie Catholique. 24 cm.
Seit 1898. Monatlich. Enthält am Schluß jedes Heftes Besprechungen orientalischer Werke sowie der orientalistischen Literatur aller Kulturländer; bevorzugt die arabische Literatur.

1878. **Ostasiatische Rundschau.** Die Zeitschrift für den fernen Osten. Herausgeber: M. Linde, F. W. Mohr, R. Wilhelm. Hamburg 36, Wirtschaftsdienst G. m. b. H., Poststraße 19. 29,5 cm.
Seit 1920. Halbmonatlich. Enthält in fast jedem Heft seit Oktober 1929 eine auswählende Titelbibliographie neuer deutschsprachiger Bücher und Aufsätze zur Ostasienforschung von Hans Praesent.

— siehe auch: Nr. 1595.

1879. †**T'oung Pao,** ou archives concernant l'histoire, les langues, la géographie et l'ethnographie de l'Asie Orientale. Revue dirigée par Paul Pelliot. Leiden, E. J. Brill. 24,5 cm.
Seit 1890. Erscheint in Bänden zu 5 Heften. Mit Rezensionen und der bibliographischen Rubrik „Livres reçus", die viel chinesisches und japanisches Material enthält.

1880. †*Central'naja Biblioteka Kitajskoj Vostočnoj žel. dor. **Bibliografičeskij Bjulleteń.** Central Library of the Chinese Eastern Railway. Bibliographical Bulletin. Pod redakciej N. V. Ustrjalova i E. M. Čepurkovskogo. Charbin, Central'naja Biblioteka. 30,5 cm.
Seit 1927. Unregelmäßig. Enthält ausschließlich bibliographische Übersichten, Referate und Rezensionen zum Fernen Osten.

1881. †**Vestnik Mańčžurii.** Manchuria Monitor. Editor: M. Levkovsky. Charbin, Ėkonomičeskoe Bjuro Kitajskoj Vostočnoj Žel. Dor. 30,5 cm.

Seit 1925. Monatlich. Mit internationalen bibliographischen Übersichten über den Fernen Osten, insbesondere die Wirtschaftsverhältnisse.

1882. †**The China Christian Year Book.** Editor: Frank Rawlinson. Shanghai, Christian Literature Society. 19 cm.

Jährlich. Früher mit dem Titel: "China Mission Year Book". Systematische Titelbibliographie: "Annotated bibliography of recent books on China" von R. R. Service.

1883. **Journal of the North China Branch of the Royal Asiatic Society.** Shanghai, Kelly & Walsh. 25 cm.

Since 1858. Annual. Giving reviews of new books on China and new publications received.

1884. **Yamato.** Zeitschrift der Deutsch-Japanischen Gesellschaft. Herausgegeben von K. Kanokogi. Berlin-Lankwitz, Würfel-Verlag. 26 cm.

Seit 1929. Sechsmal im Jahr. Enthält seit Juli 1930 eine systematische Titelliste „Japan-Bibliographie" von Hans Praesent, die die früher in der „Japanisch-Deutschen Zeitschrift" veröffentlichte Bibliographie fortsetzt.

1885. **Hindustan Review.** Ed.: K. C. Mahindra. Calcutta, 31 Central Avenue. 25 cm.

Since 1900. Quarterly. Contains classified critical reviews of current publications.

1886. **Sovetskaja Azija.** Şuralar aźjaś. Şuralər aśjaś. Osijaji şavrai. Obščestvenno-naučnyj žurnal, posvjaščennyj izučeniju Urala, Sibiri i Dal'nego Vostoka, Turkmenskoj, Uzbekskoj i Tadžikskoj SSSR, Kazakskoj, Kirgizskoj, Jakutskoj i Burjatomongol'skoj ASSR. Soviet Asia. A social and scientific journal. Moskva, Centr. Sovetskaja Azija. 22,5 cm.

Seit 1925. Zweimonatig. Am Schluß jedes Heftes Titelbibliographie neuer Bücher über das asiatische Rußland. Systematische Anordnung nach der Dezimalklassifikation. Bearbeiter: P. F. Konogorov. Bis 1930 mit dem Titel „Severnaja Azija".

1887. **Zeitschrift des Deutschen Palästina-Vereins.** Herausgegeben von dem geschäftsführenden Ausschuß unter der verantwortlichen Redaktion von M. Noth. Leipzig, J. Hinrichs. 23,5 cm.

Seit 1878. Vierteljährlich. Enthält zweimal im Jahr eine internationale Titelbibliographie von Zeitschriftenaufsätzen über Palästina und Syrien, zusammengestellt von P. Thomsen.

1888. *Paul Boudet et Remy Bourgeois. **Bibliographie de l'Indochine française.** Hanoï, Impr. d'Extrême-Orient. 28 cm.

Depuis 1929. Périodicité irrégulière. Bibliographie-titres des ouvrages et articles de revues relatifs à l'Indochine française, classée par ordre alphabétique de matières. Table des noms d'auteurs. Fait suite à la Bibliotheca Indosinica de H. Cordier. Premier volume, années 1913—1926, paru en 1929. Deuxième volume, années 1926—1929, en préparation, va paraître dans le «Bulletin de l'École française d'Extrême-Orient» et sera continué par des fascicules annuels.

1889. **Bulletin de l'Ecole française d'Extrême-Orient.** Hanoï, Impr. d'Extrême-Orient. 28,5 cm.

Depuis 1900. Donne dans chaque tome 1°) des comptes-rendus critiques des ouvrages relatifs à l'art, l'archéologie, l'ethnographie, la linguistique, l'histoire de l'Extrême-Orient, et en particulier de l'Indochine française; 2°) la liste des livres et périodiques reçus par la bibliothèque de l'École française d'Extrême-Orient.

— siehe auch: Nr. 1764.

[016(6) Afrika

1890. **Hespéris.** Archives berbères et bulletin de l'Institut des hautes-études marocaines. Paris, Larose, 11 rue Victor-Cousin. 28,5 cm.

1ère année: 1921. Trimestrielles. 1. Comptes rendus trimestriels d'ouvrages et de périodiques français et étrangers. 2. «Bibliographie marocaine» annuelle publiée par Chr. Funck-Brentano: titres classés méthodiquement portant sur l'année précédente et l'année en cours.

1891. †**Congo,** revue générale de la colonie belge, algemeen tijdschrift van de Belgische kolonie, et Bulletin de la Société belge d'études coloniales. Directeur: Ed. de Jonghe. Bruxelles, Goemaere, rue de la Limite 21. 24 cm.

Seit 1920. Monatlich. Enthält eine internationale systematisch geordnete Titelbibliographie von Zeitschriftenaufsätzen und Buchreferate.

[016(7/8) Amerika

1892. **Journal de la Société des Américanistes de Paris.** Paris, 61 rue de Buffon. 28 cm.

1ère année: 1899. Parait 2 fois par an. Bibliographie américaniste par P. Rivet et P. Lester. Annuelle, depuis le t. XI (année 1908). Non analytique. Classée en 7 chapitres: Anthropologie, archéologie, ethnographie, linguistique, histoire, géographie, voyages. Les renseignements fournis portent généralement sur l'année précédente.

1893. **De West-Indische Gids.** 's Gravenhage, M. Nijhoff. 25 cm.
Seit 1918. Monatlich. Enthält in fast jedem Heft eine kleine Titelbibliographie von Büchern und Zeitschriftenaufsätzen über Westindien.

1894. **The Iowa journal of history and politics.** Published quarterly by the State Historical Society of Iowa. Editor: Benjamin F. Shambaugh. Iowa City, Iowa, The State Historical Society. 27 cm.
Since 1903. Quarterly. Contains, in each issue, a list of recent publications (books and review articles) relating to Western Americana, and Iowana.

1895. **The New England quarterly;** an historical review of New England life and letters. Portland, Maine, 105 Middle Street. 24 cm.
Since 1928. Quarterly. The April number contains an annual bibliography relating to New England, by Allyn B. Forbes. That for 1929 in the April 1930 issue. Classified by subjects.

1896. ***Ibero-Amerikanische Bibliographie.** Auswahl-Verzeichnis der deutschsprachigen Literatur. Bearbeitet von Hans Praesent. Berlin und Bonn, F. Dümmler. 24,5 cm.
Seit 1930. Erscheint laufend als Beilage zu „Ibero-Amerikanisches Archiv" (siehe Nr. 1897). Vierteljährlich. Systematische internationale Titelliste neuer deutschsprachiger Aufsätze und Bücher über Ibero-Amerika.

1897. **Ibero-Amerikanisches Archiv.** Herausgeber: Ibero-Amerikanisches Institut, Berlin. Schriftleiter: Otto Quelle. Bonn, F. Dümmler. 25 cm.
Seit 1924. Vierteljährlich. Verzeichnet in jedem Heft in einem von O. Quelle zusammengestellten internationalen Literaturbericht die Neuerscheinungen über Ibero-Amerika nach geographischen Gesichtspunkten geordnet, zum Teil mit kurzen Erläuterungen oder längeren Kritiken versehen. International. Zum Schluß eine Karten-

bibliographie. Außerdem erscheint eine selbständige Beilage mit dem Titel: Ibero-Amerikanische Bibliographie (siehe Nr. 1896).

[016(9) Ozeanien und Australien

1898. †***Lijst van aanwinsten van de Boekerij van het Departement van Koloniën.** 's-Gravenhage, Boekerij van het Departement van Koloniën. 27,5 cm.

Seit 1919. Zwanglos in etwa vierteljährlichen Heften. Systematisches Titelverzeichnis der Neuerwerbungen der „Boekerij van het Departement van Koloniën". Enthält reichhaltige Literatur über die niederländischen Kolonien, sowie die in den niederländischen Kolonien erschienenen Schriften. Maschinenschrift, autographiert.

Addenda

[30 Sozialwissenschaften im allgemeinen

1899. ***Publications éditées par la Société des Nations.** Supplément annuel au Catalogue général de 1929. Genève, Service des publications, Société des Nations. 20,5 cm.

Premier supplément paru en 1931. Liste de titres méthodiquement classés, en partie accompagnés de notices analytiques; avec table alphabétique des matières.

[327 Internationale und auswärtige Politik

1900. ***Rassegna settimanale della stampa estera.** Pubblicata dall' Ufficio stampa del Ministero degli affari esteri d'Italia. Roma, Istituto poligrafico dello Stato. 28 cm.

Dal 1925. Settimanale. Bibliografia analitica.

Index

A

C

D

E

F

H

I

J

M

Q

R

S

T

W

ständigkeit zu erzielen, durften nicht nur die „schöngeistigen" Autoren aufgenommen werden, sondern es galt auch, die historische, philosophische, theologische, juristische, medizinische und naturwissenschaftliche Literatur zu berücksichtigen. Außerdem wurden die ohne Verfassernamen überlieferten anonymen Werke mit einbezogen sowie diejenigen mittelalterlichen Autoren oder Schriften, welche für die deutsche Literatur und Geistesgeschichte bedeutsam gewesen sind. Jeder Artikel ist in einen philologischen, literarhistorischen und bibliographischen Teil gegliedert.

Jahresbericht über die Erscheinungen auf dem Gebiete der germanischen Philologie. Herausgegeben von der Gesellschaft für deutsche Philologie in Berlin. Oktav.

Neue Folge:

Band I (43. Jahrgang). Bibliographie 1921. 1924. RM. 9.—
Band II (44. Jahrgang). Bibliographie 1922. 1925. RM. 9.—
Band III (45. Jahrgang). Bibliographie 1923. 1926. RM. 10.—
Band IV (46. Jahrgang). Bibliographie 1924. 1926. RM. 16.—
Band V (47. Jahrgang). Bibliographie 1925. 1928. RM. 19.—
Band VI, VII (48/49. Jahrgang). Bibliographie 1926, 1927, 1930. RM. 38.—
Band VIII (50. Jahrgang). Bibliographie 1928. 1930. RM. 20.—

Jahresbericht über die wissenschaftlichen Erscheinungen auf dem Gebiete der neueren deutschen Literatur. Herausgegeben von der Literaturarchiv-Gesellschaft in Berlin. Oktav.

1. Jahrgang. Bibliographie 1921. 1924. RM. 8.—
2. Jahrgang. Bibliographie 1922. 1924. RM. 10.—
3. Jahrgang. Bibliographie 1923. 1925. RM. 12.—
4. Jahrgang. Bibliographie 1924. 1926. RM. 15.—
5. Jahrgang. Bibliographie 1925. 1928. RM. 18.—
6./7. Jahrgang. Bibliographie 1926/27. 1930. RM. 32.—
8. Jahrgang. Bibliographie 1928. 1931. RM. 20.—

Handwörterbuch des deutschen Aberglaubens. Herausgegeben unter besonderer Mitwirkung von E. Hoffmann-Krayer und Mitarbeit zahlreicher Fachgenossen von Hanns Bächtold-Stäubli. Lexikonformat. (Handwörterbuch zur deutschen Volkskunde, herausgeg. vom Verband deutscher Vereine für Volkskunde. Abteilung I.)

Band I: *Aal—Butzemann..* 1927/28.
Subskriptionspreis RM. 44.—, in Halbleder geb. 52.—
Band II: *C—Frautragen.* 1930.
Subskriptionspreis RM. 45.—, in Halbleder geb. 53.—
Band III: *Freem—Hexenschuß.* 1931.
Subskriptionspreis RM. 53.—, in Halbleder geb. 61.—

„. . . enthält ein geradezu riesiges Material deutschen Aberglaubens, kritisch gesichtet klar dargestellt, ohne jedes Werturteil ausgebreitet, durch eine ganz ungeheure Literatur belegt . . ." *„Literarischer Handweiser"*

Handwörterbuch des deutschen Märchens. Herausgegeben unter besonderer Mitwirkung von Johannes Bolte und Mitarbeit zahlreicher Fachgenossen von Lutz Mackensen. Lexikon-Oktav.

Band I. Lieferung 1: *Abend—Amor.* VIII, 64 Seiten. 1930.
Lieferung 2: *Amor—Aulnoy.* Seite 65—144. 1931.
Lieferung 3: *Aulnoy—Bechstein.* Seite 145—224. 1931.
Subskriptionspreis je RM. 5.—

Das Märchenlexikon wird einen Umfang von etwa 90 Bogen haben und in Lieferungen von 4 bis 5 Bogen ausgegeben werden. Subskriptionspreis der einzelnen Lieferungen etwa RM. 4.— bis RM. 5.—.

Der Subskriptionspreis erlischt nach Abschluß des ersten Bandes. Die Abnahme der ersten Lieferung verpflichtet zum Bezug des ganzen Werkes.

In dem Handwörterbuch des deutschen Märchens findet die Märchenforschung zum ersten Mal eine zusammenfassende Darstellung. Das Werk hat die Aufgabe, über Wesen, Inhalt und Form des deutschen Märchens nach verschiedenen Gesichtspunkten in Artikelform Aufschluß zu geben. Dabei werden auch die Märchen der anderen Länder in möglichst breitem Umfang mitherangezogen und Untersuchungen über Herkunft, Wanderung und Verbreitung eines Märchentyps außerhalb Deutschlands angestellt.

Reallexikon der Vorgeschichte. Unter Mitwirkung zahlreicher Fachgelehrter herausgegeben von Max Ebert. Lexikon-Oktav. 15 Bände. Sonderprospekt kostenlos.

„Jetzt, wo das Werk fertig vorliegt, kann man das Ganze beurteilen und nun gibt es wohl nur noch eine Stimme: das Werk ist das Großartigste und Überragendste, was je in der Wissenschaft der Vorgeschichte geleistet worden ist. Glücklich ist die Idee, ein so großes Unternehmen zu beginnen, geschickt die Auswahl der Mitarbeiter, ungewöhnlich die Anforderung an die Arbeitskraft der Herausgebers. Es gibt kein Volk der Welt, das ein ähnliches Werk besitzt."

Ipek (Jahrbuch für prähistorische und ethnographische Kunst)

Allgemeine Bücherkunde zur neueren Literaturgeschichte. Von Robert F. Arnold, Professor an der Universität Wien. Dritte, neubearbeitete und stark vermehrte Auflage. Groß-Oktav. XXIV, 362 Seiten. 1931. RM. 14.50, geb. 16.—

Das seit Jahren vergriffene, nicht nur für die Germanistik, sondern für sämtliche Geisteswissenschaften unentbehrliche Nachschlagewerk liegt nunmehr in einer neuen, stark vermehrten Auflage vor. Die Gliederung des Bandes ist im wesentlichen unverändert geblieben; jedoch hat sich sein Horizont stark erweitert, da das gesamte einschlägige Schrifttum der Nachkriegszeit aufgearbeitet und eingeordnet worden ist. Für Bibliotheken und Redaktionen wird sich die „Bücherkunde" als besonders nützliches Hilfsmittel beim Aufsuchen der fast unübersehbar gewordenen Literatur auf allen geisteswissenschaftlichen Gebieten erweisen.

Bio-Bibliographien der Wissenschaften. Herausgegeben von Dr. Victor Loewe, Staatsarchivrat.

Heft 1: **Deutsche Geschichte.** Von Dr. Victor Loewe. Oktav. 87 Seiten. 1931. RM. 3.50

Die Fülle des täglich anwachsenden, an unzähligen Stellen verstreuten Materials zur Personalliteratur in Wissenschaft und Praxis bereitet seiner Erfassung immer mehr Schwierigkeiten. Ihnen will das vorliegende Unternehmen in seiner weiteren Ausgestaltung dadurch abhelfen, daß es in möglichster Reichhaltigkeit, aber doch in kritischer, durch fachmännische Arbeit verbürgter Auswahl die Stellen nennt, an denen die Personalliteratur verzeichnet ist. Der Wissenschaft und bibliographischen Zwecken soll auch durch die Hinweise auf etwa vorhandene Schriftenverzeichnisse gedient werden. Das soeben erschienene erste Heft, das der Wissenschaft der deutschen Geschichte gewidmet ist, nennt nahezu tausend Namen von Geschichtsforschern bis in die jüngste Gegenwart hinein und liefert hierzu die entsprechenden Angaben.

International Bibliography of Historical Sciences. Internationale Bibliographie der Geschichtswissenschaften. First Year. 1926. Edited by the International Committee of Historical Sciences. Groß-Oktav. LXVII, 366 Seiten. 1930. RM. 12.60

Die vorliegende Bibliographie gehört zu den Aufgaben, deren sich die Internationale Historische Vereinigung vom Augenblick ihrer Begründung an mit besonderem Eifer angenommen hat. Bei ihrer Zusammenstellung sind nur Arbeiten berücksichtigt worden, die auf die Beziehungen der Staaten und Völker untereinander Bezug haben und die einen wirklichen Fortschritt der geschichtlichen Erkenntnis bedeuten. Einzelforschungen, Darstellungen begrenzter Gebiete sowie alle rein politischen Arbeiten wurden ausgeschlossen, da das Jahrbuch keineswegs die nationalen Berichte der Geschichtswissenschaft ersetzen soll.

Sonderprospekte stehen kostenlos zur Verfügung.

Kolibri 360 GmbH
Ferdinand-Jühlke-Straße 7
99095 Erfurt, Deutschland
produktsicherheit@kolibri360.de